HOW TO MAKE SILVER CLAY

一学就会的
纯银黏土
魔法书

（视频教学版）

林文靖　著

江苏凤凰美术出版社

图书在版编目（CIP）数据

一学就会的纯银黏土魔法书：视频教学版 / 林文靖著. -- 南京：江苏凤凰美术出版社, 2020.10
ISBN 978-7-5580-1619-6

Ⅰ. ①一… Ⅱ. ①林… Ⅲ. ①粘土-手工艺品-制作 Ⅳ. ①TS973.5

中国版本图书馆CIP数据核字(2020)第160074号

出版统筹 王林军
策划编辑 刘立颖
责任编辑 王左佐　韩　冰
助理编辑 孙剑博
特邀编辑 刘立颖
装帧设计 李　迎
责任校对 刁海裕
责任监印 张宇华

书　　名 一学就会的纯银黏土魔法书（视频教学版）
著　　者 林文靖
出版发行 江苏凤凰美术出版社（南京市湖南路1号　邮编：210009）
出版社网址 http：//www.jsmscbs.com.cn
总 经 销 天津凤凰空间文化传媒有限公司
总经销网址 http：//www.ifengspace.cn
印　　刷 北京博海升彩色印刷有限公司
开　　本 710mm×1000mm　1/16
印　　张 11
版　　次 2020年10月第1版　2024年4月第2次印刷
标准书号 ISBN 978-7-5580-1619-6
定　　价 59.80元

营销部电话　025-68155792　营销部地址　南京市湖南路1号
江苏凤凰美术出版社图书凡印装错误可向承印厂调换

绅士领带
详细步骤见第 109 页
时尚风
详细步骤见第 113 页

唐草
详细步骤见第 78
爸爸万岁
详细步骤见第 105 页

毛小孩

详细步骤见第 133 页

成功之钥

详细步骤见第 95 页

吉祥如意

详细步骤见第 60 页

心心相印

详细步骤见第 68 页

爱心手链

详细步骤见第 [illegible] 页

男生女生配
详细步骤见第 64 页

香水瓶

神秘小礼物
详细步骤见第 126 页

连连得利
详细步骤见第 54 页

趣味表情

详细步骤见第 91 页

银色圣诞

详细步骤见第 121 页

银色叶片

详细步骤见第 142 页

垂坠耳环

详细步骤见第 82 页

圣诞快乐

详细步骤见第 117 页

钻戒

详细步骤见第 72 页

前言

2002 年 7 月我进入银黏土行业。2003 年 11 月取得日本 DAC 贵金属纯银黏土专业讲师资格。2003 年 12 月成立了银漾纯银黏土工作坊并开始授课。

2015 年 12 月初，受三友图书总编辑的邀约，出版了《纯银黏土》手作书。

12 年的教学生涯，我从中累积了丰富的教学经验，并引导学生在作品中带入设计概念，具备解决突发状况的能力，其间我自己也在不断地进修相关课程，对手作银黏土饰品的热衷与喜爱未曾减少。

也许是个性使然，习惯默默一点一滴地耕耘，相信总有一天会有人看见我的努力。所有学生都是通过网络找到我的，其中也不乏海外的学生，更开心见到几位毕业生，学成后比老师更有成就！

这本书我酝酿了整整两年，我尽可能地将所有银黏土基础技法，应用于本书介绍的 33 件作品里，且采用一些日常容易取得的辅助工具。教学只为引领大家观摩更多银黏土的创作手法，我一向鼓励学生通过巧思，将情感融入作品中，完成后无论犒赏自己还是送给挚爱的亲友，都是最有温度且独一无二的礼物，相信受赠者也会因为感受到你的用心而万分感动。

感恩启蒙老师周崇颖对我的教导。感谢银彩俱乐部颜学文社长的祝贺，以及玩线与珠子手艺行老板娘的热心赞助。

谢谢家人的支持，在这漫长的道路上陪伴我，不时为我加油打气，让我尽情享受创作与教学的乐趣。

林文靖

银漾纯银黏土工作室

目录

第一章

基础知识

浅谈纯银黏土

颠覆传统的金工艺术

传统的金属加工法，在工艺美术领域统称为金工，即金属工艺。这是一项以金属为原料，运用熔、压、敲、琢、锯、拉等加工方式，制作器物、零件、组件的工艺技术。无论是桥梁、轮船的大型零件还是引擎、珠宝、腕表等的细微组件都会运用到这项工艺技术。金工在艺术品、手工艺领域，多选用银作为创作素材，是因为在众多贵金属中银相对比较便宜。

由于纯银黏土是一项较新的金属工艺，相较于传统金工，纯银黏土可轻松塑形，自行烧制成纯银饰品，不需通过铸造厂，但如果有产量需求，也可以送厂开模制造。就难易度而言，纯银黏土绝对是金属工艺入门的最佳选择，因为其制作工法是金工创作中最容易完成的一种，且拥有较高的安全性与便利性。

什么是金属黏土?

金属黏土是由贵金属粉末、无毒有机结合剂和水三种成分组成的混合物。金属黏土可分为纯银黏土、铜黏土和 22K 金黏土。这些都是高科技下的产物，制作者利用它们可被轻松塑形的黏土特性，经过干燥、烧成、抛光程序后，制作成纯银、纯铜和 22K 金饰品。

什么是纯银黏土?

纯银黏土的源起

纯银黏土是一种容易被塑形的水性黏土，是近二十年在日本兴起的一种贵金属工艺素材，由极细的纯银粉末、无毒有机结合剂和水三种成分组成。制作者利用黏土的柔软特性完成塑形，经过完全干燥，再经过高温烧制，去除其中的水分与结合剂，即可制成银含量为 99.9% 的纯银饰品。

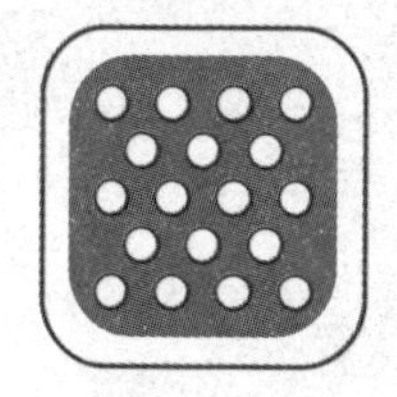

黏土状态

水分的适量增减可调整黏土的柔软状态

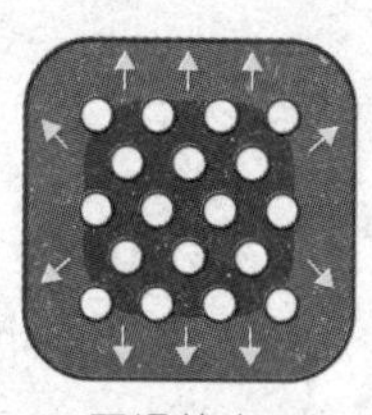

干燥状态

水分挥发后形态固定硬化

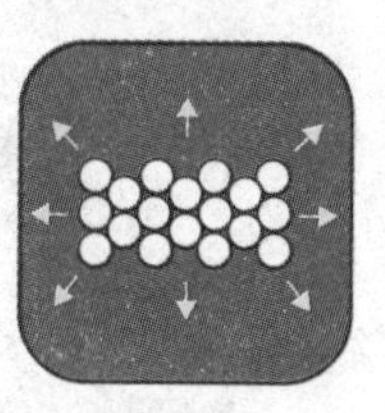

烧制初期

纯银粉末相互结合后逐渐收缩

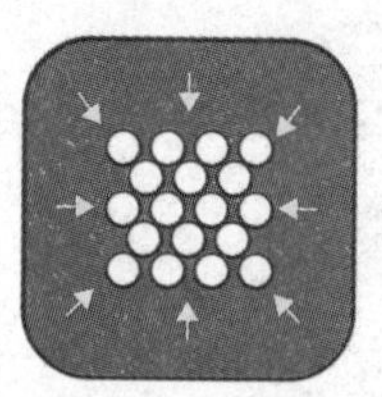

完成

纯银粉末固定成型后，整体收缩率小于 10%

纯银黏土的诞生流程

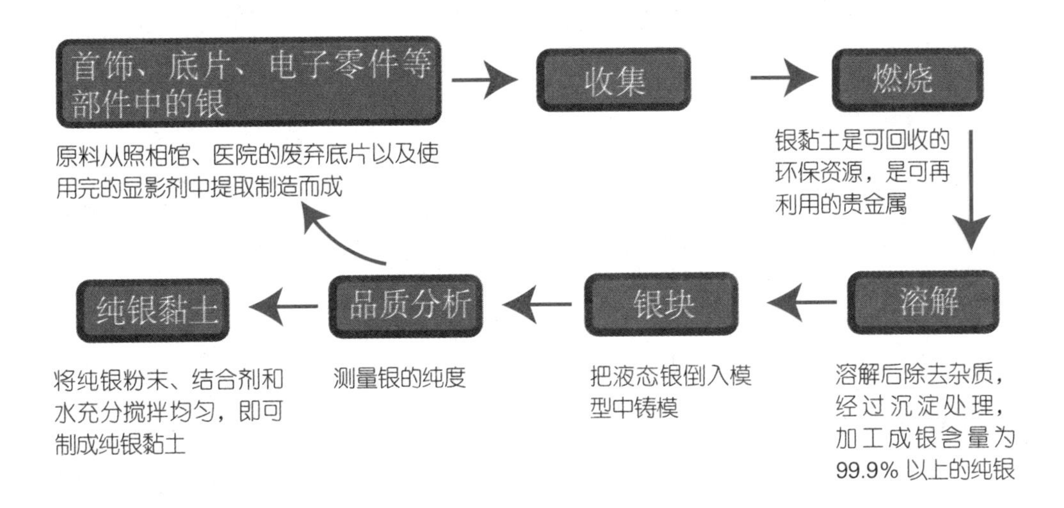

纯银黏土的特色

纯银黏土能依制作者的喜好塑形，完成自己专属且独一无二的 999 纯银饰品，无论是将其留作纪念还是作为礼物送给他人，均富有意义，可视其为高价值的手作艺术品。

纯银黏土的特色

创意设计，不受约束	无论在家还是在工作室，只要有材料和工具，即可随灵感自由创作，完成原创银饰品
简易操作，轻松上手	纯银黏土质地柔软、操作简单，经塑形、干燥、烧成、抛光，可轻松创作出 999 纯银饰品
环保理念，绿色时尚	干燥后，未经高温烧成的银黏土块、粉末，均可加水还原成银黏土
银色创意，黏土特性	纯银黏土在操作时容易干燥，可不断用水笔来维持湿润，以利塑形。烧成后整体会收缩 8% ~ 9%，创作前需将此特性考虑进去。烧成后的银饰表层会有白色结晶，需用不锈钢刷或海绵砂纸将其磨亮，也可将其浸泡在温泉液中使之硫化变黑

纯银黏土的常见类型

本书采用的是日本相田公司的纯银艺术黏土（Art Clay Silver），它安全无毒性，是目前市面上唯一取得 AP（Approved Product）标识的纯银黏土，此标识是由美国艺术与创造性材料学会（Art & Creative Materials Institute，简称 ACMI）认定的美国国家无毒安全 AP 标识。

纯银黏土为灰白色的黏土，最新款低温土已具备保湿的特性，并可用电气炉以 650℃的温度烧 30 分钟，适合与 925 纯银配件、玻璃、陶瓷等搭配使用，常见有黏土型、膏状型、针筒型和薄纸型等类型。

1. 黏土型纯银黏土（银含量 92%）

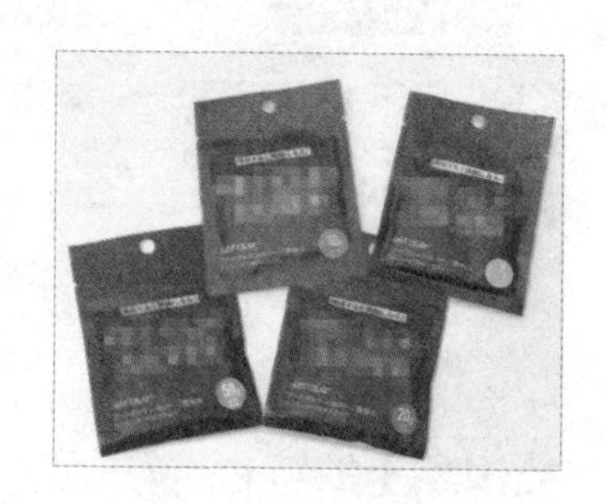

最常使用的块状纯银黏土。使用者可像玩黏土、陶土一样任意塑形，擀平、搓揉、压纹、切割或是自由捏塑出想象中的造型，拥有极大的创作可能性。由于水性黏土具有容易干燥的特性，因此可适时刷水维持湿润，使塑形表面不干裂；正因为它具备快速干燥的特性，可用锉刀来进行修磨、雕刻等作业。

2. 膏状型纯银黏土（银含量 80%）

含水分较多的纯银黏土。类似广告颜料的浓稠形态，可直接用水彩笔将其涂绘在有明显纹路的物件上，如叶片、羽毛或折纸等。将银膏反复堆积与干燥，烧成后即完成近乎物片拓本的作品。银膏也可搭配黏土型纯银黏土一起使用，具有黏着、修补和描绘的功用。

3. 针筒型纯银黏土（银含量 88%）

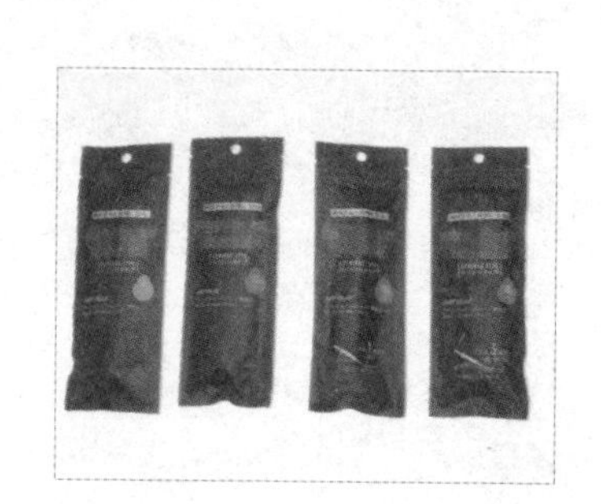

将较湿软的纯银黏土填充在针筒中，使用时搭配针头，运用针筒推挤出粗细一致的银黏土线条。可在块状银黏土上挤出装饰图案，也可单独用于制作镂空线条图案或者中空的细致网状作品，但线条太细的并不适合用煤气灶烧成，容易烧熔失败。许多欧美银黏土创作者，直接用针筒型纯银黏土取代膏状纯银黏土，将其挤出搭配水彩笔做修补、黏合。

纯银黏土的特殊类型（需使用电气炉烧成，并由专业老师指导）

1. 薄纸型纯银黏土（银含量 96%）

薄纸型纯银黏土和其他银黏土特性不同，在塑形过程中不可加水也不需干燥。适合运用纸工艺的技法，可折叠、弯曲、切割、裁剪，也可用打孔机在上面打出图形，烧制后即变成纯银（纯度在 99.9% 以上）的贵金属素材。

2. 耐硫化型纯银黏土（银含量 91.5%）

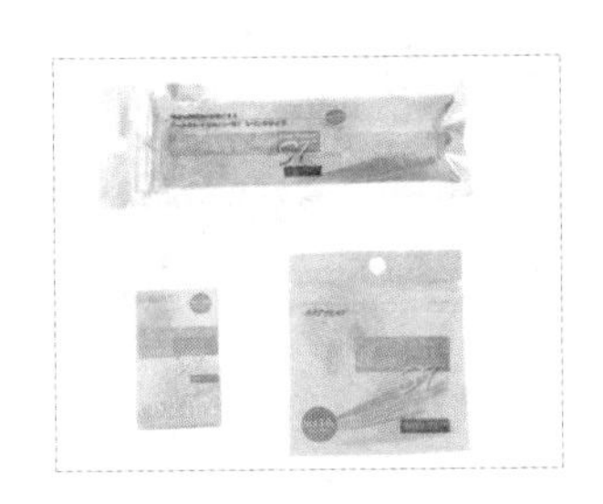

银之所以表面变黑是因为表面的银与环境中的硫化物发生反应生成硫化银的缘故，表面的硫化银薄膜呈茶褐色或黑色。

用耐硫化型纯银黏土制作的银饰不易变色，容易保养，能长期保持纯银本身的美丽光泽。烧成后银质细致，能制成纯度 99% 以上的银制品。

3. 轻量纯银黏土（银含量 82%）

适用于大型饰品、器皿的新银黏土素材。与相同体积的普通银黏土相比较，它轻了 40%；若与同重量的普通银黏土一起使用，则体积可以增加到原来的 1.5 倍。耐撞性较弱。烧成品纯度仅有 93%，收缩率约为 10%，在操作时需与现有的纯银黏土有所区别，与其他素材结合时需预留更多的收缩空间。

铜黏土（含铜量 90%）

铜黏土由铜的微粉末、结合剂和水构成。烧成后为纯度 99.5% 以上的纯铜作品。铜黏土可用于制作各式饰品、工艺品、模型，用途非常广泛，是拥有无限可能性的黏土状铜素材。铜黏土接触空气极易氧化，必须真空保存，拆封后应尽快用完，其工具与银黏土不要混用。

金黏土（金含量 91.7%，银含量 8.3%）

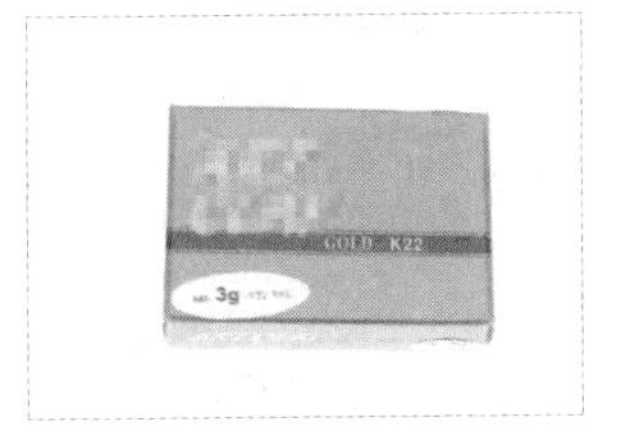

烧成后的金品为 22K（100%）、可自由塑形的水性黏土。塑形干燥后的金黏土经电气炉高温烧制，即成为高品质的 22K 金饰品。用于金黏土的水彩笔刷要彻底洗净，不可有其他杂质，以免影响金的纯度与光泽。

工具介绍

塑形工具（＊为进阶工具）

纯银专用纸（烘焙纸可替代）

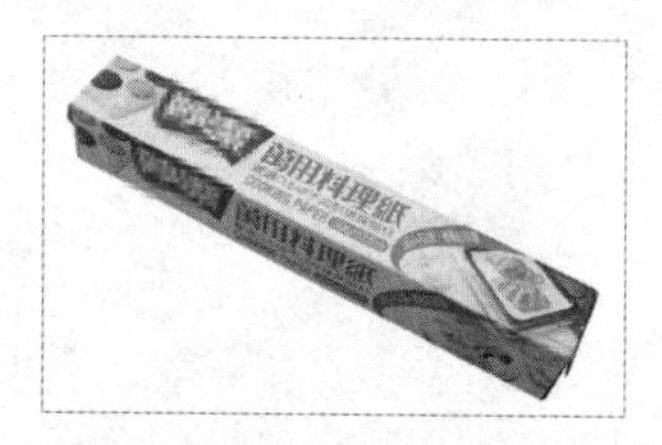

① 描绘、转印铅笔草图于银黏土上时使用。

② 滚压银黏土时使用，可以较好地与银黏土剥离。

③ 干燥时，垫于电烤盘或小钢网上，防止粘黏。

④ 用锉刀修磨时，铺底收集银粉，方便回收。

保鲜膜

揉捏或保存银黏土时使用，双层包裹保湿效果更佳。

垫板（L 夹可替代）

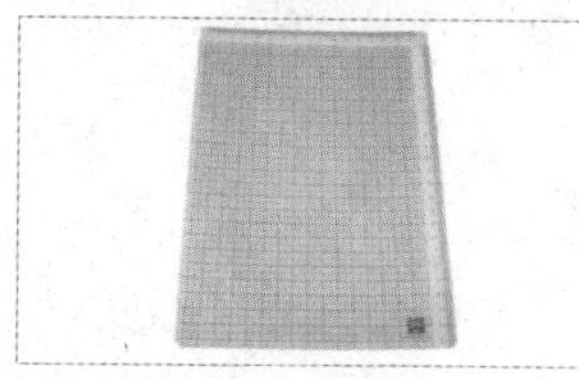

搓滚条状银黏土时使用，较不易干燥及粘黏。

塑胶滚轮

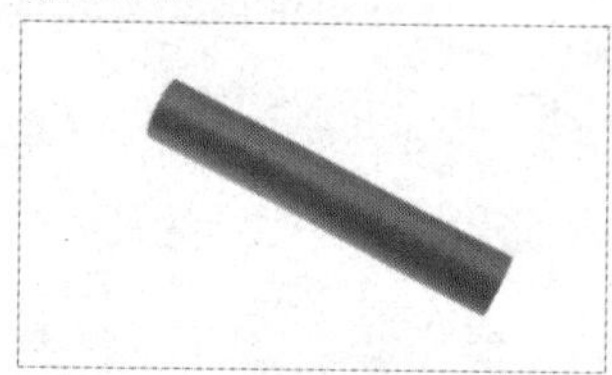

滚压银黏土时使用。

0.5 毫米亚克力板（厚纸可替代）

1 毫米亚克力板

1.5 毫米亚克力板

①一组两片，放置于银黏土两侧，搭配塑胶滚轮使用，控制银黏土擀出的厚度。

②利用透明的亚克力板，还可搓滚出更均匀的条状土。

戒围量圈纸（日本尺码）

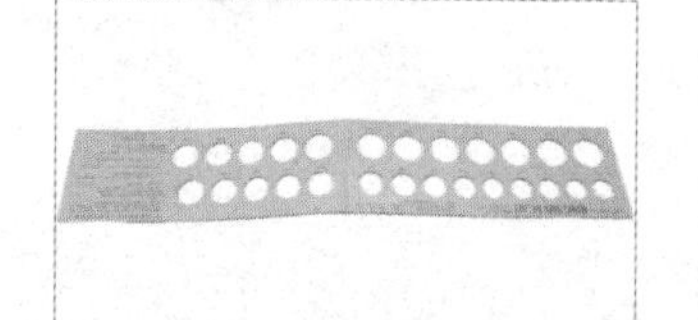

测量戒围的大小，右侧印有戒围号数计算说明。

*戒围量圈（日本围 1 ~ 30 号）

测量戒围大小的工具。

木芯棒（两截式 1 ~ 22 号、16 ~ 38 号）

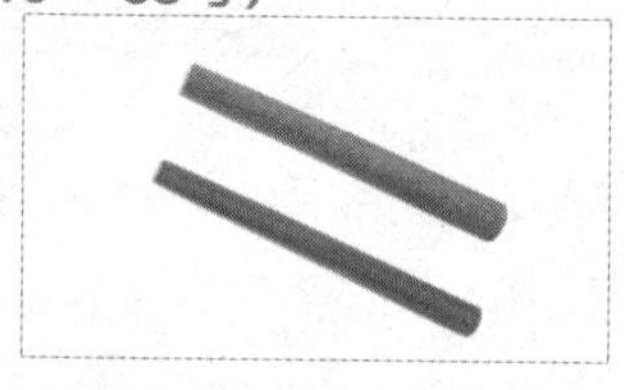

制作戒指时，作为芯轴辅助塑形使用。

造型刮板

① 塑形切割、刮土时使用。

② 作品平放其上再拿起，如有水汽产生，表示尚未完全干燥。

水彩笔刷（扁平刷 4 号）

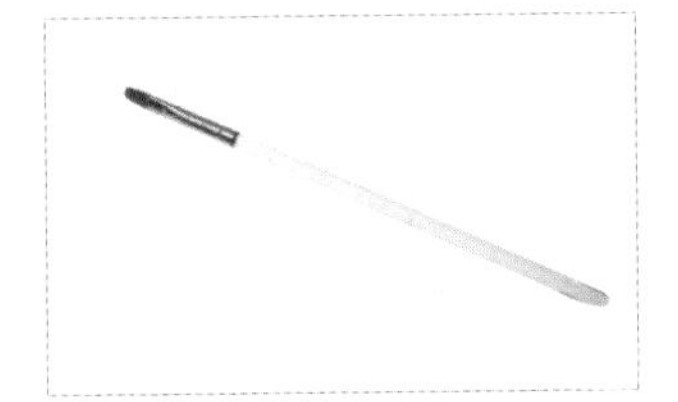

刷水时使用，选用具有弹性，且不易掉毛（尼龙毛）的。

水彩笔刷（细圆笔 0 号）

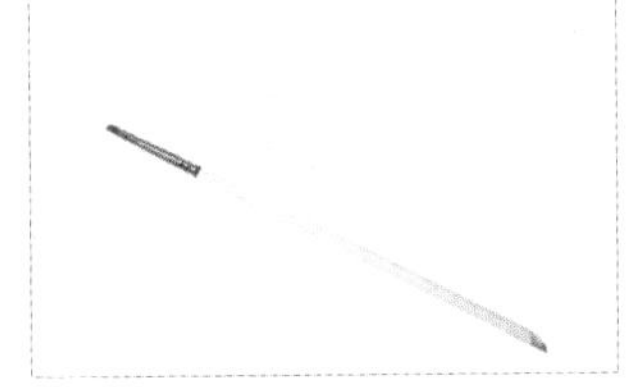

蘸膏状银黏土描绘、修补或黏合时使用（尼龙毛为佳）。

* 自来水笔

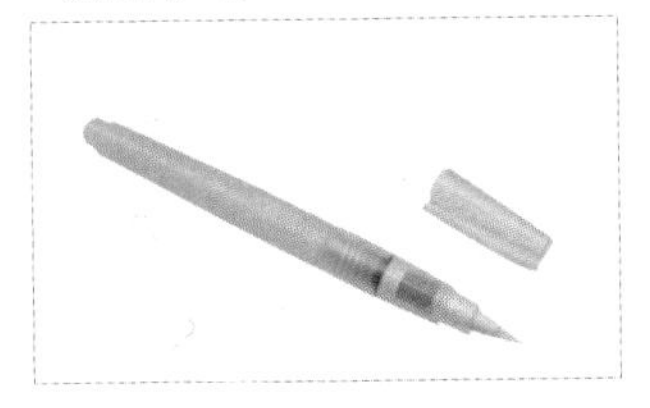

笔杆内装水，直接刷涂在银黏土上，保持湿润。

锉刀

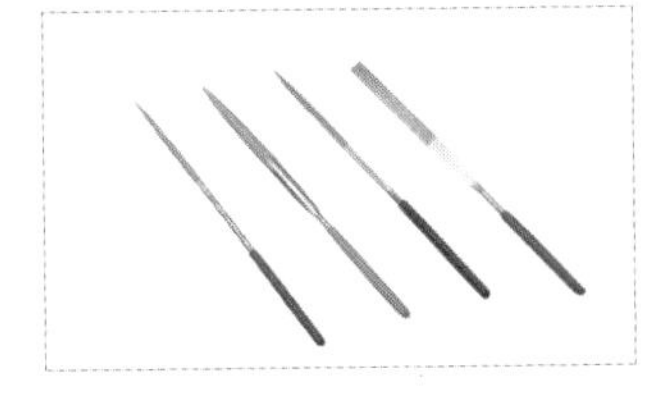

对干燥后的银黏土做修磨时使用。

橡胶台

干燥后的银黏土做修整，以及烧成后研磨或钻孔时的工作台。

塑胶板

① 用三角雕刻刀在其上刻出图案，用银黏土拓印浮雕图饰。

② 在板上打针筒花纹，可直接干燥，方便剥离。

三角雕刻刀

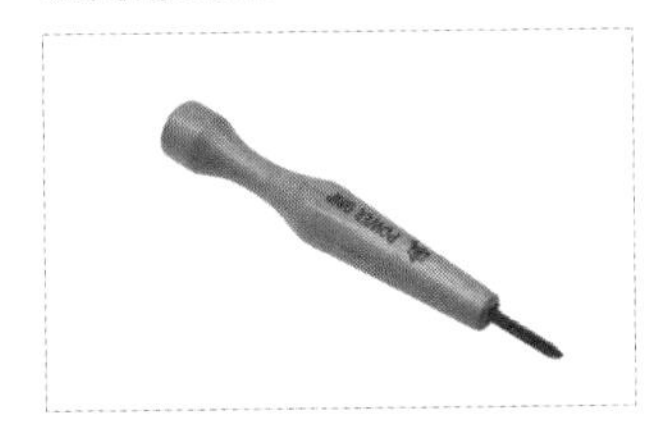

① 在未干的银黏土上刻划图案。

② 在塑胶板上雕刻花纹作为取型之用。

* 雕刻针笔（圆锉刀可替代）

在干燥的银黏土上进行细部雕字时使用。

镊子

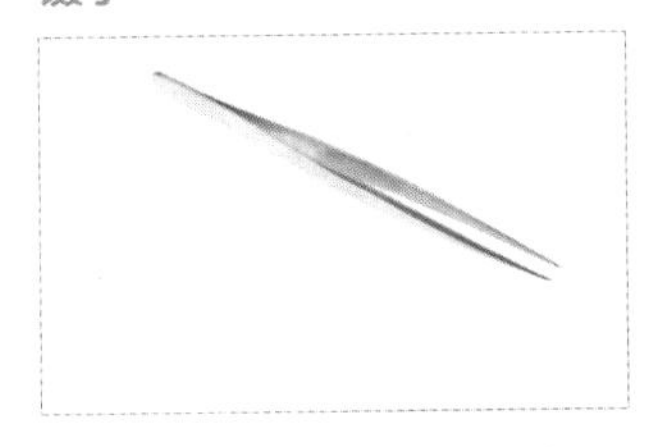

夹取小配件、合成宝石时使用。

* 钻头组（铗钳 + 钻针）

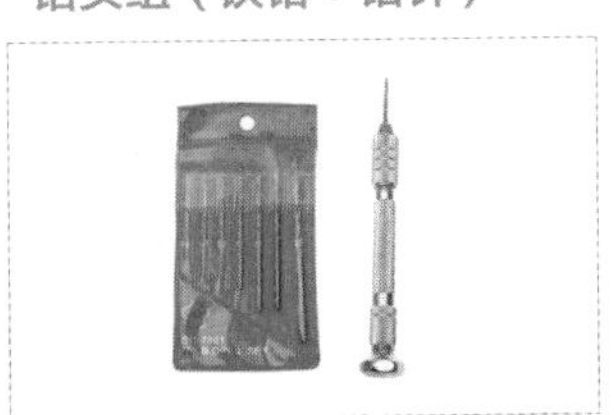

在干燥后或烧成后的银黏土上钻宝石凹槽或钻孔时使用。

辅助工具（让作业更便利的小工具）

铅笔

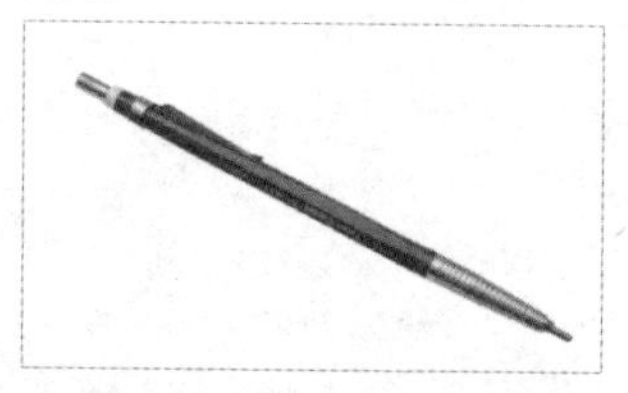

用于描绘草图（铅笔笔芯选用HB或B为佳）。

小水碟

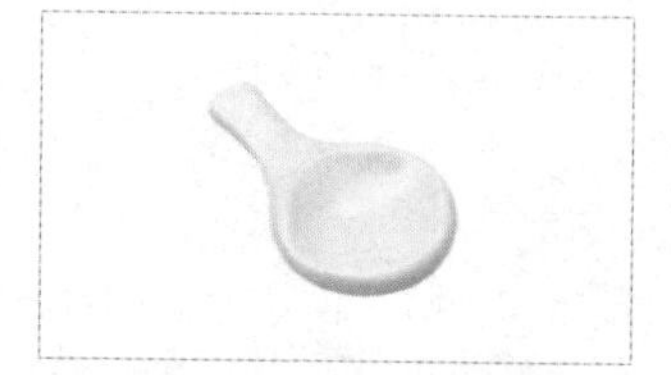

操作银黏土时，蘸水或洗笔用（选择可放笔的碟子会更加方便）。

滴水瓶

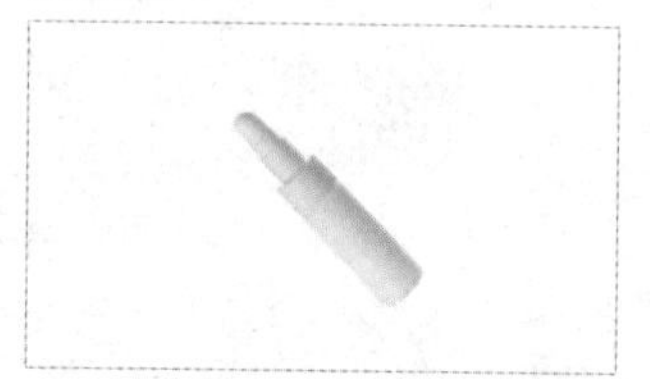

作业时，少量供水。

小罐子

①膏状银黏土加水稀释用的密闭容器。

②回收银粉、银屑调制成膏状银黏土的容器。

小毛刷（干水彩笔刷可替代）

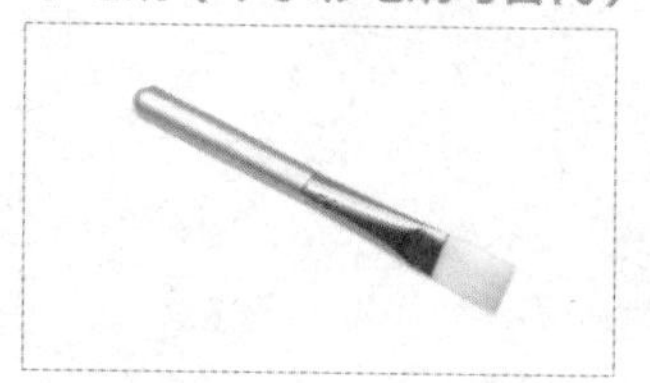

将修磨银黏土时产生的银粉扫到专用纸上，再扫进小罐子里回收。

切割垫

①当桌面不够平整时，当作业台面使用。

②切割纸型、保护桌面。

美工刀

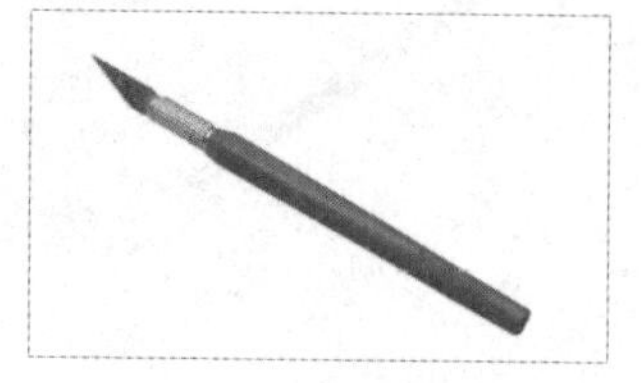

切削柔软、未干状态的银黏土。

小剪刀

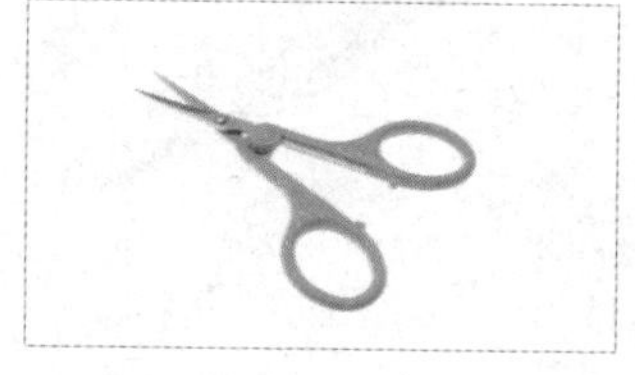

剪裁纸、吸管或立体未干的银黏土。

珠针

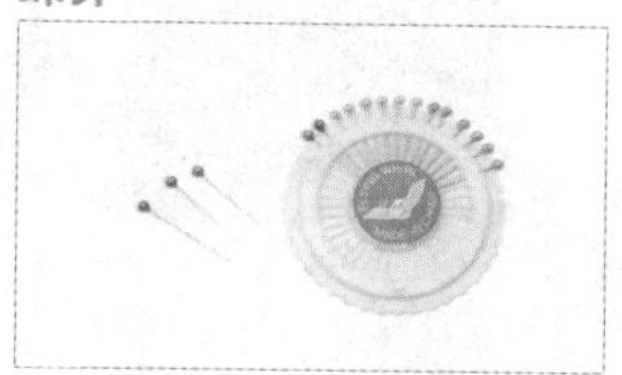

在未干的银黏土表面刻图案或写字。

牙医工具

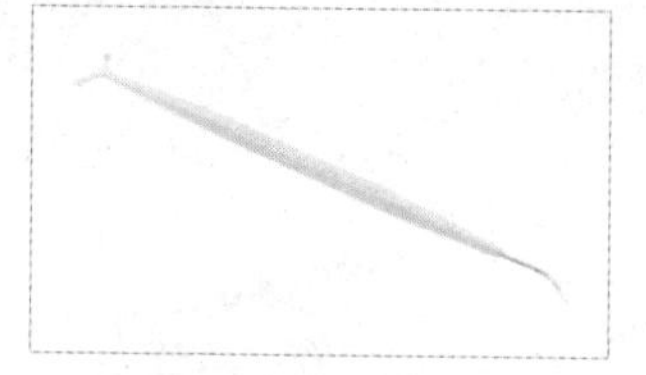

方便塑形、刻字、推抹。

便利贴（2.5厘米x 7.5厘米）

制作戒指时作为衬纸，方便干燥后取下。

铁尺

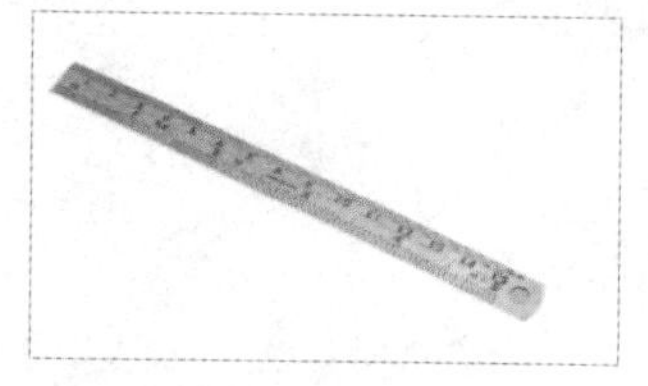

辅助中空塑形使用。

尺

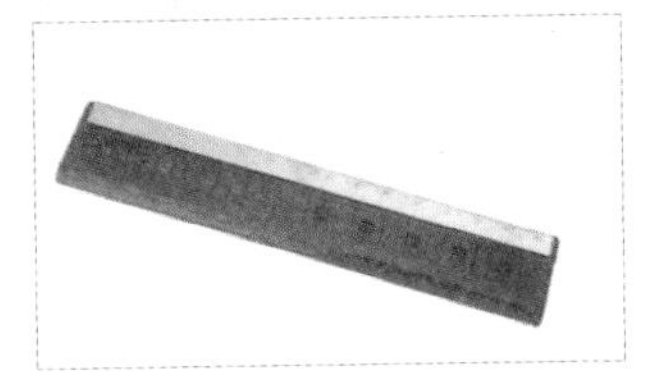

测量长度。

棉棒

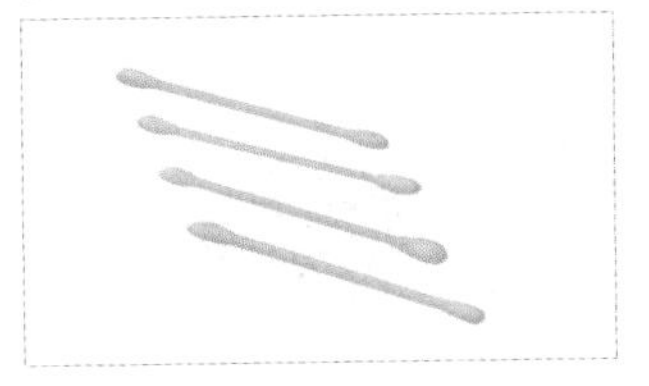

①棉棒轴可在未干的银黏土上钻孔。

②局部硫化时，可用棉棒蘸温泉液涂抹在要上色的位置。

牙签

打洞、做中空管状塑形的轴芯。

吸管

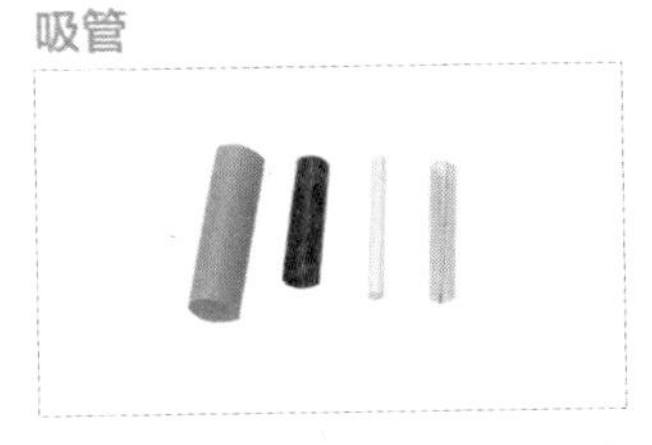

在银黏土柔软、未干时打洞或辅助塑形时使用。

吸管刷

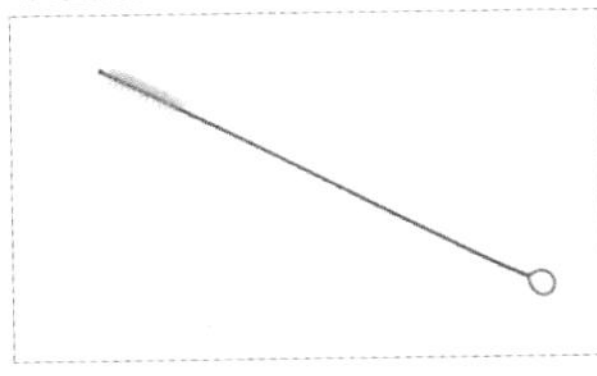

在未干的银黏土上，压印纹路（任何有纹路的物品皆可使用）。

婴儿油

防止银黏土粘黏到手和印章上。

丸棒黏土工具（牙签可替代）

在未干的银黏土上，压出半球形或凹洞。

竹签

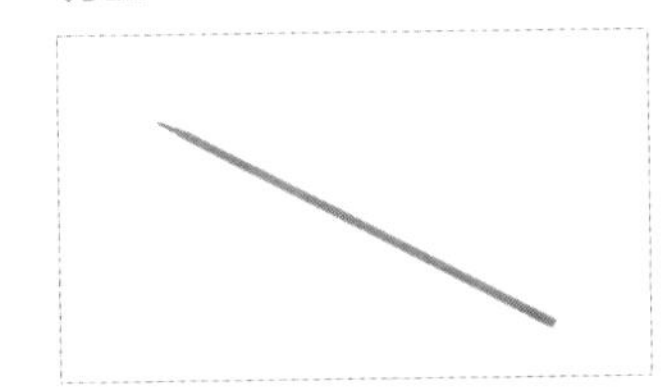

将堆积在吸管内的银黏土推挤出来，也可以蘸银膏进行涂绘时使用。

字母印章

现成的印章或自己刻的橡皮章，皆可在银黏土柔软、未干状态下做压印使用。

圈圈板

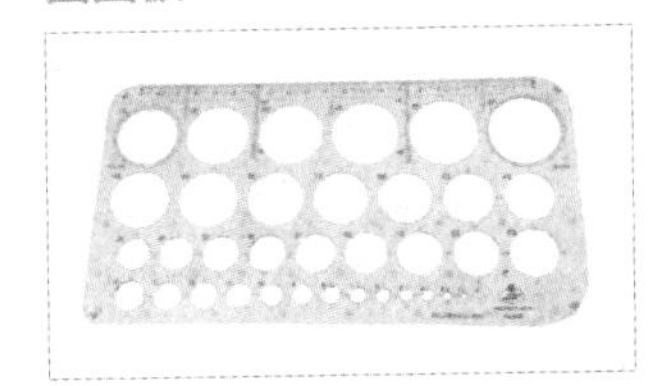

方便圆形作品取型。

湿纸巾

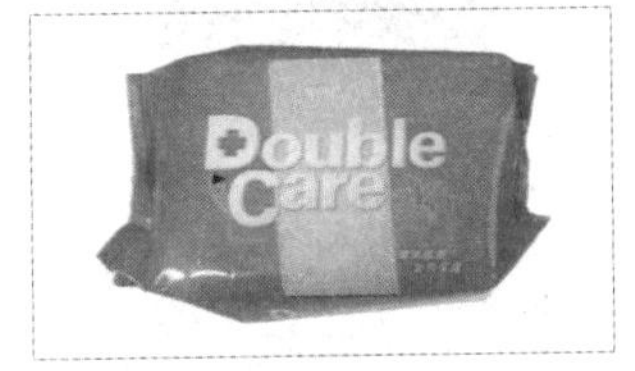

①暂停塑形作业时，为防止银黏土干燥，可将湿纸巾覆盖在上面。

②回收银黏土时，在保鲜膜外包裹湿纸巾，再放进密封盒中保湿。

干燥与烧成器具（＊为进阶工具）

吹风机

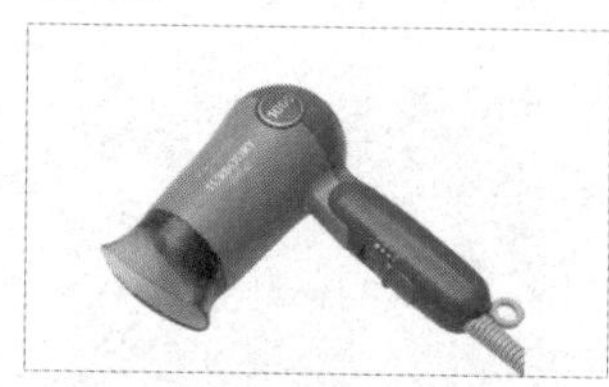

加速银黏土干燥之用。

电烤盘（保温盘）

加速银黏土干燥之用。

长夹子

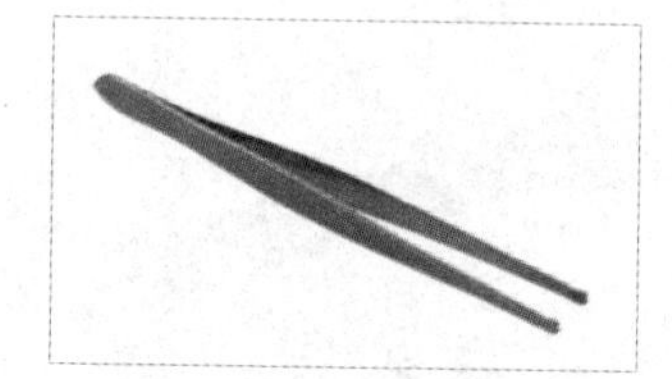

烧成时夹取作品，避免烫伤（选择圆头，这样不易刮伤作品）。

*电气炉（小）

有温控的专业电窑，可均匀烧制作品。

*耐热绵

烧制立体作品时铺垫于腾空处，防止作品塌陷变形。

不锈钢网

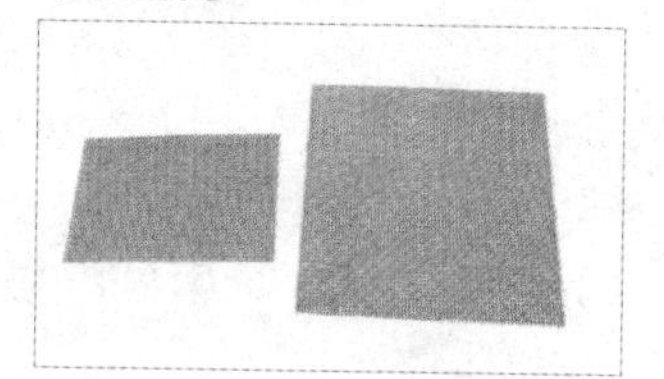

小：包上烘焙纸，用吹风机干燥作品时使用。

大：架在煤气灶上，烧制作品专用。

计时器

干燥或烧制作品时，用于计时。

抛光与加工工具（＊为进阶工具）

海绵砂纸

将作品的粗糙面打磨成细腻的表面。

红色 320 ~ 600 号，粗砂

蓝色 800 ~ 1000 号，中砂

绿色 1200 ~ 1500 号，细砂

砂纸

将作品的粗糙面打磨成细腻的表面。

600 号，粗砂

1200 号，细砂

短毛钢刷

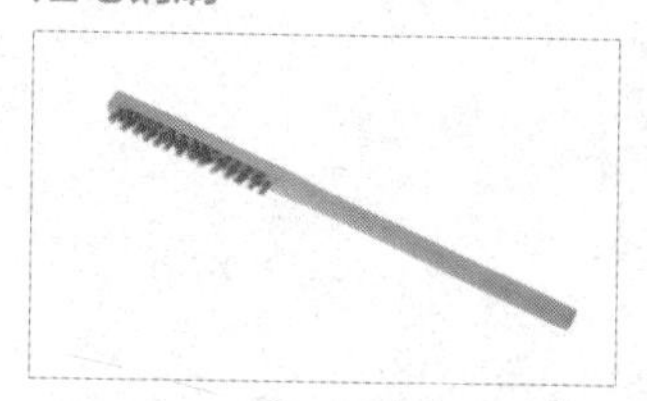

这款钢刷毛短且细，可刷除戒指内侧结晶。

* 双头细密钢刷

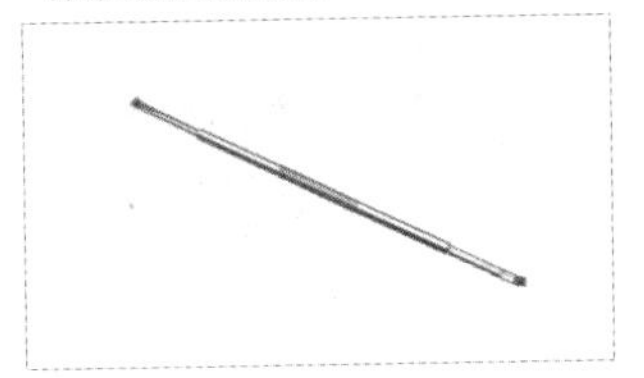

刷除作品细小缝隙处的结晶。

* 戒围钢棒（日本围）

钢棒上有刻度，可测量戒指的尺码，调整戒指的圆度。

* 橡胶锤

① 烧成后的片状作品如果不平整，可用橡胶锤轻轻敲平。

② 搭配戒围钢棒，调整戒指圆度及尺码。

玛瑙刀

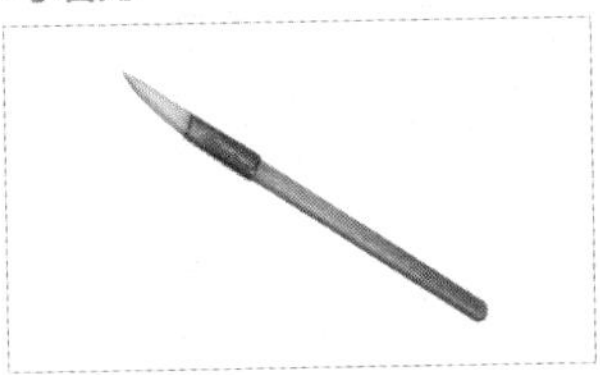

使用刀侧用力压磨作品表面，可使作品光亮。

温泉液

用于给银饰硫化熏黑上色。

小苏打粉

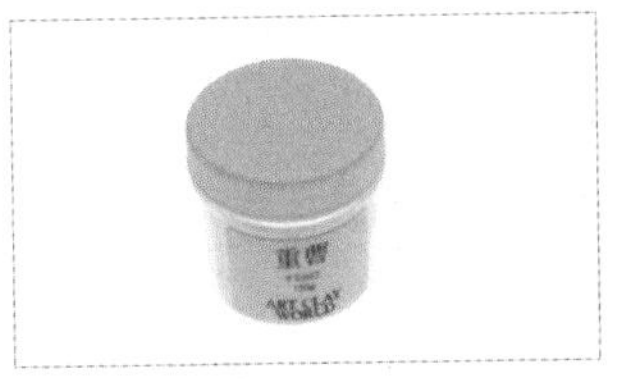

清洁银饰时使用。硫化着色前先将银饰表面的脏污去除，使上色更均匀。

拭银布

擦拭银饰，使其光亮。（不可水洗。）

尖嘴钳

弯折银线、安装金属配件时使用。宜选择平口、无牙的。

剪钳

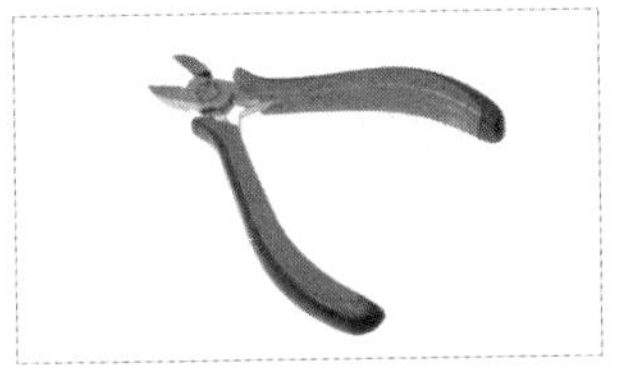

用于剪断银线、金具或银链。

AB 接着剂

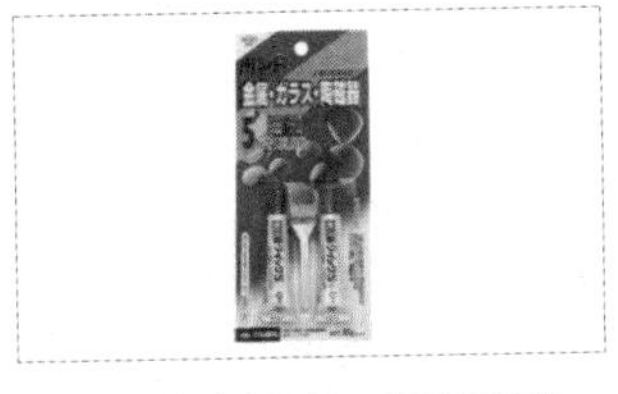

在完成的作品上，固定珍珠、天然宝石和金属配件时使用。选用透明、速干的 AB 接着剂为佳。

电动打磨机

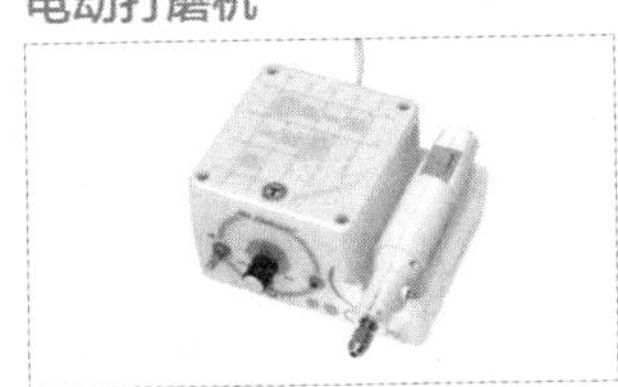

在打磨机笔的前端安装各种型号的打磨头，通过高速转动对作品进行抛光，快速又省力。

旋风抛光轮组

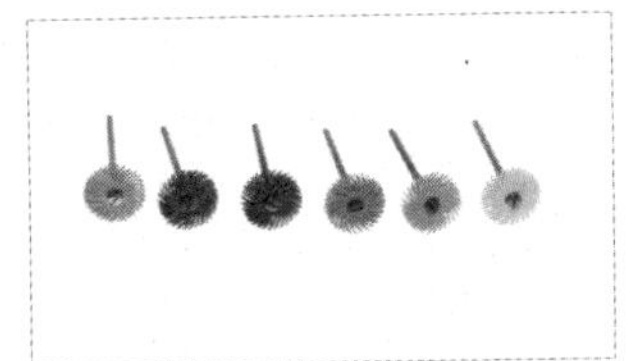

搭配打磨机使用，在作品上快速打磨出有镜面效果的光面。

基础技法

练土

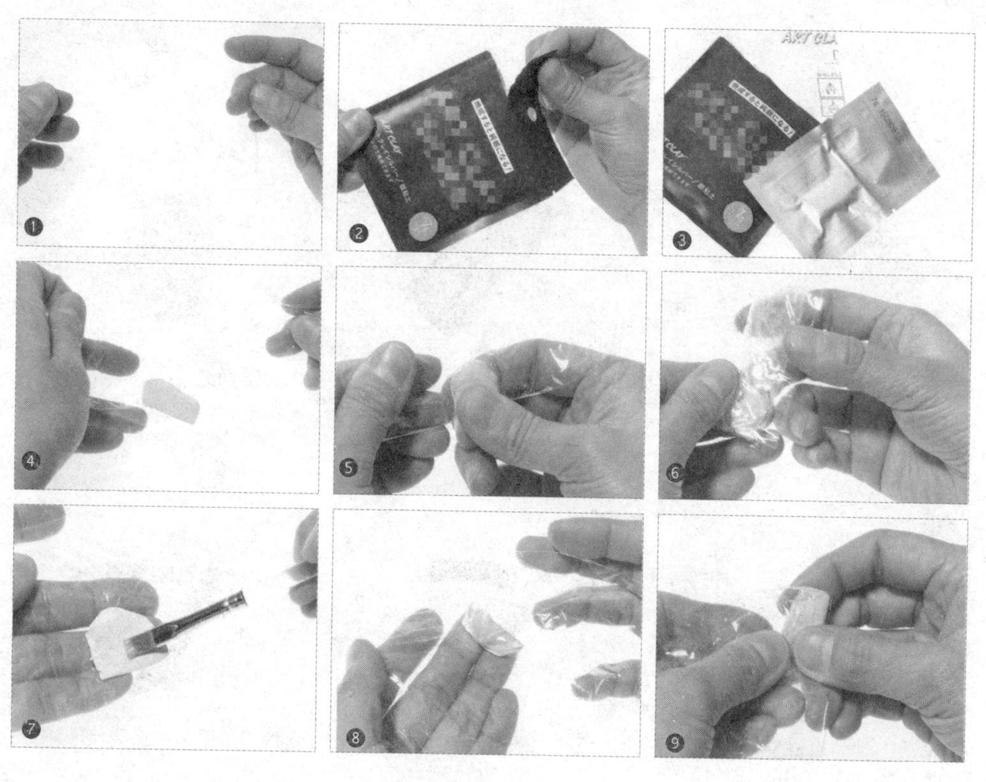

① 先撕下一张 A4 纸大小的保鲜膜，对折备用。

②拆开银黏土外包装。

③包装内有使用说明书和真空铝箔包。

④撕开铝箔，取下透明胶膜后，将银黏土放置在保鲜膜中间。

⑤先对折银黏土，揉捏一下，挤出银黏土中的空气。（新土湿度适中，可直接塑形使用。）

⑥若非新土，先将银黏土隔着保鲜膜，用塑胶滚轮擀压成约 1 毫米的厚度。

⑦用水彩笔刷刷上一层薄薄的水，这样水分才会均匀渗透进银黏土中。（如果水加得太多，银黏土会黏糊糊的，不利于作业。）

⑧隔着保鲜膜将银黏土湿的面朝内，对折或三等分折。

⑨充分揉捏银黏土，使水分均匀分布并挤出里面的空气。（若银黏土仍不够柔软，可重复步骤⑥至步骤⑨，直到接近新土的柔软度。）

塑形——擀片状

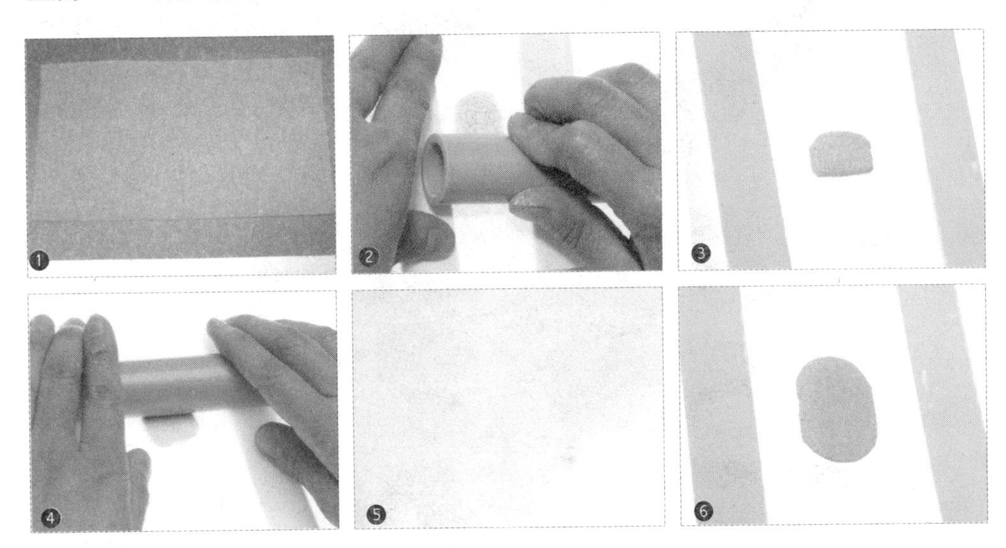

① 取一张 A4 纸大小的纯银专用纸（或烘焙纸）对折，可避免银黏土在擀压时粘黏。

② 打开对折的烘焙纸，在两侧摆放作品所需厚度的亚克力板。

③ 将练好的银黏土折叠使其厚度高于亚克力板，并将其放置在两块亚克力板中间。

④ 盖上纯银专用纸，向垂直方向滚压（塑胶滚轮必须能压到两侧的亚克力板）。

⑤ 由于纯银专用纸吸水，表面会起皱褶，因此要不时地移动作品的位置继续滚压。

⑥ 将银黏土擀成与亚克力板相同厚度的薄片。

小贴士

①操作桌面一定要平整，也可在切割垫等平面物体上进行操作。

②擀压时，如果银黏土有裂纹，擀平后裂纹也会出现，所以擀压过程中要尽量使银黏土光滑无折痕。

③若只向一个方向擀压，银黏土会变得细长，这时，可以改变亚克力板的位置，从纵、横、斜各个方向将银黏土擀成所需的形状和大小。

④此方法可以用来转印铅笔草图。

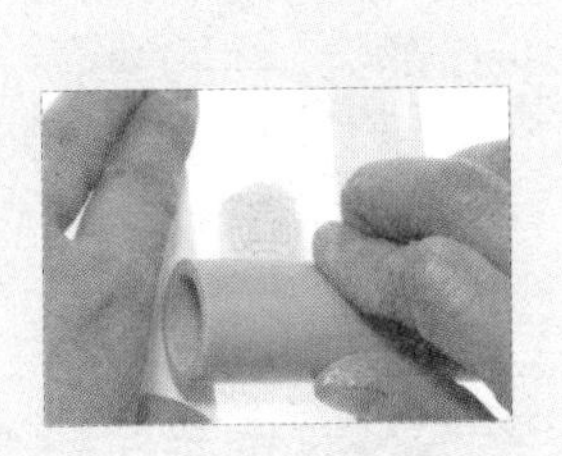

塑形——搓揉

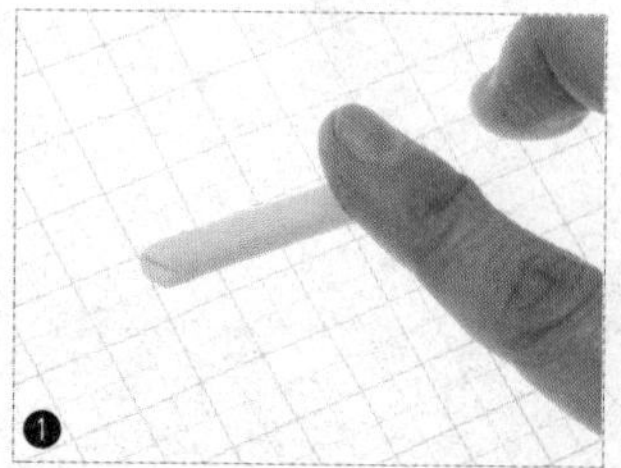

技法 1

① 取练好的银黏土，先用手指搓成粗长条。

② 如果想让条状银黏土有粗细变化，可以用手指搓揉完成。

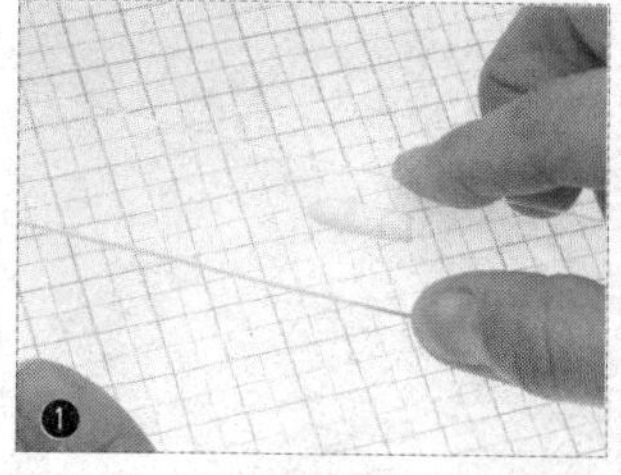
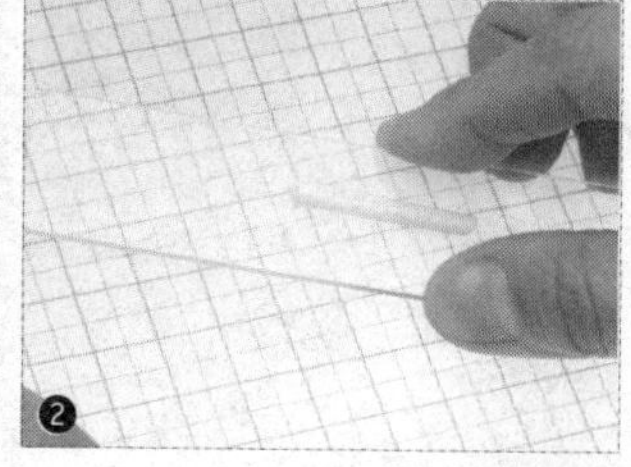

技法 2

① 若要将银黏土搓成细条状，可搭配透明亚克力板来操作。

② 用一点力道向下压，在银黏土上前后移动亚克力板，便能滚出非常均匀的条状。

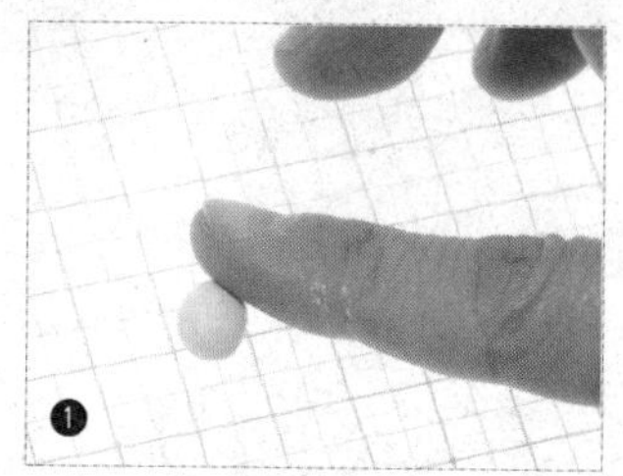
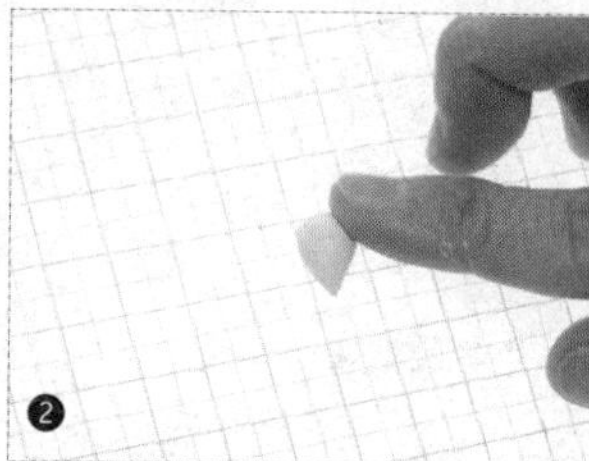

技法 3

① 搓球状也可以采用与技法 1 和技法 2 同样的方法。

② 将球状的一端搓尖，即形成水滴状。

操作须知

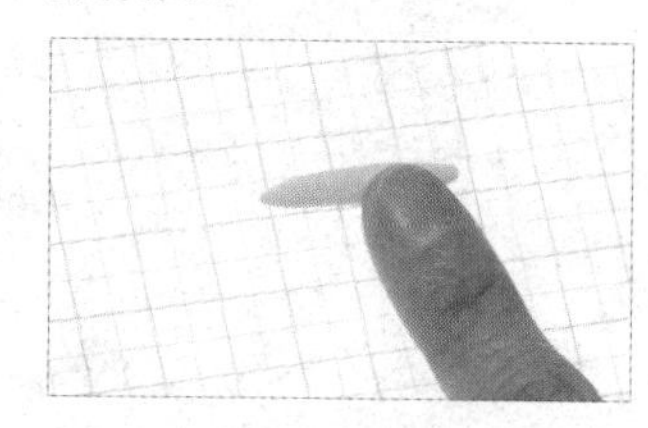

若头尾不裁切，想要制作成漂亮的尖形或圆头，请在搓细之前，将银黏土的两端搓尖或捏圆。

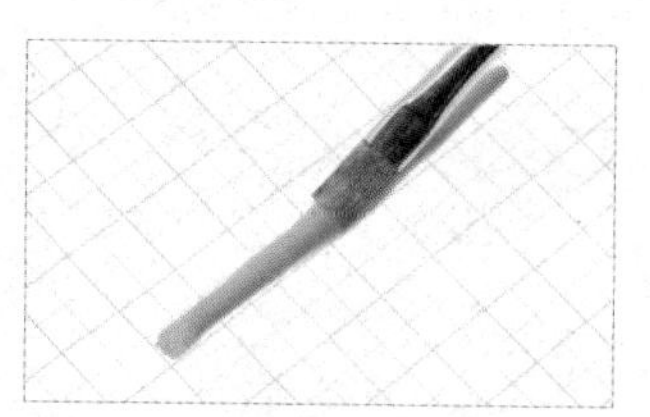

如果银黏土表面产生龟裂，可用水彩笔刷在表面刷薄薄的一层水，等水痕略干再继续搓揉。

小贴士

①纯银专用纸有吸水的特性，在其上搓土极易干燥，建议在光滑的垫板或 L 夹上制作。

②以动作迅速为原则，当土况不佳时，建议回收练土，将银黏土的湿度调整好再重新操作，以便能一次搓出既平滑又漂亮的外形，这样会省去后续修补裂纹的麻烦。

塑形——涂绘（用膏状银黏土完成一件作品）

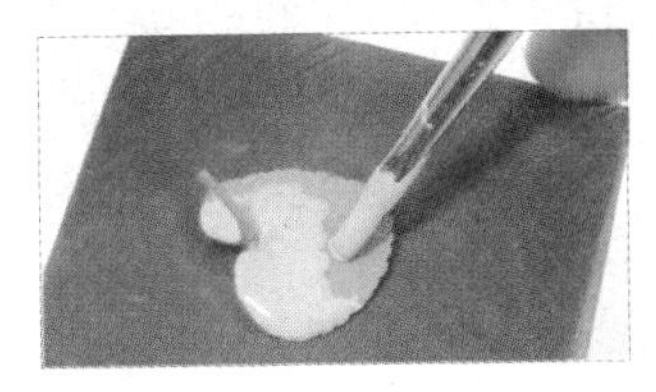

恰当调整银膏的浓度，用水彩笔刷蘸取银膏，涂绘在纹路明显的物件上，例如纱布、叶片、羽毛等。

反复涂绘银膏直到其完全干燥，达到 1 毫米的厚度，经高温烧制，待物件化为灰烬，剩下的便是物件拓本的纯银饰品。

塑形——图案表现

减法（柔软的银黏土适用）

利用各式工具，运用切割、钻孔、镂空、刻划、拓印、雕刻等方法，将银黏土制成想要的模样。

◆切割法

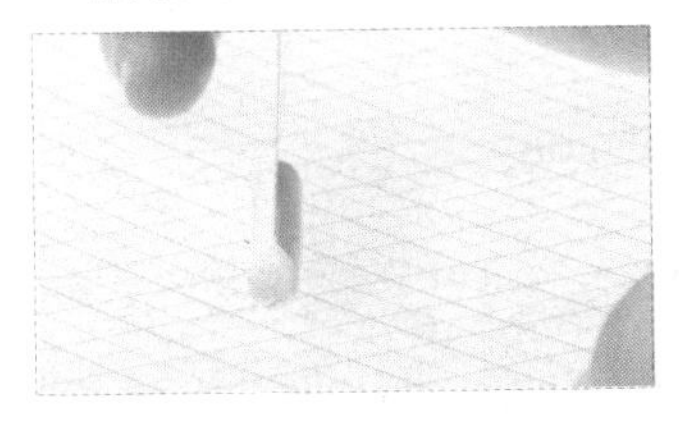

使用塑形刮片压切长直线，也可以弯曲操作切出大弧面。

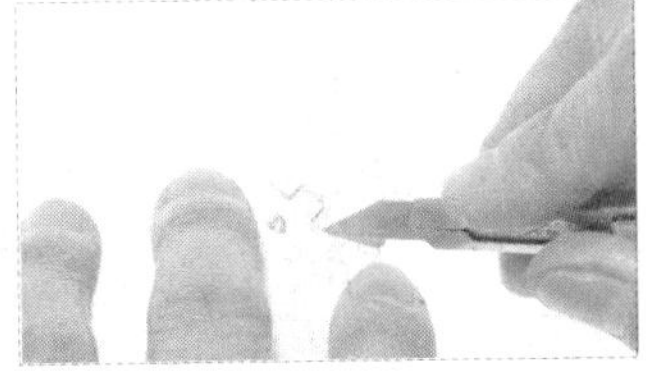

使用美工刀在转折、细微处切割，注意刀刃要垂直。

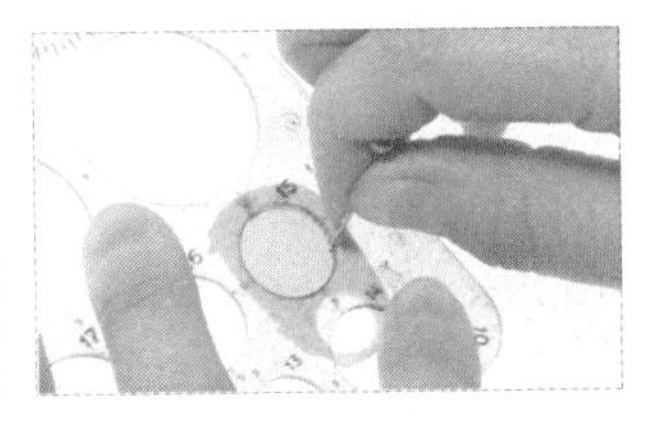

与圈圈板搭配使用，切割圆形。

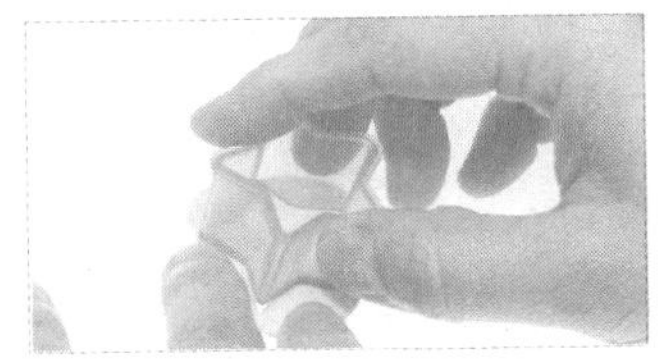

收集喜欢的小模型，直接压模取型更简便。

当立体塑形无施力点时，小剪刀是非常方便的辅助工具。

◆钻孔法

用钻头铁钳夹紧钻针，顺时针旋转即可钻孔。镶嵌圆形宝石时也可以运用这种方法钻出圆锥状凹槽。

◆镂空法

用尖状物如竹签、铅笔、钻子等直接刺穿银黏土。

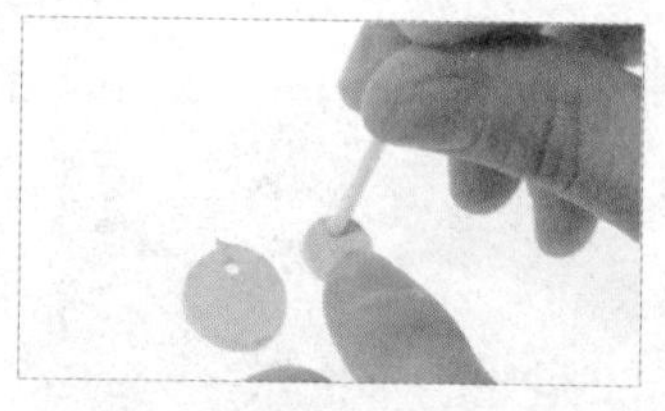

用管状工具如吸管垂直按压到底再提起（记得回收吸管里的银黏土）。

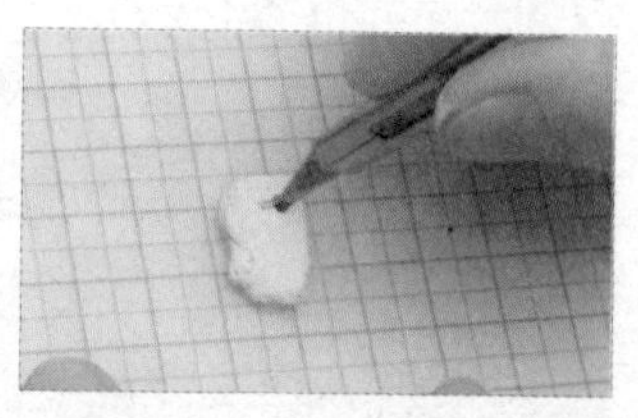

对于细条或方形的洞，直接用美工刀划，再挑出银黏土。

◆刻划法

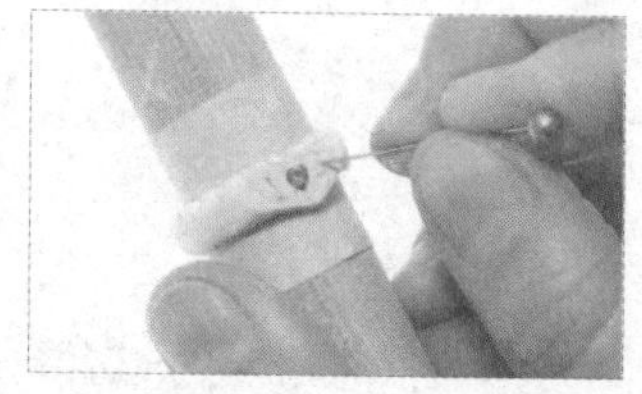

用珠针或牙签，轻松刻划图案、文字，不用理会随之刮起的银黏土屑，待干燥后磨掉即可。

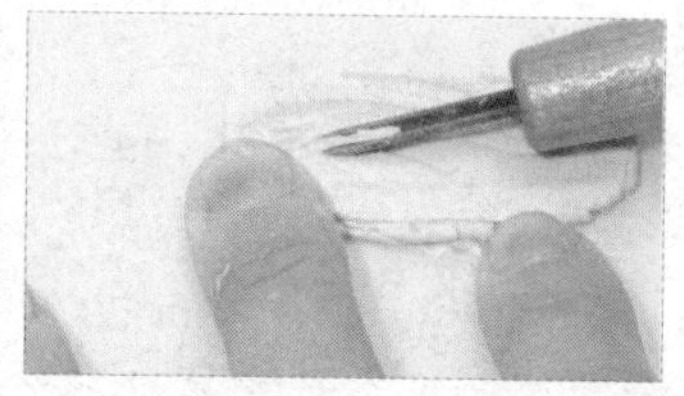

使用三角雕刻刀可雕刻出内凹的V形线条。

◆拓印法

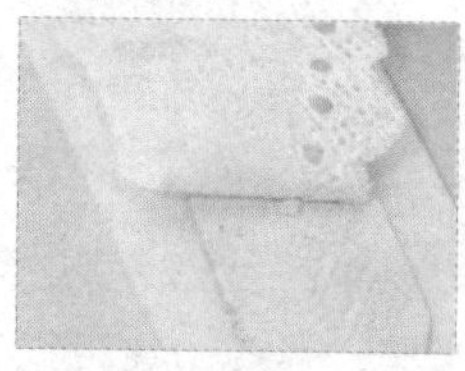

利用有纹路的小物件，如叶片、蕾丝、纱布、拉链、手指等压印出独特的、有质感的花纹。

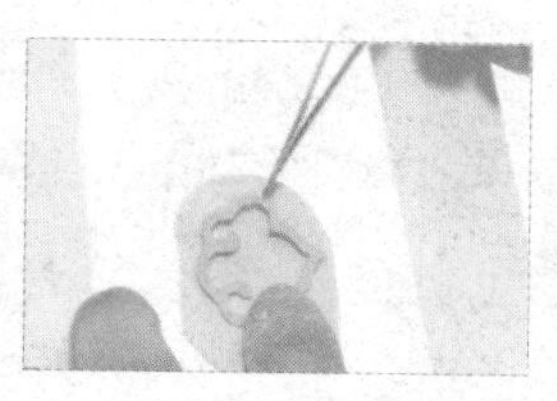

用厚卡纸刻出图案，可压拓出凹陷样子的图案。

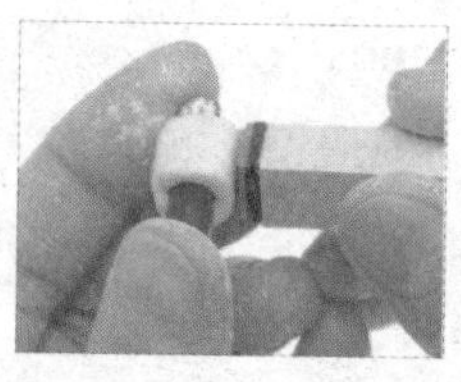

自己刻的或现成的橡皮章，都可直接压印在银黏土上。

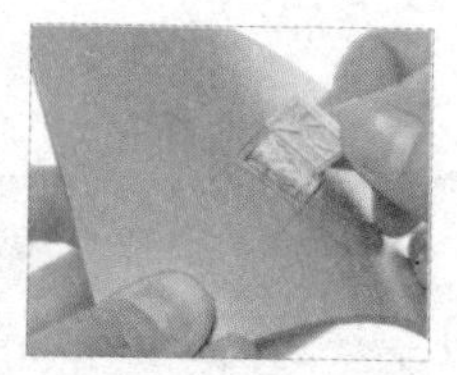

用雕刻刀在塑胶板上刻出图案，可压拓出浮凸的图案。

◆雕刻法（干燥的银黏土适用）

运用雕刻针笔（笔芯为硬度很高的钢材）重复刮写图案或文字，以达到自己想要的深度。

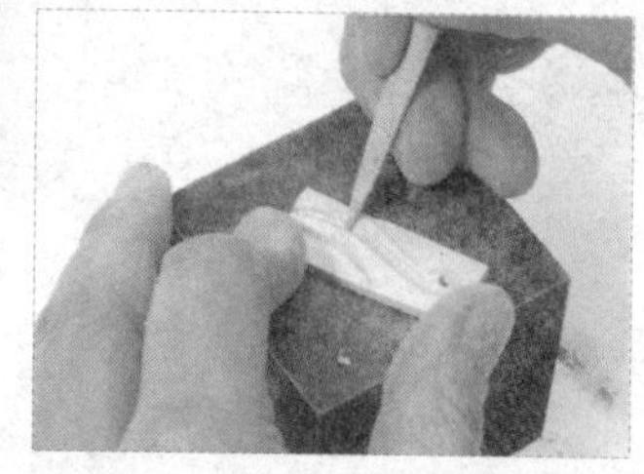

选用三角、圆形、长方形的锉刀，锉磨出图案，锉刀不同线条效果皆有所不同。

加法（柔软或干燥的银黏土皆适用）

运用加法，如黏合、堆积等方法将银黏土加工成自己想要的模样。

◆黏合法

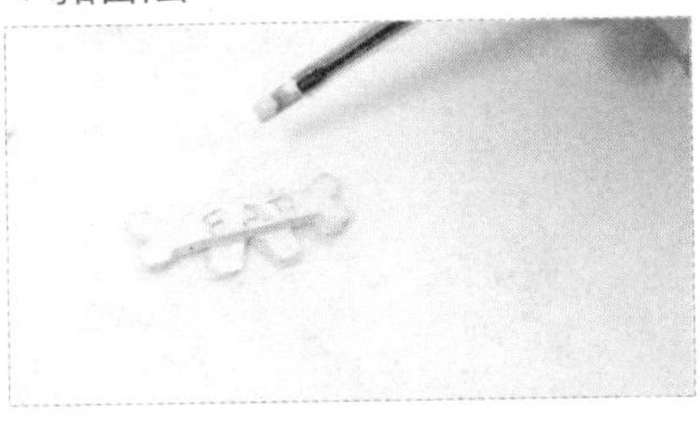

用水彩笔刷蘸膏状黏土，黏合两个或两个以上的塑形物件。

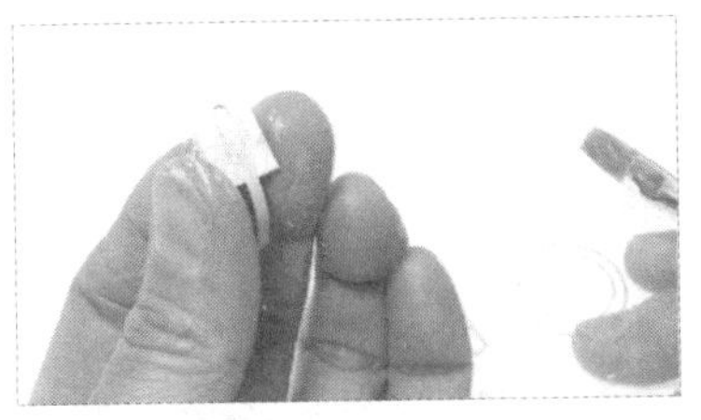

用水彩笔刷刷水的方式让接着面有黏性，让两个物件相互黏合。（若接着面小或是黏合金具，此方法并不适用。）

◆堆积法

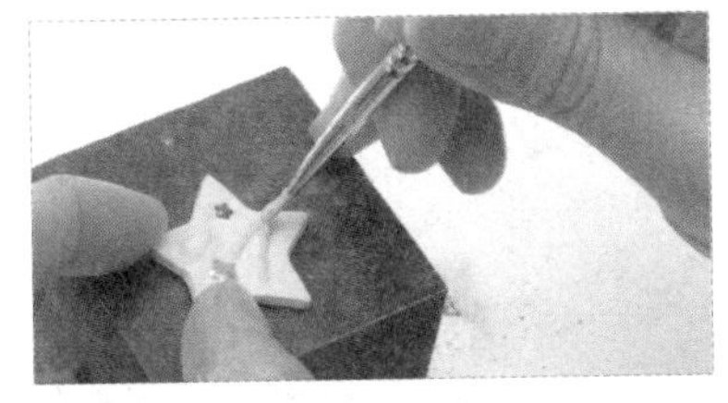

堆积膏状银黏土，可以呈现出立体的浮雕效果。但银膏不宜太稀，否则线条易散乱。

用针筒状银黏土搭配不同型号的针头，挤出均匀的粗、中、细线条绘制图形。注意线条与块状土间要贴合，烧成后刷结晶才不易断线。

塑形——捏塑

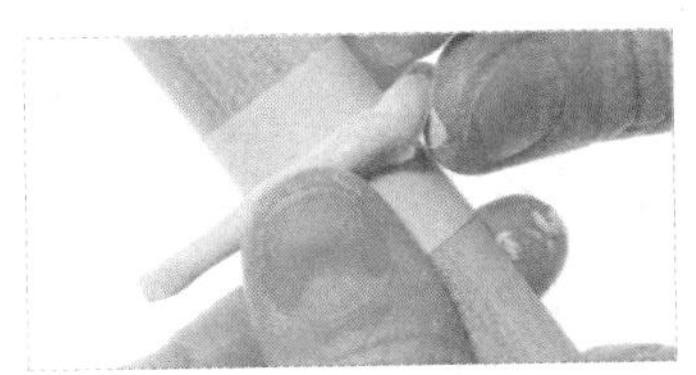

徒手捏塑、抚平。

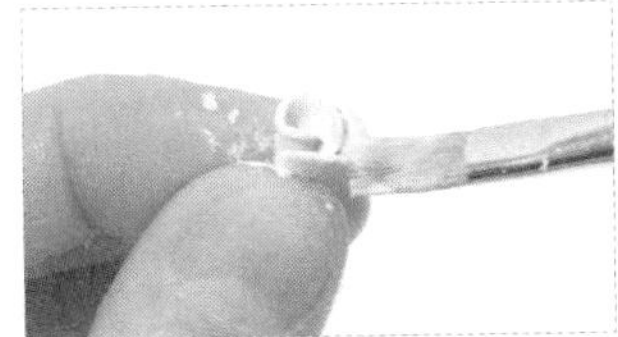

在对银黏土做弯曲、转折或缠绕动作前，无论弧度大小，都要先用水彩笔刷刷薄薄的一层水，使水分渗透到银黏土中再操作。

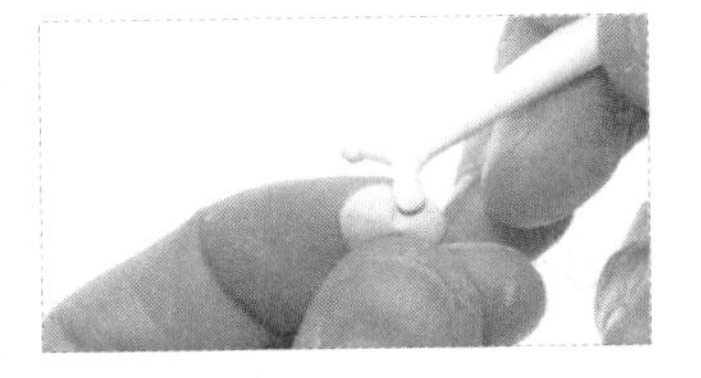

运用黏土工具推压。

小贴士

①当银黏土还柔软时，以往玩黏土的任何技法都可运用于银黏土的塑形上。

②银黏土是水性黏土，极易干燥，需要以水彩笔刷或手指蘸水保持银黏土湿润，并尽快完成塑形。

金具固定

如果将宝石台座、插入环、胸针等金属配件安装在纯银黏土上，不需要用传统的焊接方式就可简易固定。需要注意的是，在烧制前，如果金具上沾有银黏土，需要用珠针剔除干净。

◆宝石台座（柔软状态下的银黏土）

正插：用镊子夹住台座的上缘，将基座垂直压入银黏土中，并拿高平视，注意保持水平，避免再次调整位置，以免台座松动。

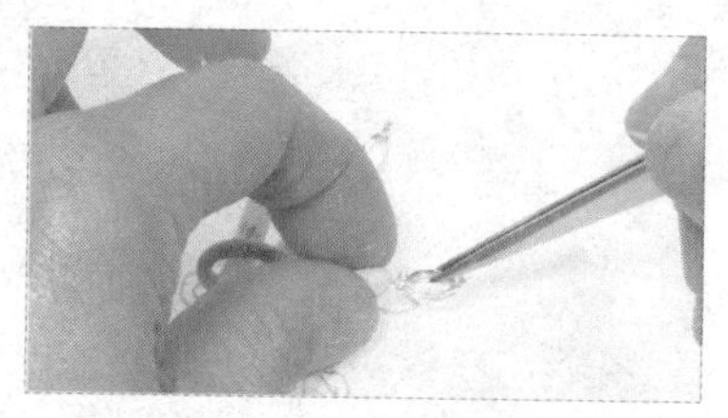

侧插：用镊子夹住侧插台座的宝石框边，将其水平插入银黏土的侧边中。

◆插入环

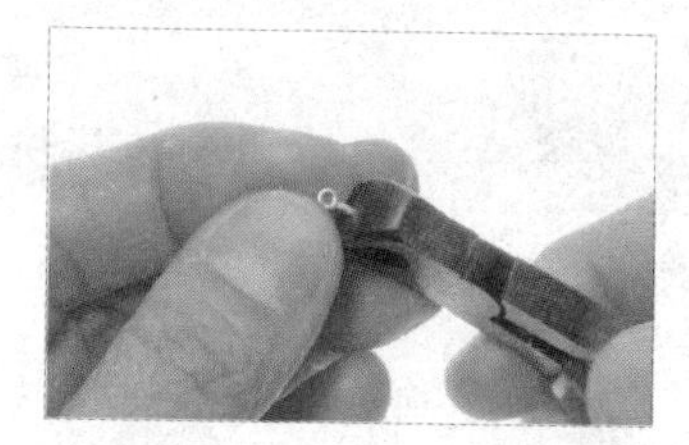

如插入环长于作品，可先用剪钳修减，这样末端才不会外露，但不宜剪太短，以免松脱。

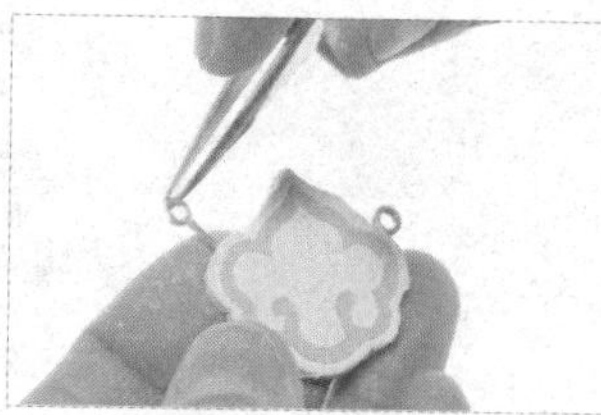

如果是厚度 1.5 毫米以上的作品，趁银黏土还柔软时，用镊子夹住插入环的小圈，水平推入银黏土中（中间略偏后一些），只留下小圈在银黏土外围。

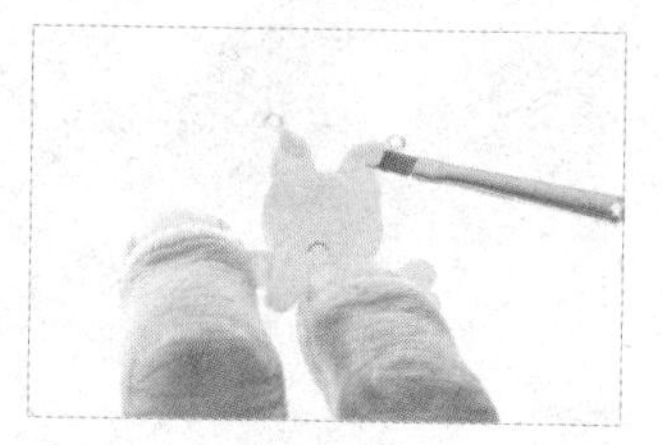

厚度为 1 毫米或较薄的作品，在干燥固化的银黏土背面，涂上少许银膏，摆放插入环，蘸取浓稠的银膏，覆盖插入环锯齿段，直至看不到插入环锯齿边缘，并形成小丘状。

◆钩扣

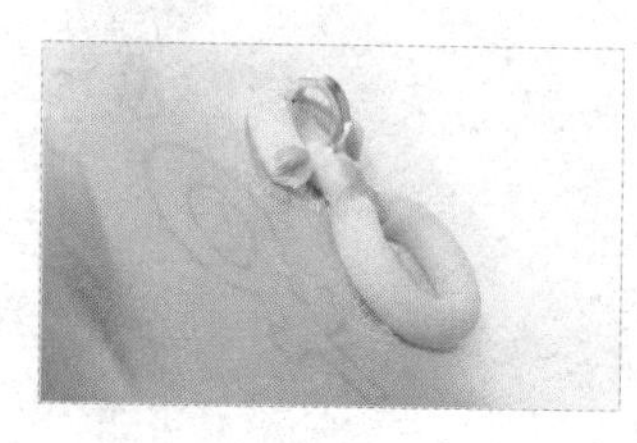

在银黏土还柔软时，用镊子夹取钩扣直接垂直压入。若在银黏土干燥后安装，可用锉刀磨出或用钻头钻出两个凹槽，放入钩扣再用银膏填满固定。

（注意作品重心问题，尽量安装在整体作品上端的 1/3 范围内，这样佩戴时才不易向外翻转。）

◆蝶形胸针

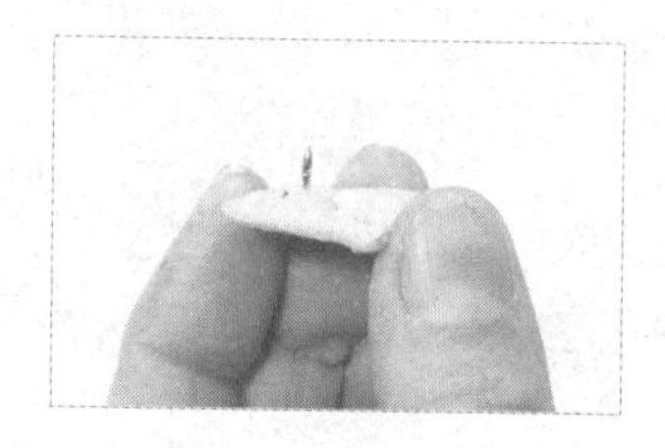

如果是较薄的作品，先涂少许银膏，再放上胸针配件，然后用浓稠的银膏覆盖，必须完全覆盖圆底座，只留下针头和小凸起。对于较厚的作品，待其干燥后，用 3 毫米的钻针钻一个小凹槽，放入胸针配件圆底，再用银膏填满固定。

（安装前需注意作品重心，尽量安装在整体作品上端的 1/3 范围内。只固定胸针的圆底座，盖子不能烧，须先拔掉。）

◆ C 环

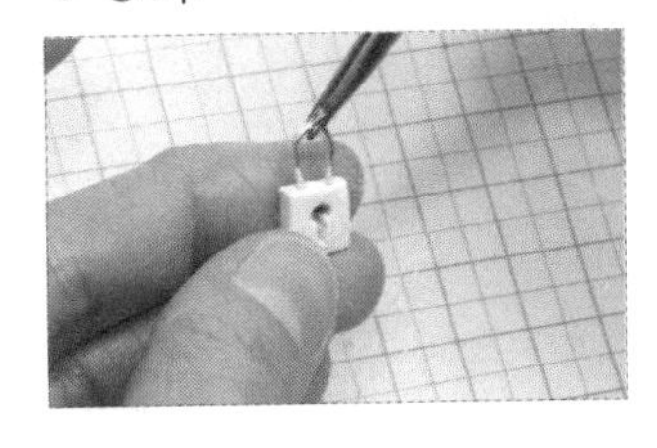

用镊子夹住U形顶端，水平插入上方的中央位置。

（用尖嘴钳将开口圈的切口两端夹直，并用锉刀将末端表面磨成粗糙面。）

宝石固定

宝石除了用爪镶台座固定，还可以直接嵌入。本书中使用的合成宝石（锆石、尖晶石、合成红蓝宝石），多能耐高温，所以可嵌入银黏土一起烧制固定，极其方便。（黑色、翠绿色宝石遇高温颜色会变淡，不能烧制。）

◆柔软状态下的银黏土

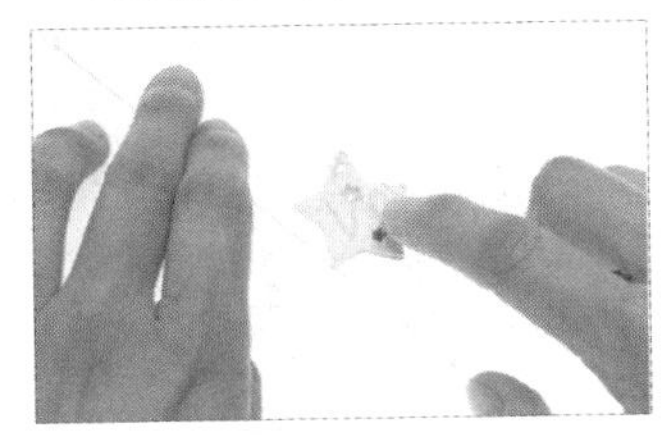

用镊子夹取宝石，将尖锥垂直压入银黏土的表面，直至宝石表面与银黏土在同一水平面上。

◆干燥固化的银黏土

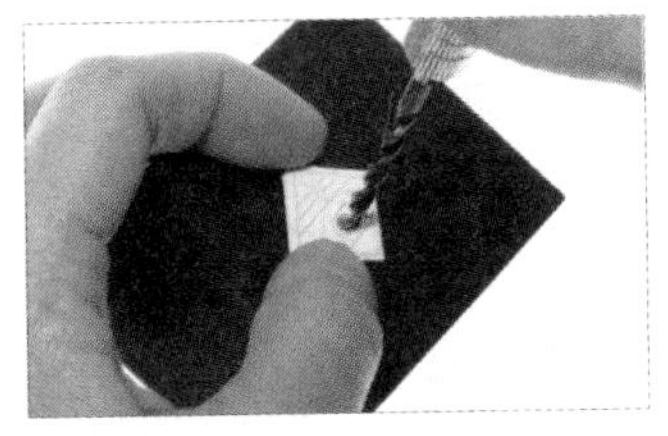

选用与圆形宝石相同直径的钻针，钻出一个圆锥形凹槽，直到宝石能与周围的银黏土贴合。

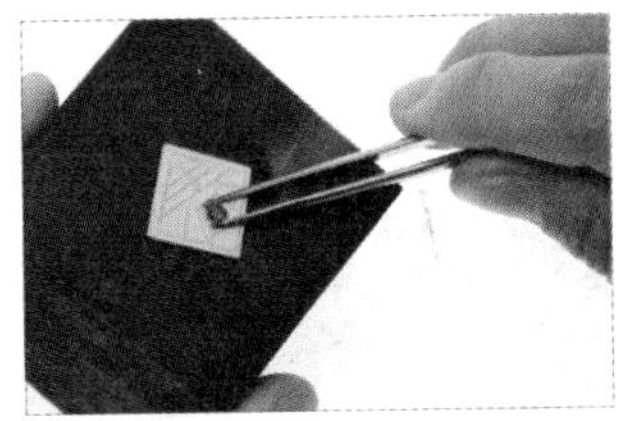

用水彩笔刷蘸取少许银膏，涂匀宝石凹槽，注意水平放入圆形宝石。

◆珍珠等单孔装饰物

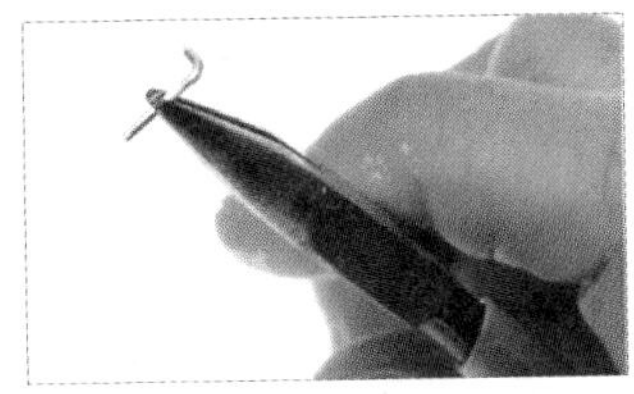

先将纯银线（0.8 毫米粗细）剪下约 10 毫米长，用尖嘴钳将一端（2 毫米处）弯折成L形。

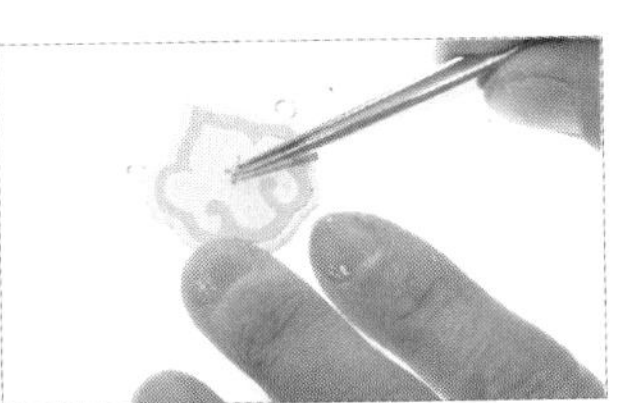

用镊子夹取银线，将其垂直压入银黏土内，蘸少许银膏将细缝填满，银线露出的高度须比周围水平面高出一点点。

修剪银线使其与珍珠孔深度一致，蘸少许调匀的 AB 接着剂于银线上，插入珍珠孔，等待 AB 接着剂硬化。

小贴士

其他天然石，因有变色、破损的可能，所以需采用爪镶、包镶、缠绕等方式固定。

干燥

银黏土塑形完毕后，待其干燥凝固定型。银膏修补、黏合或刷水抚平，皆需重复加以干燥，完全干燥的作品如同石膏一般。

◆吹风机

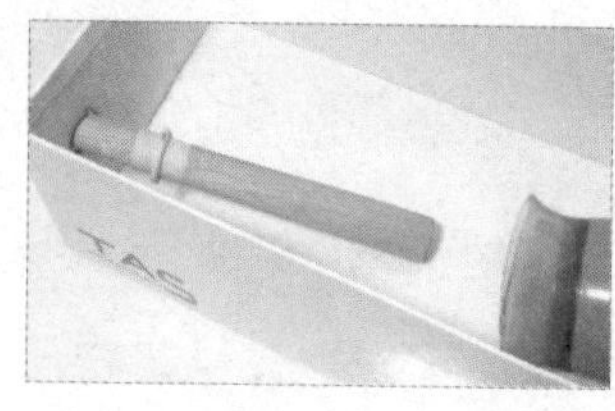

进行立体塑形时，如戒指等作品，凝固定型前，需设法悬空或手拿木芯棒待其干燥，不能平放，以免底部被挤压变形。

将作品靠近风口，让作品整体吹热风。一般厚度的作品需干燥 10 分钟，若作品较厚则需延长烘干时间；叶片涂绘、针筒作品或局部修补，则干燥 5 分钟即可。

◆电烤盘（保温盘）

烤盘铺上烘焙纸避免粘黏，温度设定在 200℃以下，如超过 250℃，会破坏结合剂的成分。其干燥时间与吹风机干燥时间相同。

◆电气炉

使用时升温至 700~800℃时，也可将作品放置在炉顶上方，干燥 30 分钟。

◆自然干燥

需要一天以上的时间，如果天气干热则会快些。

修磨

对干燥、凝固后的作品，进行填补、磨平、切削等修饰作业。

◆填补

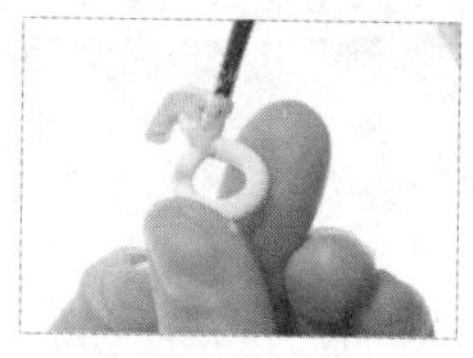

用银膏填补裂痕、修补衔接点，再次干燥。

◆磨平

平面作品以橡胶台做支撑，修磨时增加手部稳定度。（若银黏土未完全干燥，银粉会卡在锉刀上，使工具生锈。）

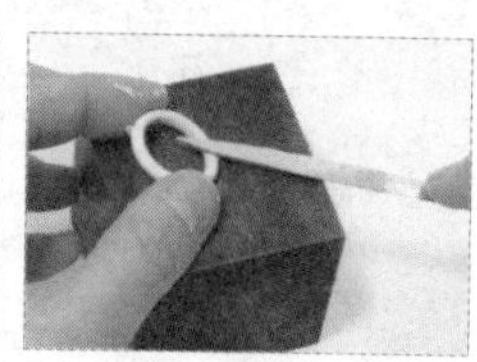

立体塑形时，用手指托住修磨处，选择合适的锉刀（圆形、半圆形、三角形、扁平形塑形锉刀）。

◆切削

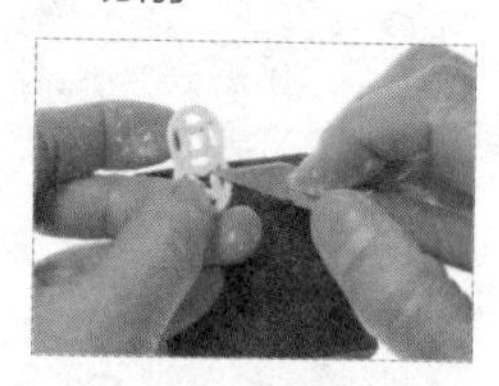

如遇不易使用锉刀修磨的细小孔洞，可用笔刀尖端慢慢刮平、削整。

烧制——煤气灶烧制

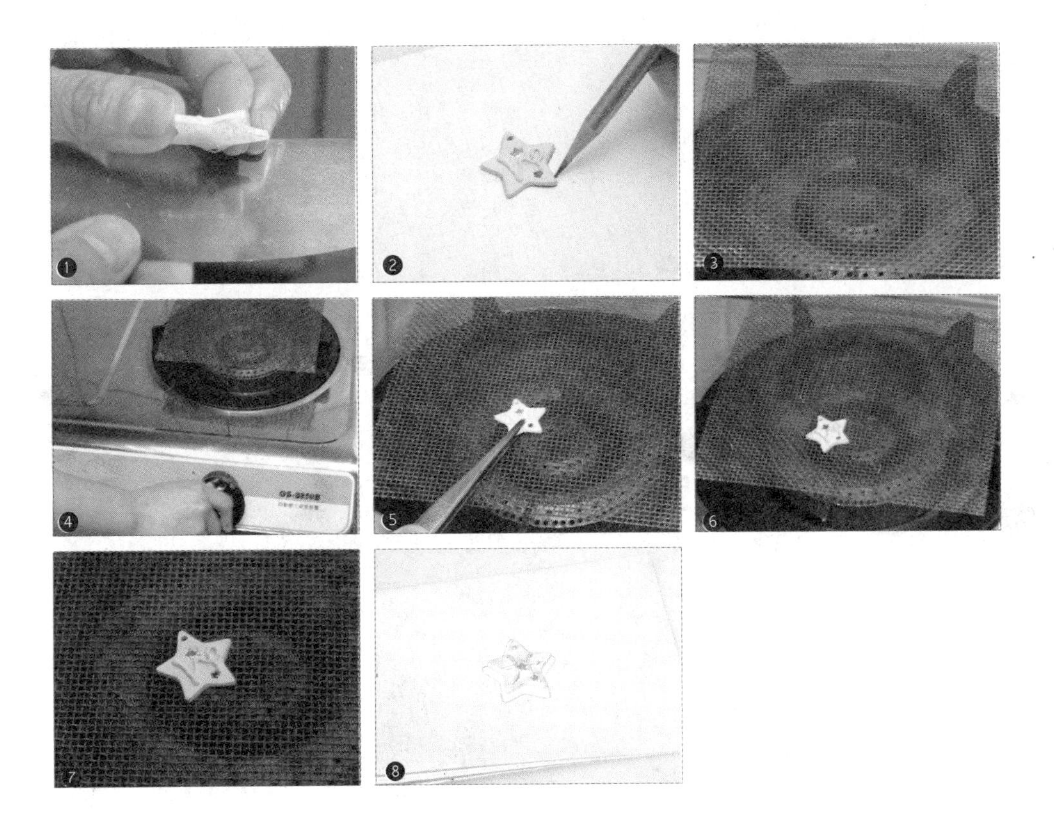

① 烧制前，请将作品放在塑形刮片或玻璃上静置 1 ~ 2 秒后再拿起，观察钢片上是否有水汽。如果没有水汽产生，表示银黏土已经完全干燥，可以进行烧制。（如果银黏土内含水分，烧制则有破裂的可能。）

② 为确认是否已经完全烧好，可以将完全干燥后的作品的大小画在纸上。

③ 烧制时，周围不可有易燃物。将不锈钢烧成网放在煤气灶架上，确认烧红的部位，然后开大火。

④ 确认部位红热后，将火暂时关闭。

⑤ 用长夹子将作品放在红热的部位上。（红热的部位会变黑，所以即使熄火也可以看得很清楚。）

⑥ 再度将火打开，待不锈钢网烧红后计时，经过 8 ~ 10 分钟便可烧成。

⑦ 烧成后将火关闭，静置 20 分钟，以待冷却。

⑧ 烧成后，表面的银因结晶化而变得发白。银黏土烧成后长度会收缩 8% ~ 9%，掉落时会发出金属的碰撞声。

细针筒或银线等微细作品，用煤气灶烧制时若超过 900℃，有烧熔的可能，烧制时要特别注意。

烧制——电气炉烧制

① 将作品放在耐热板上之前，必须确认银黏土已经完全干燥，方可进行烧制。

② 立体塑形作品，当无法平放或者下方有空隙时，需用耐热棉撑托，以防作品塌陷、变形。

③ 插上电源，将电气炉主开关（MAIN）推到打开（ON）状态，将热耗率（HEAT RATE）推到最大（HI）。

④ 绿色数字显示的是目前炉内温度，将设定温度（红色数字），按▲或▼调到 800℃。

⑤ 当炉内温度上升至 800℃时，打开炉门，用长夹将耐热板连同作品一同送进电气炉内。

⑥ 关上炉门，待回温至 800℃时，持温计时 5 分钟。

⑦ 将热耗率（HEAT RATE）推至关（OFF），用大夹子将作品连同耐热板一起夹出。

⑧ 放在绝缘的瓷砖上等待充分冷却，并将电气炉主开关（MAIN）推至关（OFF）。

⑨ 烧成后，表面的银因结晶化而变得发白。银黏土烧成后长度会收缩 8% ~ 9%，掉落时会发出金属的碰撞声。

抛光

作品经高温烧制后，已成为 999 纯银，依据自己的喜好做抛光处理，会呈现与高温烧制后不同的纯银质感。

◆刷结晶

将白色结晶刷除干净，便能显露出柔和的纯银光泽，是一种毛细孔状的梨皮质感。

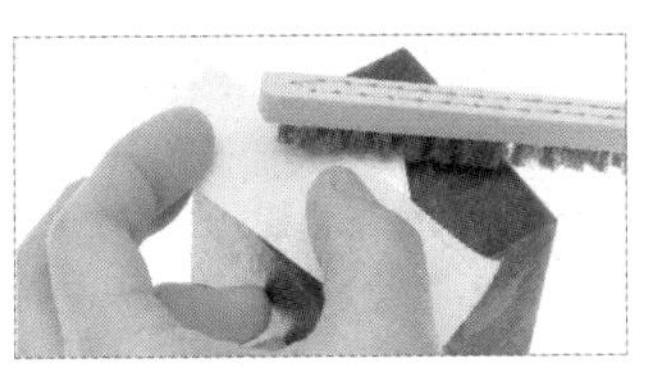

请小心避开宝石，宝石如果被刷花会失去光亮。（银结晶要刷干净，时间久了会变黄。）

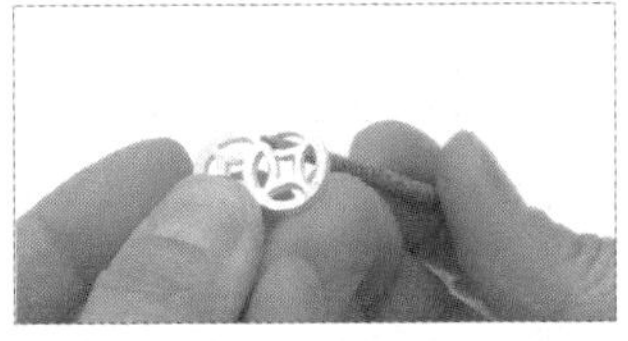

不易刷到的孔洞部位，可用圆形锉刀摩擦去除结晶。

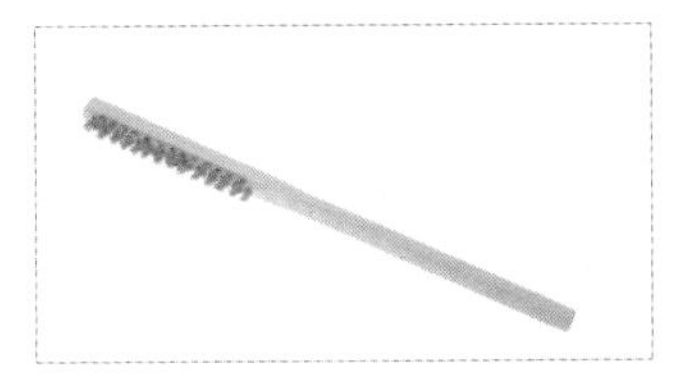

短毛钢刷毛短且细，可刷戒指内侧的结晶。

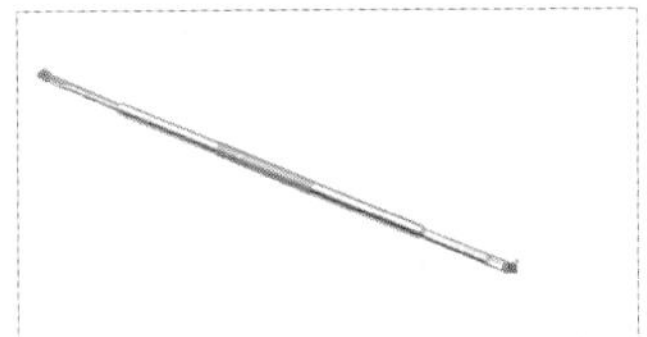

此为双头细密钢刷。细致的刷毛适合刷除塑形复杂、针筒线条作品的结晶。

长毛钢刷可以应用在塑形简单、面积大的作品上。（可以用短毛钢刷取代。）

◆打磨

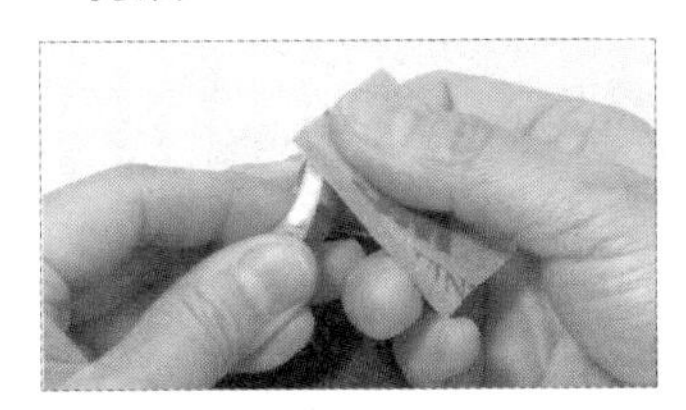

将作品梨皮质感的粗糙面打磨成较细致的表面。设法避开宝石，勿将宝石磨雾。

①用海绵砂纸打磨立体作品较省力，可以将砂纸剪成小块进行推磨。

②使用顺序为：红色 320~600 号粗砂，蓝色 800~1000 号中砂，绿色 1200~1500 号细砂。

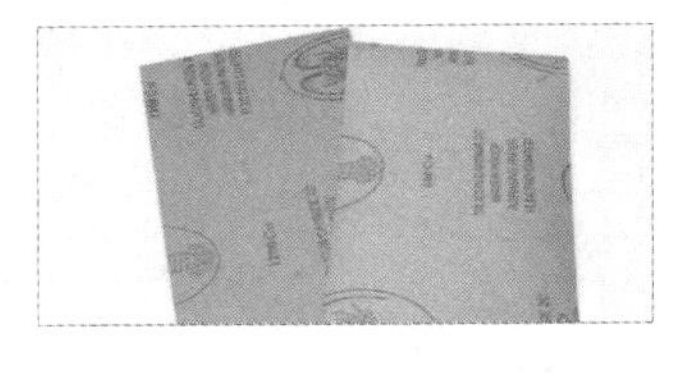

一般砂纸用于推磨平面或面积较大的作品。对于小缝隙可裁剪出小张砂纸对折后去打磨。上图为 600 号粗砂和 1200 号细砂。

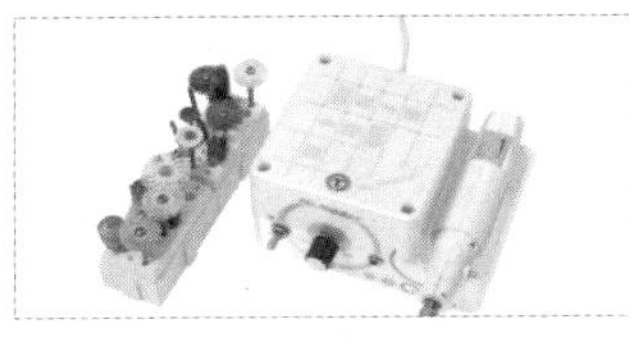

电动打磨机可以安装各种打磨头，通电后，通过高速转动来取代手工打磨，快速省力。

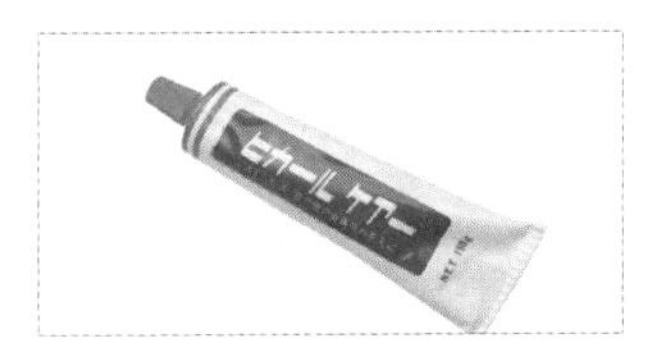

打磨剂，在镜面加工时使用，以布蘸取少许，推磨作品。最后，要用中性清洁剂将作品清洗干净，残留打磨剂会使作品变色。

◆清洗

打磨时产生的脏污和与手接触而沾染的油脂，可用脱脂剂清洗，清洗后银饰更光亮。

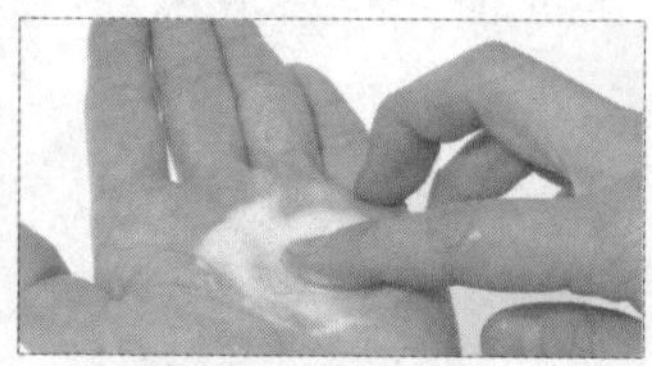

取少许小苏打于手掌心，滴几滴水调成糊状，搓洗作品。

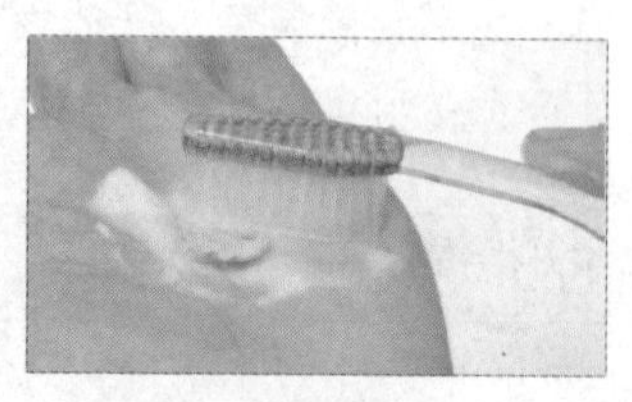

可搭配旧牙刷刷洗缝隙，用清水冲洗干净、擦干即可。

◆压光

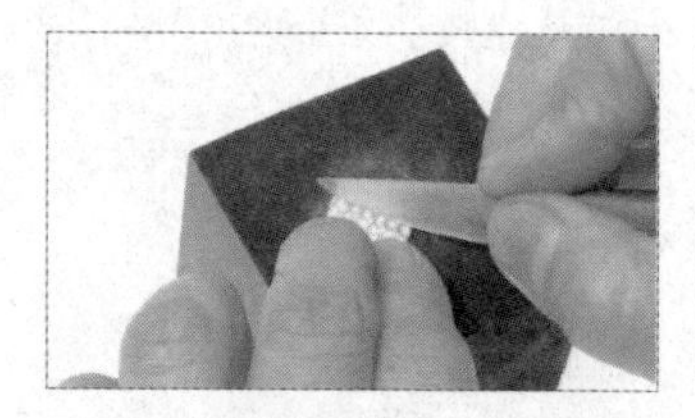

对有凹凸面的线条、凸起线条和边缘进行压光，能使作品有层次与立体感。

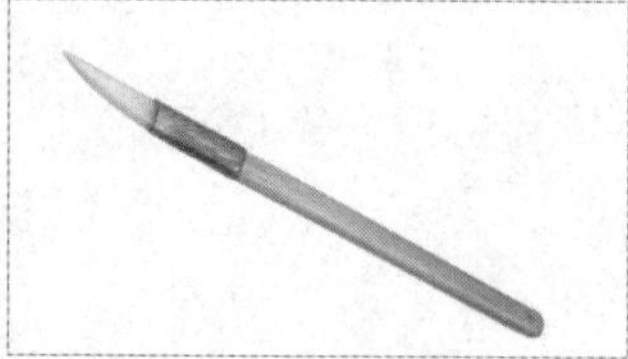

使用玛瑙刀前端刀侧圆弧面，用力压磨作品表面，使金属呈现光亮感。

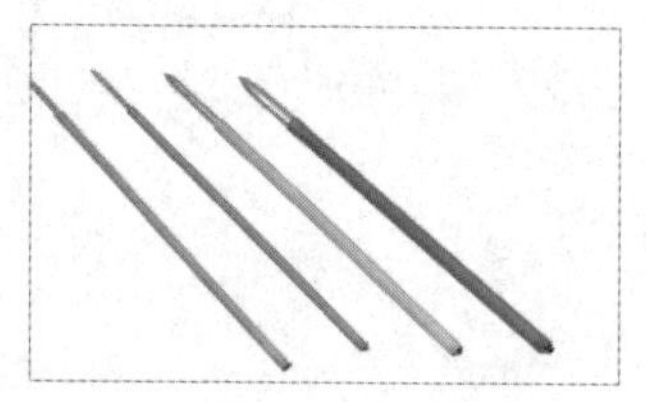

磨亮棒有粗细之分，用侧面用力压磨作品，打磨出光泽。

◆擦拭

用拭银布擦拭银饰，使其常保光亮。但要定期清洁。（拭银布擦过即黑，绝对不可水洗。）

硫化熏黑

◆清洁

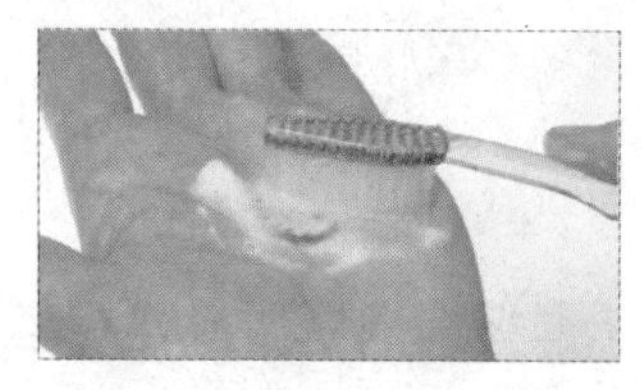

取少许小苏打调成糊状，并搭配旧牙刷刷洗，用清水冲洗干净，擦干即可。（作品表面如留有油脂，会使上色不均匀。）

◆局部上色

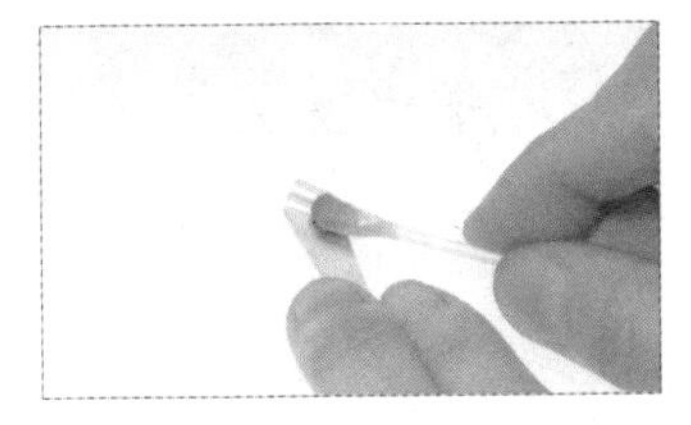

以棉棒蘸少许温泉液，涂抹在想要硫化上色的部位。

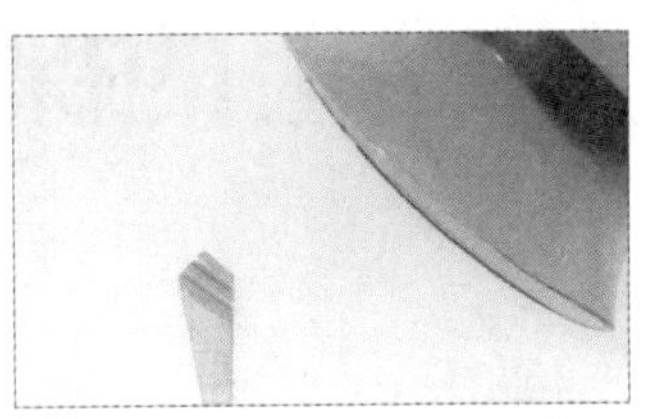

用吹风机热风吹热，加速变色，自行判断颜色是否达到自己想要的深度，达到即可停止加热。

◆整体上色

广口瓶内盛装少许热水（足以淹没作品的水量），滴入2～3滴浓缩温泉液，搅拌均匀后，将作品放入浸泡。

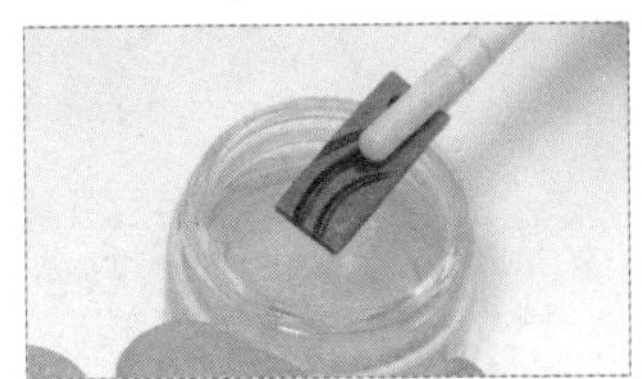

自行判断作品颜色是否达到自己想要的深度，达到后即可夹出。

◆清洗

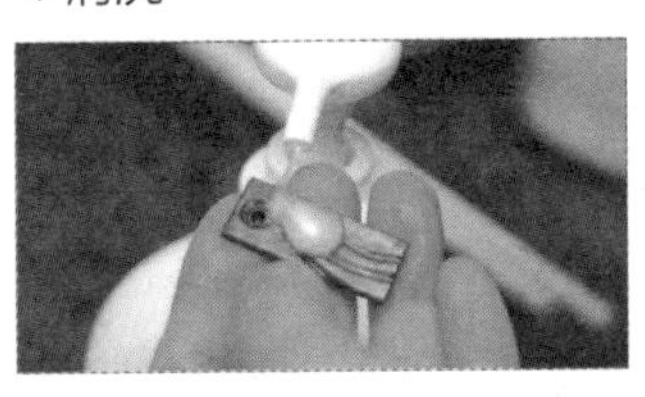

挤少许中性清洁剂清洗。（请到水槽进行彻底清洗，避免温泉液残留，使作品继续变黑。）

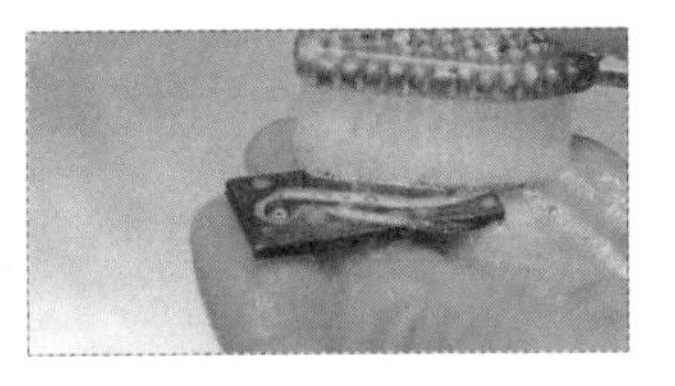

用旧牙刷刷洗作品，凹缝处必须加强刷洗，再用自来水冲洗干净，然后擦干。

◆打磨

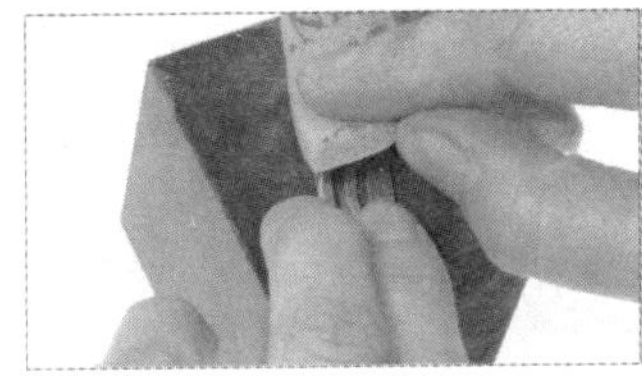

双色处理：用砂纸将平面部分磨白，雕刻凹纹处因磨不到而留下熏黑的颜色，这样就有黑白两色的效果。侧面如有染黑，也可一并磨白。

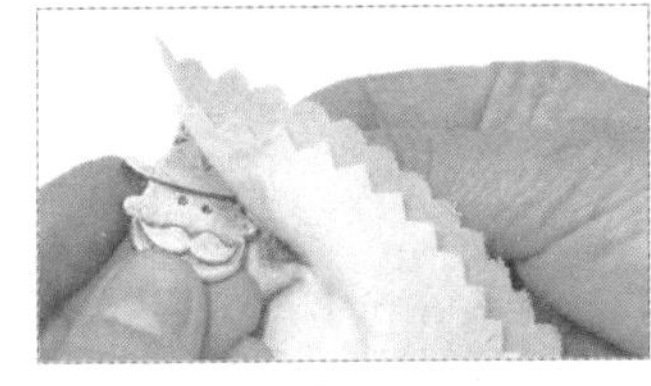

淡淡的黑：熏黑洗净后，用拭银布用力擦拭即可。

银黏土的保存方式

银黏土

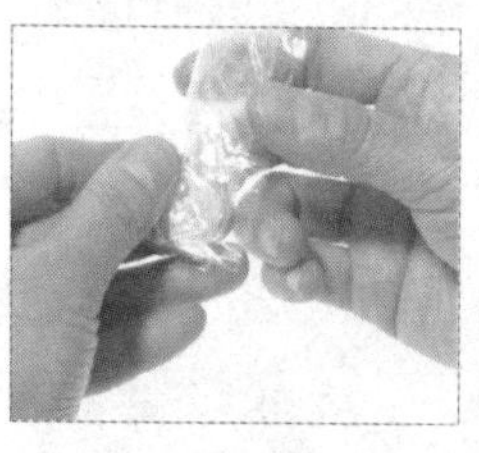

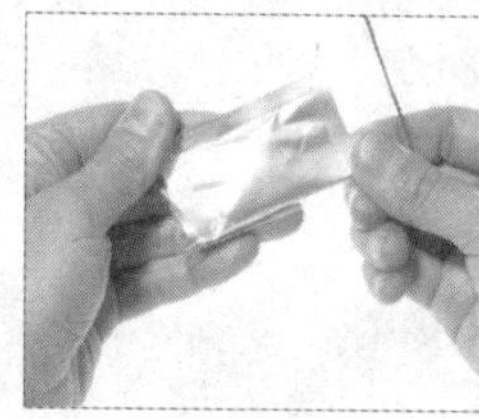

方法一：每次作业结束后要将剩余的银黏土回收，用双层保鲜膜包裹银黏土并卷折挤出里面的空气。

塞回铝箔袋然后对折，再放进夹链袋中保存。（袋内可以放 1 张湿纸巾，这样保湿效果会更佳！）

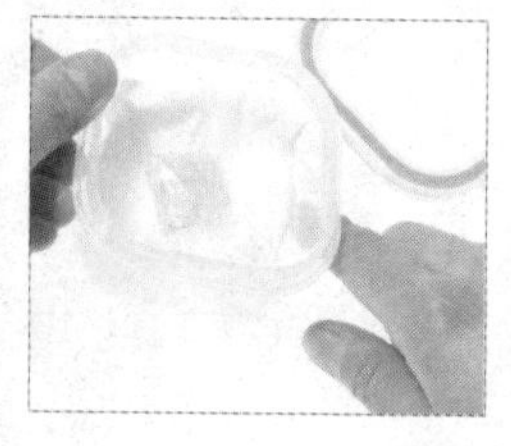

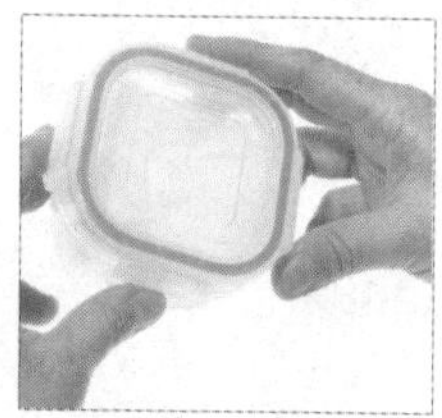

方法二：准备一个小的密封盒，底部先铺湿纸巾，再放入包裹好的银黏土。

在包裹好的银黏土上依次盖上湿纸巾和密封盒上盖，就是很好的银黏土保存盒了。（湿纸巾变干时，再滴水让它常保湿润。）

膏状土

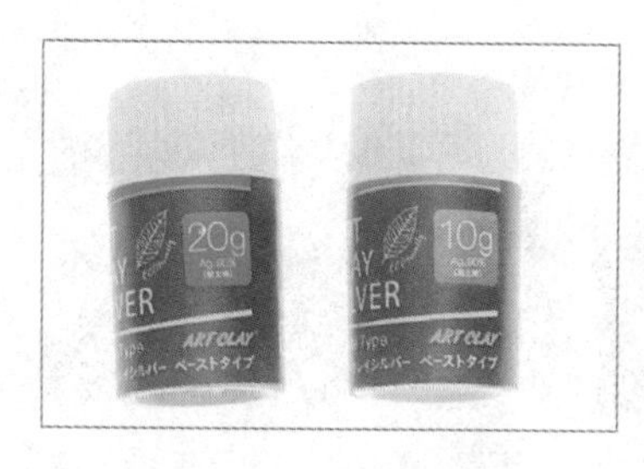

将盖子盖紧保管，尽量保持直立，不倾倒。若膏状土变硬的话，再加些水调匀即可。

针筒土

◆使用中

暂停作业时，一定要将针头的尖端插入水中或用湿纸巾包裹，以防针头里的银黏土变干，无法挤出继续作业。

◆使用结束

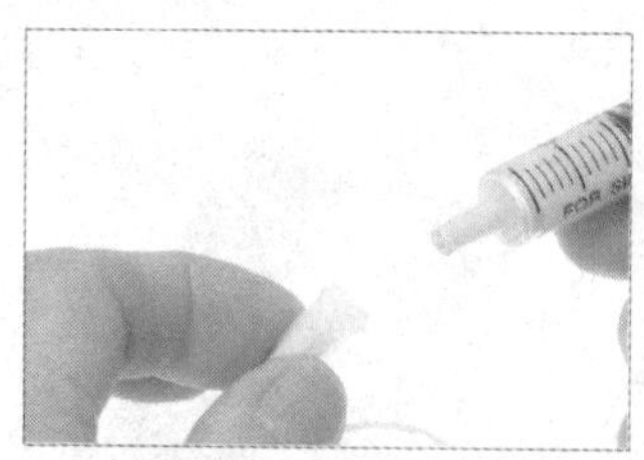

将针头取下。

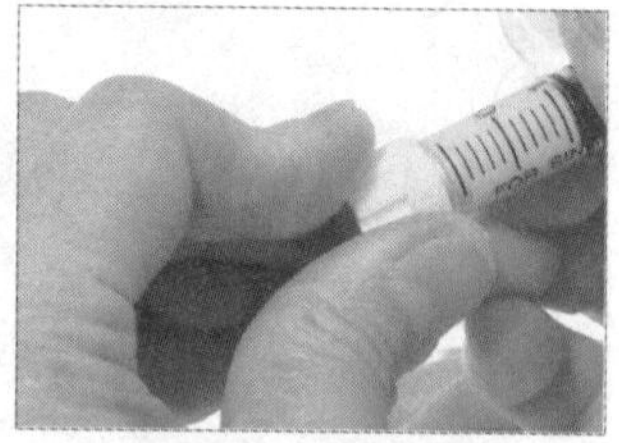

盖紧盖子，放进夹链袋中保存。

◆针头土回收

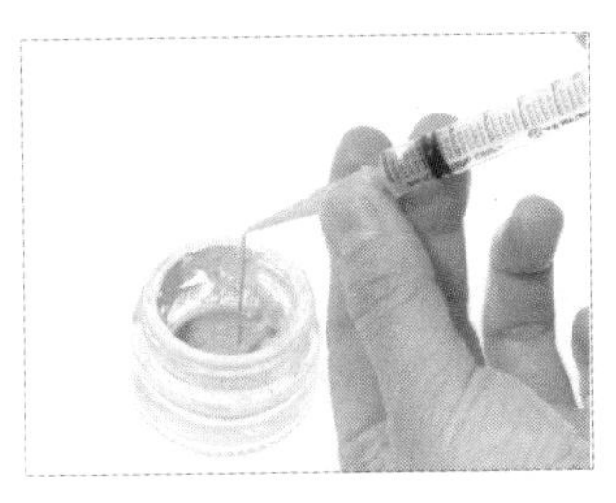

将针头接上拉至最大限度的空针筒，按压末端，将针头内的银黏土挤出至银黏土罐子里。

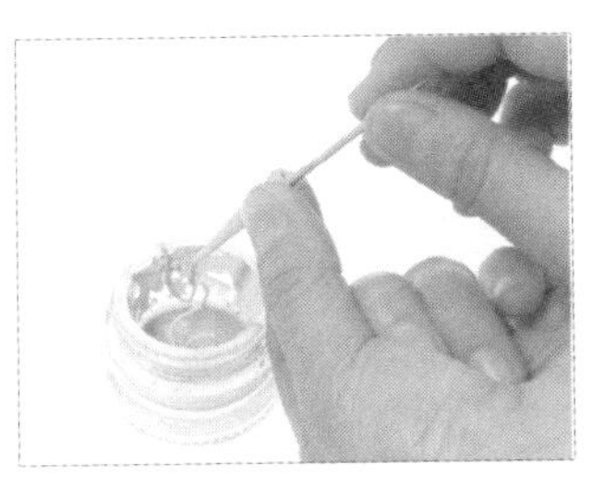

用牙签轻戳针头内壁，回收推出的少许银黏土。（因为针头壁很薄，用力过度会导致其破裂。）

◆针头清洗

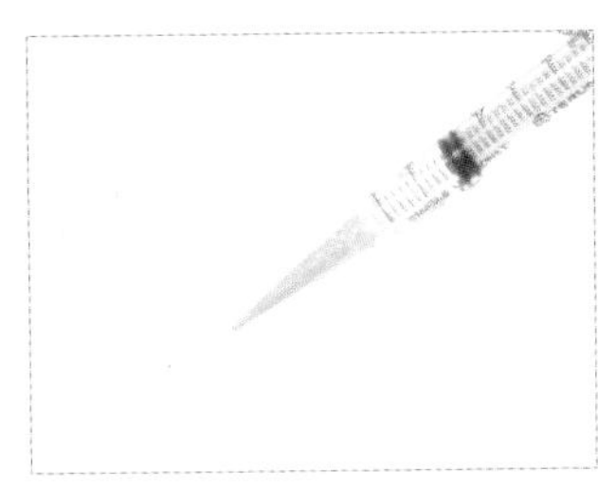

将针头接上空针筒，抽少许清水浸泡一下，洗净至完全透明，再加以保存。

银黏土的回收与还原

银黏土的回收

在银黏土作业中，掉下来的碎屑、锉刀修整磨下的粉末均可收集再利用。（烧制前磨砂纸落下的银粉可能含有砂粒，不建议回收。）

◆磨下的银粉

用锉刀修磨时，将烘焙纸铺在桌面上，即可收集磨下的银粉。

◆包装膜和保鲜膜上的土

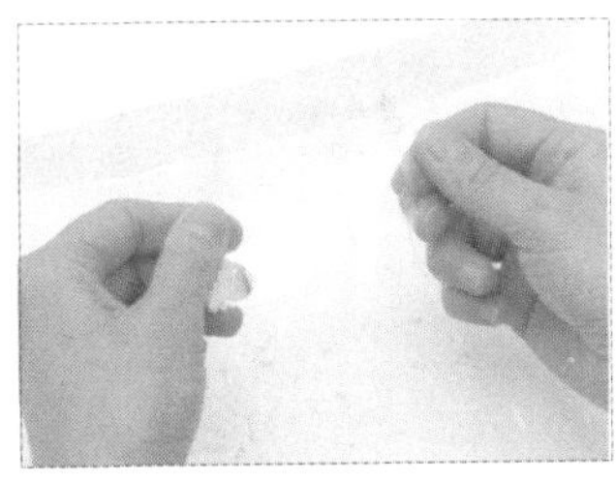

晾在一旁等待干燥。

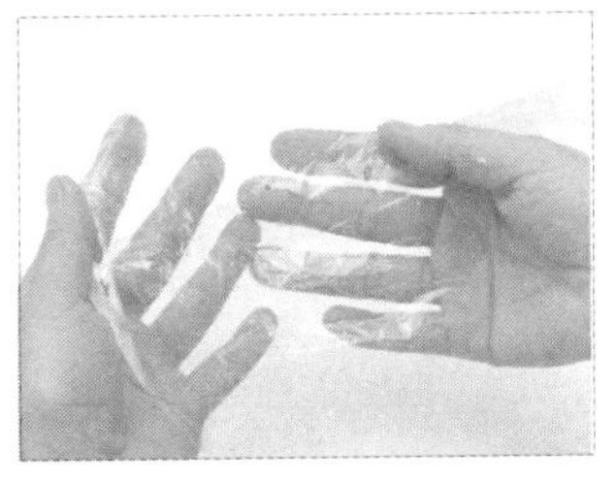

对折带有干燥银黏土的保鲜膜并加以摩擦，银黏土碎屑便可轻易地落下。

◆水彩笔刷上的土

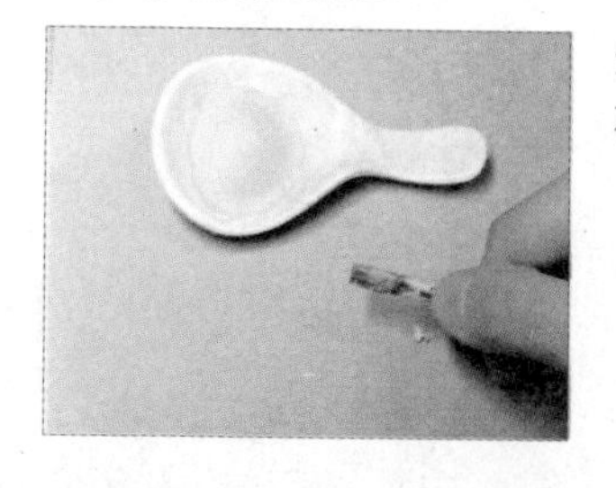

笔杆上的银黏土可以待其干燥后轻轻抠下，笔刷上的银黏土可放在小碟子里用少量水冲洗，再回收至罐子里。

◆烘焙纸上的土

用塑形刮片的圆弧边轻轻地刮烘焙纸上的土，便可刮下不少银粉。

◆用小平刷回收银黏土

将烘焙纸上的纯银粉末清扫至中间折线处。

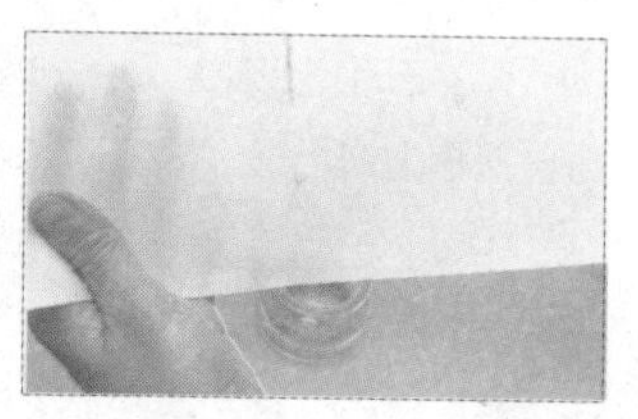

将烘焙纸倾斜，即可把纯银粉末倒进罐里回收，调水后便能当银膏使用。

银黏土的还原

作业中，银黏土不管是过干还是过湿，甚至已完全干燥，只要是未经高温烧制的银黏土就能恢复为柔软的银黏土。

◆银黏土偏干

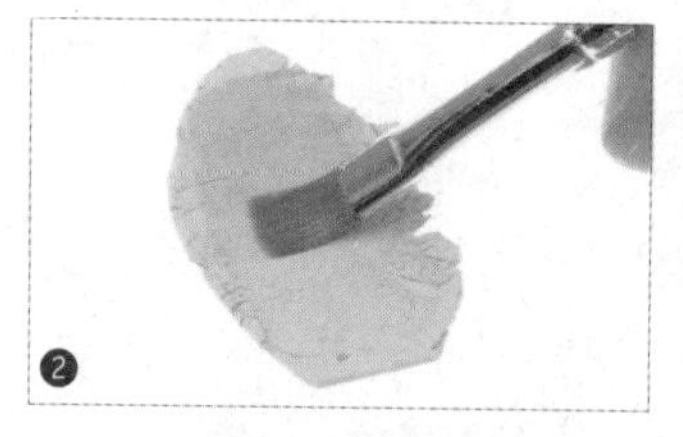

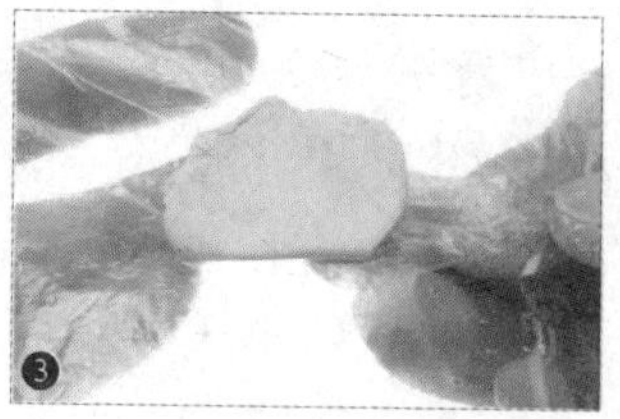

① 塑形不满意的作品或用剩的银黏土，可包进双层保鲜膜内擀平。

② 刷适量的水后，隔着保鲜膜对折或三等分折，再加以揉捏。

③ 重复操作步骤②，银黏土即可恢复原来的湿度。

◆银黏土过湿

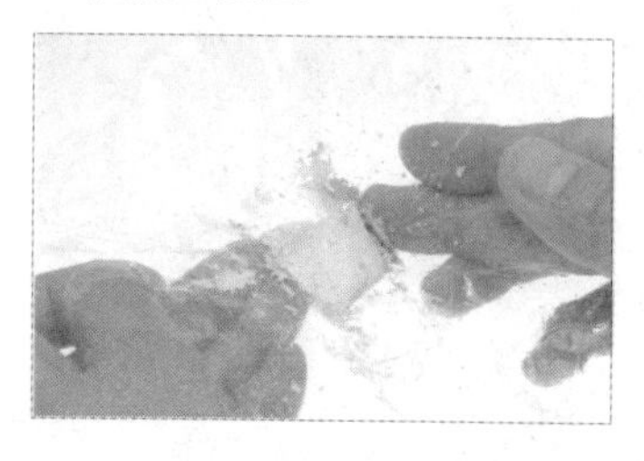

回收时，如果水加得太多，银黏土会变得太黏不易操作，这种情况下，请摊开保鲜膜让水分蒸发一些，再重新练土即可。

◆银黏土已完全干燥

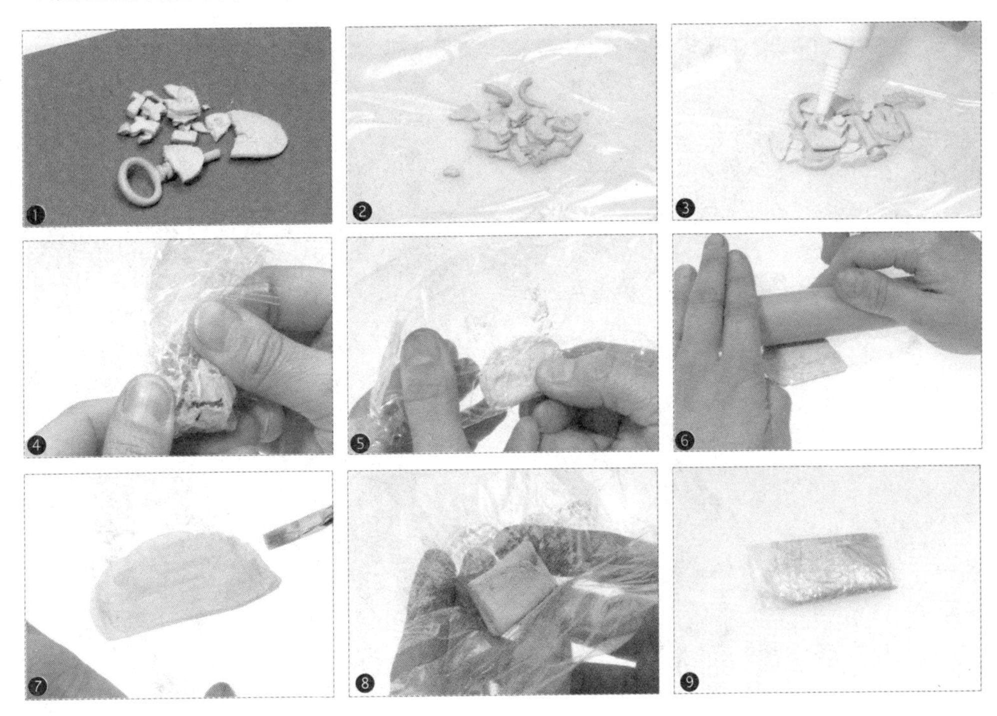

① 不满意或做失败的银黏土作品，即使硬得像石头，也可还原成柔软的黏土状态。

② 将保鲜膜对折成两层，把干掉的银黏土尽量弄碎，放在两层保鲜膜中间。

③ 滴上几滴水。

④ 用保鲜膜将沾湿的银黏土块包裹起来，静置一晚或几小时。

⑤ 隔着保鲜膜捏捏看，如有硬块先捏碎。

⑥ 使用塑胶滚轮滚压银黏土，尽可能擀平（约 1 毫米厚）。

⑦ 用水彩笔刷在银黏土上刷上薄薄的一层水，让整块银黏土都能吸收到水分。

⑧ 对折或三等分折，加以揉捏，重复步骤⑥—⑧，直到银黏土还原到接近新鲜银黏土的柔软状态。

⑨ 用保鲜膜包起来保存。

第二章

手作小礼

新 年

Chinese New Year

春满乾坤福满门

材料

黏土型纯银黏土 10 克、膏状型纯银黏土少许、直径 3 毫米圆形合成宝石 2 颗、直径 3 毫米纯银开口圈 2 个、直径 5 毫米纯银开口圈 2 个、纯银耳钩 1 副

工具

塑形工具

烘焙纸、铅笔、雕刻针笔、珠针、三角雕刻刀、婴儿油、棉棒、塑胶板、水彩笔刷、1.5 毫米厚亚克力板、塑胶滚轮、造型刮板、保鲜膜、橡胶台、锉刀、镊子、小平刷、钻头组

干燥及烧制器具

吹风机或电烤盘、电气炉或煤气灶和不锈钢烧制网、计时器

加工工具

橡胶台、短毛钢刷、钻头铁钳温泉液、中性清洁剂、旧牙刷、海绵砂纸、玛瑙刀、尖嘴钳、拭银布

步骤说明

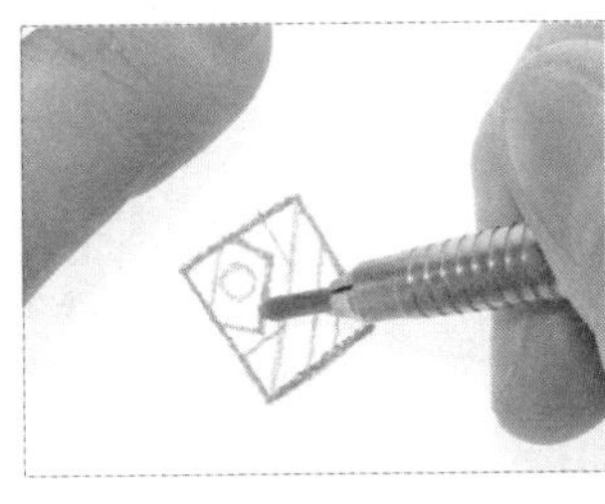

01 裁剪一小张烘焙纸，用铅笔描下附图。

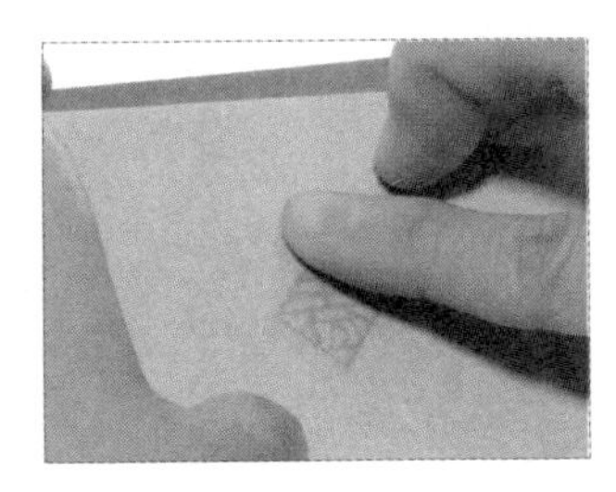

02 将草图反盖于塑胶板上，用手指不断推压。

03 将铅笔线拓印在塑胶板上。

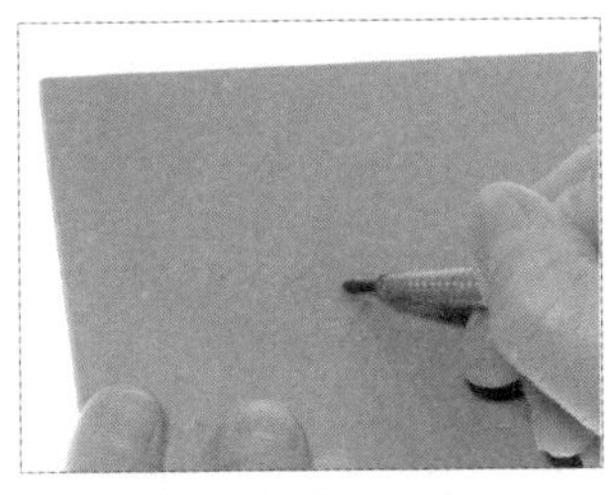

04 若铅笔线不够清晰，可用铅笔再描绘一遍。

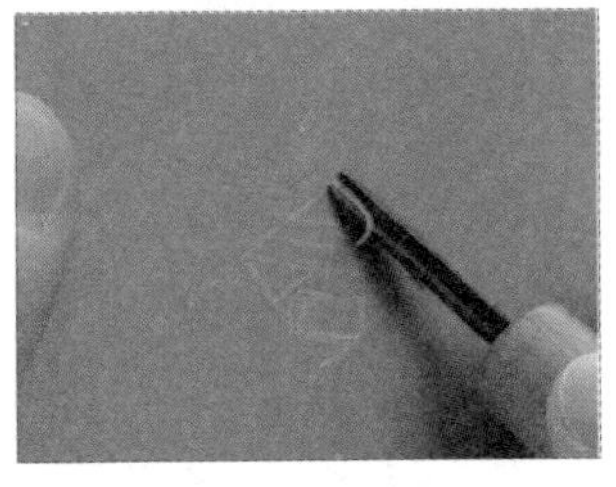

05 使用三角雕刻刀，刻出描绘在塑胶板上的图形线条。

06 雕刻完成后，在菱形外围约 1.5 毫米处，画上延伸较长的井字铅笔线。

07 以棉棒蘸取婴儿油，薄薄地涂抹在塑胶板的线条凹陷处。

08 在两侧摆放 1.5 毫米厚的亚克力板。

09 将揉捏过的银黏土折叠成接近草图大小，并放置于塑胶板上。

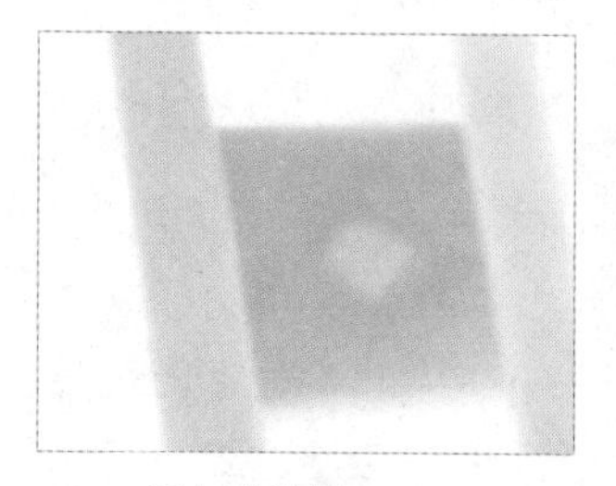

10 盖上烘焙纸。

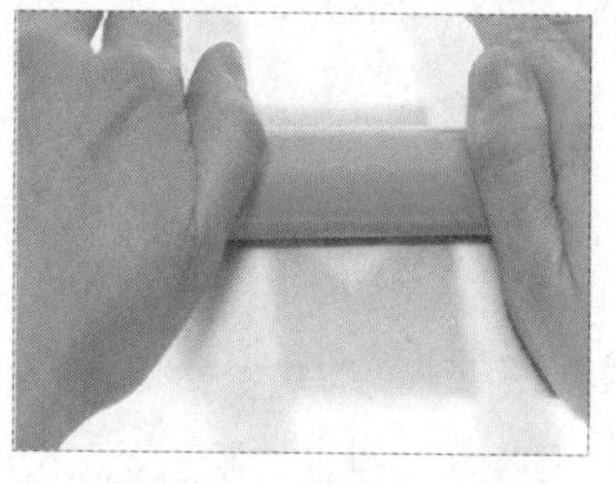

11 用塑胶滚轮按垂直方向滚压银黏土。

12 将银黏土擀至 1.5 毫米。

13 用造型刮板沿着井字铅笔线做切割。（造型刮板尽量垂直。）

14 裁切成一个菱形。

15 切下的银黏土，放入保鲜膜中回收保存。

16 连同塑胶板一起，用吹风机热风干燥大约 10 分钟。

◇ 正面

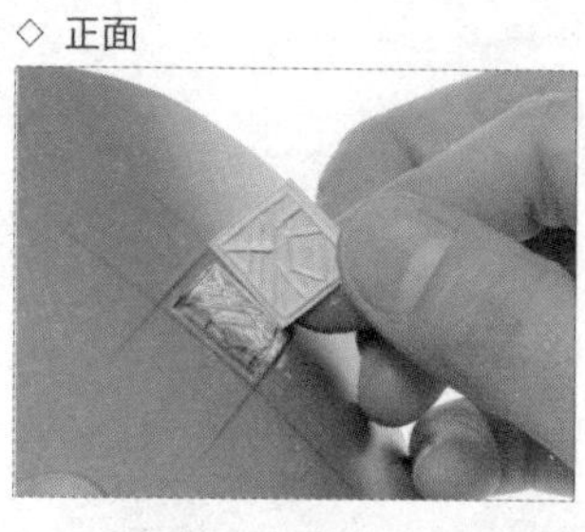

17 弯曲塑胶板，小心取下银黏土。

18 将银黏土放置于电烤盘上或以吹风机热风烘干正面约 5 分钟。

19 完全干燥后，用烘焙纸铺底，橡胶台做支撑。

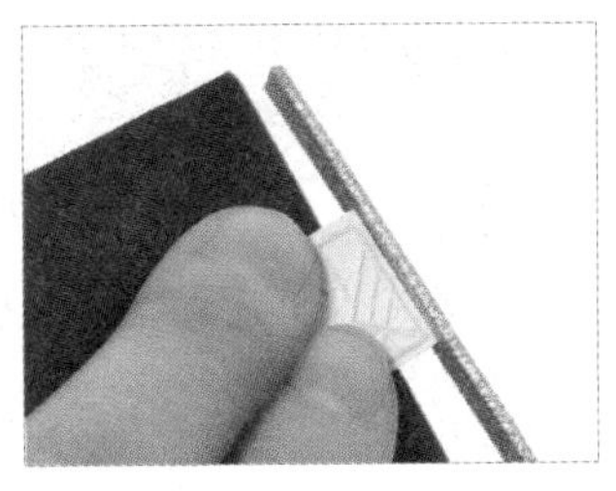

20 以锉刀修磨银黏土边缘至平整。

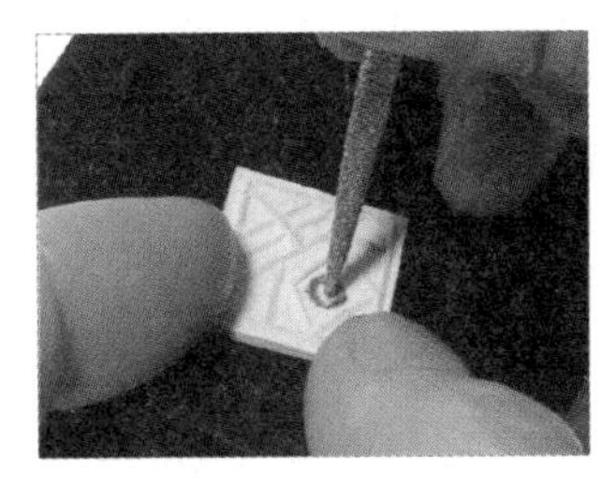

21 用圆形锉刀在预备镶嵌宝石的圆心位置钻出一个小凹点。

22 取已套用 3 毫米钻针的钻头铗钳。

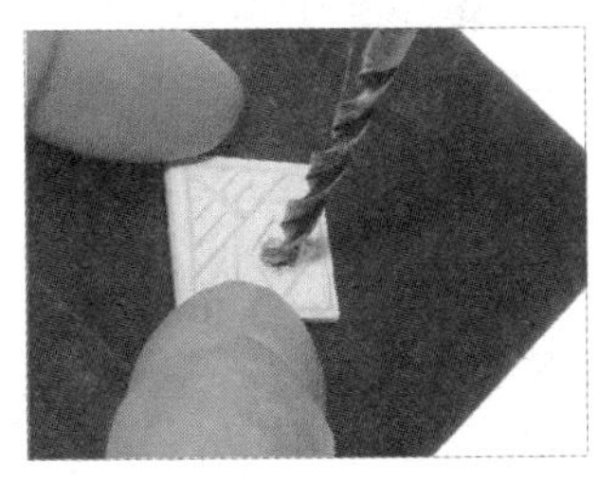

23 以小凹点为圆心，用手掌轻轻抵住钻尾，垂直向下顺时针旋转。

24 用小平刷将银黏土粉末扫到烘焙纸上，方便回收再利用。

25 钻出一个直径 3 毫米的圆锥形凹槽，以镊子夹取宝石测试凹槽深度。

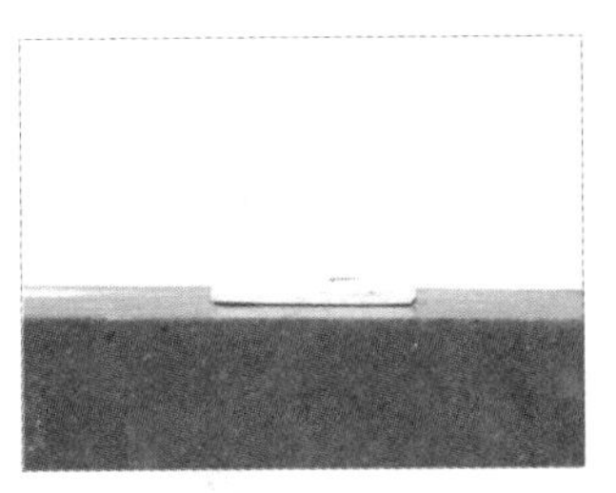

26 凹槽深度至将宝石放置在凹槽内时与银黏土保持在同一水平面为止。

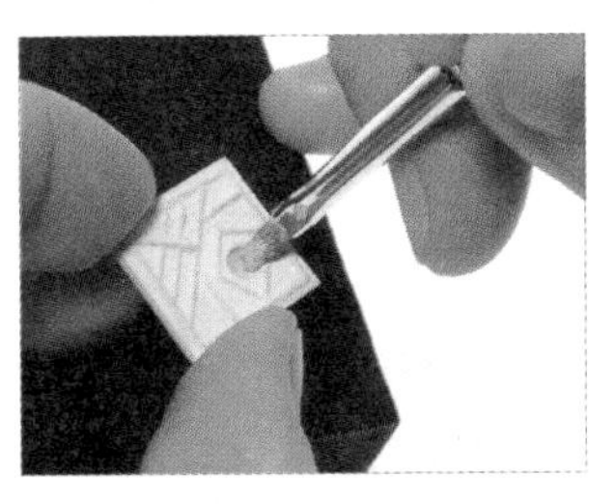

27 以水彩笔刷蘸取少许银膏,均匀涂抹在宝石凹槽。

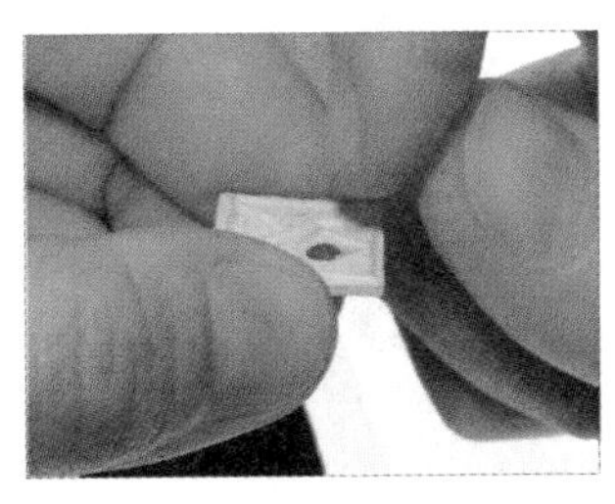

28 用镊子夹取圆形宝石置于凹槽中，轻轻按压，确认与银黏土呈水平状。

29 干燥约 5 分钟。

30 取已套用 1 毫米钻针的钻头铗钳，在距离顶端约 2 毫米位置钻孔。

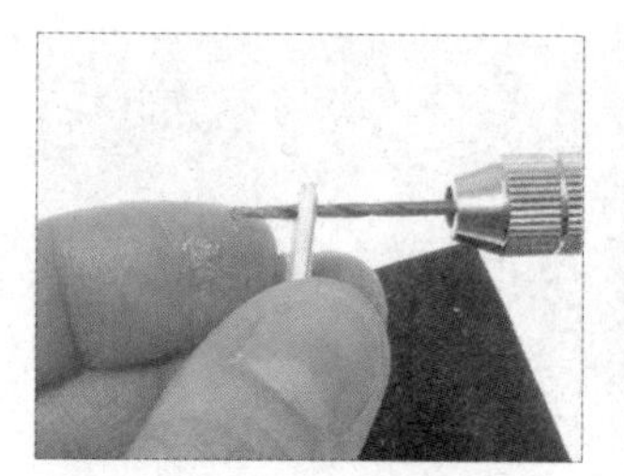

31 垂直向下顺时针旋转，至穿透为止。

◇ 反面

32 在背面用铅笔写下想要刻出的文字。

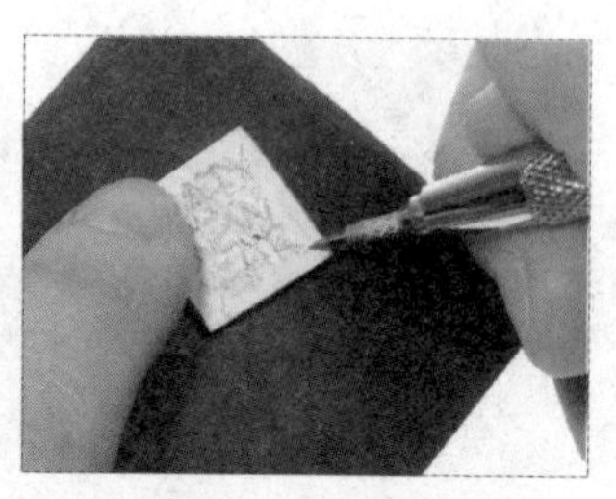

33 用雕刻针笔刻磨文字。

34 烧制前检查宝石表面，如沾有银黏土可用珠针轻轻剔除。

35 电气炉升温至800℃后，烧制 5 分钟。（用煤气灶烧制 8 ~ 10 分钟。）

36 待作品冷却后，用短毛钢刷刷除白色结晶。（可用纸张遮蔽宝石，避免刷花宝石。）

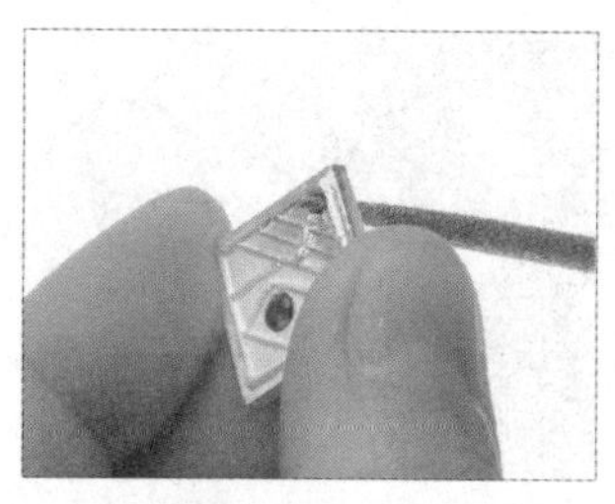

37 用圆形锉刀的尖端摩擦去除小孔内刷不到的结晶。

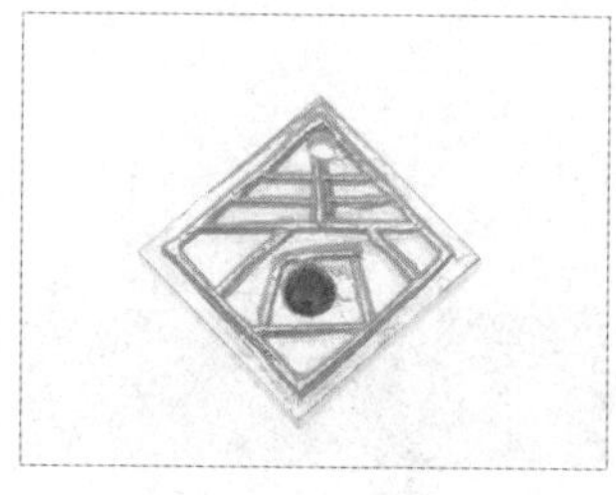

38 保留表面毛细孔状的梨皮质感。

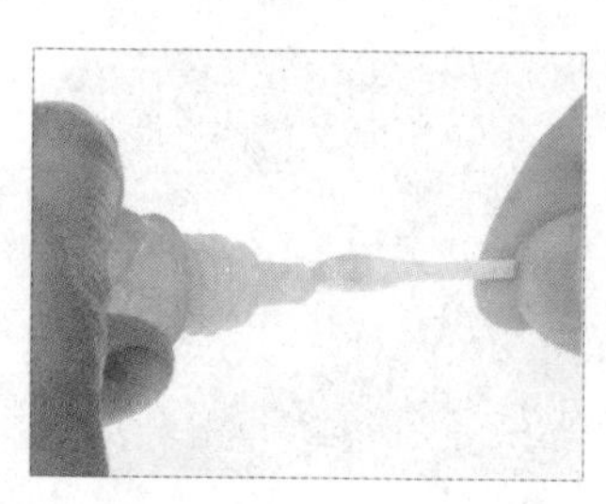

39 用棉棒蘸取少许温泉液。

40 涂抹在想要硫化上色的局部位置。

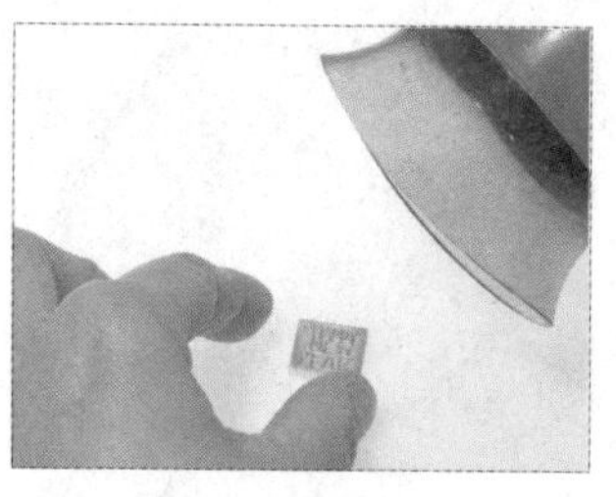

41 拿吹风机热风吹热，使作品加速变色。

42 当作品的颜色已达自己想要的深度，即可停止加热。

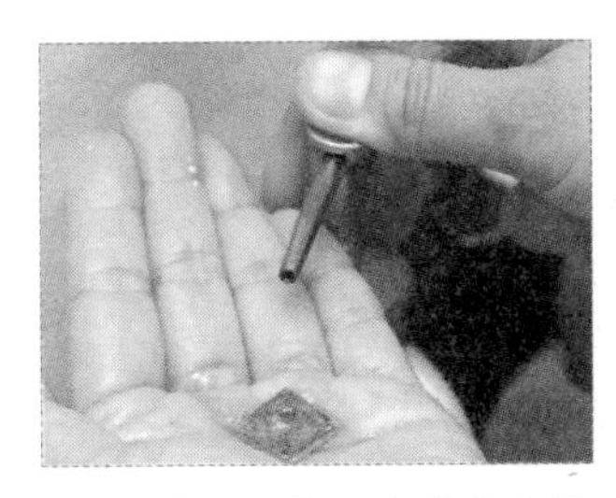

43 将作品带至水槽洗去温泉液，先挤上少许中性清洁剂。

44 再以旧牙刷刷洗作品。（凹缝处须加强刷洗，避免温泉液残留导致作品继续硫化变黑。）

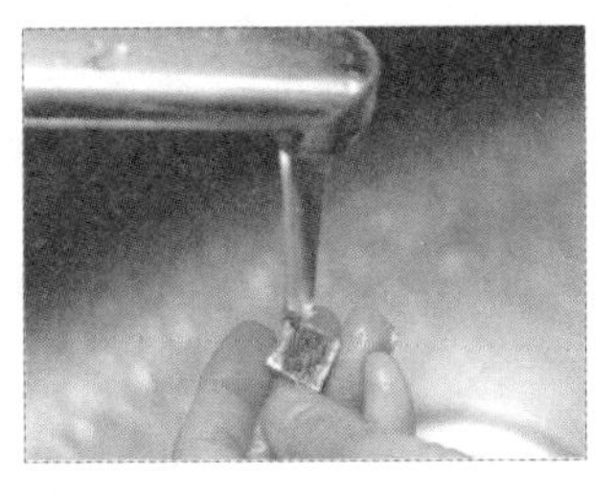

45 用自来水将作品冲洗干净，再擦干。

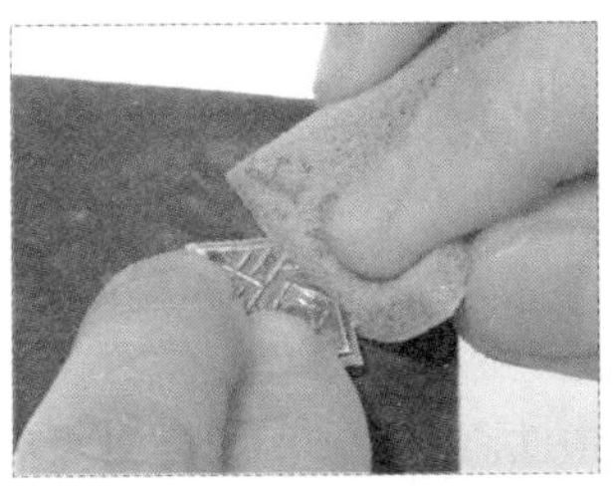

46 用红色海绵砂纸将线条磨白。（须避开宝石，以免磨花失去光泽。）

47 用粗砂纸将背面的黑磨白，只保留雕刻文字的黑。（侧面若染黑，也一并磨白。）

48 正面用玛瑙刀压光凸起的春联线条，以增加立体感。

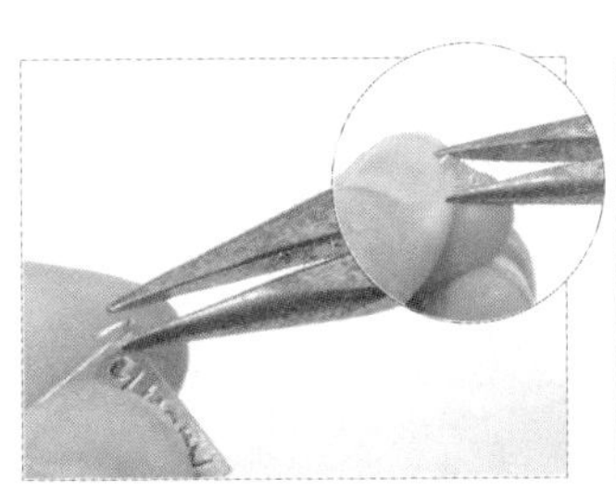

49 用尖嘴钳夹开直径 5 毫米的银圈做开口，左右夹略重叠，再钩入春联顶端的小孔。

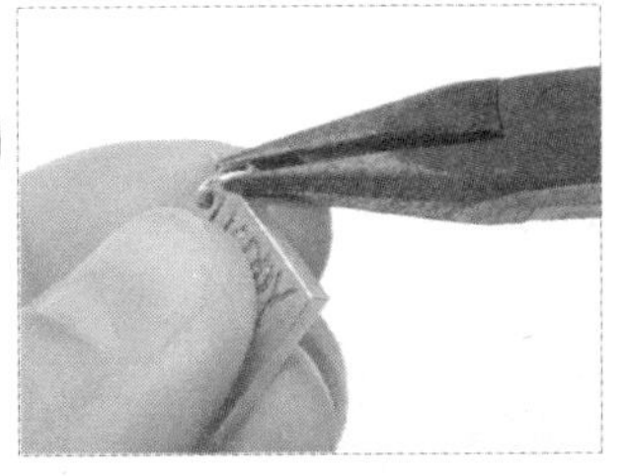

50 用尖嘴钳将银圈夹密合。

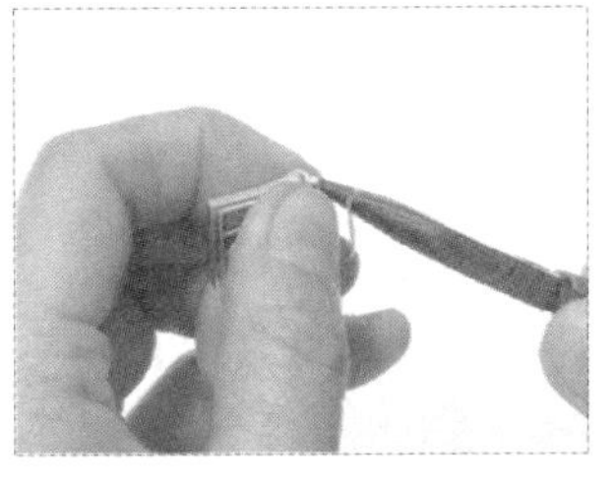

51 用尖嘴钳夹开直径 3 毫米的银圈，钩入耳钩的小圈和刚串在春联上直径为 5 毫米的银圈。

52 用尖嘴钳将银圈夹密合，即完成一只耳环。

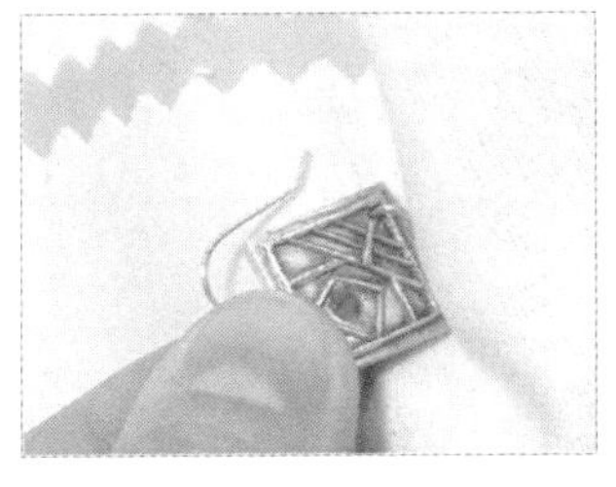

53 重复步骤 49—52，完成另一只耳环，再用拭银布擦拭作品。

54 即完成喜气的春联耳环。

吉祥如意

材料

黏土型纯银黏土 10 克、膏状型纯银黏土少许、中型插入环 2 个、直径 0.8 毫米纯银线 1 厘米长、直径 5 毫米片穴珍珠 1 颗、直径 4 毫米的纯银开口圈 2 个、锁链式纯银链 1 条

工具

塑形工具

0.5毫米厚卡纸、烘焙纸、美工刀或笔刀、1.5毫米厚亚克力板、塑胶滚轮、保鲜膜、牙医工具、锉刀、橡胶台、镊子、尖嘴钳、珠针、剪钳

干燥及烧制器具

电烤盘或吹风机、电气炉或煤气灶和不锈钢烧制网、计时器

加工工具

橡胶台、短毛钢刷、温泉液、棉棒、中性清洁剂、旧牙刷、海绵砂纸、玛瑙刀、AB 接着剂、牙签、剪钳、尖嘴钳、拭银布

步骤说明

01 描下附图，转拓于卡纸上，用笔刀割下如意形卡纸模。

02 在对折的烘焙纸两侧，摆放 1.5 毫米厚的亚克力板。

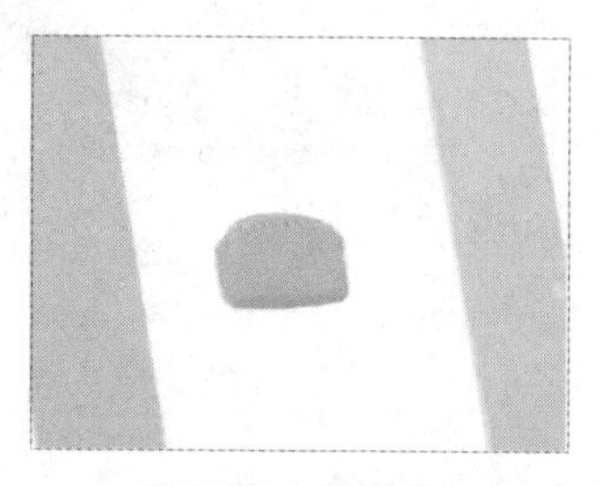

03 将揉捏过的银黏土折叠成接近草图的宽度，并放置在亚克力板中央。

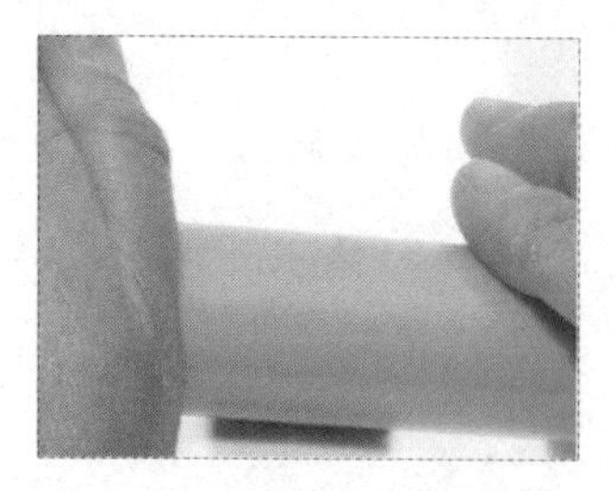

04 盖上烘焙纸，用塑胶滚轮滚压银黏土。

05 将银黏土擀平成 1.5 毫米的厚度。

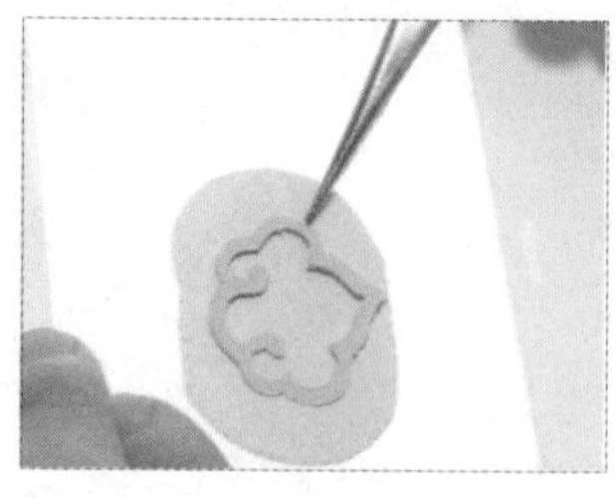

06 将如意形卡纸模覆盖于银黏土上方。

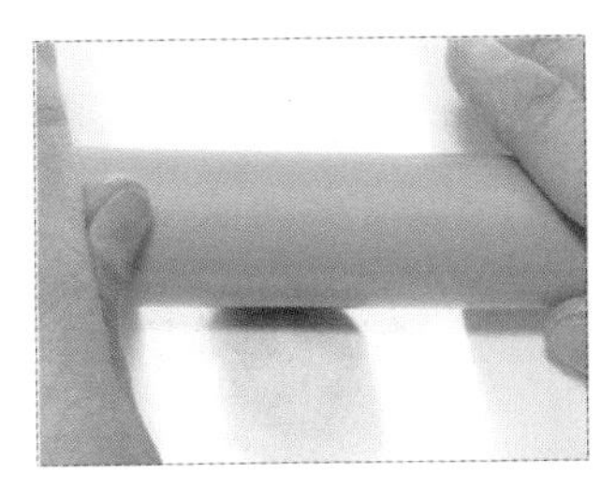

07 盖上烘焙纸，用塑胶滚轮滚压一遍。（切勿来回滚压，以免产生叠影。）

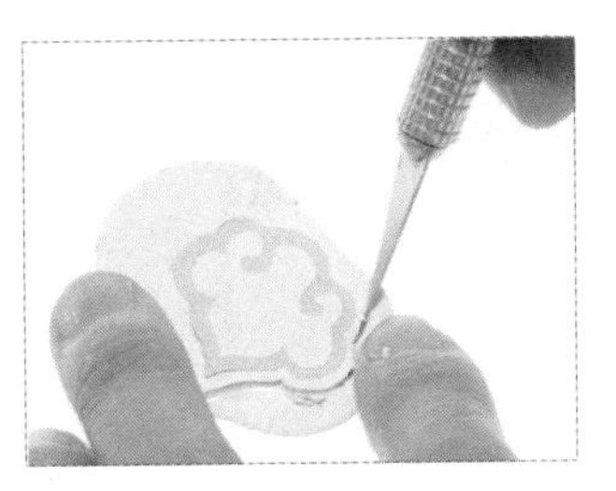

08 用笔刀切割比卡纸外围大2毫米的等距的外框。（刀刃尽量垂直。）

09 将多余的银黏土回收到保鲜膜中保存。

10 先用牙医工具对边缘稍加修饰，再确定固定插入环的位置。

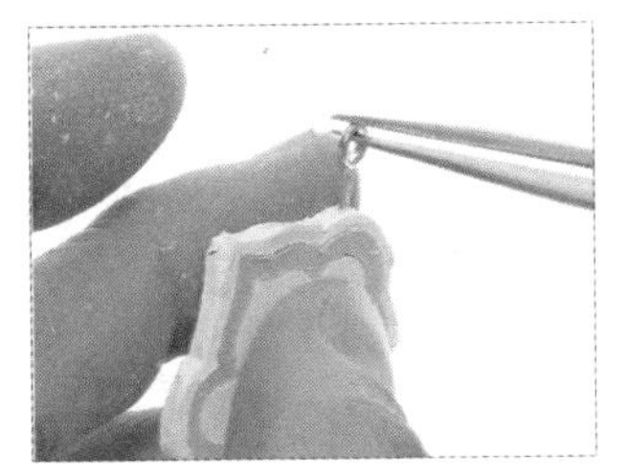

11 用镊子夹取插入环的小圈，刺入银黏土中。（位置要在中间略偏后。）

12 只露出小圈于银黏土之外，并固定两侧插入环。

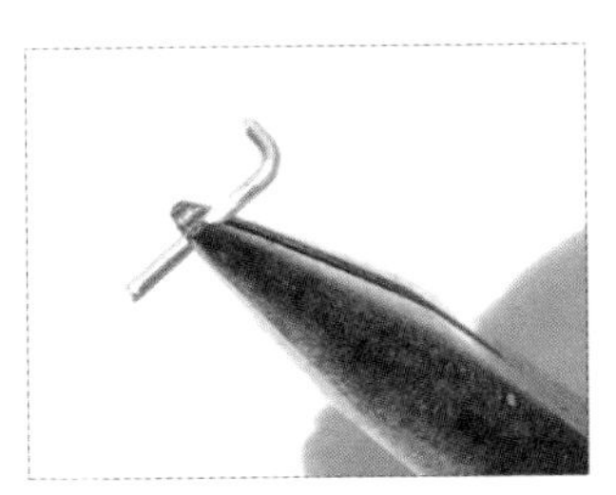

13 用尖嘴钳在银线2毫米处弯折，使银线形成L形。

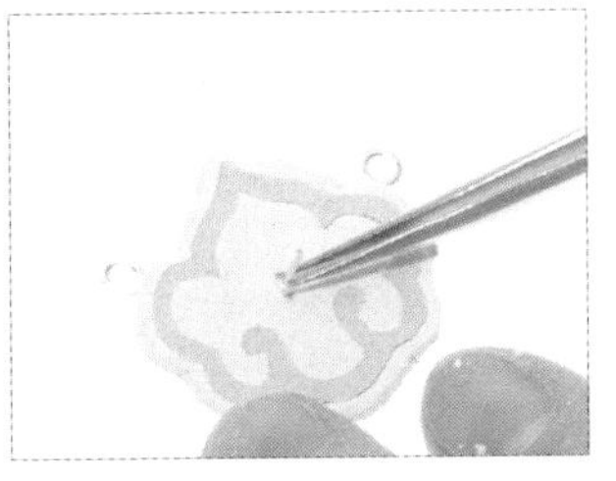

14 先以镊子夹取L形银线，再将弯折的2毫米压入银黏土内。

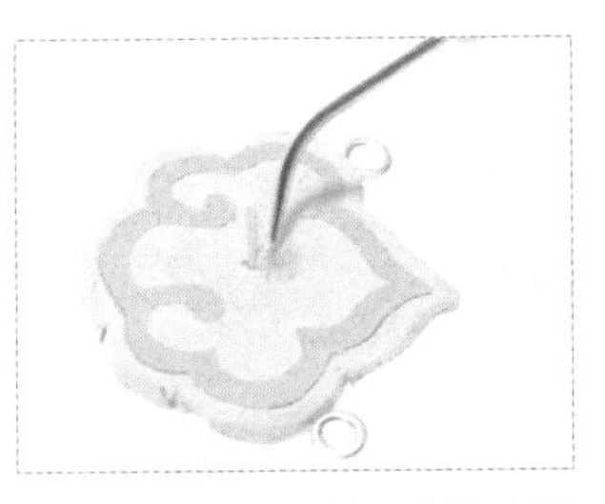

15 用牙医工具蘸少许银膏将细缝填满。（需比周围水平面高出一点。）

16 将作品放置在电烤盘上或用吹风机热风干燥10分钟。

17 完全干燥后，用镊子去除卡纸模。（如不易挑起，也可继续保留。）

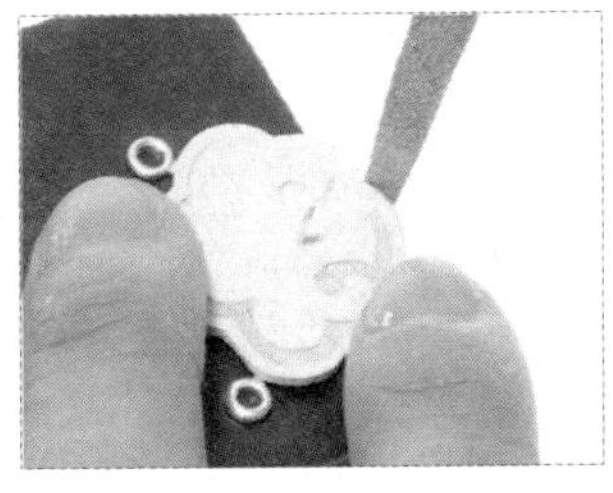

18 取烘焙纸铺底，橡胶台做支撑，用锉刀修磨边缘，并以珠针剔除金具上的银黏土。

19 电气炉升温至800℃后，烧制 5 分钟。（用煤气灶烧制 8 ~ 10 分钟。）

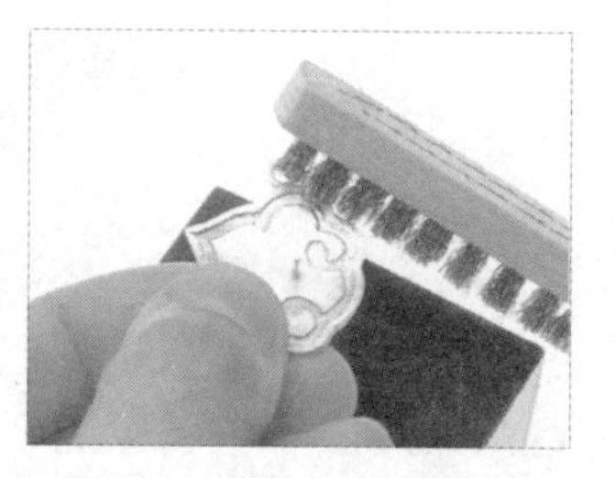

20 待作品冷却，用短毛钢刷刷除白色结晶。

21 保留表面毛细孔状的梨皮质感。

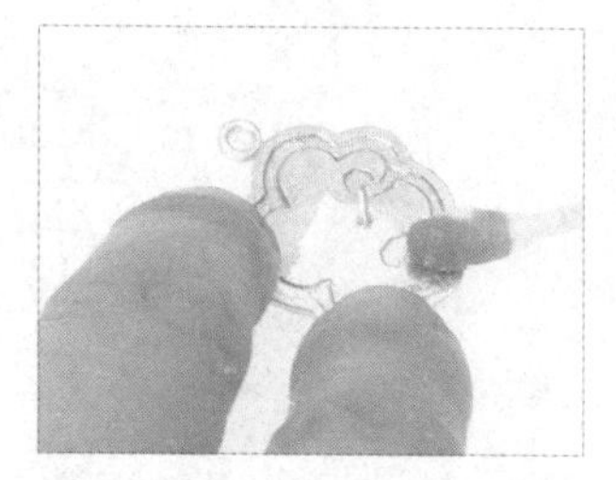

22 以棉棒蘸取少许温泉液，涂抹在想要硫化上色的局部位置。

23 用吹风机热风吹热，使作品加速变色。

24 当作品的颜色已达到自己想要的深度，即可停止加热。

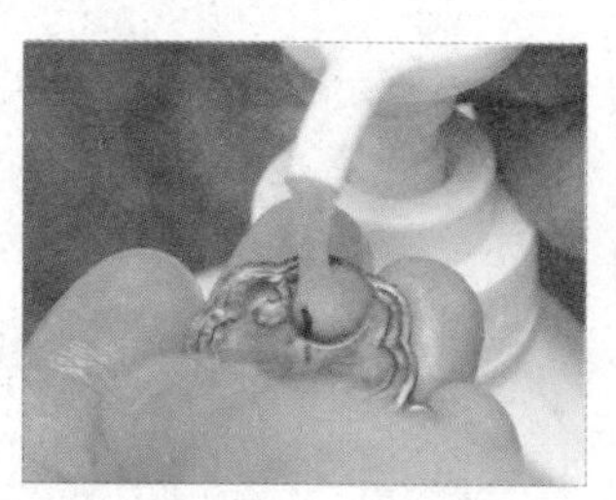

25 将作品带至水槽洗去温泉液，先挤上少许中性清洁剂。

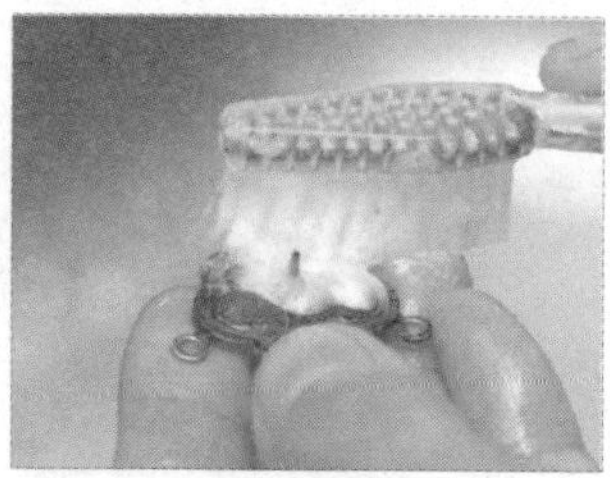

26 再以旧牙刷刷洗作品。（凹缝处须加强刷洗，避免温泉液残留导致作品继续硫化变黑。）

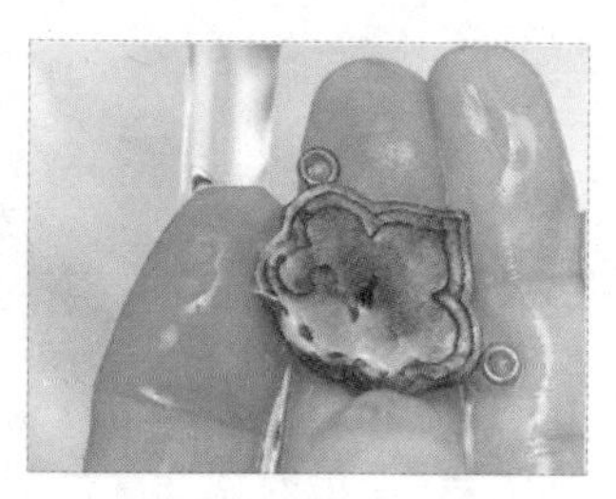

27 用自来水将作品冲洗干净，再擦干。

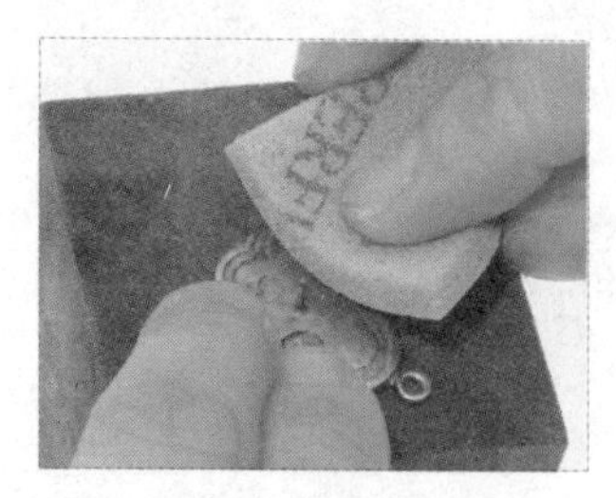

28 以海绵砂纸将如意平面部分磨白，凹处留下熏黑的颜色。（背面、侧面如有染黑，也须磨白。）

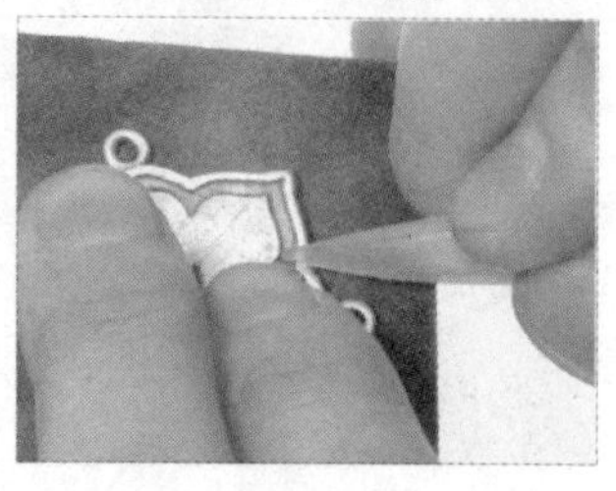

29 用玛瑙刀压光凸起的如意外框，使作品更有层次感。

30 打磨完成后，将珍珠插于预留的银线上。

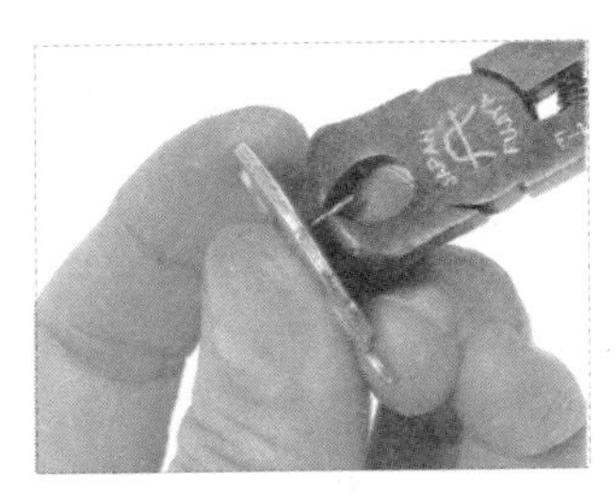

31 用剪钳剪去多余的银线。

32 将珍珠放置于作品上，以确定珍珠能完全贴合。

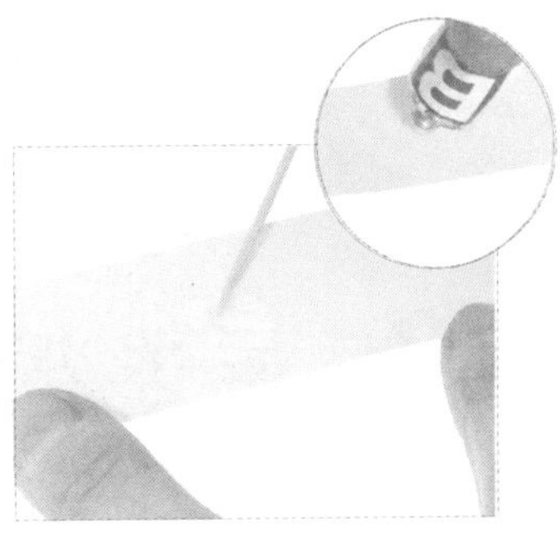

33 在纸片上挤出少许AB接着剂，并以牙签充分调匀。

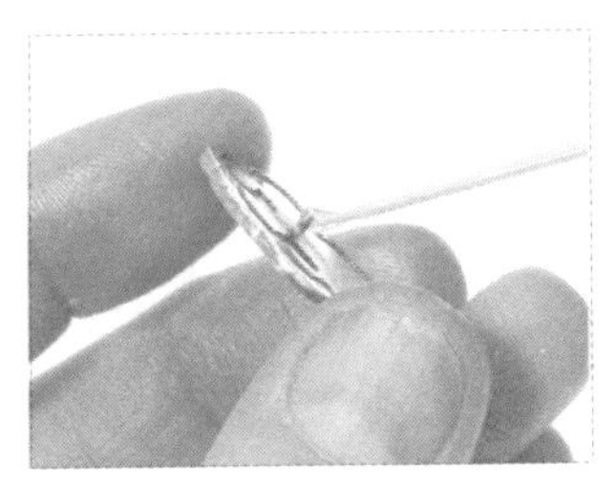

34 以牙签蘸少许调匀的AB接着剂，涂抹于银线上。

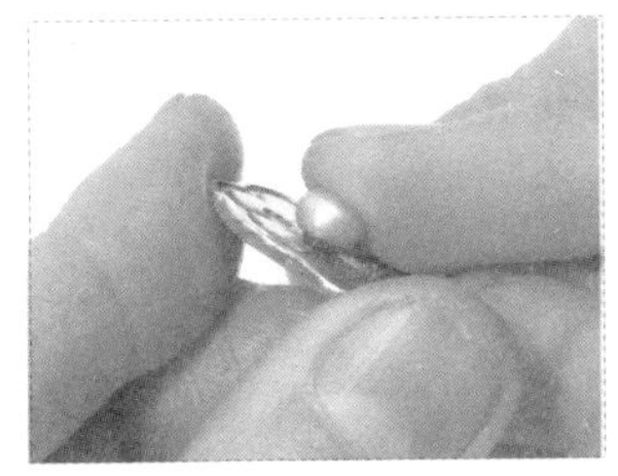

35 放上珍珠，待AB接着剂硬化（约5分钟）后才可进行后续步骤。

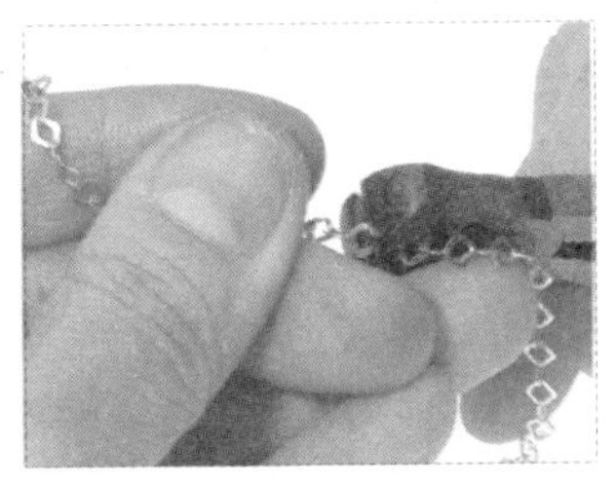

36 用剪钳将锁链式纯银链中间的环剪断。

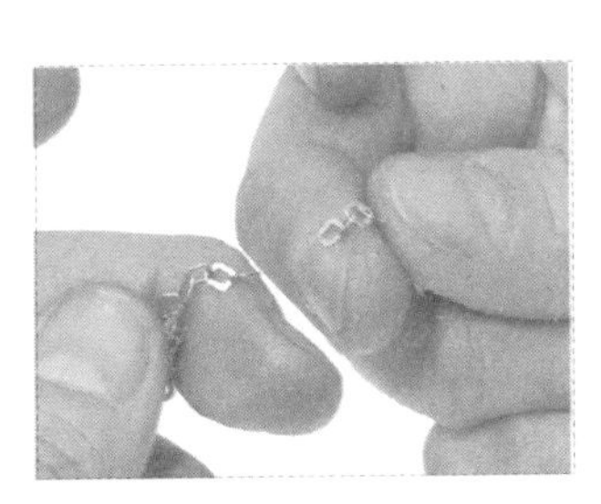

37 使银链拆剪成两个接口。

38 用尖嘴钳夹开银圈的开口处后，再钩入插入环的小圈。

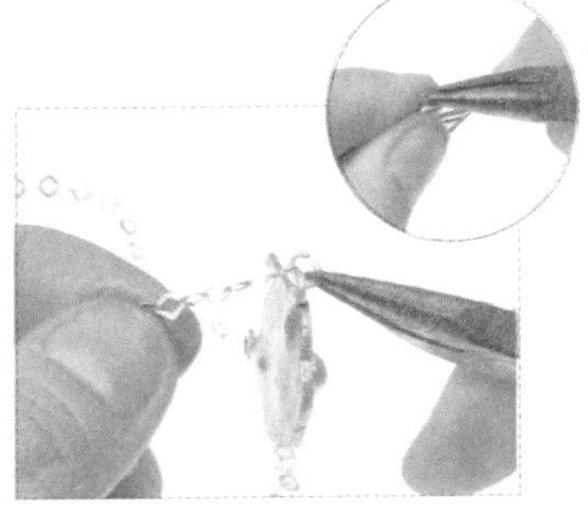

39 将银链的一端也钩入银圈中，并用尖嘴钳将银圈夹密合。

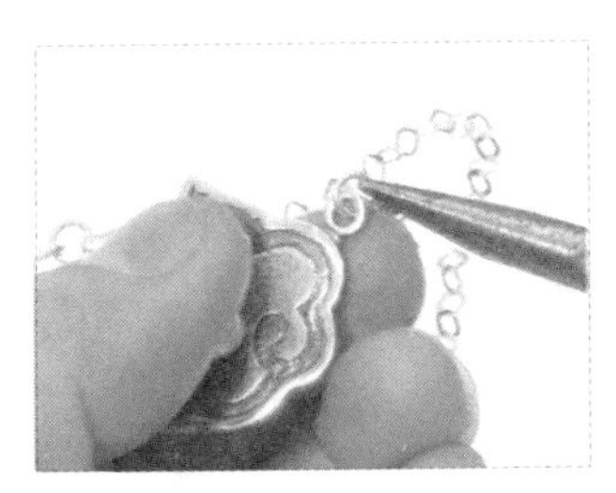

40 重复步骤38—39，用另一个银圈串连插入环和银链。

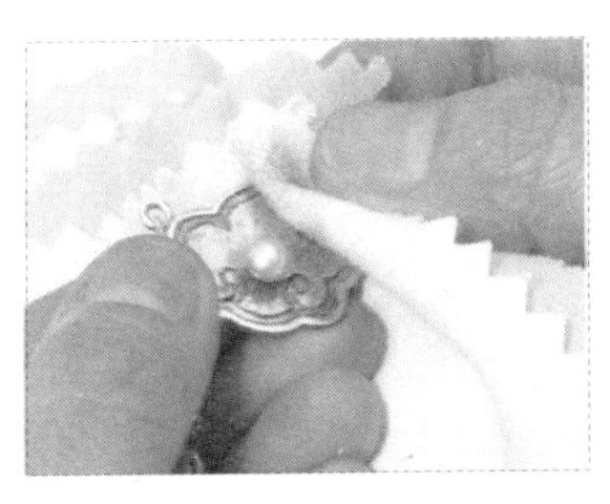

41 用拭银布擦拭作品。

42 即完成春节应景的如意项链。

连连得利

材料

黏土型纯银黏土 5 克、膏状型纯银黏土少许、银圈 1 个、纯银链 1 条

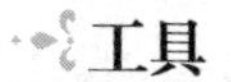

工具

塑形工具

烘焙纸、铅笔、直径 5 毫米吸管、小剪刀、1.5 毫米厚亚克力板、塑胶滚轮、牙医工具、珠针、竹签、圈圈板、笔刀或美工刀、保鲜膜、橡胶台、锉刀

干燥及烧制器具

电烤盘或吹风机、计时器、电气炉或煤气灶和不锈钢烧制网

加工工具

橡胶台、短毛钢刷、圆形锉刀、海绵砂纸、尖嘴钳、拭银布

步骤说明

01 裁剪一小张烘焙纸，用铅笔描下附图。

02 取一小段吸管，按压两侧，使切口呈眼睛形状。

03 将吸管比对草图，确认是否符合钱币草图的大小。

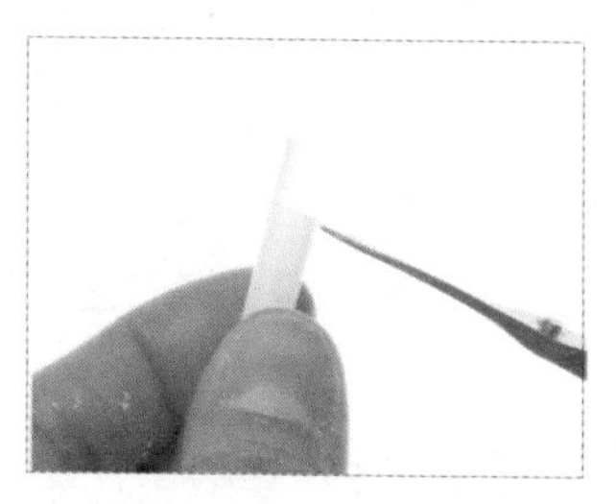

04 再取另一段吸管，用小剪刀减去圆周的 2/3。

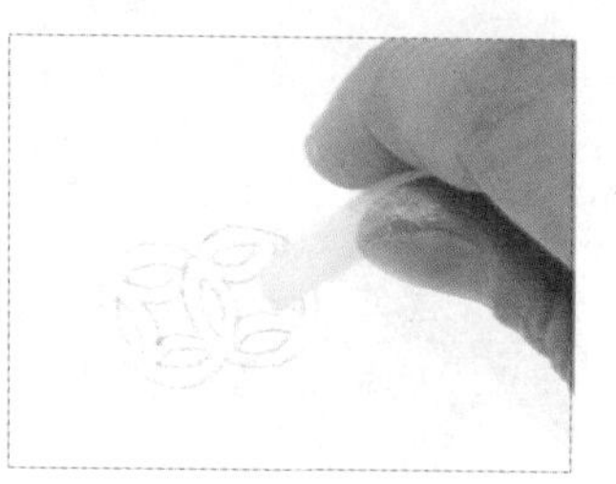

05 使剩余吸管与钱币方孔的圆弧边等宽。

06 在对折的烘焙纸中，摆放 1.5 毫米厚的亚克力板于两侧。

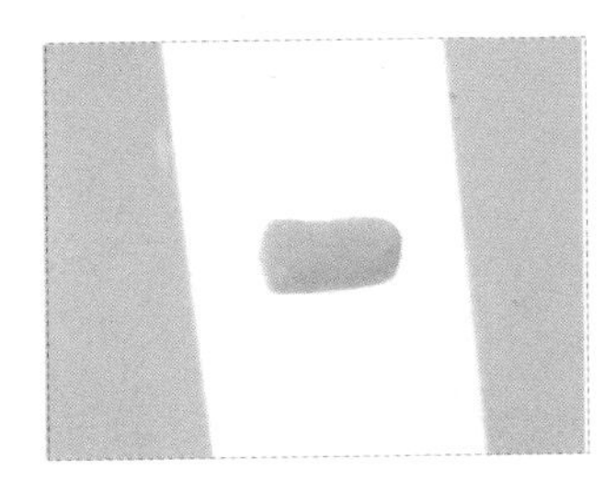

07 将揉捏过的银黏土折叠成接近草图的宽度，并放置于亚克力板的中央。

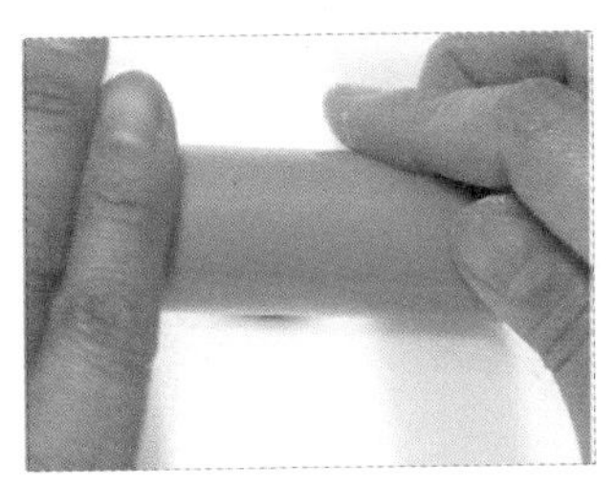

08 盖上烘焙纸，用塑胶滚轮按垂直方向滚压银黏土。

09 掀开烘焙纸，将银黏土擀平为1.5毫米的厚度。

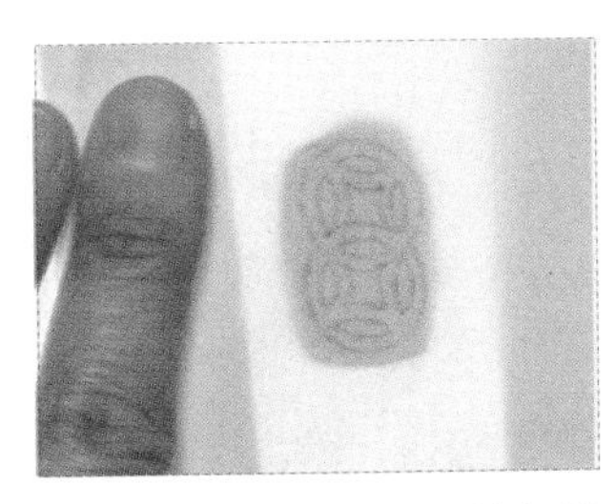

10 将草图纸反面覆盖在银黏土的上方。

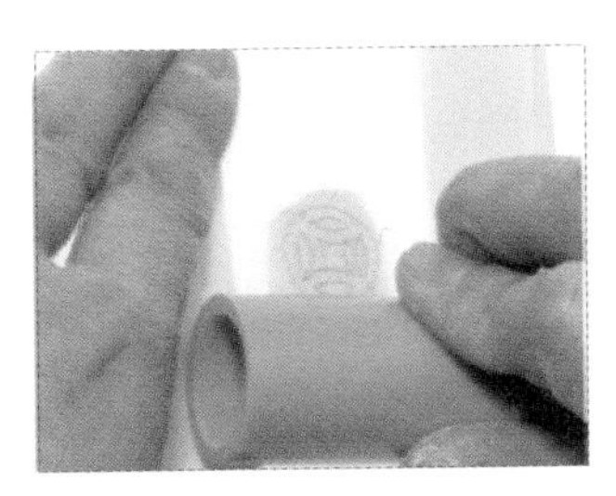

11 用塑胶滚轮滚压一遍。（切勿来回滚压，以免产生叠影。）

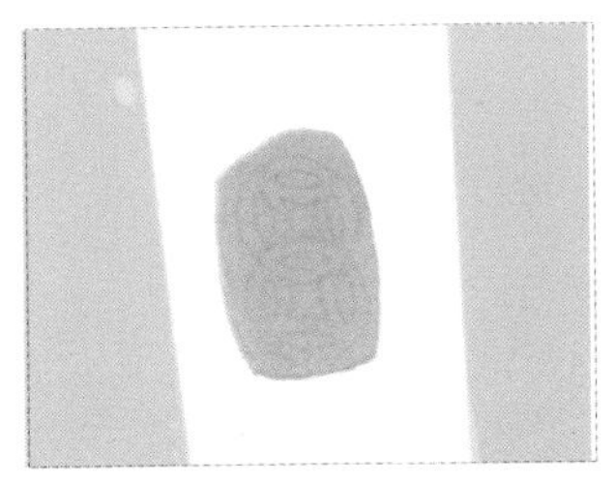

12 移开草图纸后，图形已拓印于银黏土上。

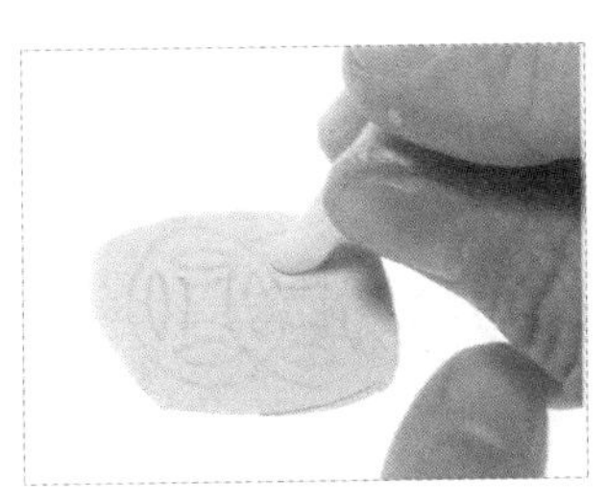

13 用步骤 02 的小吸管，依照铅笔草图按压。

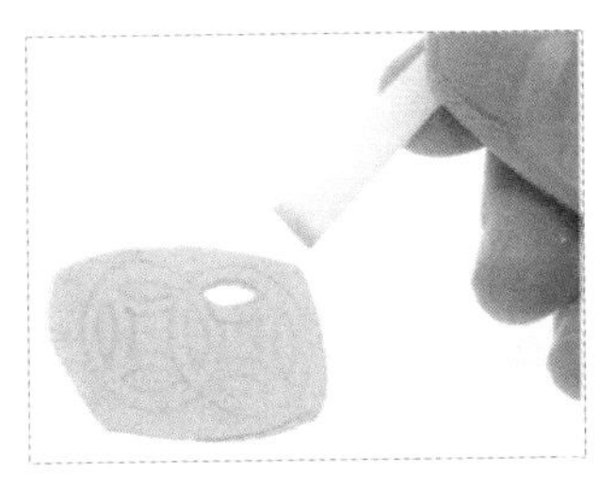

14 轻轻拔起吸管，即形成眼睛状小孔。

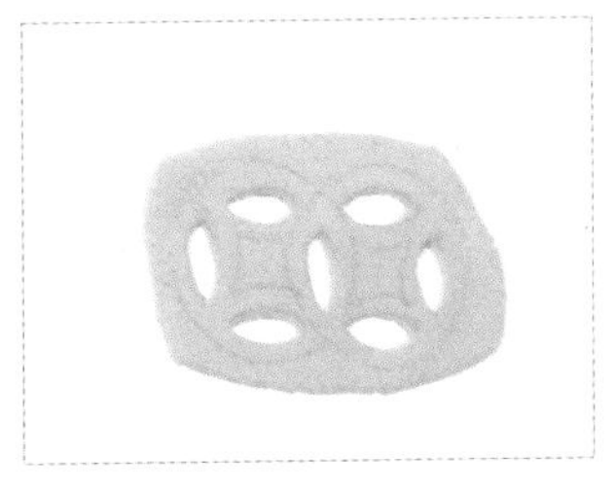

15 重复步骤 13—14，用吸管持续压孔，如图制作7只小眼睛。

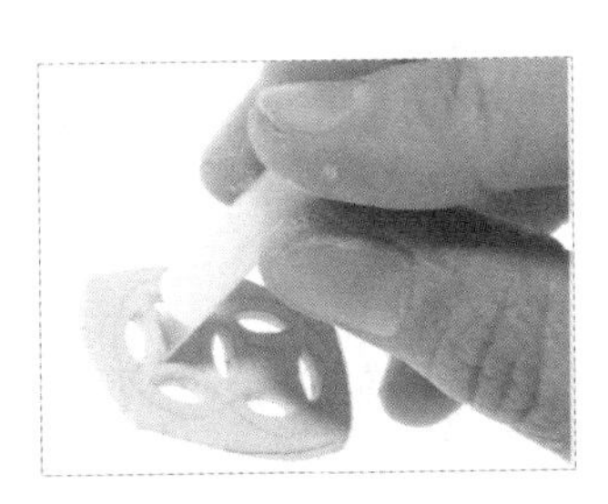

16 用步骤 04 的吸管，轻轻按压中间的方孔。

17 依序按压形成两个方孔。

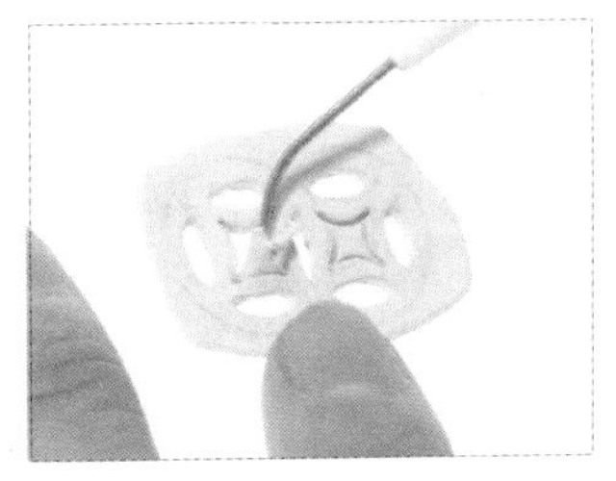

18 用牙医工具尖端，小心挑起方孔中的银黏土。

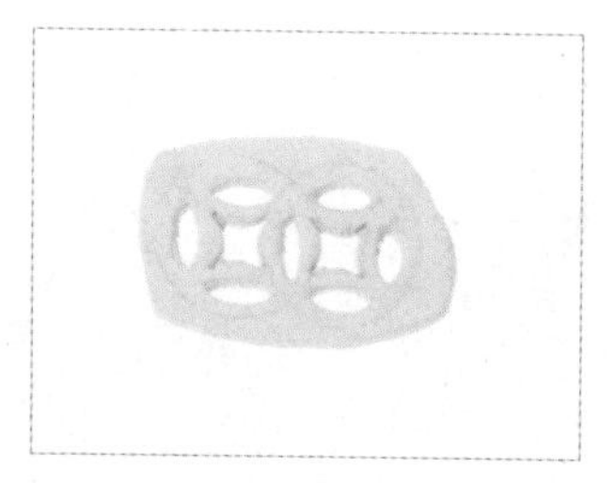

19 完成镂空图形。

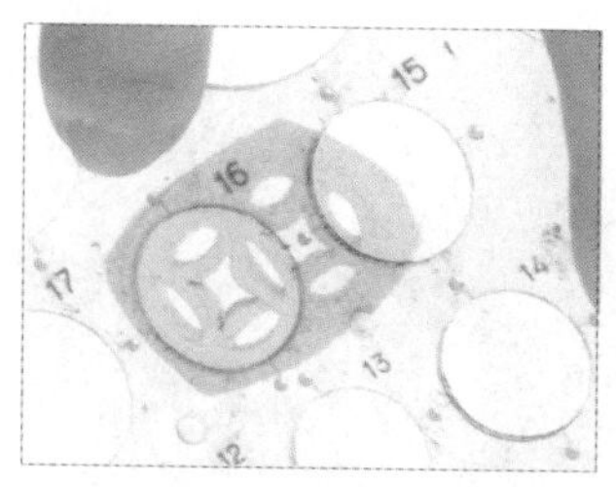

20 将圈圈板覆盖于银黏土上。（选用比草图大 1 号的直径 16 毫米的圆。）

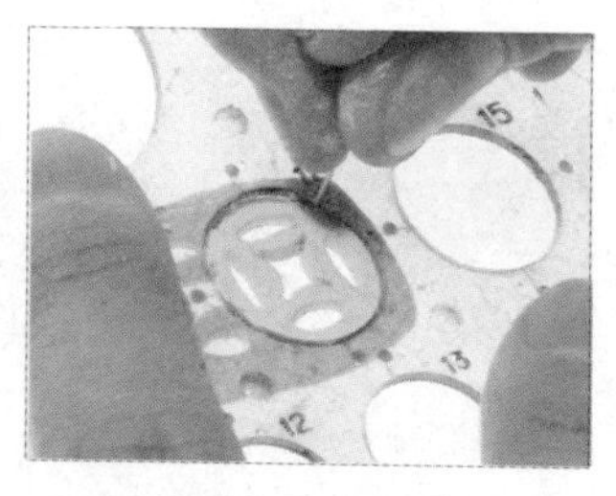

21 用珠针沿草图圆周划 2/3 的圆。

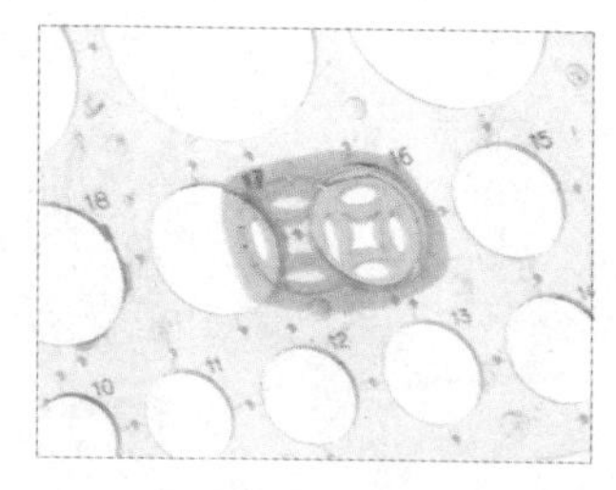

22 重复步骤 20—21，划开草图另一侧 2/3 的圆。

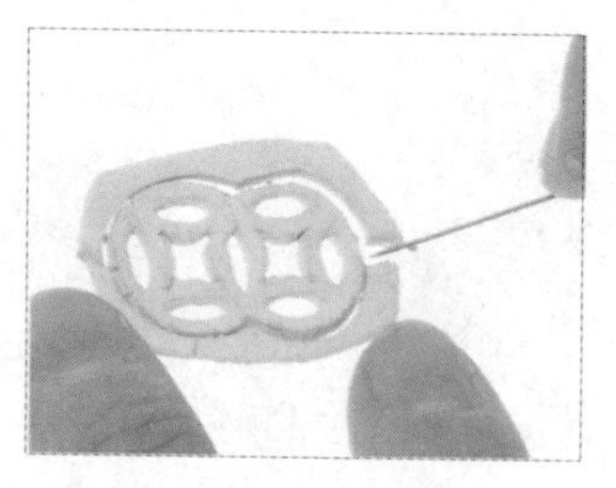

23 用珠针切一缺口，并取下多余的土。

24 将小吸管中的银黏土，用竹签平的一端推挤出来。

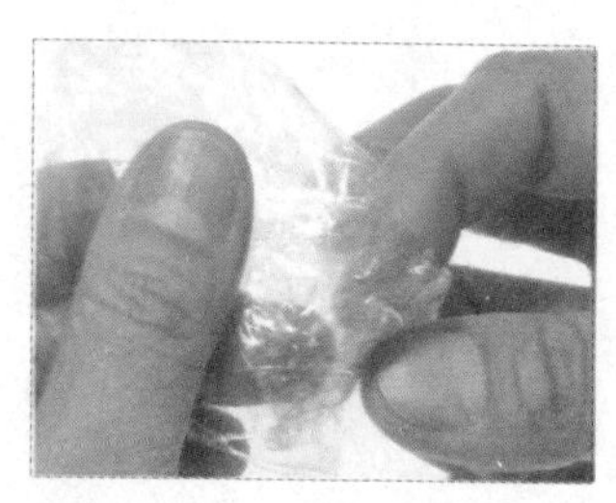

25 连同切下的银黏土，回收到保鲜膜中保存。

26 将作品放置在电烤盘上或用吹风机热风烘干约 10 分钟。

27 完全干燥后，用烘焙纸铺底，橡胶台做支撑，以锉刀修磨银黏土边缘至平整。

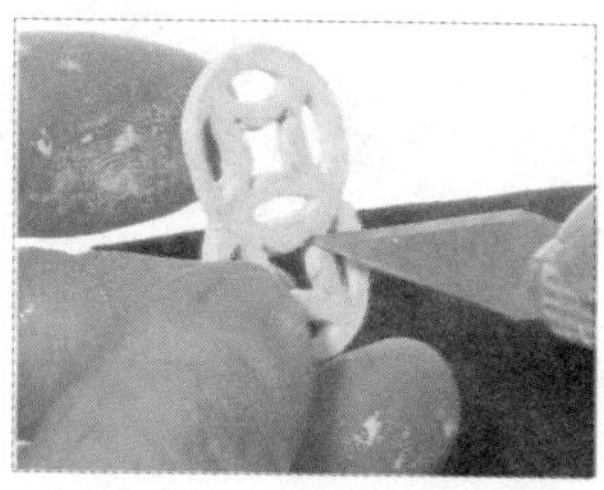

28 圆形孔洞不易修磨的细小处，可用笔刀尖端慢慢削整。

29 塑形缺损处，可用银膏修补，干燥后修磨，直至塑形完成。

30 待电气炉升温至 800℃后，烧制 5 分钟。（用煤气灶需烧制 8 ~ 10 分钟。）

31 待作品冷却后，用短毛钢刷刷除白色结晶。

32 用圆形锉刀的尖端摩擦去除小孔内刷不到的结晶部分。

33 一面保留毛细孔状的梨皮质感。

34 另一面用红色海绵砂纸打磨至平顺。（可继续用蓝色、绿色海绵砂纸打磨到更细致的程度。）

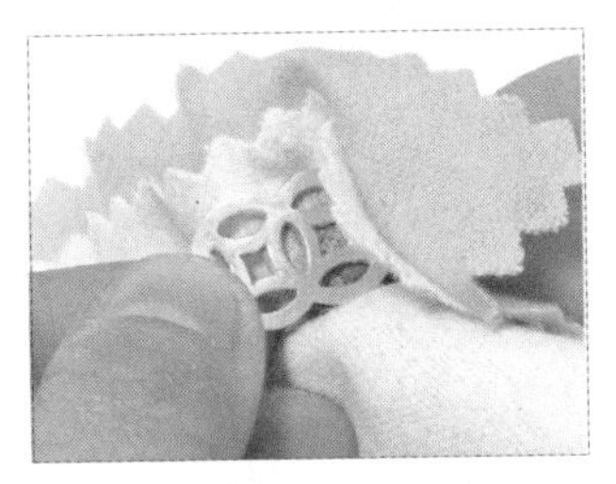

35 用拭银布擦拭作品，使其表面更为光亮。

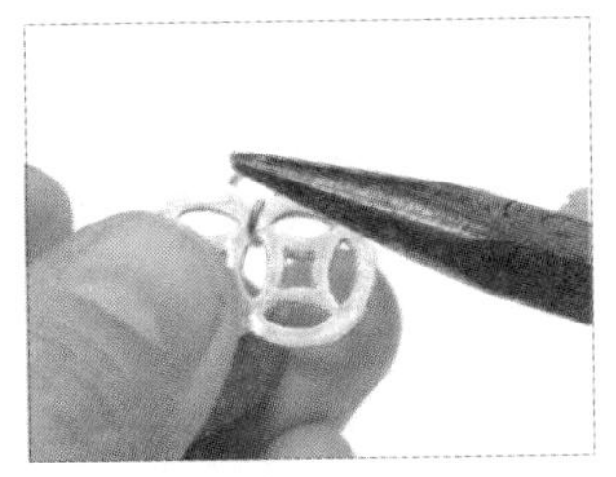

36 用尖嘴钳夹开银圈的开口处，并钩入铜钱中间的小孔。

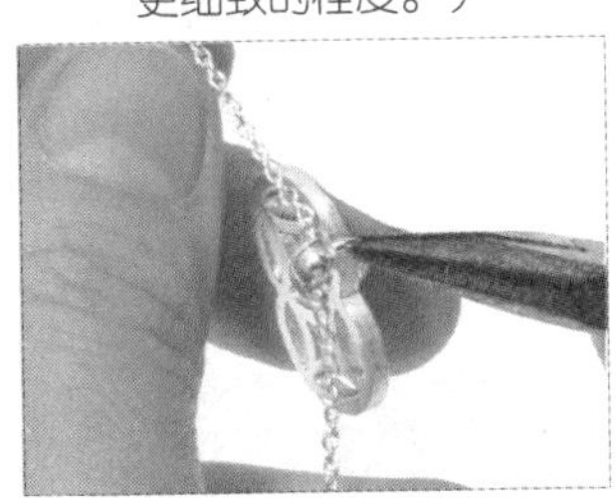

37 将银链放入银圈中。

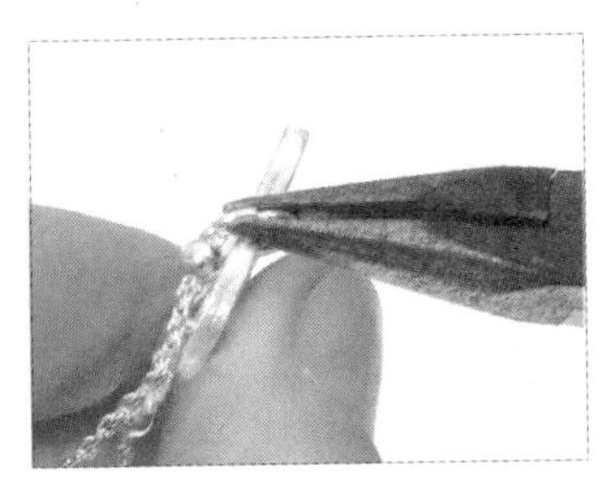

38 用尖嘴钳将银圈夹密合。

39 确认银圈是否钩在银链的中间位置。（若银链有珠子做间隔，须特别注意。）

40 即完成一条春节发财得利的项链。

情人节、周年纪念日

Valentine's Day/Anniversary

I Love U

材料

黏土型纯银黏土 7 克、膏状型纯银黏土少许、3 毫米 x3 毫米的心形合成宝石

工具

塑形工具

便利贴、铅笔、戒围量圈纸、木芯棒、尺、名片盒、胶带、2.5 厘米 ×7.5 厘米纸片、垫板或 L 夹、透明亚克力板、造型刮板、水彩笔刷、珠针、牙医工具、镊子、烘焙纸、锉刀、橡胶台

烧制器具

吹风机或电烤盘、电气炉或煤气灶和不锈钢烧制网、计时器

加工工具

戒围钢棒、橡胶锤、橡胶台、短毛钢刷、双头细密钢刷、海绵砂纸、玛瑙刀、拭银布

步骤说明

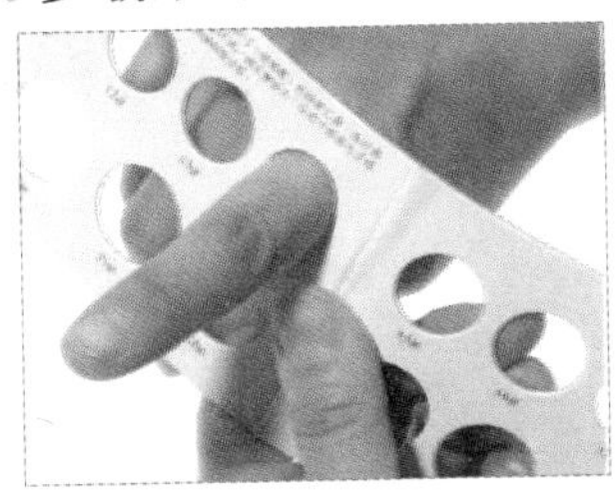

01 使用戒围量圈纸测量戒围号数（示例为 14 号）。

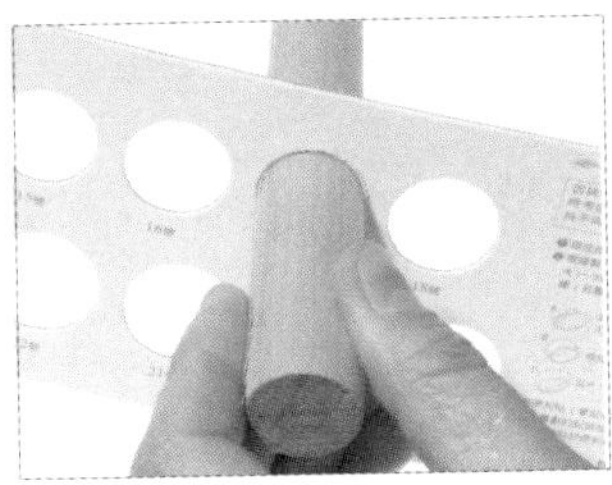

02 银黏土烧成银饰后会缩小，制作戒指必须预留收缩号数。（条状戒指请加 3 号，示例则为：14+3=17 号。）

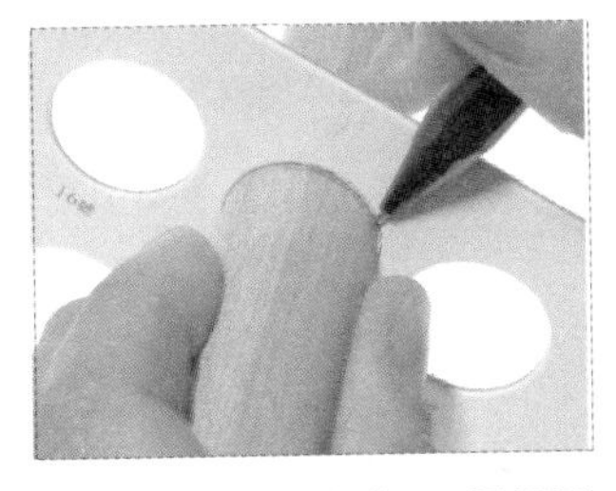

03 将预备制作的 17 号量圈套入木芯棒，并在粗的那侧用铅笔画上记号。（请注意量圈纸与木芯棒须垂直。）

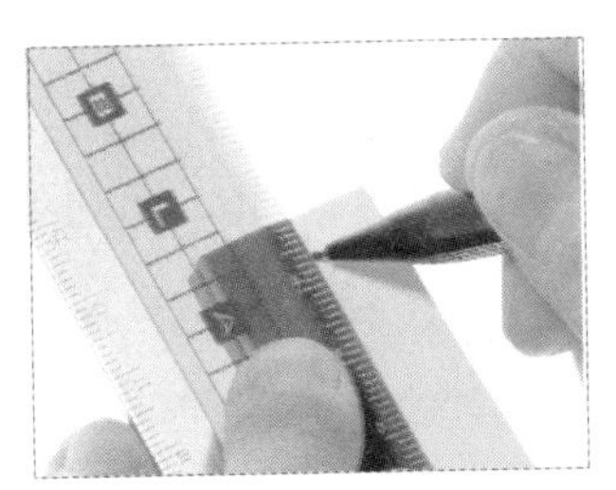

04 在便利贴的一半宽度处，用铅笔画一条直线。

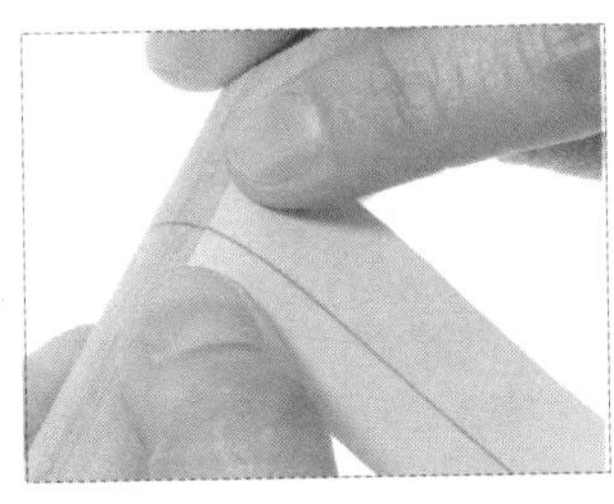

05 将便利贴无黏性的一端，对准木芯棒上的铅笔记号。

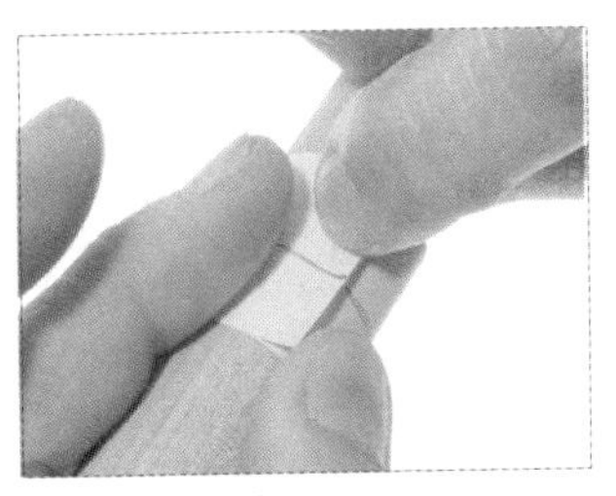

06 将便利贴环绕木芯棒一圈，使铅笔线头尾衔接。

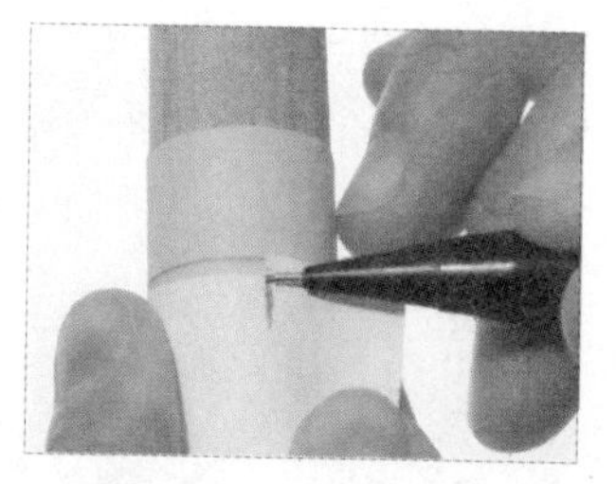

07 用纸片环绕木芯棒上的铅笔记号一圈，以测量戒围圆周长度。

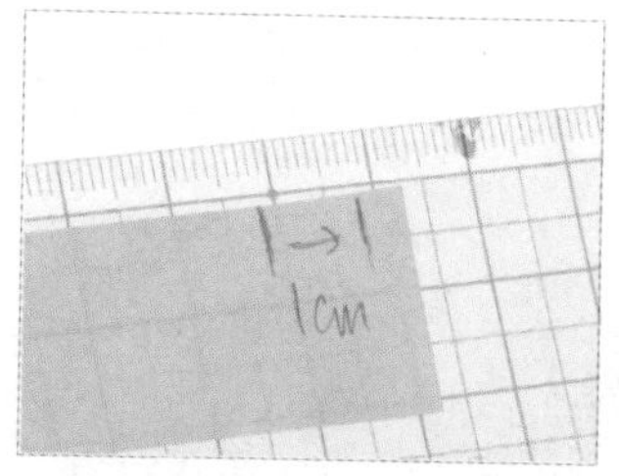

08 将圆周长加上 1 厘米，就是所需银黏土的长度。

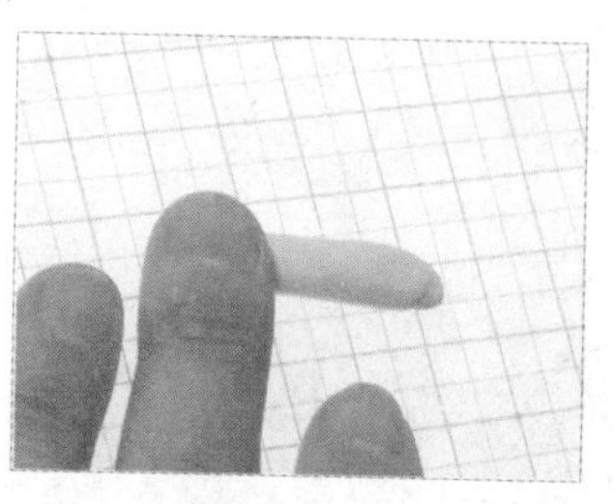

09 在光滑的垫板上，将揉捏过的银黏土搓成长条状。

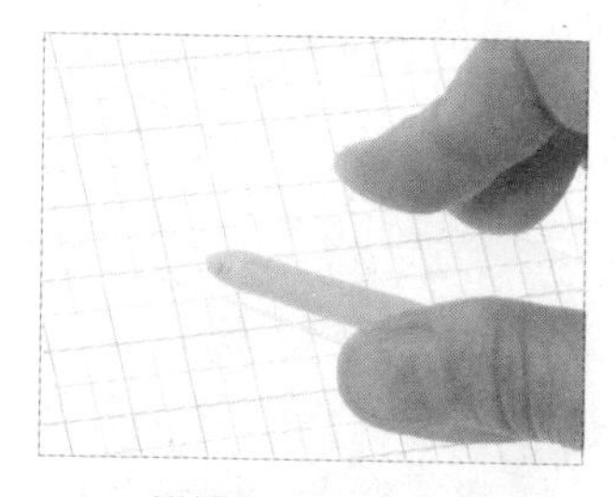

10 将银黏土搓成直径 6 毫米的长条。（可利用透明亚克力板搓滚，较均匀平滑。）

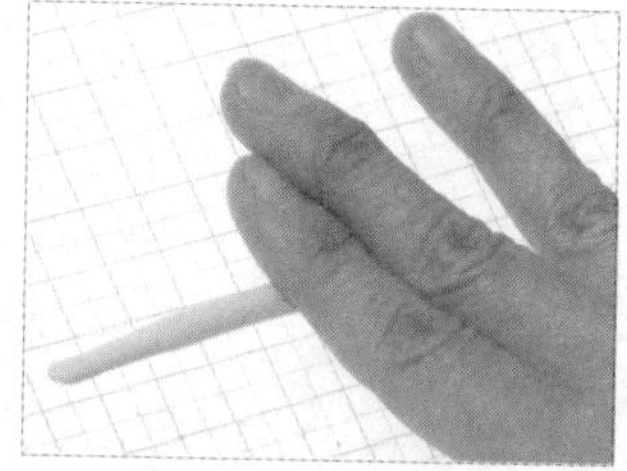

11 将银黏土的两端搓细，中间段维持直径 6 毫米不变。

12 直到与步骤 08 的纸片长度相符。

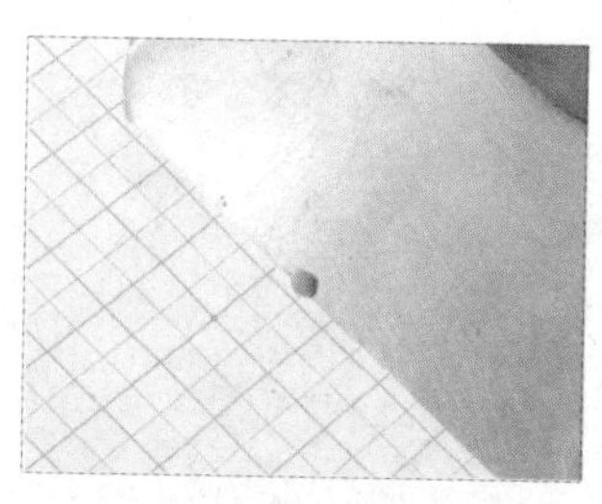

13 用造型刮板斜切银黏土的一端。

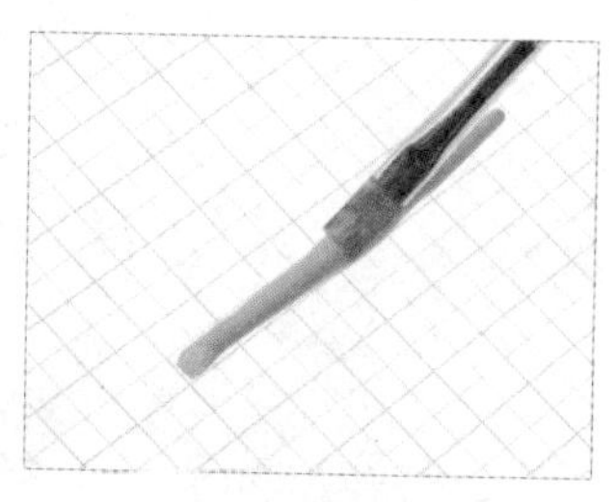

14 用水彩笔刷在银黏土的表面刷薄薄的一层水。

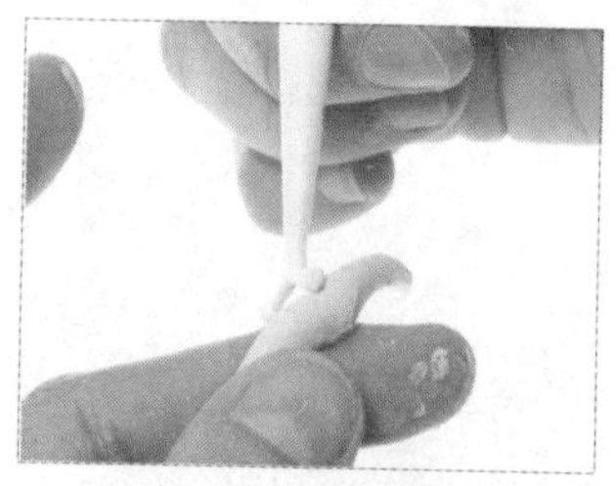

15 将银黏土中间段做出心形的弯折，并用牙医工具压凹一侧。

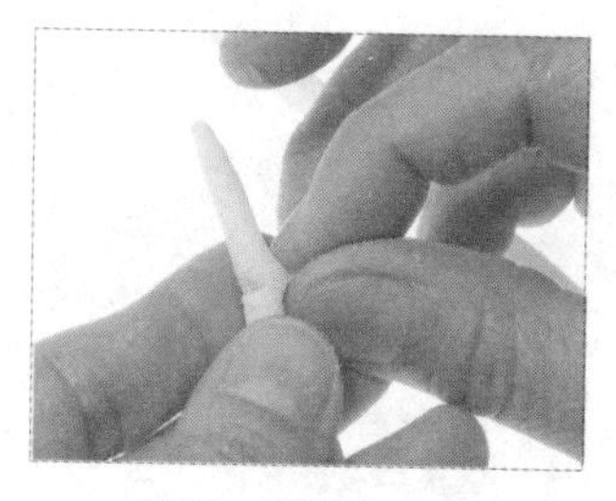

16 将另一侧捏尖。

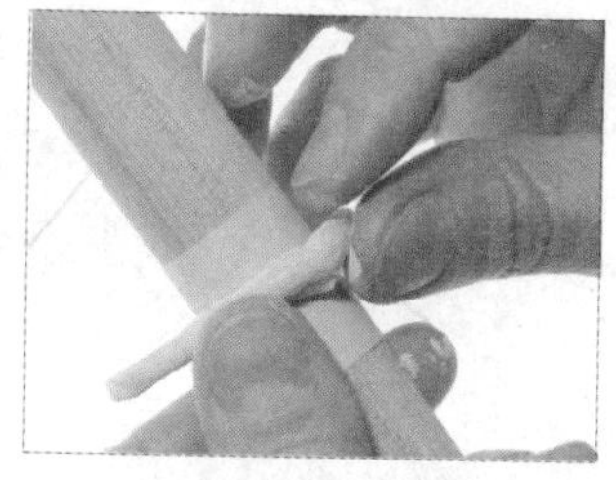

17 以铅笔记号为中心，将银黏土围绕在木芯棒上。

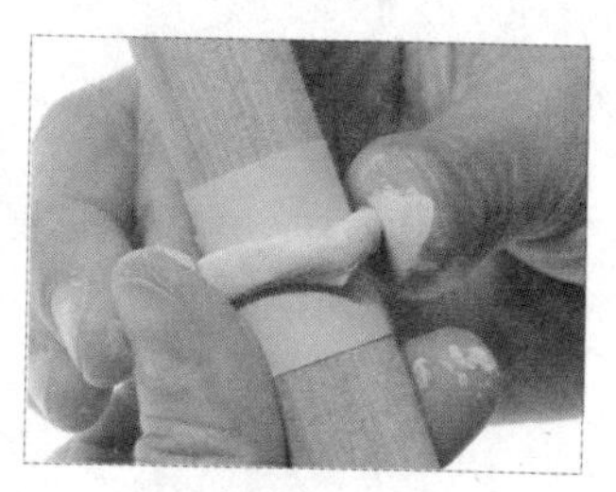

18 将左右两侧略微压扁。

19 将银黏土的两端绕到背面，并用水彩笔刷在斜切口处刷少量的水。

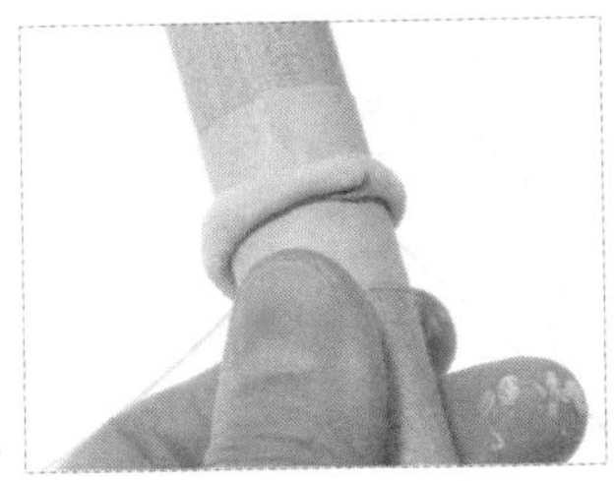

20 检查戒圈是否在一条水平线上，并与便利贴密合，按压黏合。

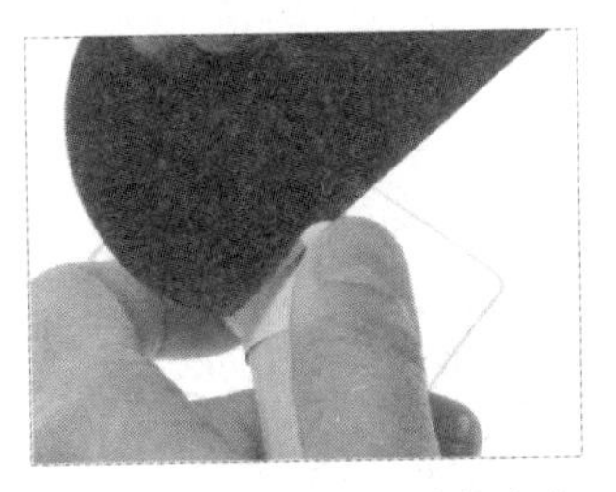

21 用造型刮板切掉多余的银黏土。

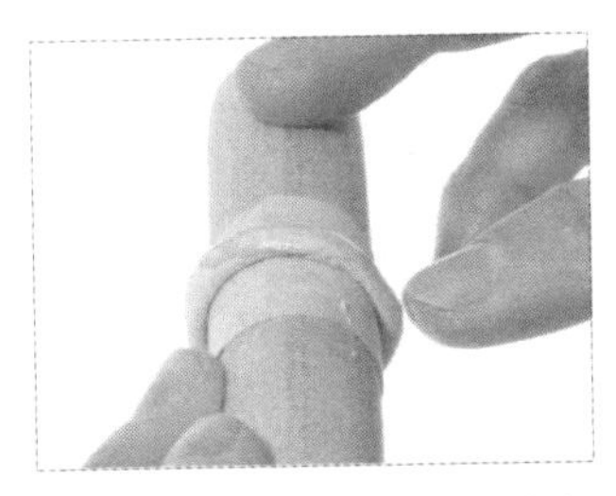

22 指尖抹水，在银黏土上轻轻地推合，须注意厚度不可过薄。

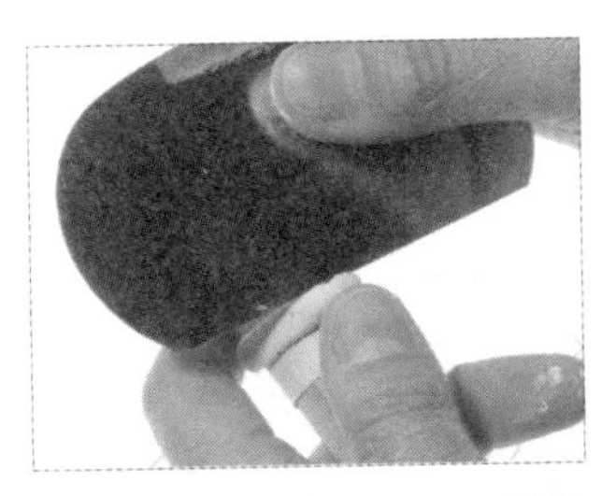

23 将戒圈转回正面，用造型刮板切出心形剖面。

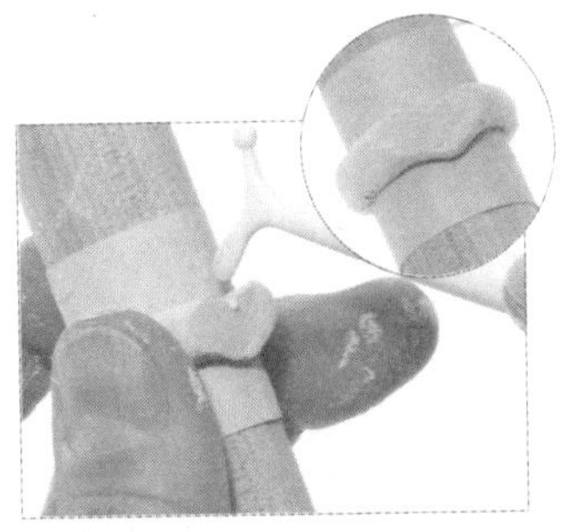

24 用牙医工具推整心形边缘，并以水彩笔刷蘸水，刷平心形剖面，使表面更加平整。

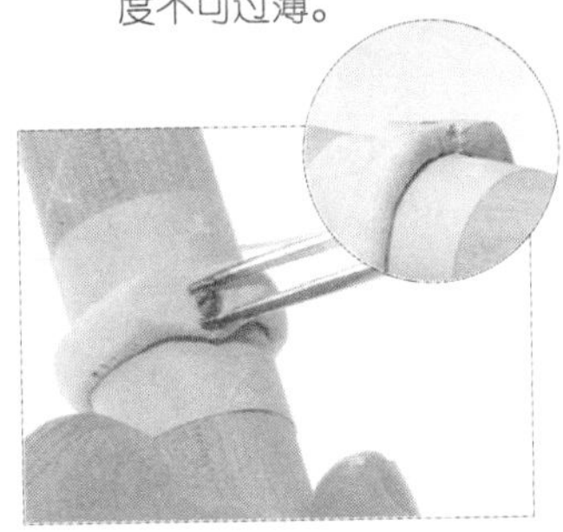

25 用镊子夹取心形合成宝石，将其压入剖面的中心。（宝石须与银黏土在同一水平面。）

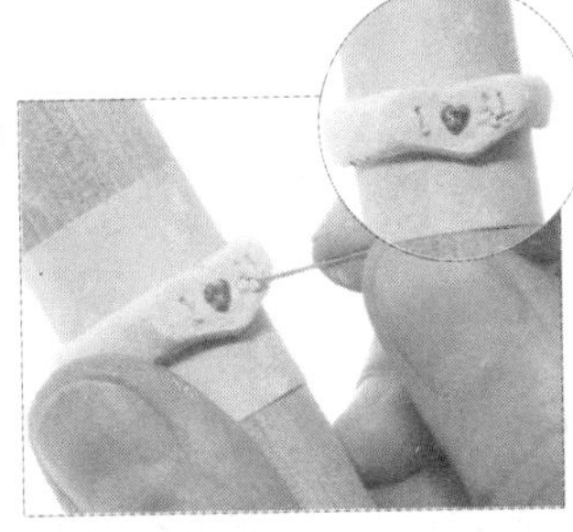

26 用珠针在心形剖面刻出 I 和 U 两个字母。（暂时不需理会字母边缘的银黏土屑。）

27 用吹风机的热风干燥银黏土 15 分钟。

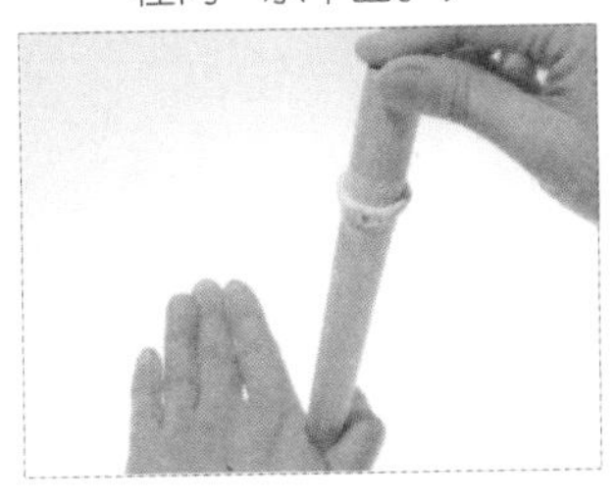

28 用单手虎口握住木芯棒较细的那端，垂直轻敲桌面，直至便利贴滑落到手上。

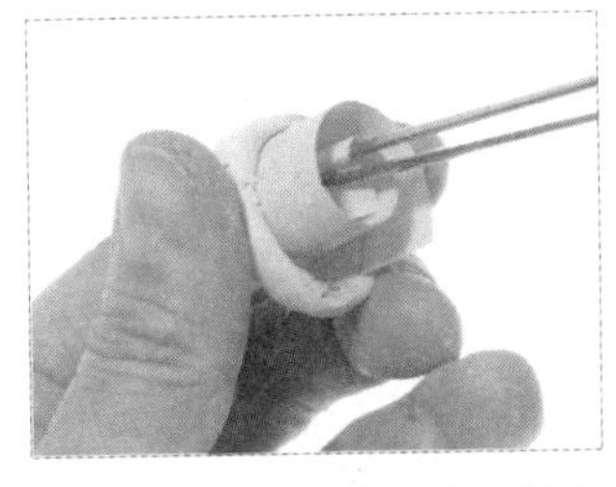

29 用镊子将便利贴夹卷成小圈。

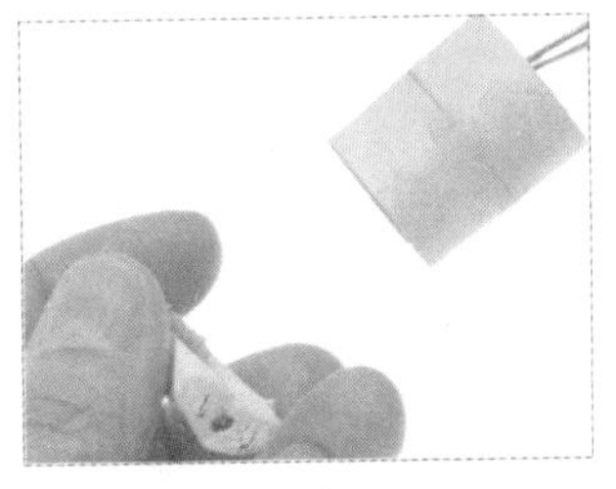

30 确定便利贴完全剥离银黏土后，抽出便利贴。（因戒指内侧的银黏土未完全干透，要小心抽出便利贴。）

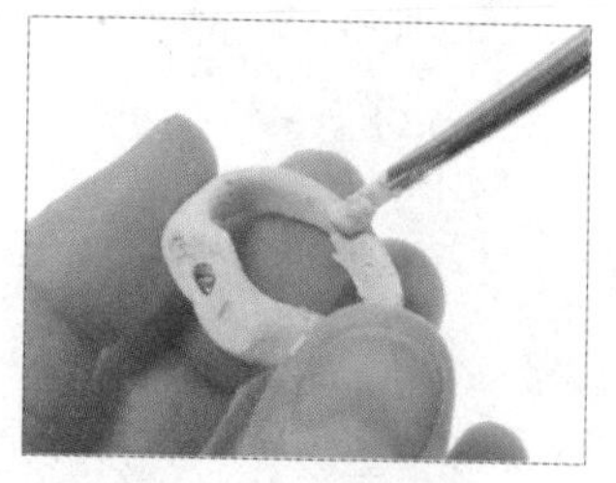

31 用水彩笔刷蘸取少许银膏填补戒指内侧的凹缝。

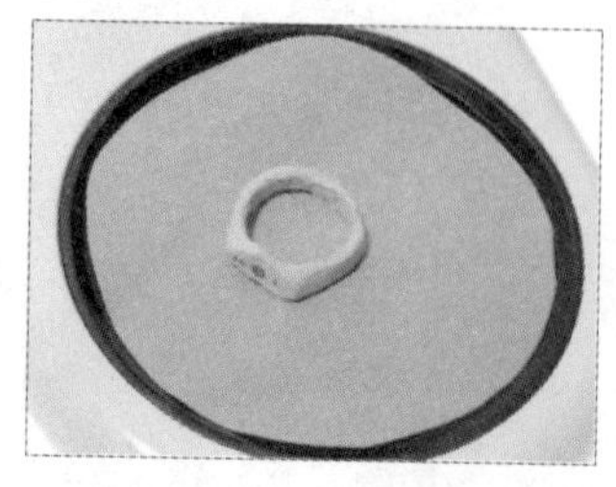

32 将作品放置在电烤盘上或以吹风机热风干燥5分钟。

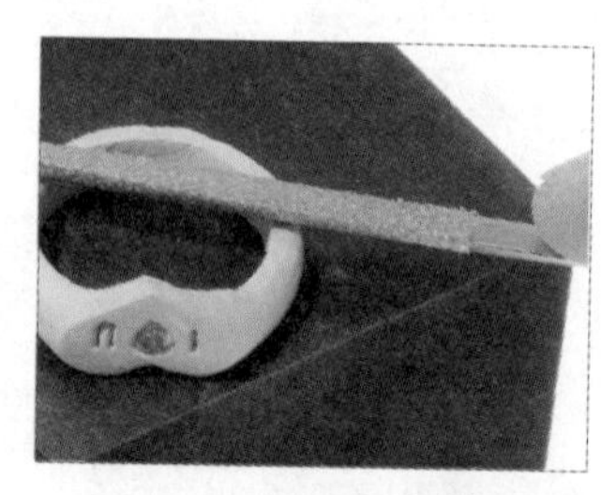

33 完全干燥后，用烘焙纸铺底，橡胶台做支撑，以锉刀修磨戒指侧面的平顺度、圆弧流畅度。

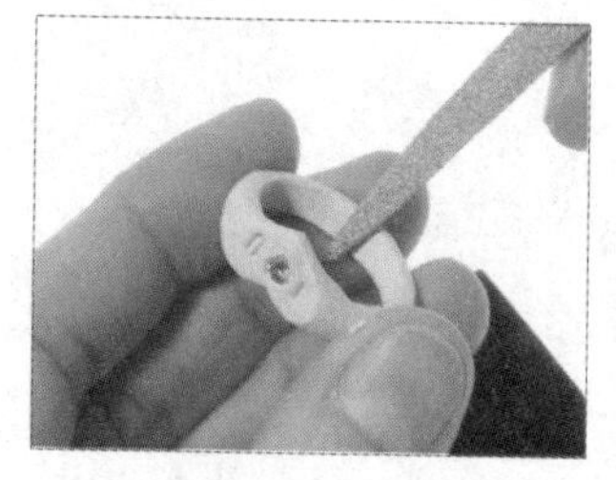

34 用锉刀锉平内围高起的部分。（锉磨太多戒围可能会变松。）

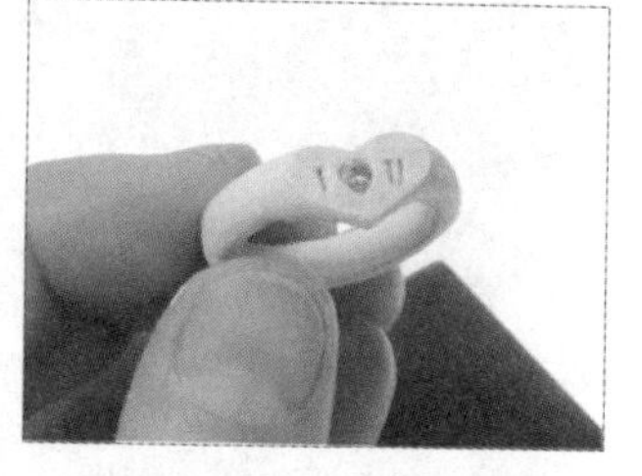

35 烧制前，检查宝石表面，如沾有银黏土可以用珠针轻轻剔除。

36 电气炉升温至800℃后，烧制5分钟。（以煤气灶烧制需8～10分钟。）

37 待作品冷却，用短毛钢刷刷除内外侧的白色结晶。

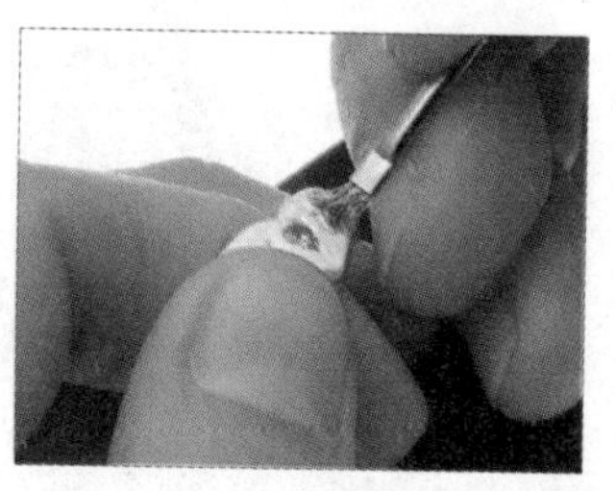

38 为避免刷到宝石，字母等微小处可用双头细密钢刷刷除结晶。

39 刷出表面毛细孔状的梨皮质感。

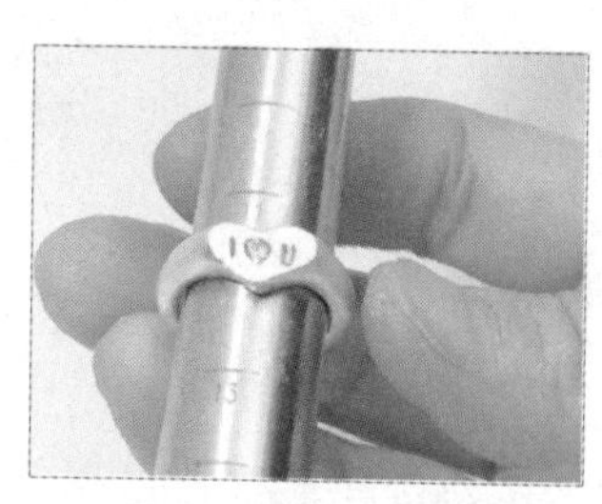

40 将戒指套入戒围钢棒，确认号数。

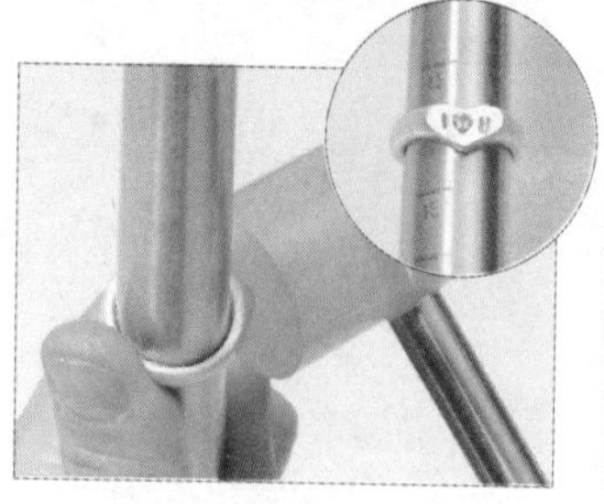

41 以橡胶锤敲击有缝隙的戒指外侧，使戒指达到14号戒围。

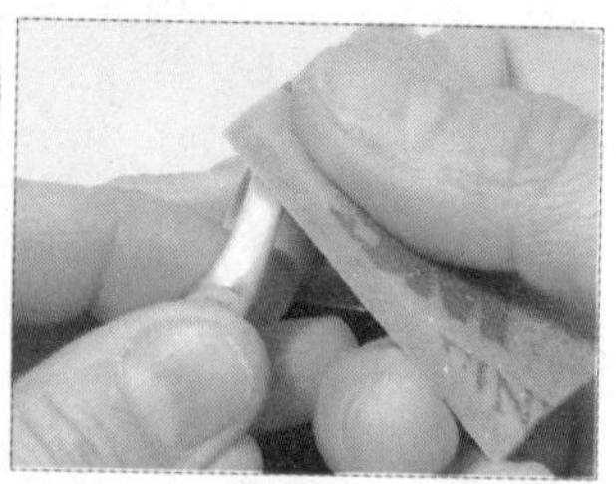

42 避开宝石，用红色海绵砂纸推磨到平顺。（可继续用蓝色、绿色海绵砂纸打磨。）

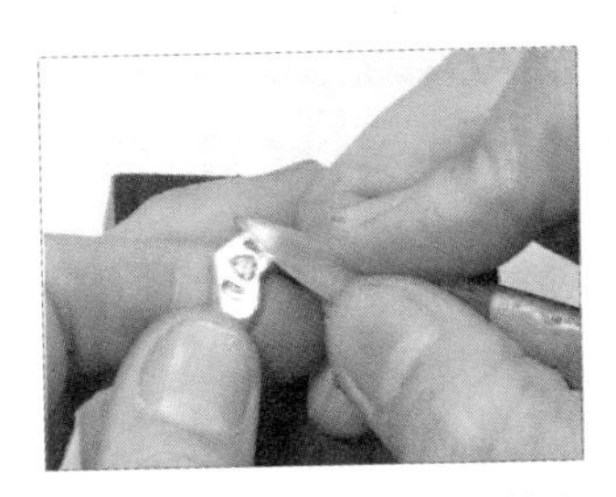

43 用玛瑙刀压光凸起的心形平面，增加作品的立体感。

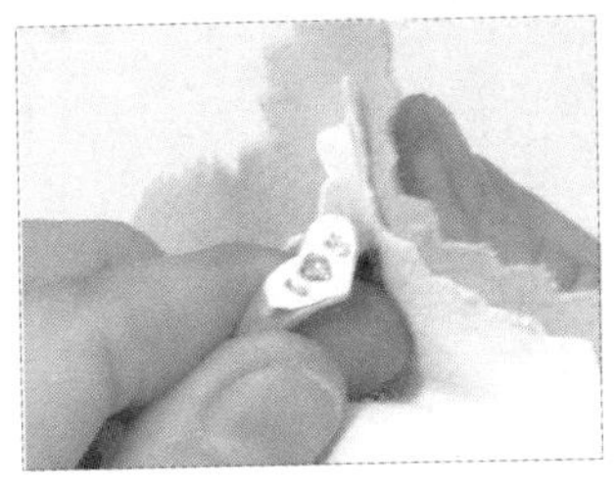

44 用拭银布擦拭作品。

45 即完成情人节最浪漫的 I Love U 戒指。

小贴士

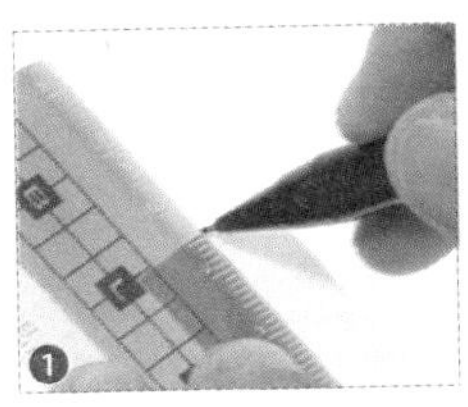

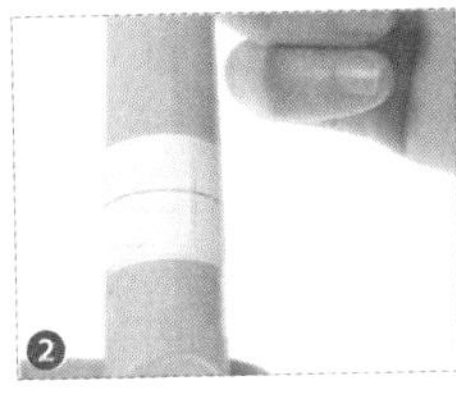

当手边没有便利贴时：

①裁剪约 2.5 厘米 ×7.5 厘米的纸片，并画出中线对准记号。

②围紧木芯棒，用胶带固定两侧。注意胶带不可贴在银黏土会缠绕的范围内。

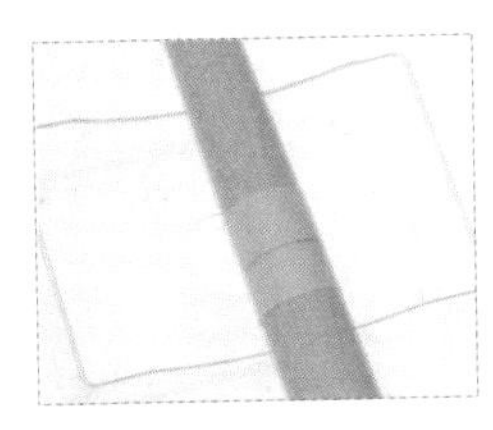

将木芯棒架在名片盒上塑形的方法十分便利。

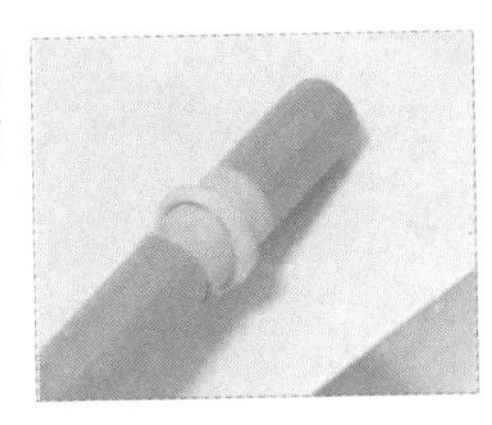

戒指成形前的干燥硬化。为避免压扁塑形好的银黏土，须手握或架空木芯棒。

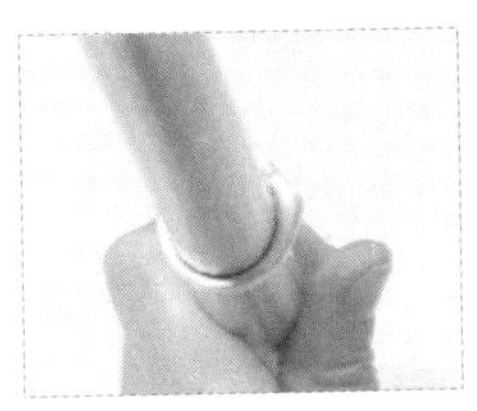

从上方查看戒指与戒围钢棒的间隙，如有缝隙表示戒指不够圆。

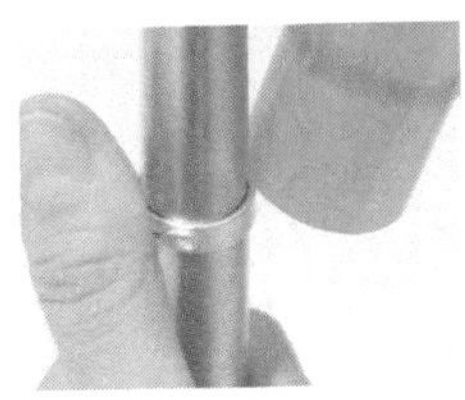

如有爪镶宝台座的戒指，不可直接敲击爪台，改敲戒指的侧边。

男生女生配

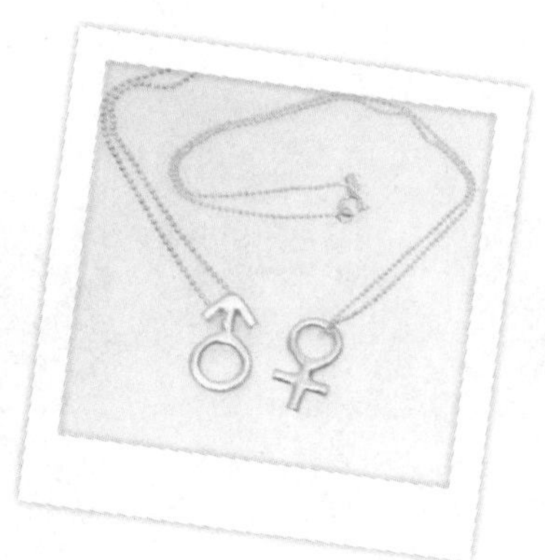

材料

黏土型纯银黏土 7 克、膏状型纯银黏土少许、钩扣 1 个

工具

塑形工具

烘焙纸、铅笔、保鲜膜、造型刮板、垫板或 L 夹、镊子、保鲜膜、1 毫米厚亚克力板、水彩笔刷、笔刀或美工刀、橡胶台、锉刀

干燥及烧制器具

电烤盘或吹风机、电气炉或煤气灶和不锈钢烧制网、计时器

加工工具

橡胶台、短毛钢刷、海绵砂纸、拭银布

步骤说明

01 裁剪一小张烘焙纸，用铅笔描下附图。

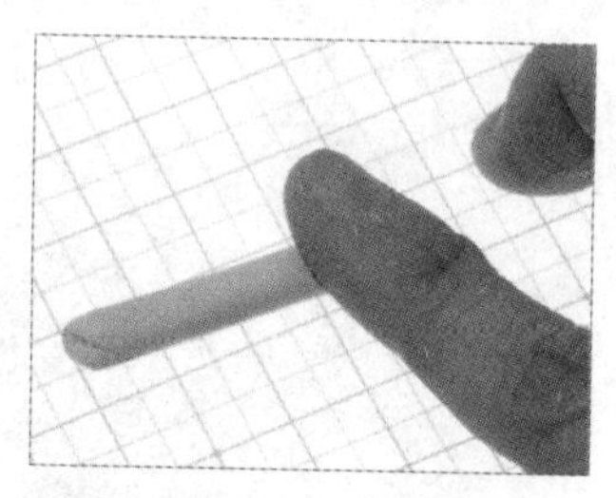

02 在光滑的垫板上，将揉捏过的银黏土搓成长条状。

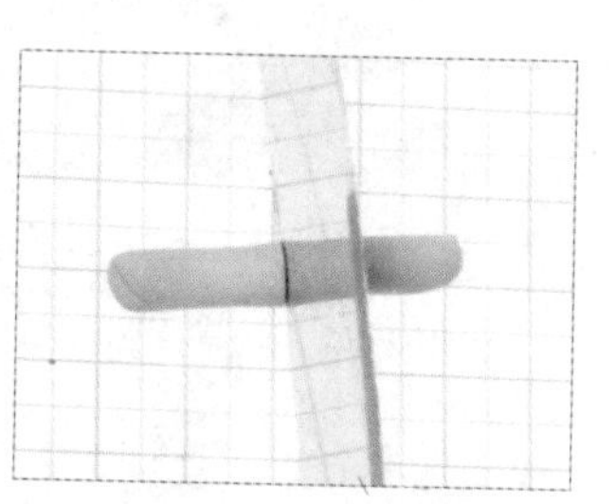

03 用造型刮板将银黏土一分为二后，取保鲜膜收起其中一份。

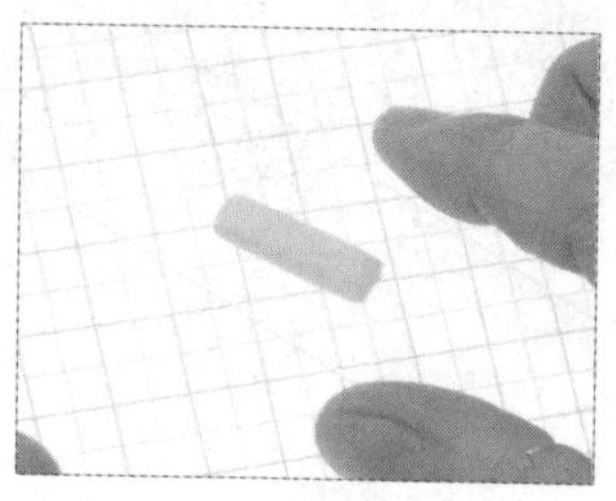

04 另一份银黏土，用透明亚克力板继续搓滚。

05 搓滚成直径约 3 毫米的均匀细长条。

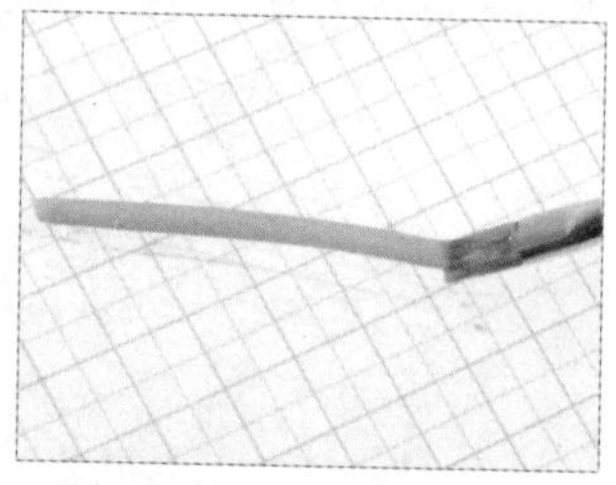

06 用水彩笔刷在银黏土上刷薄薄的一层水。

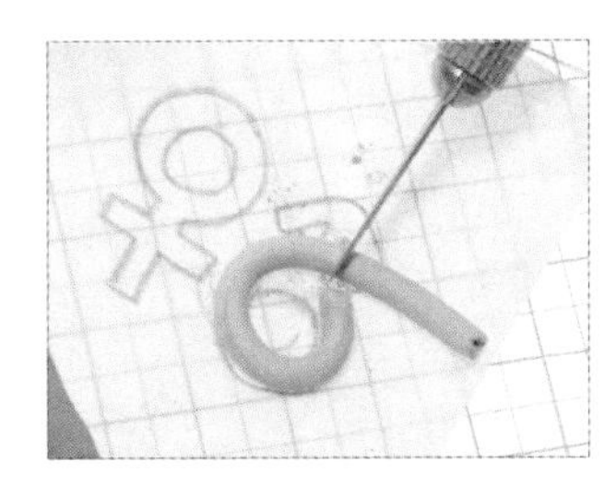

07 将细长条银黏土按照草图绕圆，以笔刀切除多余的银黏土。

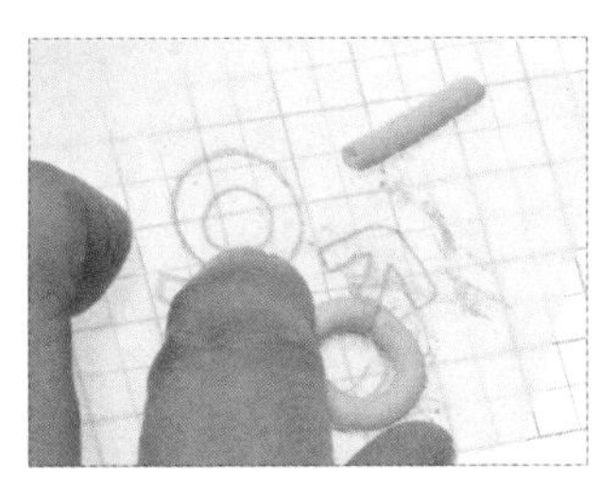

08 在切口处涂上一点银膏，以衔接成密合环状。

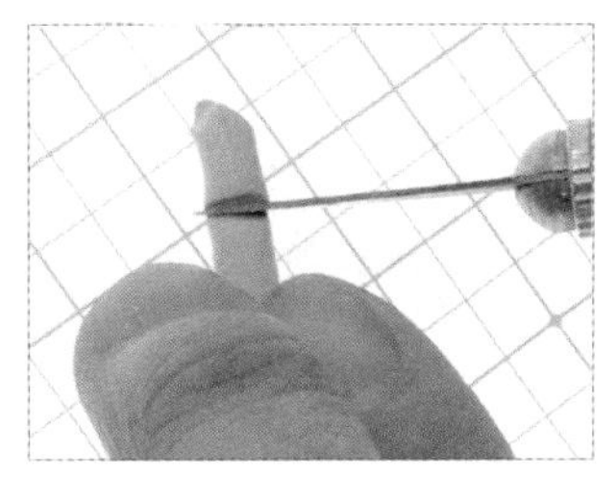

09 将剩余的条状银黏土切成长短两段。

10 将长段银黏土依照草图放入箭头处。

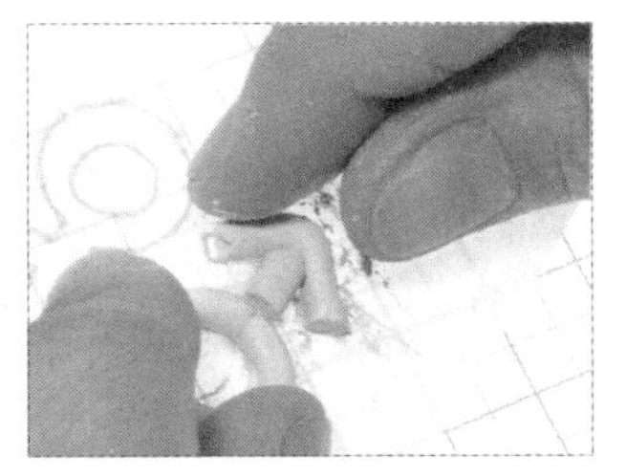

11 先将短段银黏土放入箭头和圆的中间，再用手来加强塑形。

12 以细水彩笔刷蘸少许银膏填补银黏土间的接缝。

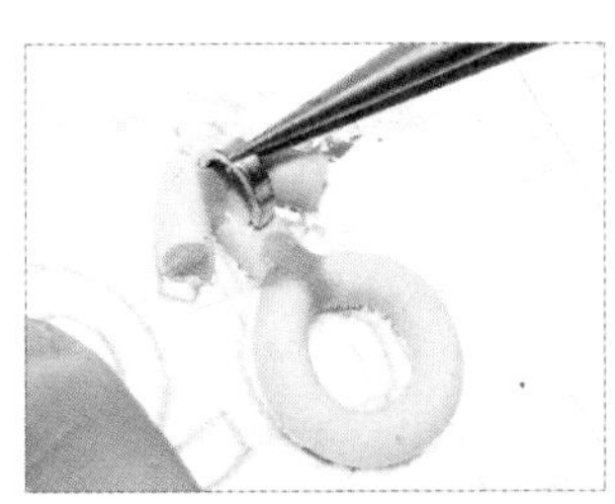

13 以镊子夹取钩扣，将其按压入距离箭头顶端约2毫米的中央位置。

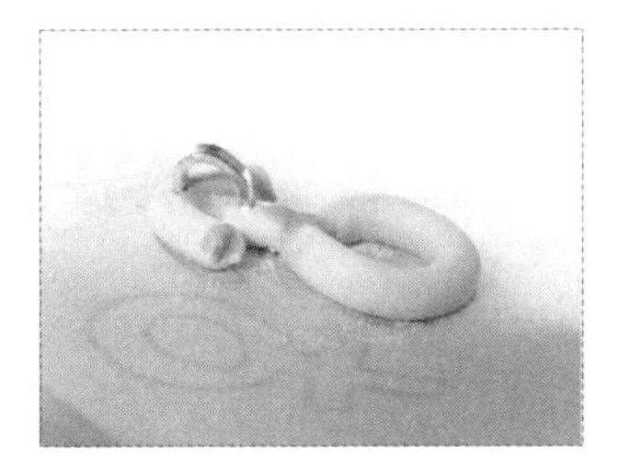

14 按压完成的钩扣。

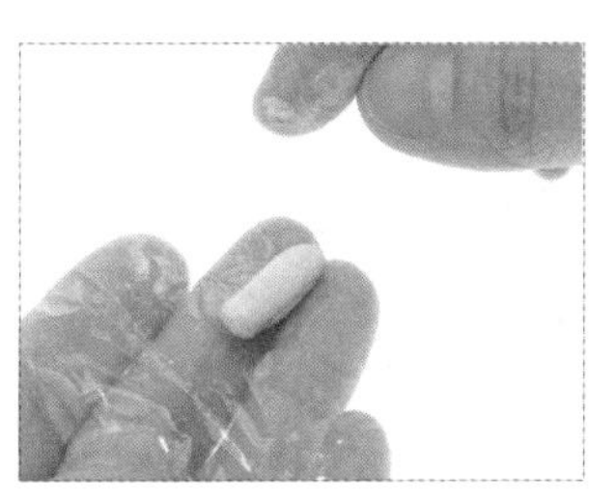

15 取出另一份银黏土，重复步骤04—06。

16 将细长条银黏土按照草图绕圆。

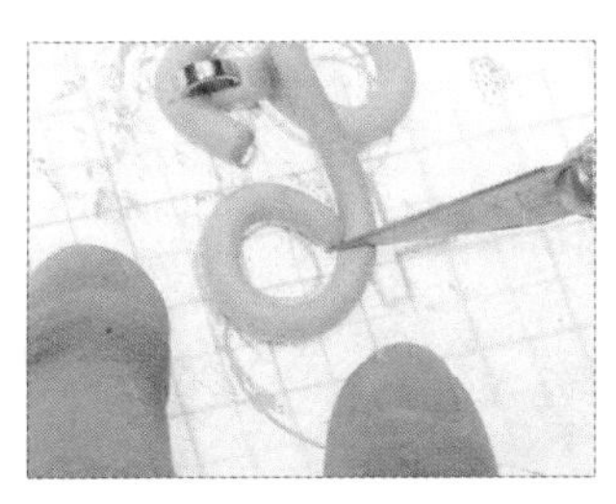

17 以笔刀切除多余的银黏土。

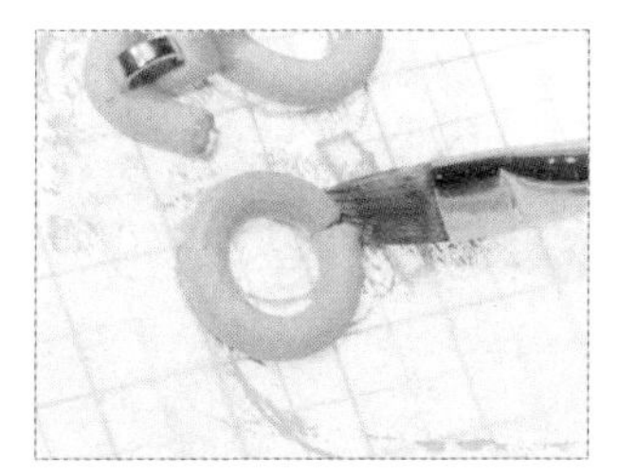

18 在切口处涂上一点银膏，衔接成密合环状。

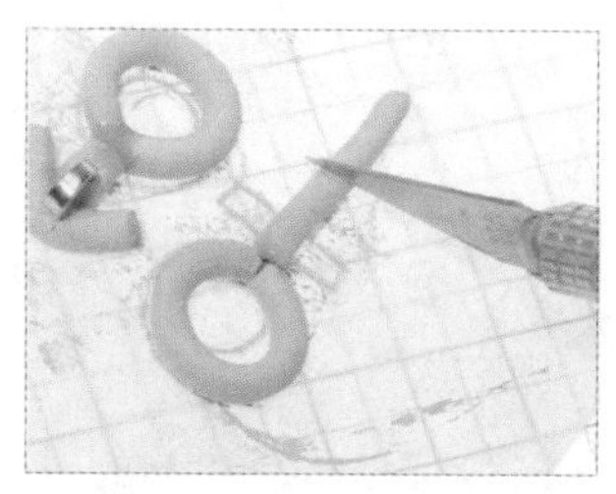

19 将剩余的条状银黏土放入草图的长条区，并切除多余的银黏土。

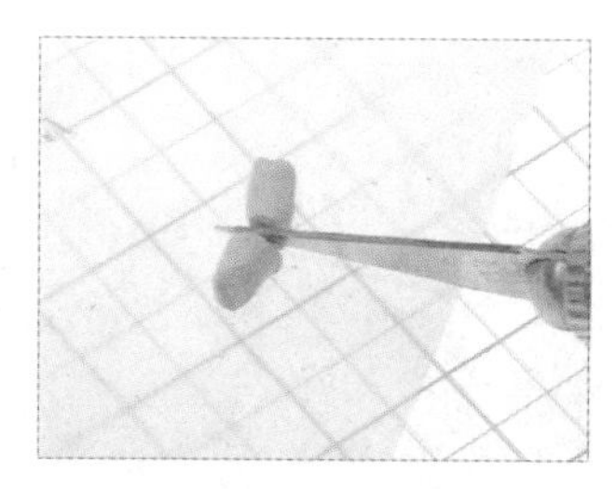

20 将多余的条状银黏土切成两段。

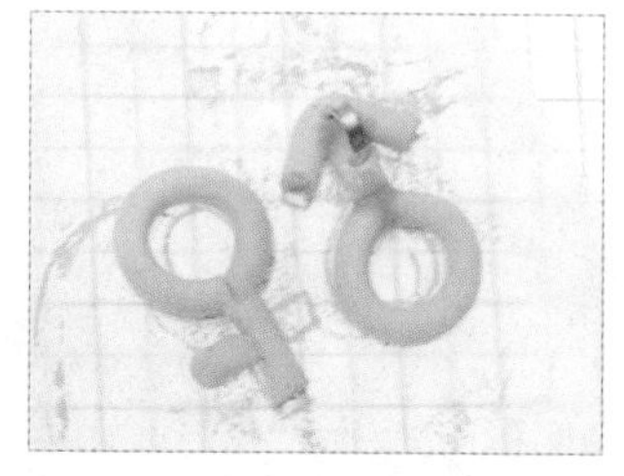

21 将其中一段放入草图的左边。

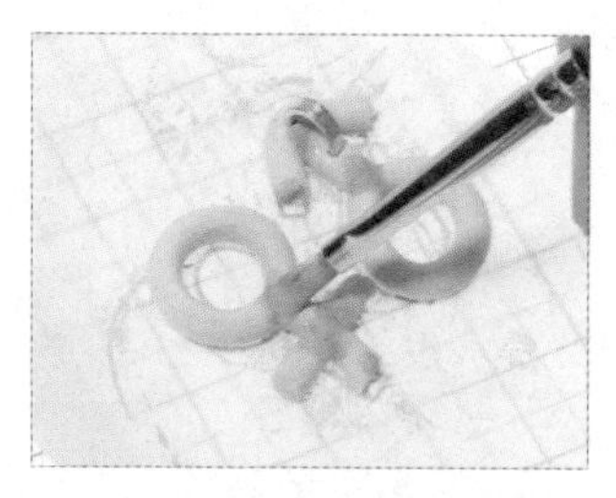

22 将另一段放入右边，并以水彩笔刷蘸少许银膏填补接缝。

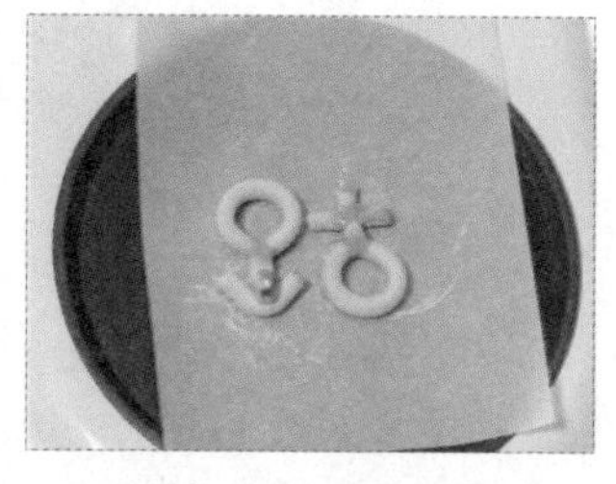

23 将作品放置在电烤盘上或以吹风机热风干燥 10 分钟。

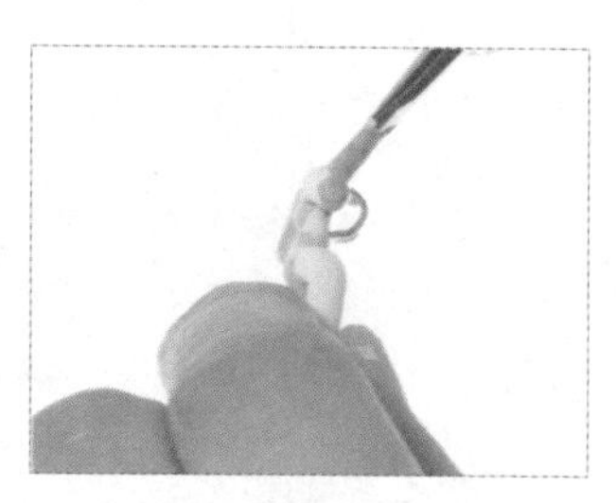

24 作品干燥后，用银膏填补反面及侧面的所有接缝处。

25 再次干燥作品 5 分钟。

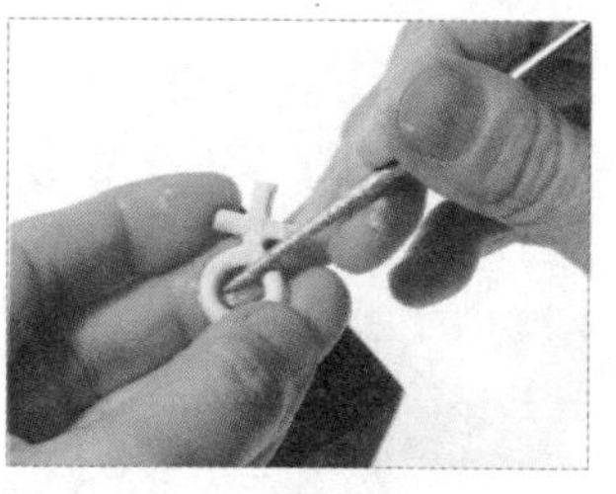

26 完全干燥后，用烘焙纸铺底，橡胶台做支撑，用锉刀磨圆因修补银膏而高起的地方。

27 取已蘸水的水彩笔刷刷整体作品以消除磨痕，使表面更平滑。（须再次干燥 3 分钟。）

28 电气炉升温至800℃后，烧制 5 分钟。（煤气灶烧制 8 ~ 10 分钟。）

29 待作品冷却，用短毛钢刷刷除内外侧白色结晶。

30 将作品表面刷出毛细孔状的梨皮质感。

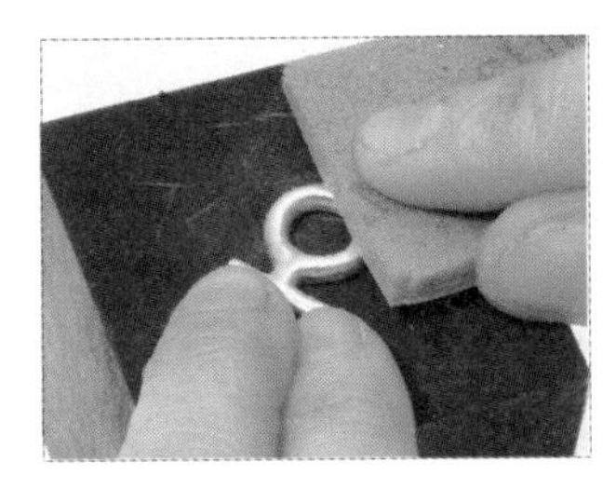

31 用红色海绵砂纸慢慢推磨作品至平顺。（可继续用蓝色、绿色海绵砂纸，将作品打磨到更细致的状态。）

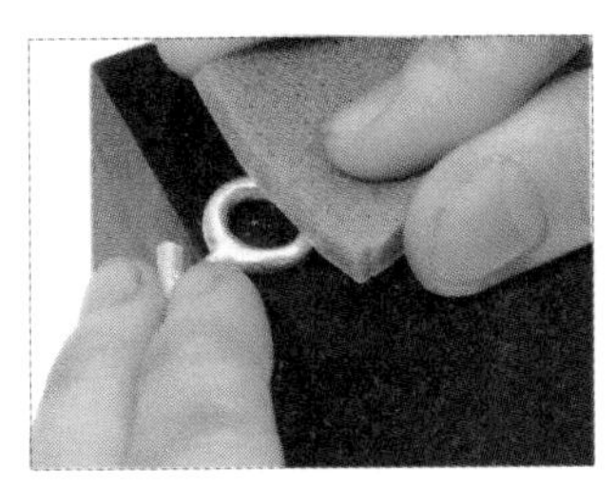

32 男生作品可以放在橡胶台边缘处以便打磨。

33 打开男生作品银链的扣头，将扣环穿入钩扣。

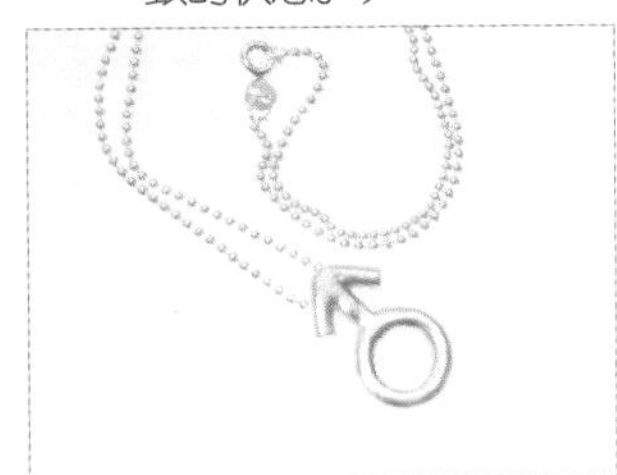

34 完成男生银饰。

35 将女生作品的银链扣头打开，穿入圆圈中。

36 完成女生银饰。

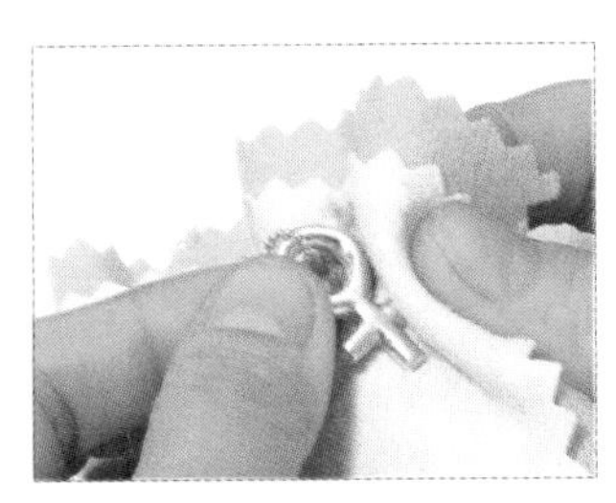

37 用拭银布擦拭作品。

38 即完成情人节最登对的男女生对链。

心心相印

材料

黏土型纯银黏土 5 克、膏状型纯银黏土少许、小插入环 2 个、直径 4 毫米纯银开口圈 1 个、直径 3 毫米纯银开口圈 2 个、滑动式喜平链 1 条

工具

塑形工具

烘焙纸、铅笔、垫板或 L 夹、水彩笔刷、造型刮板、保鲜膜、牙医工具、镊子、剪钳、橡胶台、锉刀

干燥及烧制器具

电烤盘或吹风机、电气炉或煤气灶和不锈钢烧制网、计时器

加工工具

橡胶台、短毛钢刷、海绵砂纸、玛瑙刀、尖嘴钳、拭银布

步骤说明

01 裁剪一小张烘焙纸，用铅笔仔细描下附图。

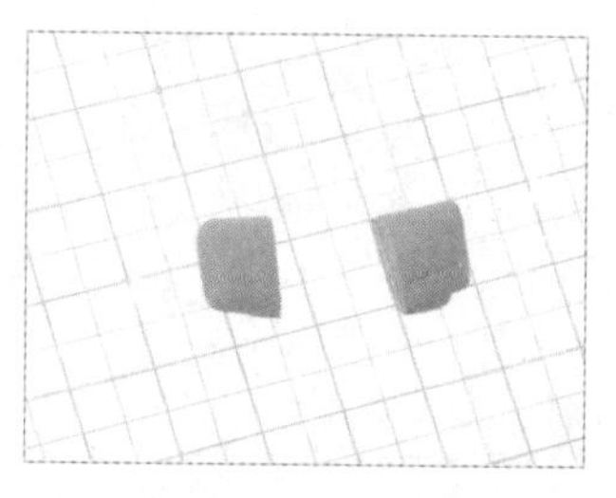

02 用造型刮板将揉捏过的银黏土切为两份，用保鲜膜收起其中一份。

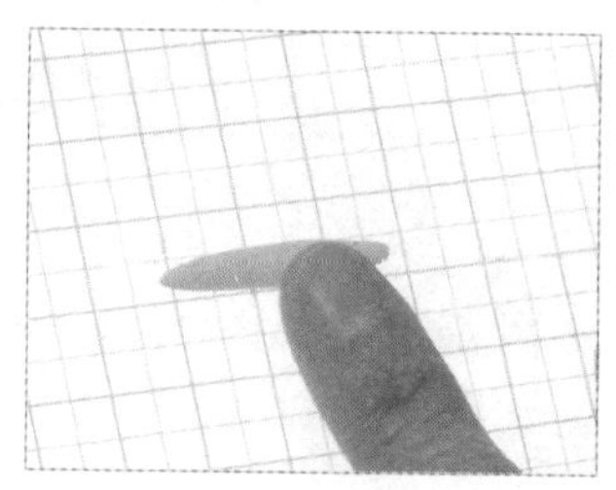

03 在光滑的垫板上，将一份银黏土两头捏尖、搓成条状。

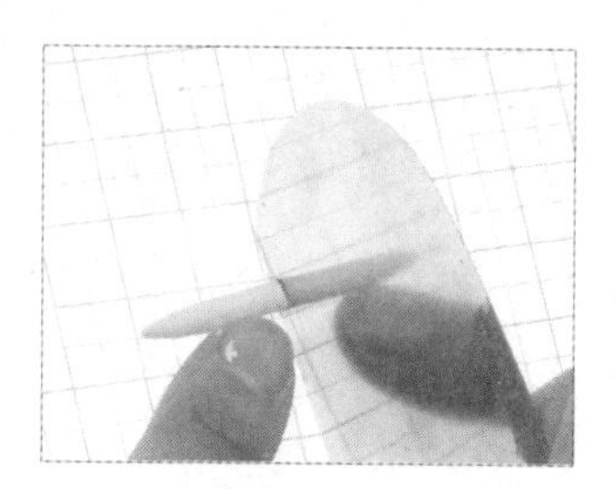

04 继续揉搓直至成细长条后，用造型刮板将银黏土切成两半。

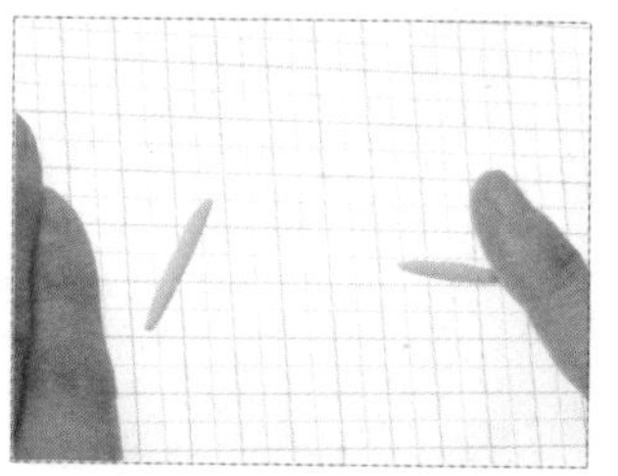

05 将两段银黏土切口搓尖，继续搓细。

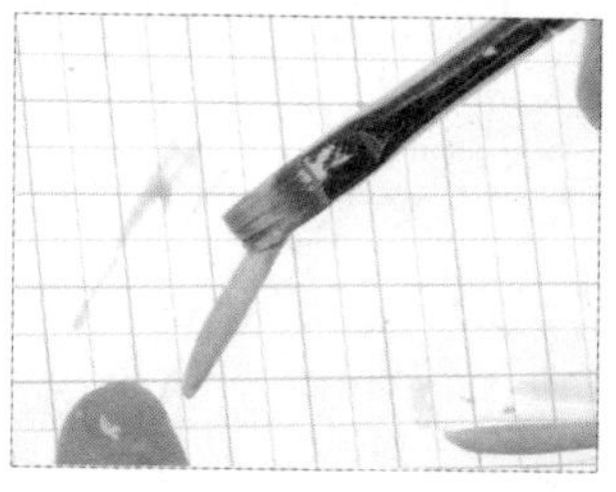

06 弯曲银黏土前，先用水彩笔刷在银黏土上刷薄薄一层水，使其湿润。

07 以水彩笔刷轻推细长条银黏土，依照草图弯成圆弧状。

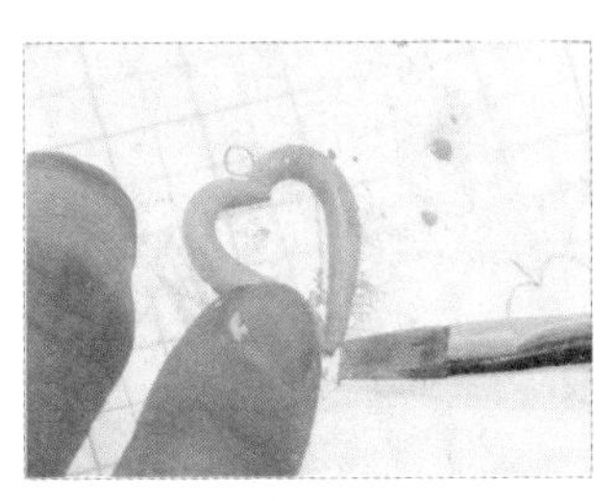

08 重复步骤 06—07，取另一段银黏土弯成圆弧状，以形成爱心的形状。

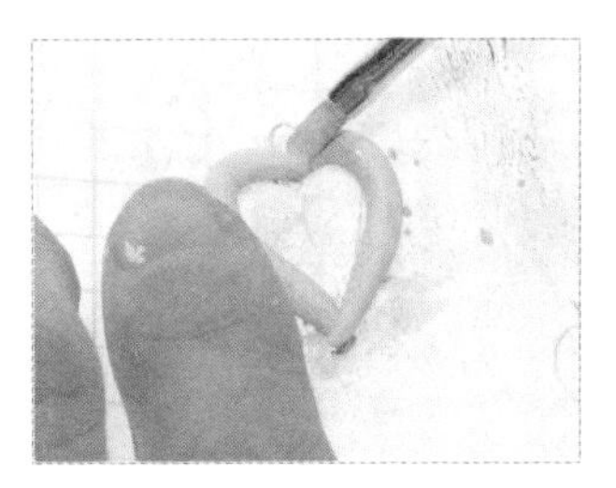

09 用细水彩笔刷蘸少许银膏黏合重叠处。

10 用镊子夹住插入环靠近作品，比对插入环长度与条状土粗细。

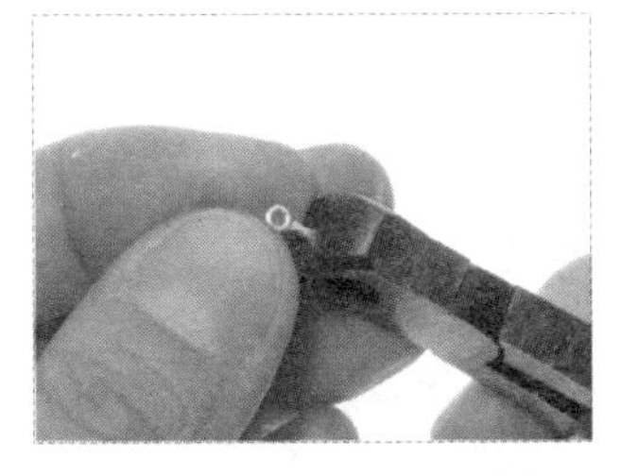

11 若插入环过长，须先以剪钳修剪，以避免末端外露。

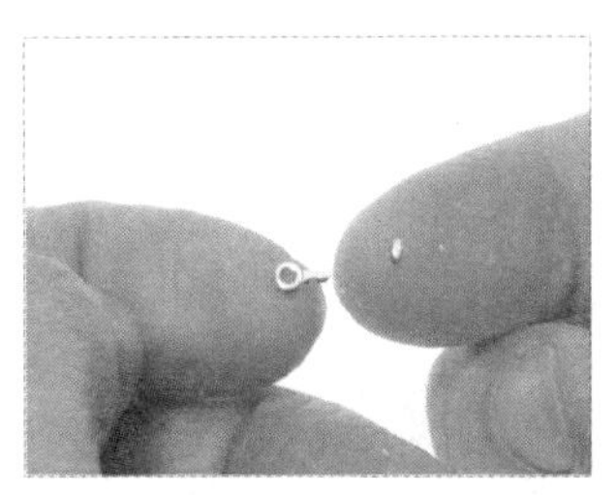

12 只需修剪一小节。（若插入环修剪得太短，则容易松脱。）

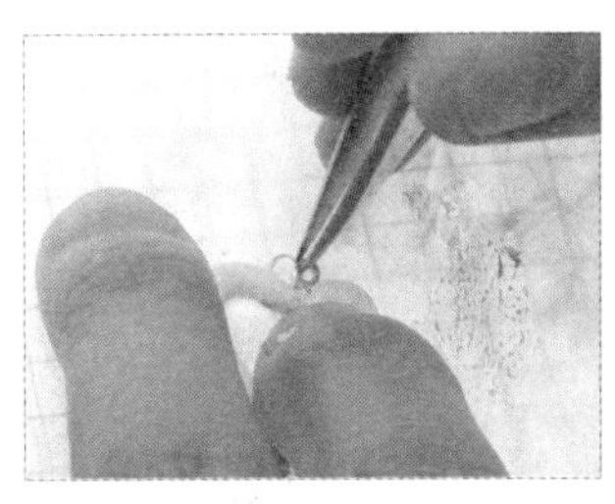

13 用镊子夹住插入环的小圈，斜推入银黏土。

14 直至剩下小圆圈于银黏土边缘为止。

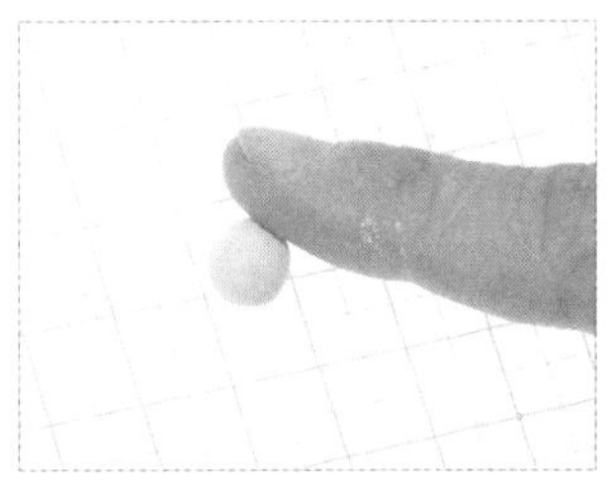

15 取另一份银黏土，用手指搓圆。

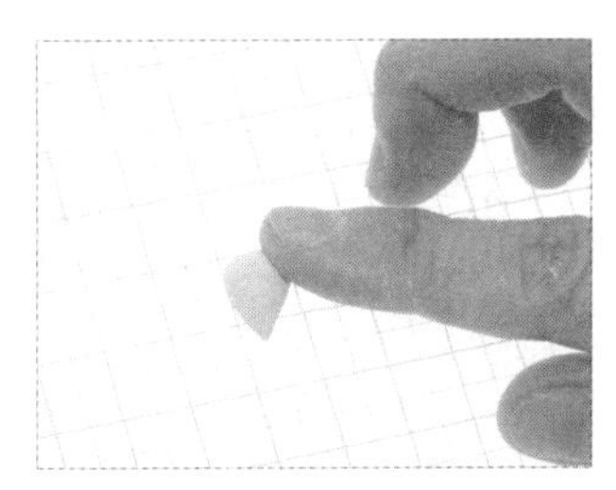

16 将一端搓尖，形成水滴状，然后用手指将其轻微压扁。

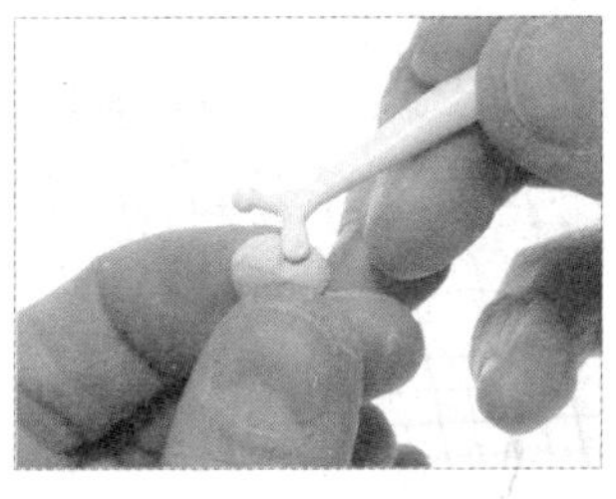

17 用牙医工具将圆端的中间压凹。

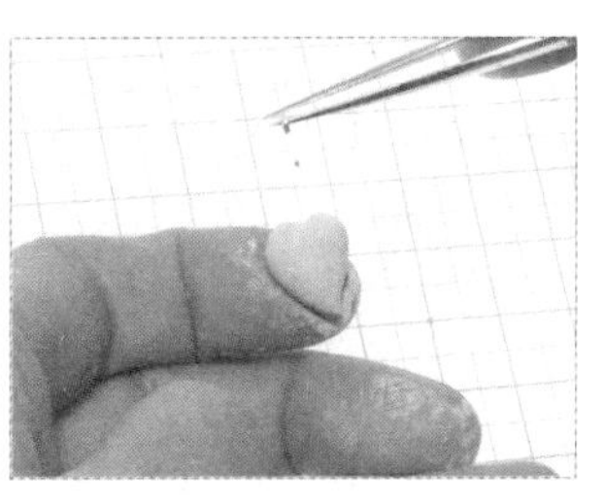

18 用手推整心形至圆润，再于凹陷处推入插入环。（须垂直推入。）

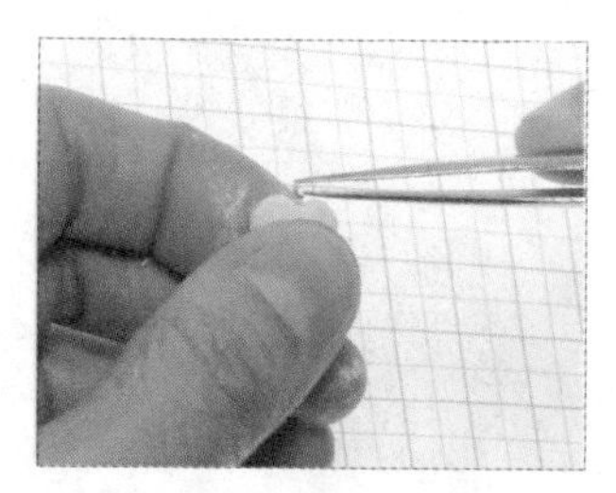

19 仅剩小圈露在银黏土外。（插入后勿晃动或调整位置，若洞口变大，将无法牢靠固定作品。）

20 两颗心的插入环须一个垂直插入，一个水平插入。

21 将两颗心放置于电烤盘上，或用吹风机热风干燥 10 分钟。

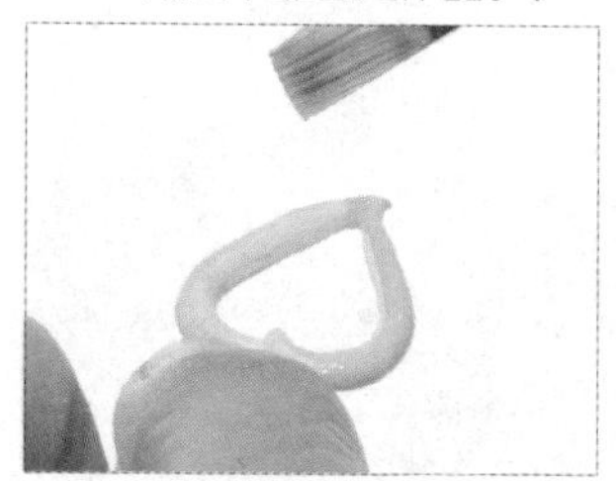

22 干燥后，用银膏填补“大心”反面的衔接点。

23 修补好后，再次干燥 5 分钟。

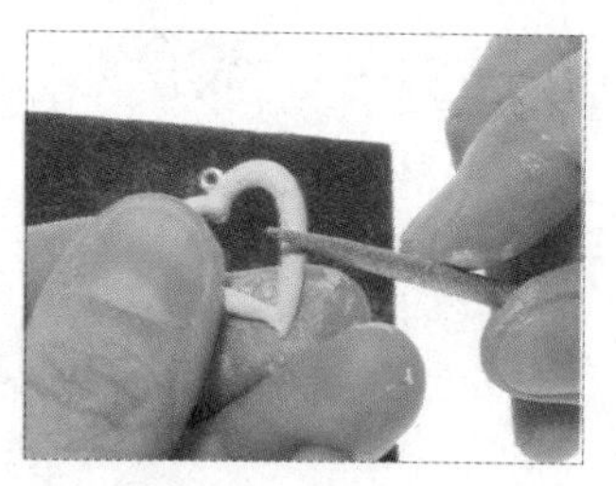

24 完全干燥后，以烘焙纸铺底，橡胶台做支撑，用锉刀进行修磨。

25 用圆锉刀修磨，使“小心”更加圆润。

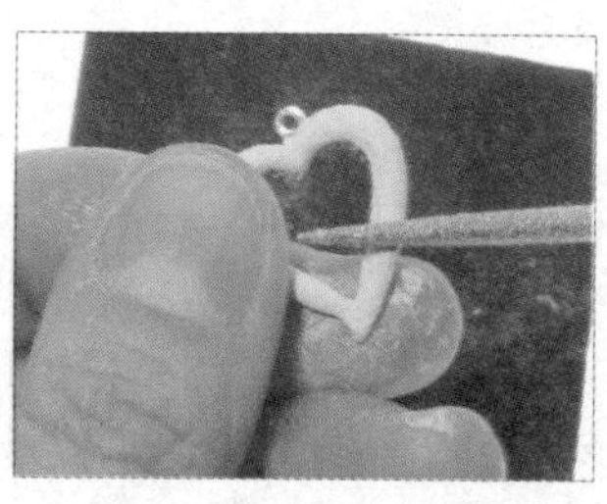

26 以锉刀磨圆“大心”，并修整高起的地方。

27 用水彩笔刷刷整体作品以消除磨痕，使表面更平滑。（须再次干燥 3 分钟。）

28 电气炉升温至800℃后，烧制 5 分钟。（煤气灶烧制 8 ~ 10 分钟。）

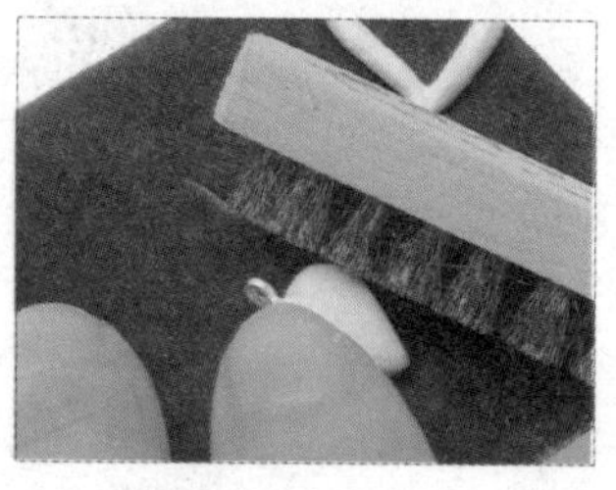

29 待作品冷却后，用短毛钢刷刷除内外侧的白色结晶。

30 刷出表面毛细孔状的梨皮质感。

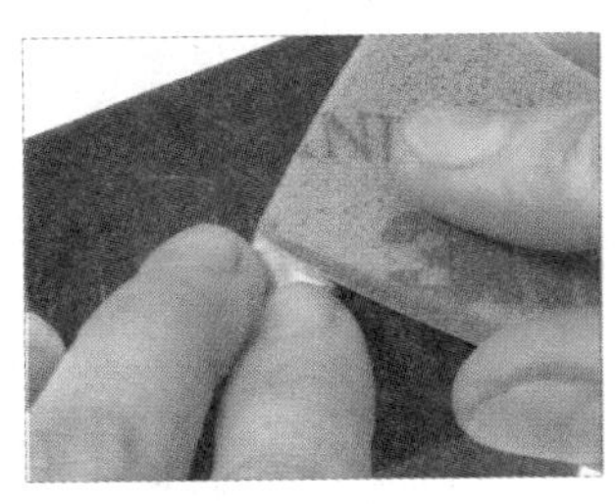

31 用红色海绵砂纸慢慢推磨至平顺。（可继续用蓝色、绿色海绵砂纸将作品磨到更细致的状态。）

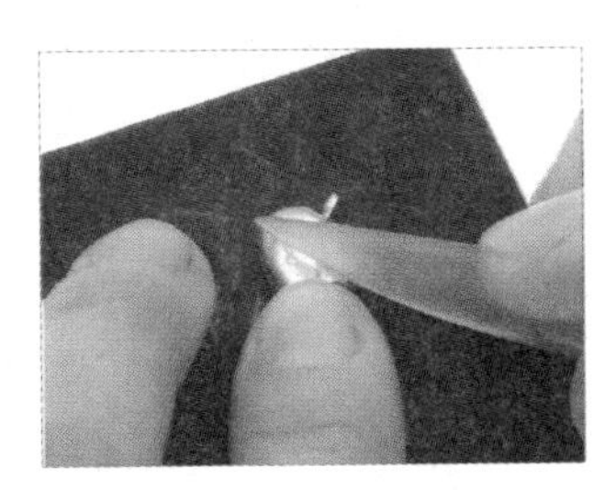

32 用玛瑙刀压光“小心”，使作品产生一雾一亮的效果，形成对比。

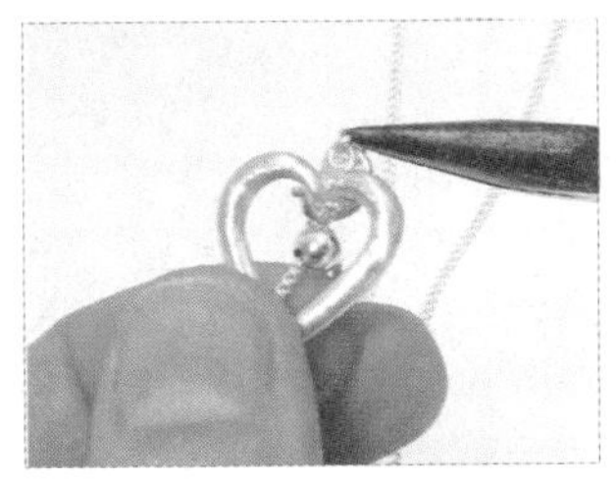

33 用尖嘴钳夹开直径3毫米银圈的开口处，钩入“大心”的插入环小圈，再钩入直径4毫米银圈。

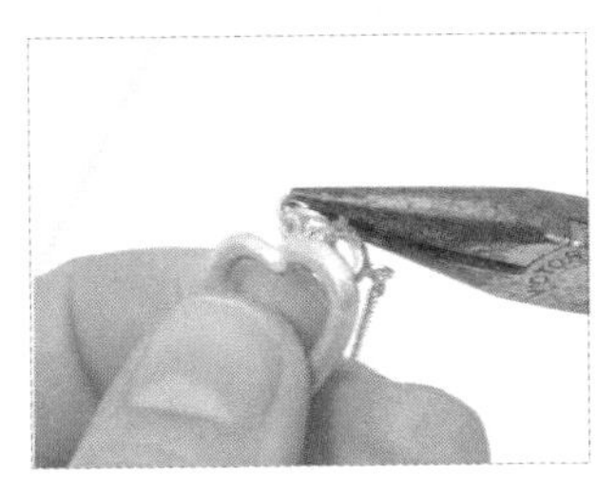

34 用尖嘴钳将银圈夹密合。

35 链尾从“大心”里穿出。

36 将链尾的小圈及“小心”上的插入环小圈用直径3毫米开口圈串连。

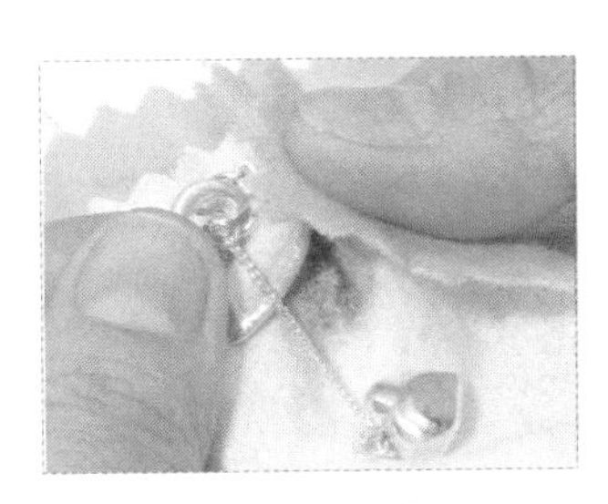

37 用拭银布擦拭作品。

38 即完成情人节的心心相印项链。

钻戒

材料

黏土型纯银黏土 7 克、膏状型纯银黏土少许、针筒型纯银黏土 2 克、绿针头（中口）、开口插入环 1 个、锁链式纯银链 1 条

工具

塑形工具

0.5 毫米厚卡纸、烘焙纸、塑胶滚轮、美工刀或笔刀、镊子、1.5 毫米厚亚克力板、直径 8 毫米吸管、珠针、造型刮板、铅笔、雕刻针笔、保鲜膜、水彩笔刷、圈圈板、橡胶台、锉刀

干燥及烧制器具

电烤盘或吹风机、电气炉或煤气灶和不锈钢烧制网、计时器

加工工具

橡胶台、短毛钢刷、双头细密钢刷、棉棒、温泉液、中性清洁剂、旧牙刷、海绵砂纸、玛瑙刀、尖嘴钳、拭银布

步骤说明

01 用笔刀割下钻石形卡纸模。

02 在对折的烘焙纸中，摆放 1.5 毫米厚的亚克力板和接近草图宽度的银黏土。

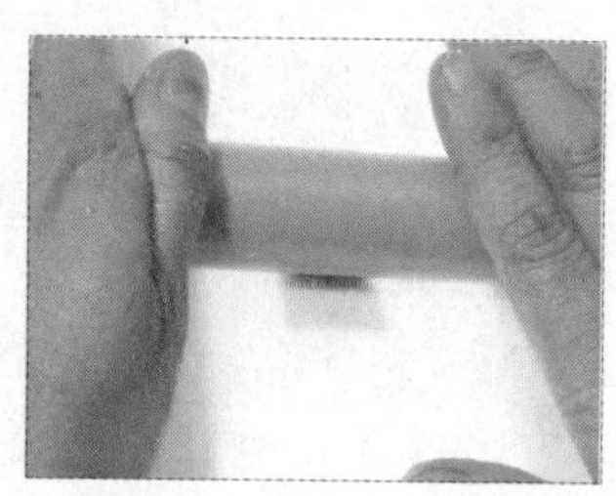

03 盖上烘焙纸，用塑胶滚轮按垂直方向滚压银黏土。

04 将银黏土擀平至 1.5 毫米厚度。

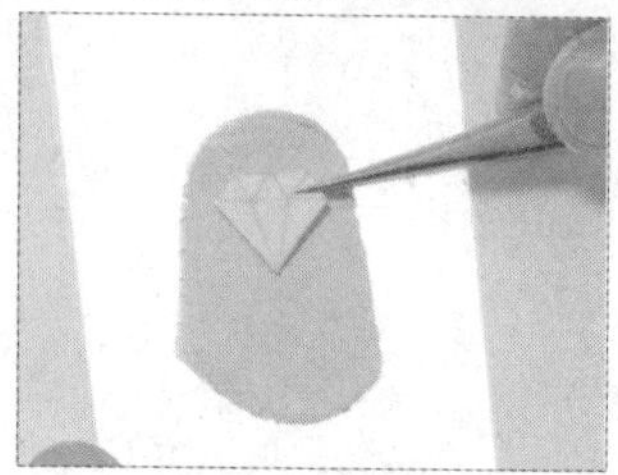

05 掀开烘焙纸，将钻石形卡纸模放在银黏土上方。

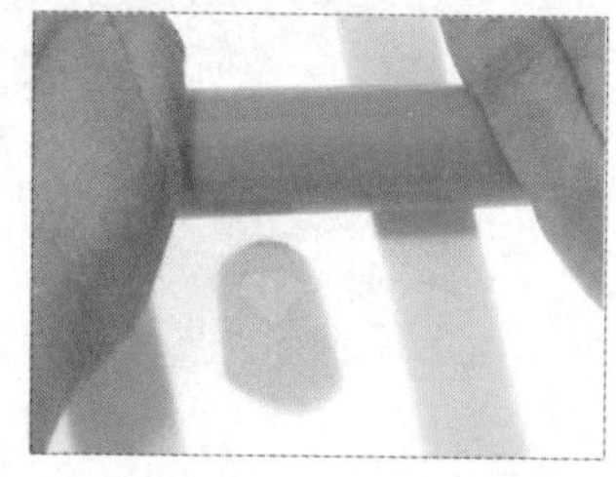

06 盖上烘焙纸，用塑胶滚轮滚压一遍。（切勿来回滚压，以免产生叠影。）

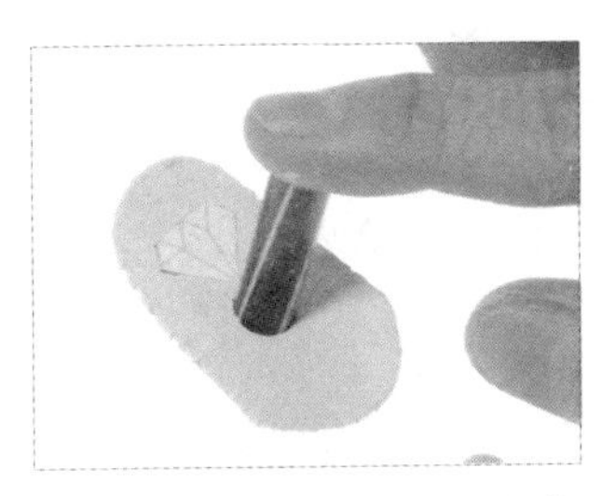

07 在距离钻石尖端下方约1毫米的位置，放上直径8毫米的吸管并与钻石对齐。

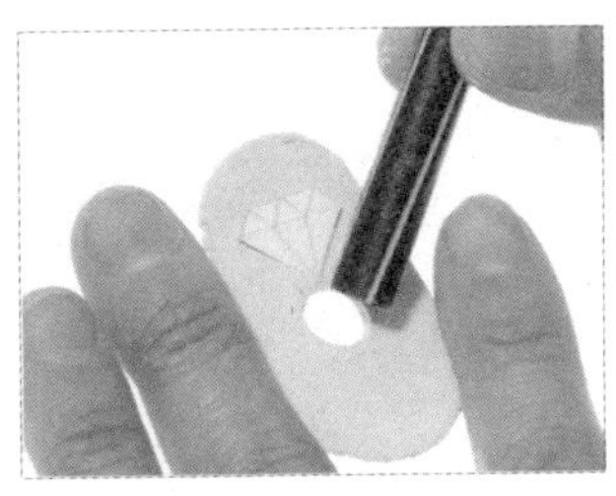

08 将吸管向下按压后再提起，形成一个直径8毫米的圆洞。

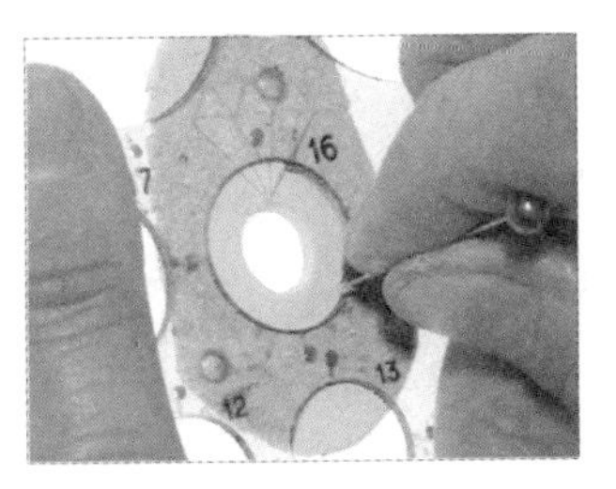

09 覆盖圈圈板，选用比草图大1号的直径16毫米圆，避开钻石用珠针画圆。

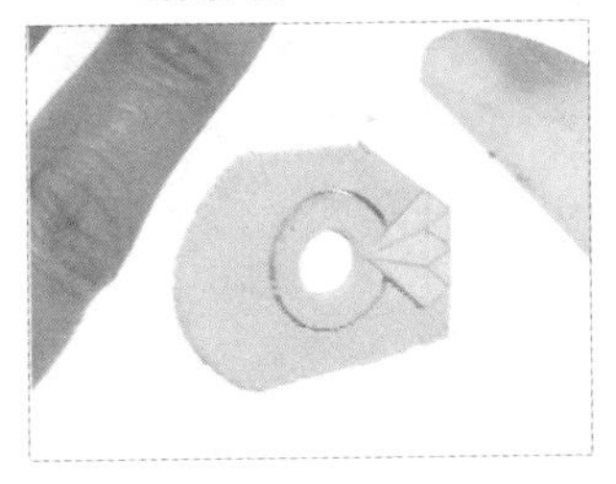

10 用造型刮板切割钻石的外框。

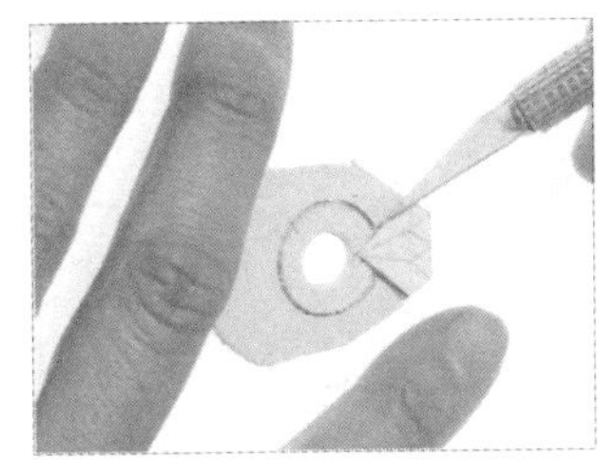

11 用笔刀沿着钻石与戒环轮廓切割。（刀刃尽量垂直。）

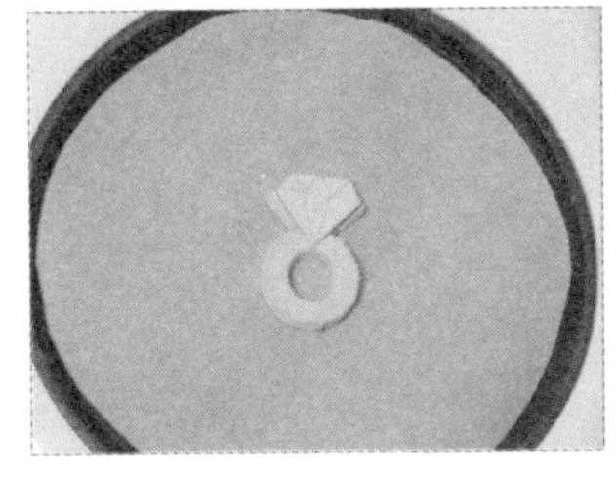

12 将银黏土放置在电烤盘上或用吹风机热风干燥大约10分钟。

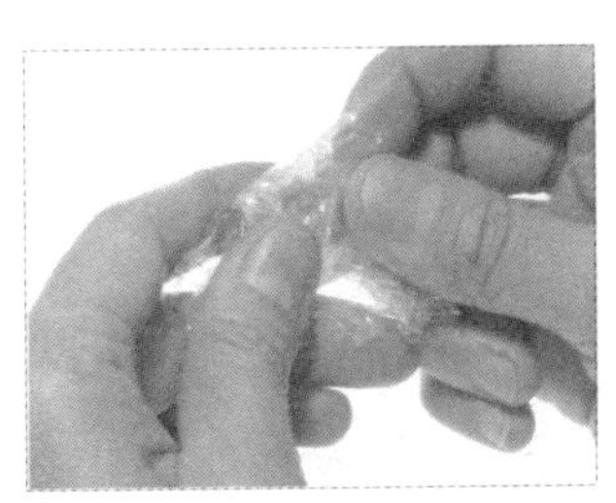

13 将吸管中的银黏土和切下的银黏土回收到保鲜膜中保存。

14 完全干燥后，用镊子夹去卡纸模。

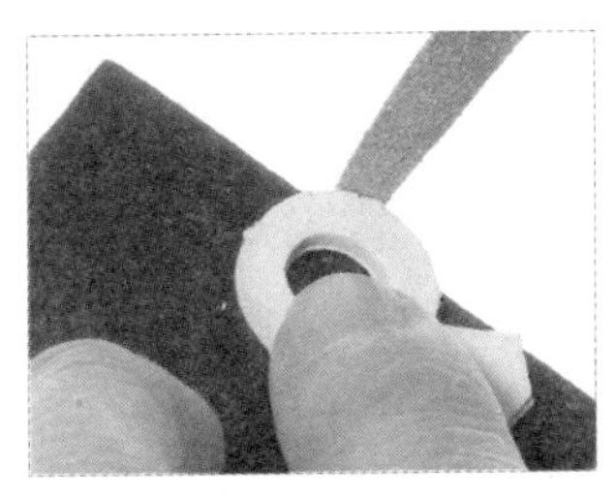

15 用橡胶台做支撑，用锉刀修磨边缘。

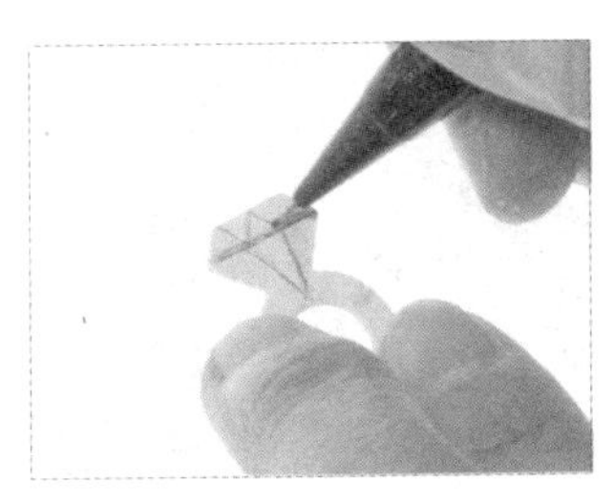

16 依照草图用铅笔画上钻石切割线。

17 在环状处，写上预备雕刻的“MARRY ME”英文字样。

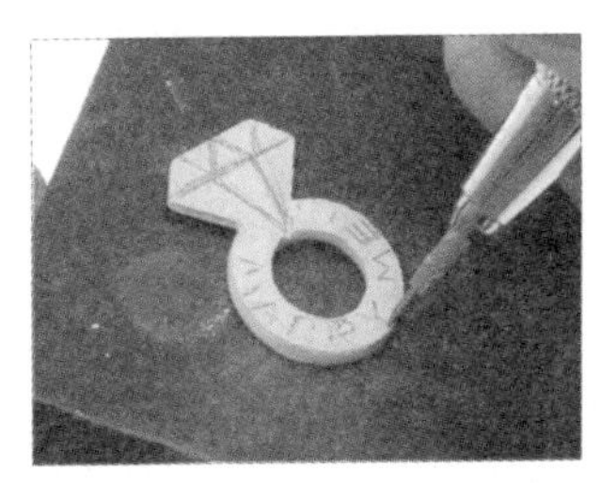

18 用雕刻针笔刻磨文字，直至其清晰可见。

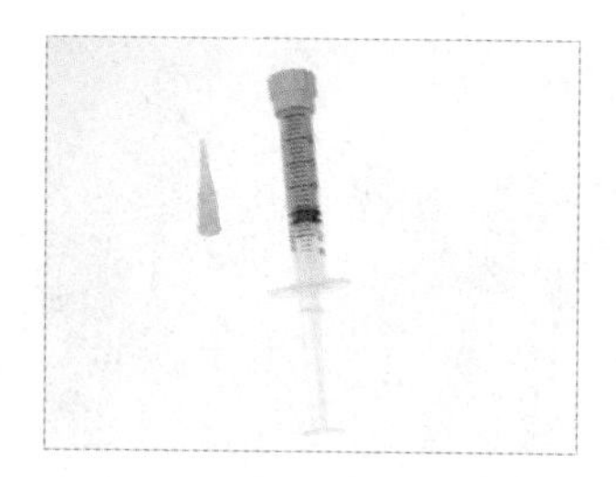

19 取针筒型银黏土和中口的绿针头。

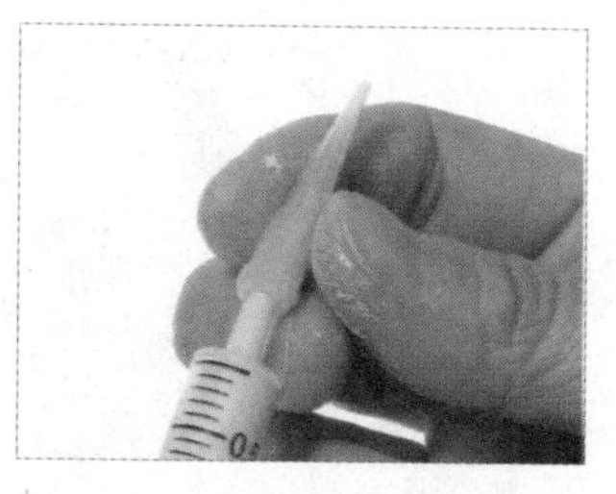

20 拔下灰色盖子，接上绿针头，针头务必压紧。

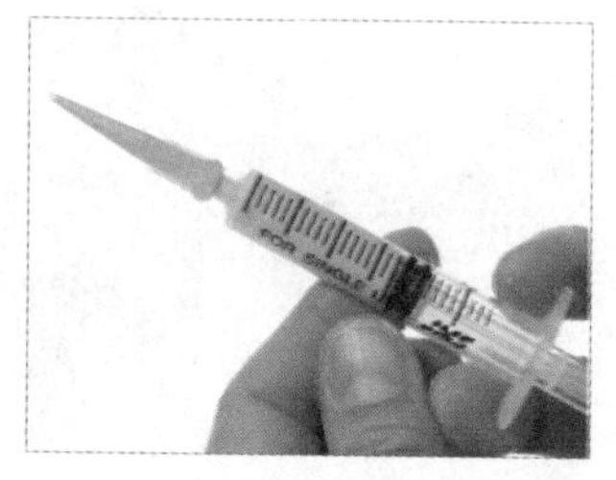

21 推压针筒尾端，将银黏土推至绿针头尖端，预备挤出银黏土线条。

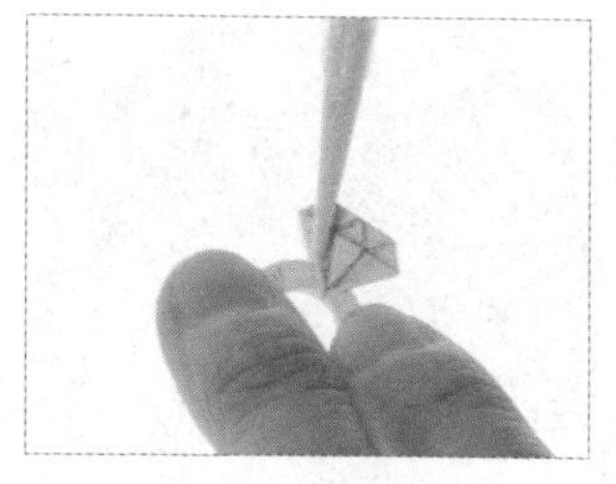

22 从钻石尖端开始，按草图打出线条土。

23 打完每一条线后，都必须检查线条与草图之间有无误差。

24 未干前，以不破坏线条圆度为原则，用水彩笔刷由线条侧边拨移作品。

25 依序打完钻石切割面针筒线条，并做整理。

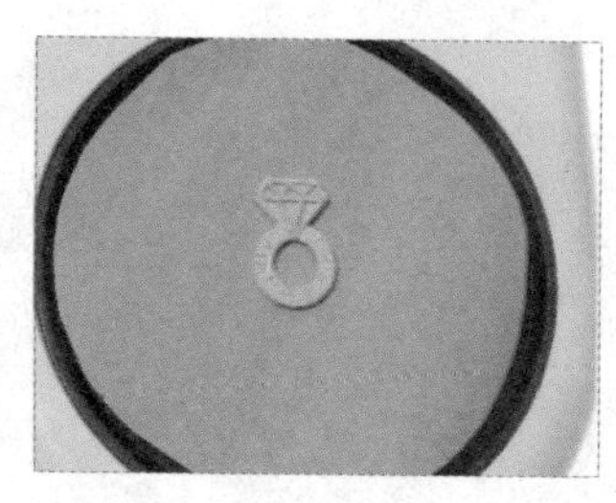

26 将作品放置在电烤盘上或用吹风机热风干燥 3 分钟。

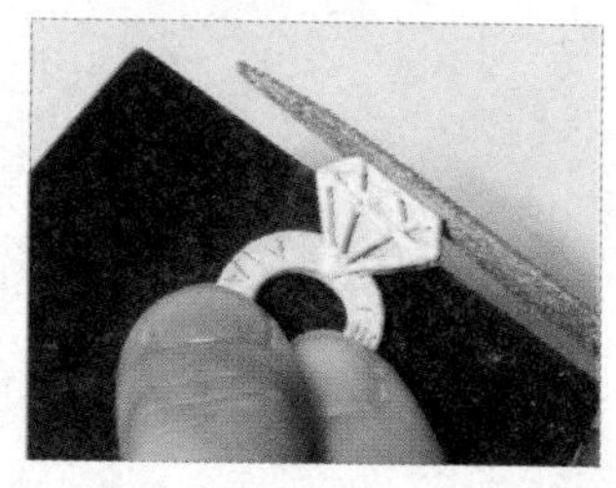

27 完全干燥后，以烘焙纸铺底，橡胶台做支撑，用锉刀修磨边缘至平整。

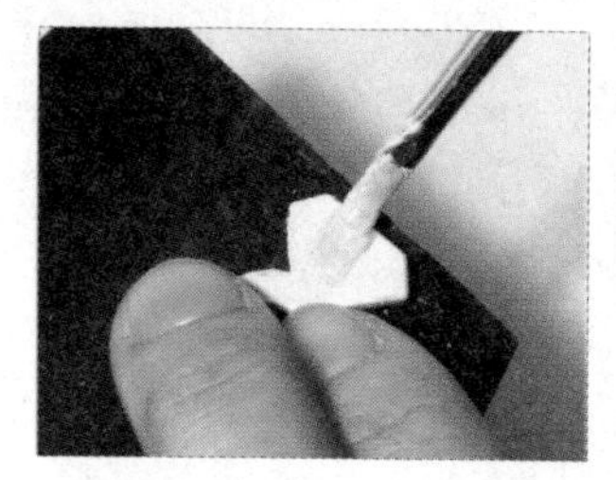

28 翻到背面，在钻石顶端的中间处涂少许银膏。

29 摆放插入环后，蘸取浓稠的银膏，覆盖插入环锯齿段。

30 直至看不到插入环的锯齿边缘，并形成小丘状。

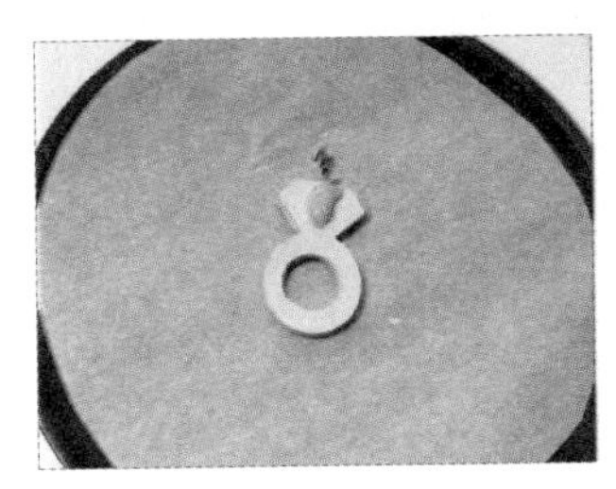

31 将作品放置在电烤盘上或用吹风机热风干燥大约 5 分钟。

32 电气炉升温至800℃后，烧制 5 分钟。（煤气灶烧制 8 ~ 10 分钟。）

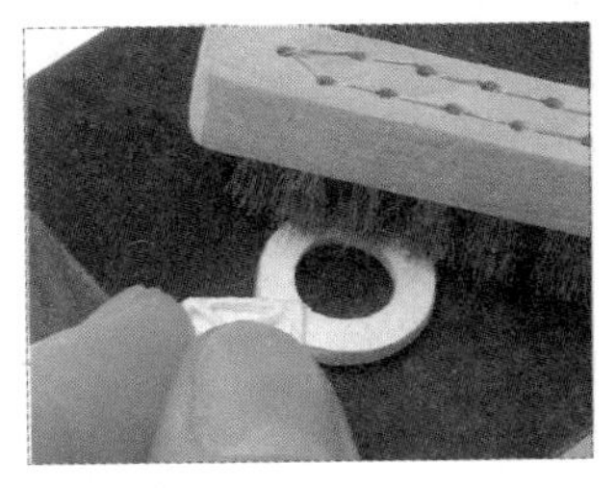

33 待作品冷却后，用短毛钢刷刷除白色结晶。

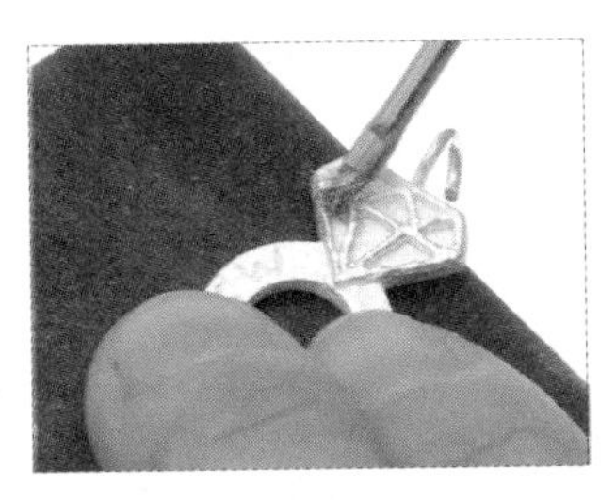

34 钻石微小处可用双头细密钢刷刷除结晶。

35 保留表面毛细孔状的梨皮质感。

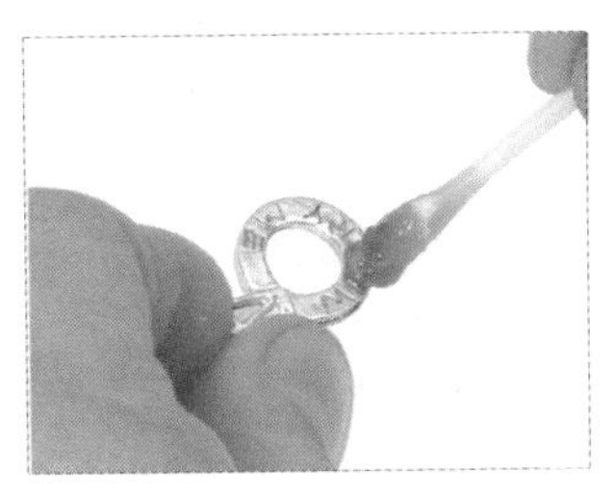

36 用棉棒蘸取少许温泉液，涂抹在想要硫化上色的局部位置。

37 用吹风机热风吹热，以加速作品变色。

38 当作品的颜色已达到自己想要的深度，即可停止加热。

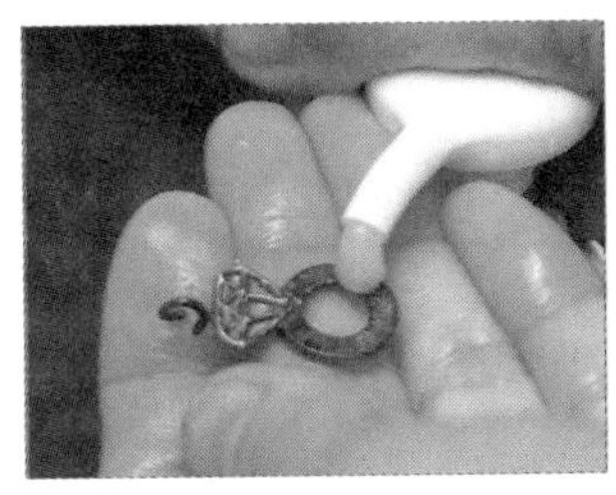

39 将作品带至水槽洗去温泉液。先在作品上挤上少许中性清洁剂。

40 用旧牙刷刷洗作品。（凹缝处须加强刷洗，避免温泉液残留，导致作品继续硫化变黑。）

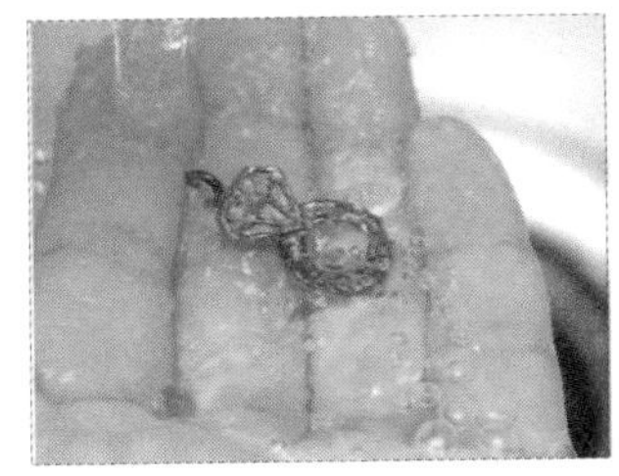

41 用自来水将作品冲洗干净，再擦干。

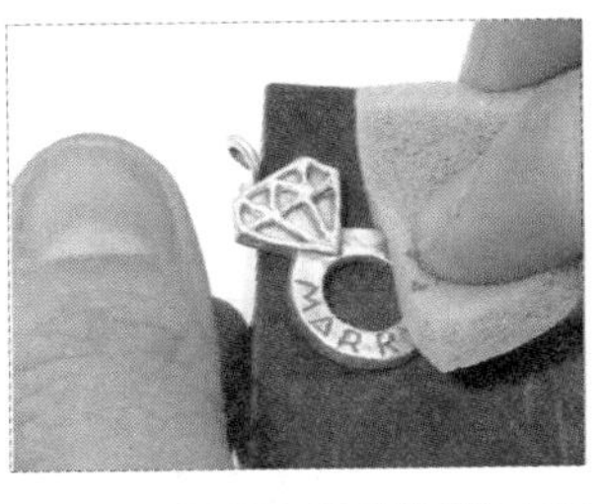

42 用红色海绵砂纸将钻石切割面线条及戒环平面部分磨白，文字留下熏黑颜色。

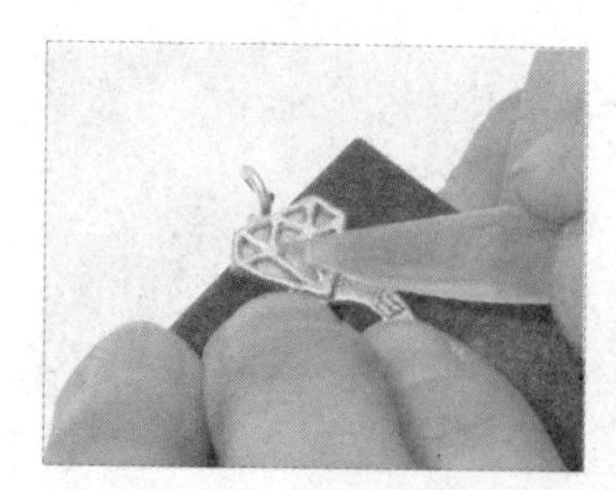

43 用玛瑙刀压光作品凸起的钻石切割面线条，增添作品的层次感。

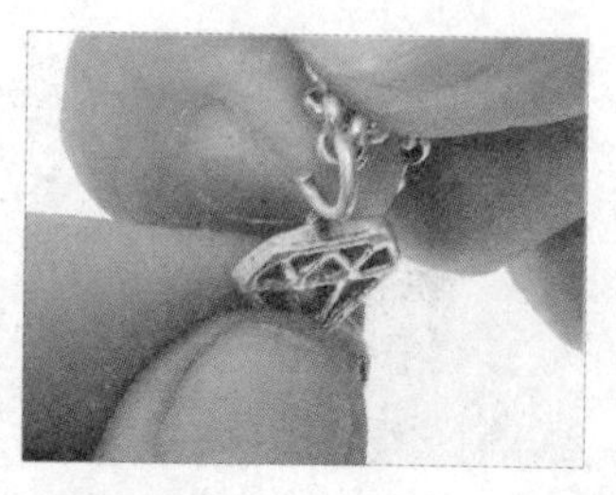

44 将插入环钩入银链中间的一环。

45 用尖嘴钳将开口插入环夹密合。

46 用拭银布擦拭作品。

47 即完成情人节的钻戒项链。

小贴士

针筒型银黏土的操作重点

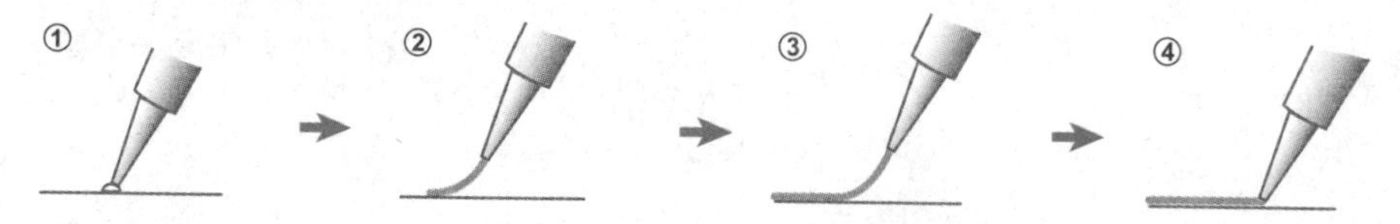

①将银黏土推进针头，挤出线条粘住起始点。

②使针头保持悬空，推挤出线条。

③同时将针筒型银黏土落在想描绘的图案线条上。

④停止挤推针筒，用针头轻压使线条结束。

母亲节

Mother's Day

唐草

材料

黏土型纯银黏土 10 克、膏状型纯银黏土少许、针筒型纯银黏土 2 克、绿针头（中口）、纯银链 1 条

工具

塑形工具

烘焙纸、铅笔、1 毫米和 1.5 毫米厚亚克力板、塑胶滚轮、造型刮板、直径 1 毫米丸棒黏土工具、美工刀或笔刀、保鲜膜、水彩笔刷、镊子、橡胶台、锉刀

干燥及烧制器具

电烤盘或吹风机、计时器、电气炉或煤气灶和不锈钢烧制网

加工工具

橡胶台、短毛钢刷、圆形锉刀、海绵砂纸、玛瑙刀、尖嘴钳、拭银布

步骤说明

01 裁剪一小张烘焙纸，用铅笔描下附图。（附图为非对称图形，须在背面再描一遍。）

02 在对折的烘焙纸中，摆放 1.5 毫米厚的亚克力板和接近草图宽度的银黏土。

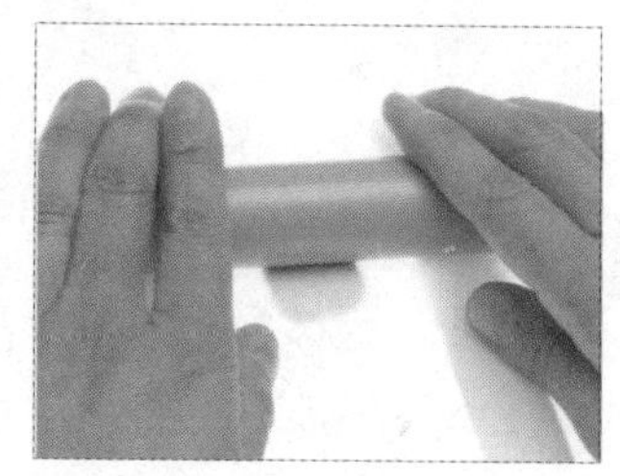

03 盖上烘焙纸，用塑胶滚轮按垂直方向滚压。

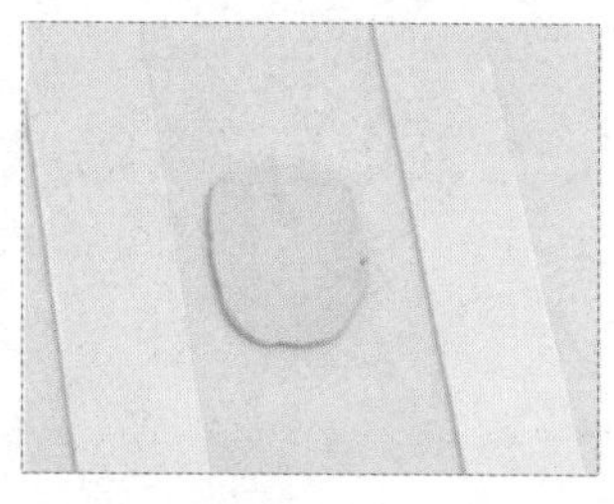

04 将银黏土擀平为 1.5 毫米的厚度。

05 掀开烘焙纸，将草图纸的正面覆盖在银黏土上方。

06 取烘焙纸覆盖在银黏土上，用塑胶滚轮滚压一遍。（切勿来回滚压，以免产生叠影。）

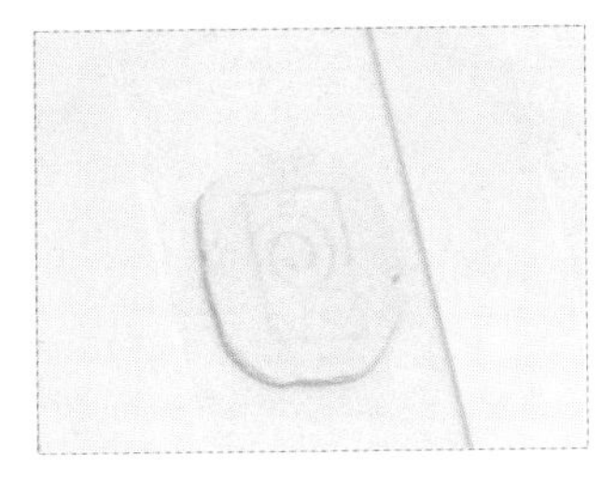

07 移开草图纸，图形已拓印在银黏土上。

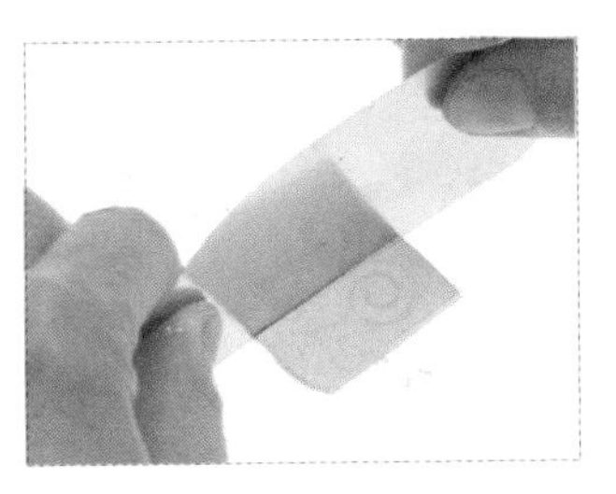

08 用造型刮板切割出方形外框。

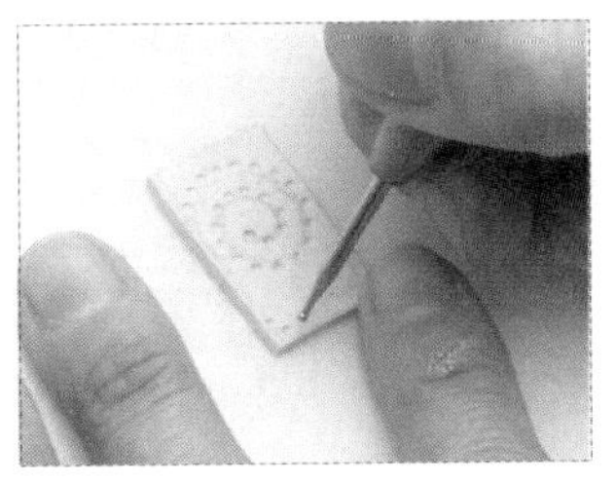

09 用直径 1 毫米的丸棒黏土工具，沿草图曲线外侧连续按压。

10 形成半球状的小点虚线。

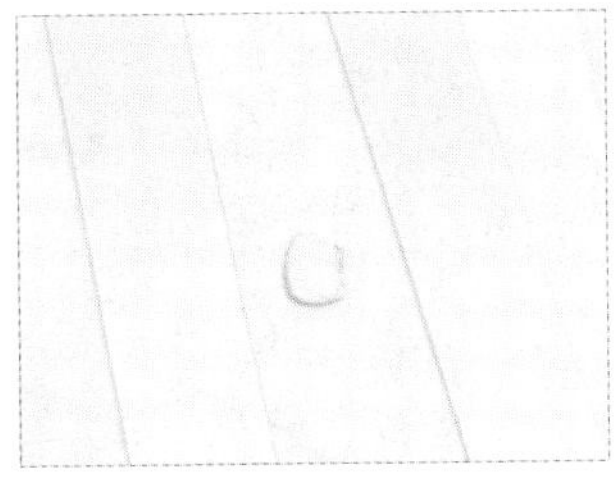

11 取一小块银黏土，擀平为 1 毫米的厚度。

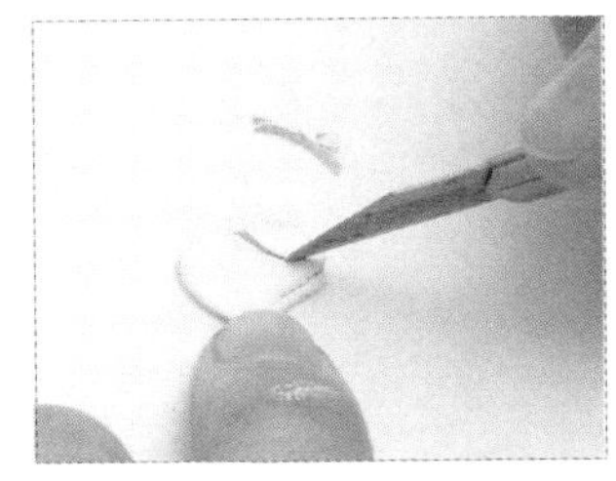

12 用美工刀切割一小片叶子。

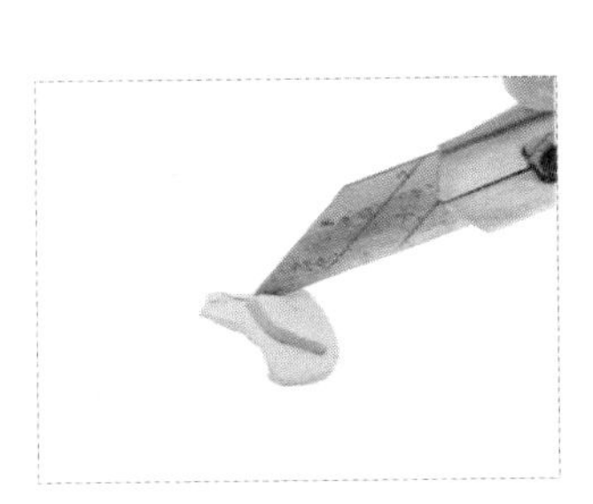

13 将切好的小叶片重叠在剩余的银黏土上，沿边再切一片。

14 用造型刮板在其中一个叶片中间轻压，以产生叶脉线条。

15 切下的多余银黏土，包回保鲜膜中回收保存。

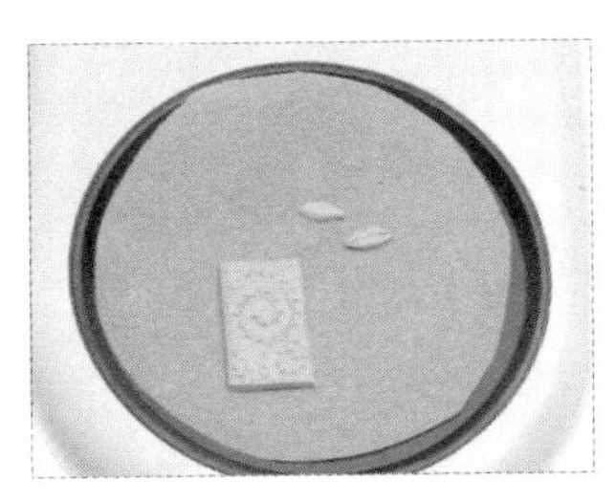

16 放置在电烤盘上，或用吹风机热风干燥 10 分钟。

17 将长方形银黏土块放置在造型刮板上，确认无水汽，即代表完全干燥。

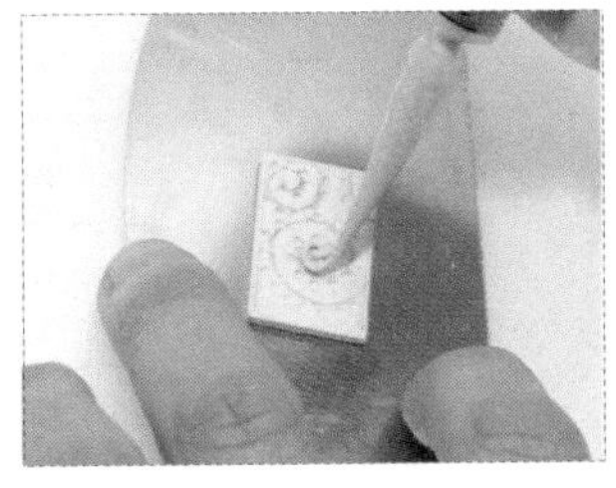

18 取针筒型银黏土，并接上中口绿针头，再沿草图中心向外打线条。

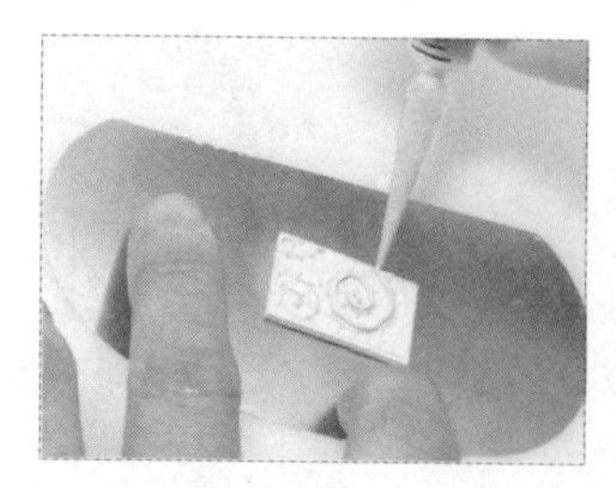

19 打出螺旋状针筒线条，可用左手转动造型刮板辅助操作。（打完线条需检查曲线的顺畅度。）

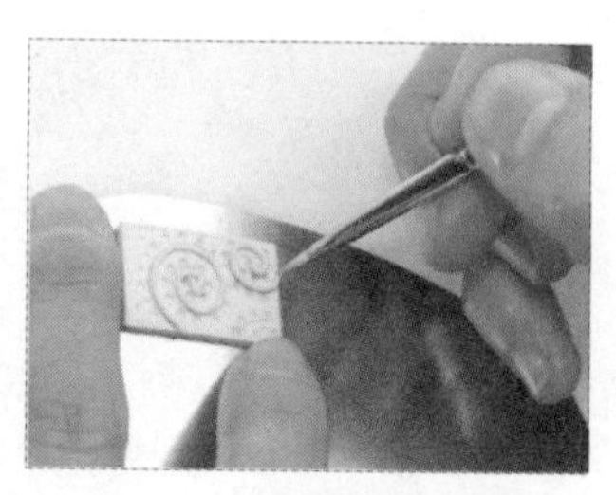

20 以不破坏线条圆度为原则，用水彩笔刷由侧边轻轻拨移。

21 将银黏土放置在电烤盘上，或用吹风机热风干燥大约 5 分钟。

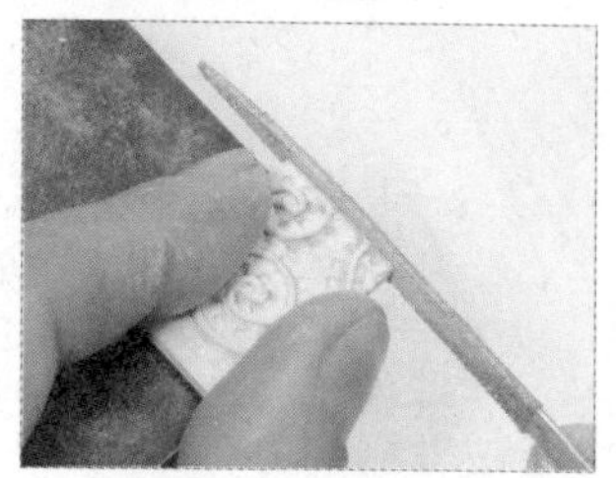

22 完全干燥后，用烘焙纸铺底，橡胶台做支撑，用锉刀修磨边缘至平整。

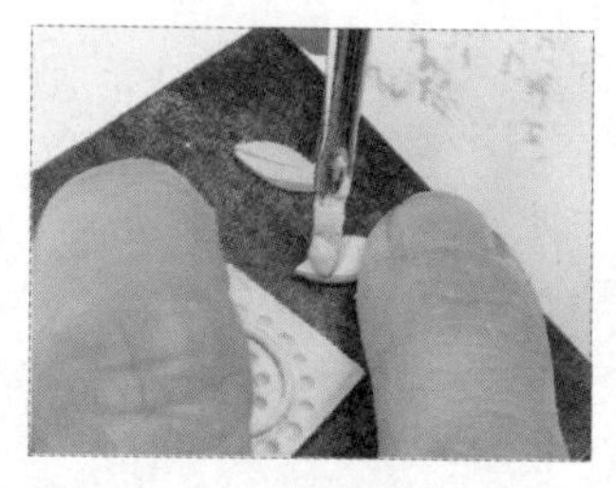

23 用水彩笔刷蘸取少许银膏涂在小叶片上，斜粘在长方形银黏土块背面一短边的中央位置。

24 取另一小块 1.5 毫米厚的三角形银黏土，蘸银膏粘在刻有叶脉的小叶片顶端。

25 用美工刀切除多余的银黏土。

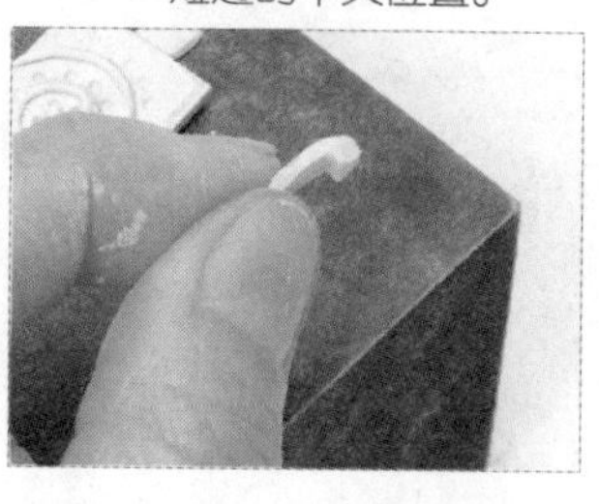

26 形成一个叶片背面的小凸起，并蘸少许银膏于三角形和叶片底部。

27 先对齐另一片小叶子，再按压粘紧，即形成叶片塑形的坠子头。

28 将银黏土放置在电烤盘上，或用吹风机热风干燥大约 5 分钟。

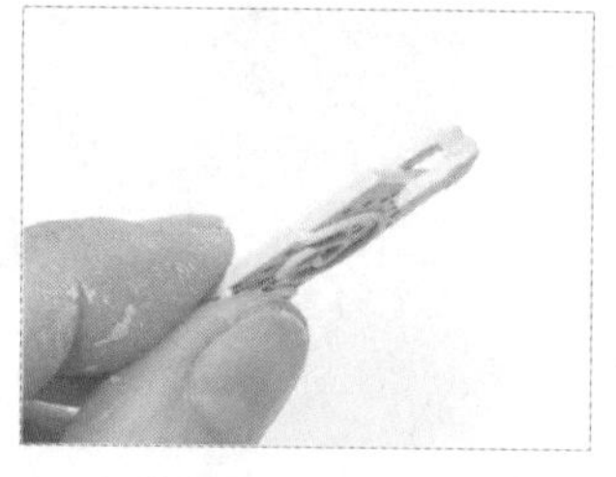

29 坠子头接点须以银膏再次粘牢，并再次干燥 5 分钟。

30 电气炉升温至800℃后，烧制 5 分钟。（用煤气灶烧制 8 ~ 10 分钟。）

31 待作品冷却，以短毛钢刷刷除白色结晶。

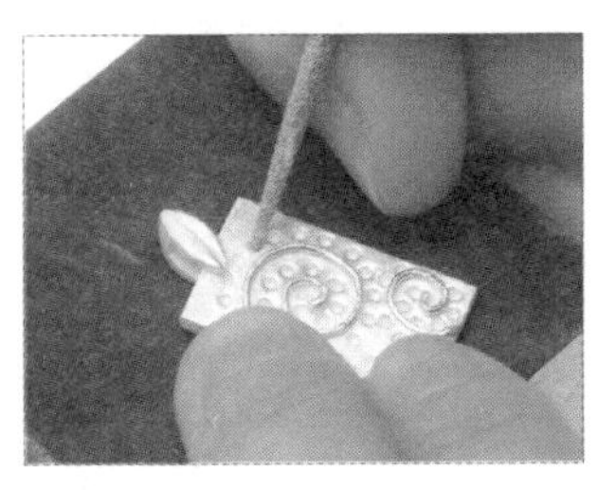

32 用圆形锉刀尖端轻轻刮除半球状小点上的结晶。

33 用圆形锉刀摩擦去除坠子头内部的结晶。

34 表面保留毛细孔状的梨皮质感。

35 用红色海绵砂纸推磨至平顺。（可以继续用蓝色、绿色海绵砂纸，将作品打磨到更细致的程度。）

36 用玛瑙刀压光叶片和螺旋状线条，增加作品的层次感。

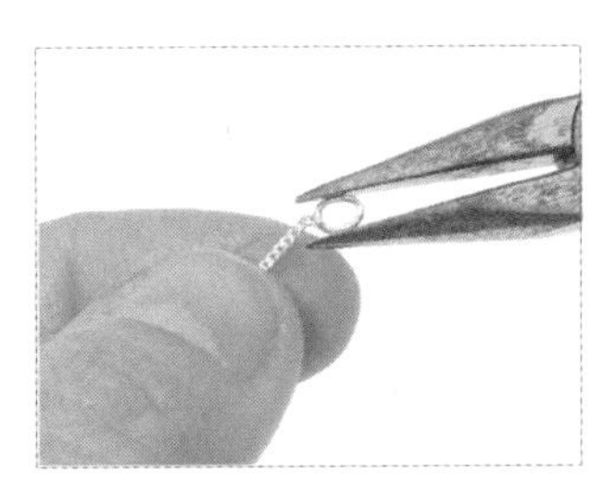

37 用尖嘴钳将银链末端的小圈夹成椭圆形。

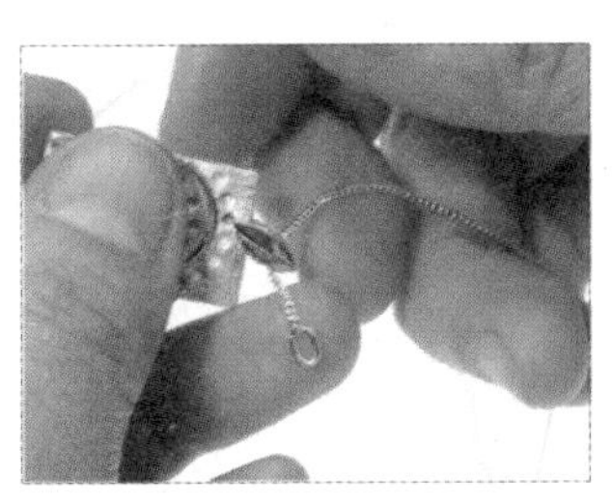

38 将银链穿入坠子头。

39 用拭银布擦拭作品。

40 即完成母亲节唐草项链。

垂坠耳环

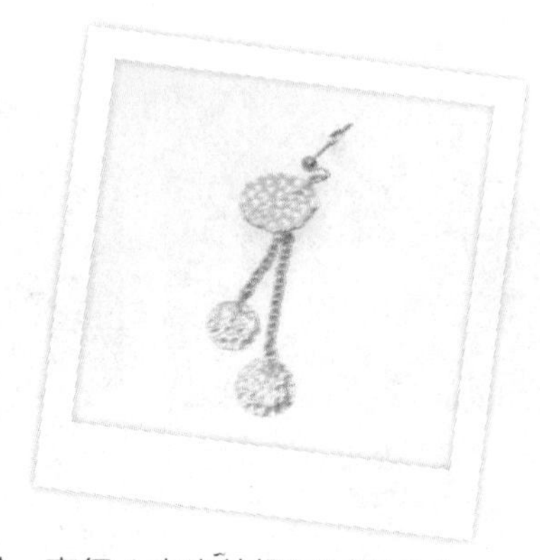

材料

黏土型纯银黏土7克、直径5毫米纯银开口圈4个、直径4毫米纯银开口圈2个、纯银细锁链1条、纯银耳针或耳夹1副

工具

塑形工具

烘焙纸、塑胶滚轮、1毫米厚亚克力板、圈圈板、珠针、棉棒轴、牙医工具、橡胶台、锉刀

干燥及烧制器具

电烤盘或吹风机、电气炉或煤气灶和不锈钢烧制网、计时器

加工工具

剪钳、拭银布、短毛钢刷、玛瑙刀、橡胶台、尖嘴钳

步骤说明

01 在对折的烘焙纸中，摆放1毫米厚的亚克力板，将银黏土折叠成接近草图大小。

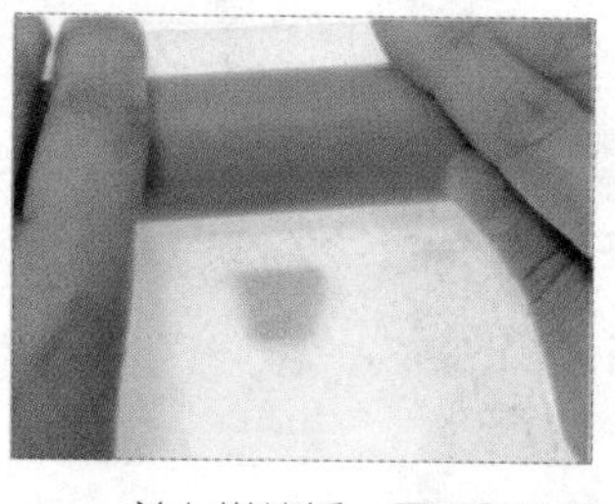

02 盖上烘焙纸，用塑胶滚轮按垂直方向滚压银黏土。

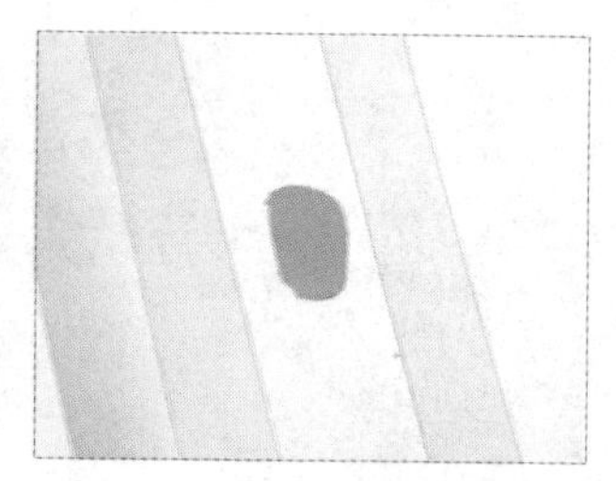

03 掀开烘焙纸，银黏土被擀平为1毫米的厚度。

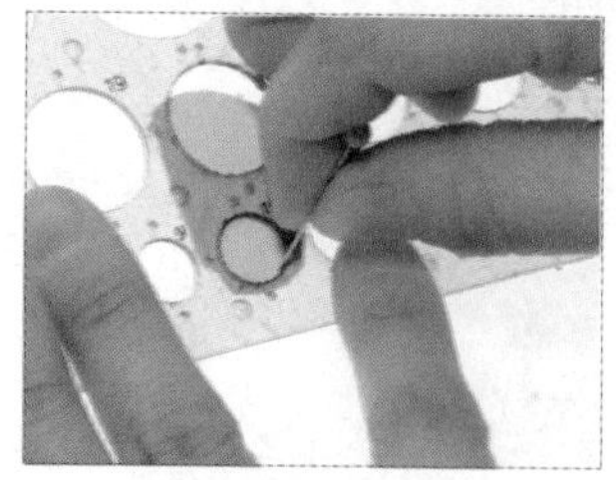

04 将圈圈板直径10毫米的小圆覆盖在银黏土上，用珠针沿边画圆后取出。

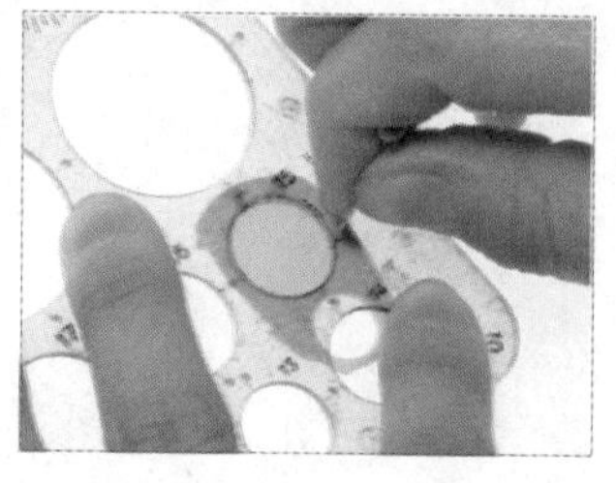

05 同样做直径15毫米的大圆，用珠针沿边画圆后取出。

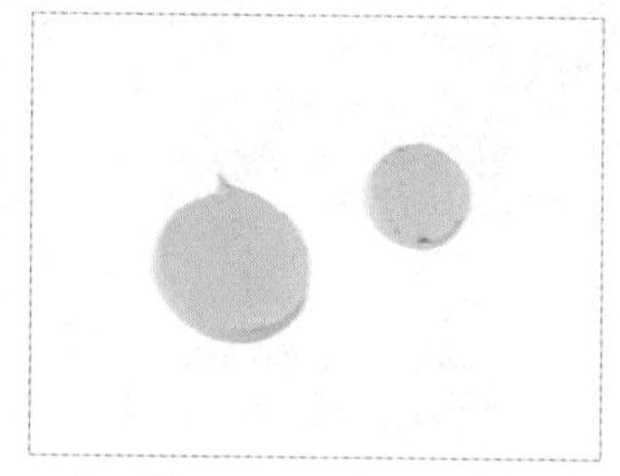

06 完成大圆及小圆。（小圆需4个，大圆需2个。）

07 用棉棒轴在圆上按压出1个小圆孔。（记得回收轴内银黏土。）

08 用牙医工具的丸头轻轻按压圆形银黏土。

09 重复步骤08，连续按压银黏土直到整片圆形银黏土被点满。

10 圆孔如果被挤压变小，可以用牙医工具的尖端把圆孔调整成原来的大小。

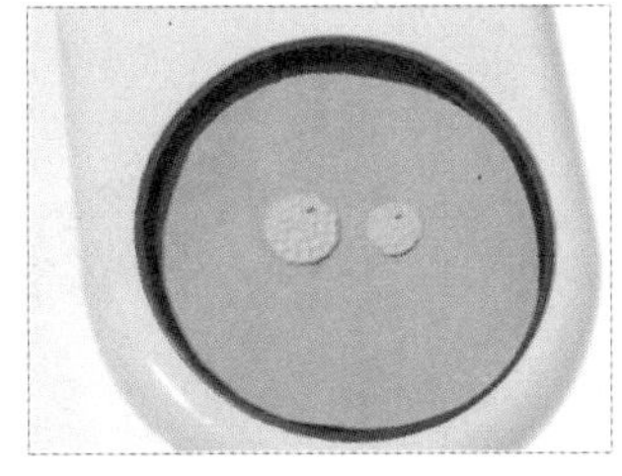

11 将银黏土放置在电烤盘上或用吹风机热风干燥10分钟。

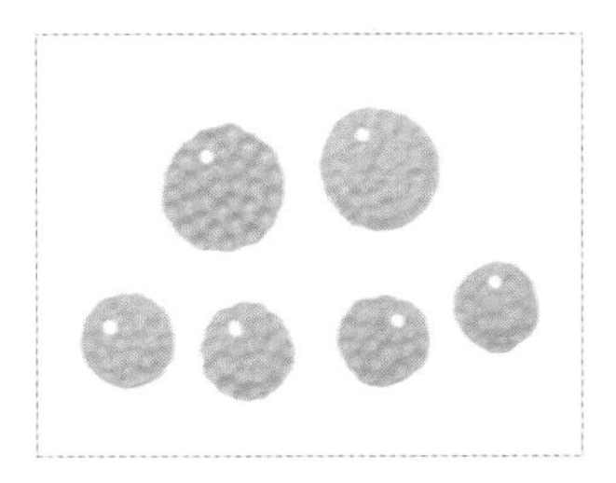

12 大圆和小圆干燥完成。

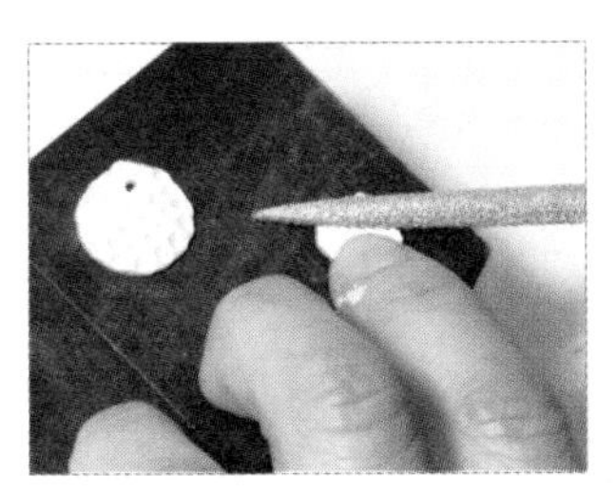

13 取烘焙纸铺底，橡胶台做支撑，用锉刀修磨背面至平整，边缘也可以稍加锉磨修饰。

14 电气炉升温至800℃后，烧制5分钟。（用煤气灶烧制8～10分钟为宜。）

15 待作品冷却，用短毛钢刷刷除白色的结晶。

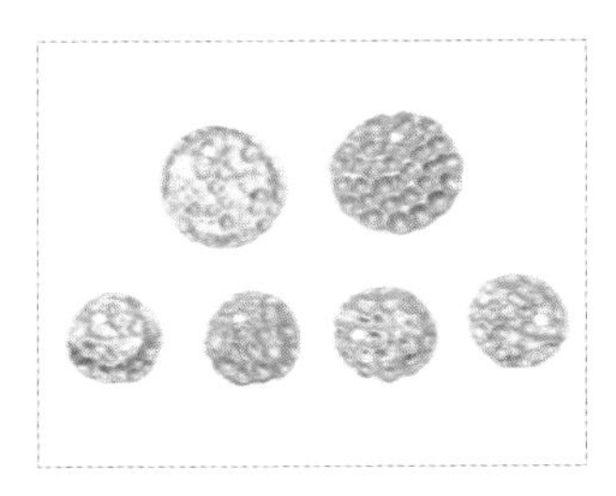

16 表面保留毛细孔状的梨皮质感。

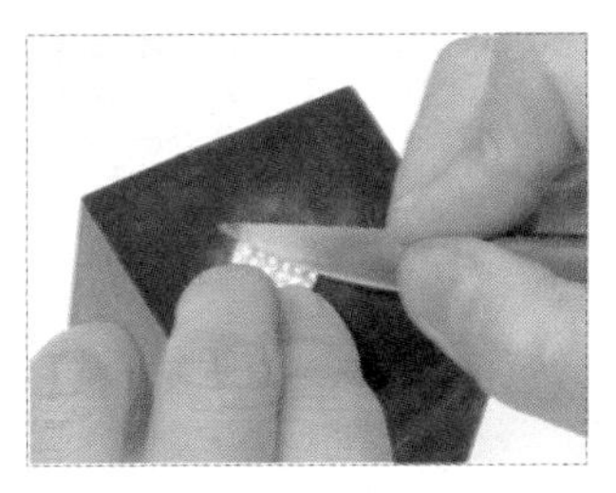

17 用玛瑙刀将正面凸起线条和圆的边缘压光，增加立体感。

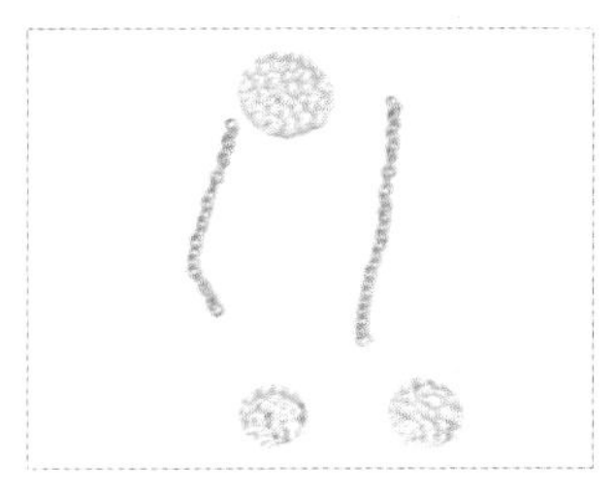

18 用剪钳剪出4厘米和3厘米长（单边耳环）的细锁链。

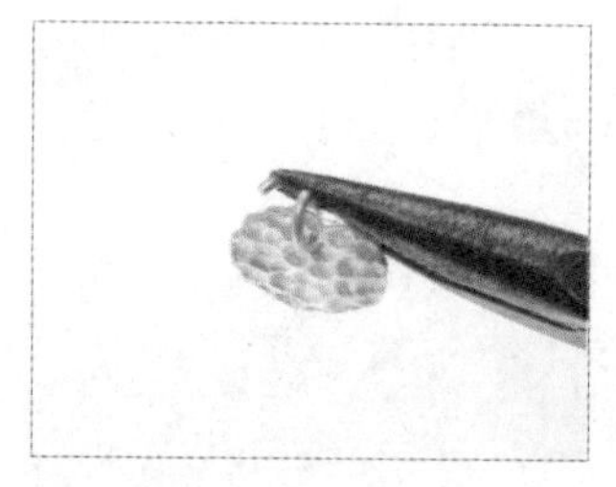

19 用尖嘴钳夹开直径5毫米银圈的开口处，钩入小圆的圆孔。

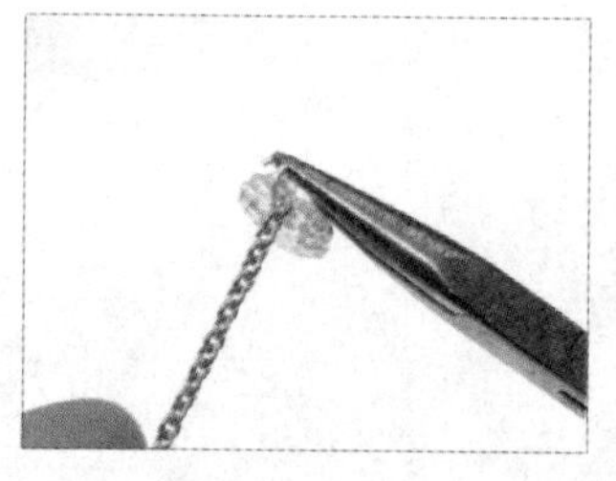

20 将剪好的细锁链也钩入银圈中。

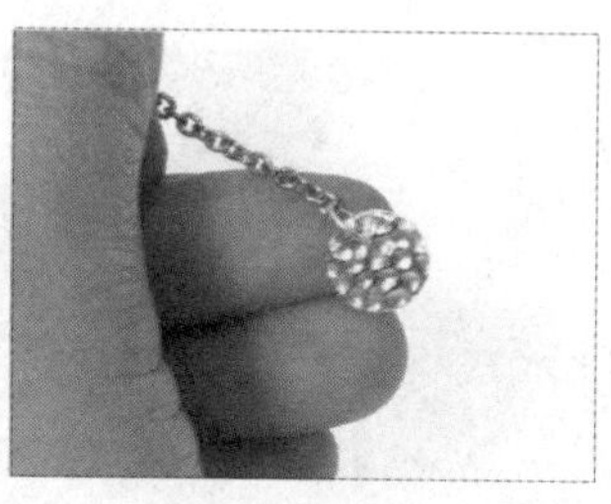

21 用尖嘴钳将银圈夹密合。两个小银圈皆以同样的方式钩入细锁链。

22 接着钳开直径5毫米银圈的开口处，钩入两条细锁链的另一端。

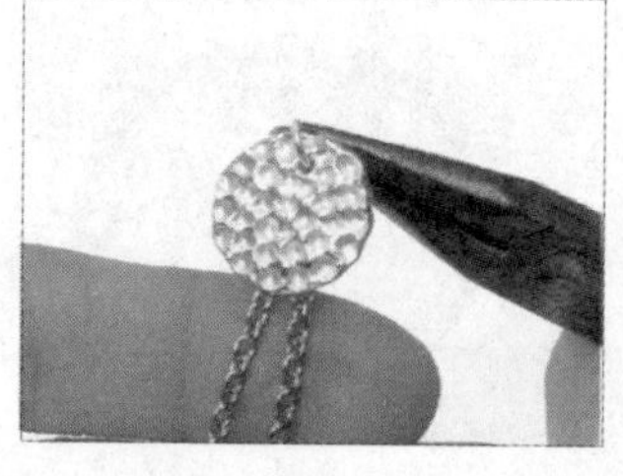

23 钩入大圆后，再将银圈夹密合。

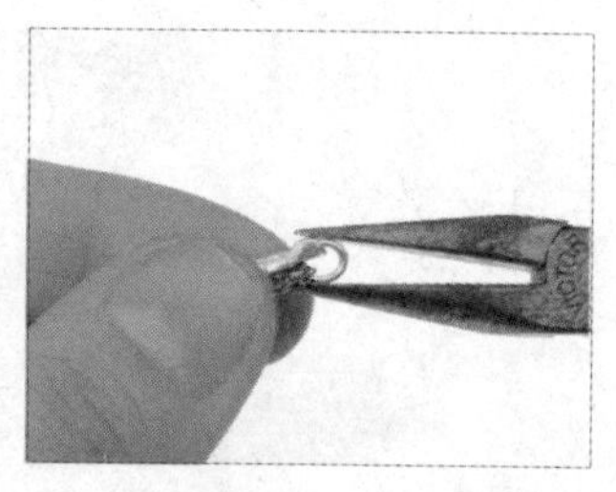

24 将银圈开口转向侧边，夹成椭圆形。

25 用直径4毫米的开口银圈串连上方的椭圆银圈和耳针的小圈。

26 用拭银布擦拭作品。

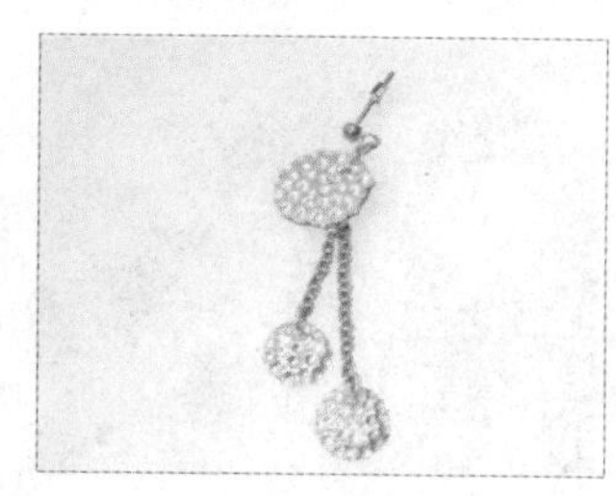

27 另一边也以相同方式串连。即完成母亲节闪闪动人的单边耳环。

香水瓶

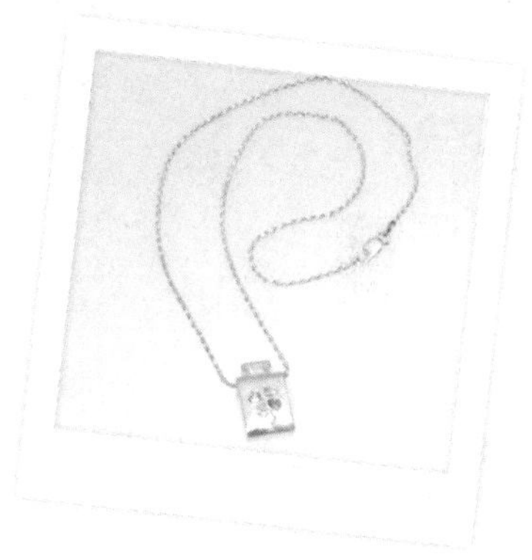

材料

黏土型纯银黏土 10 克、膏状型纯银黏土少许、3 毫米 x3 毫米心形合成宝石 4 颗、纯银链 1 条、棉花少许

工具

塑形工具

便利贴、小铁尺、直径 4 毫米吸管、小剪刀、烘焙纸、1 毫米厚亚克力板、塑胶滚轮、造型刮板、铅笔、水彩笔刷、珠针、橡胶台、锉刀、镊子

干燥及烧制器具

电烤盘或吹风机、电气炉或煤气灶和不锈钢烧制网、计时器

加工工具

棉花、香水或精油、镊子、圆形锉刀、剪刀、拭银布、短毛钢刷、双头细密钢刷、橡胶台

步骤说明

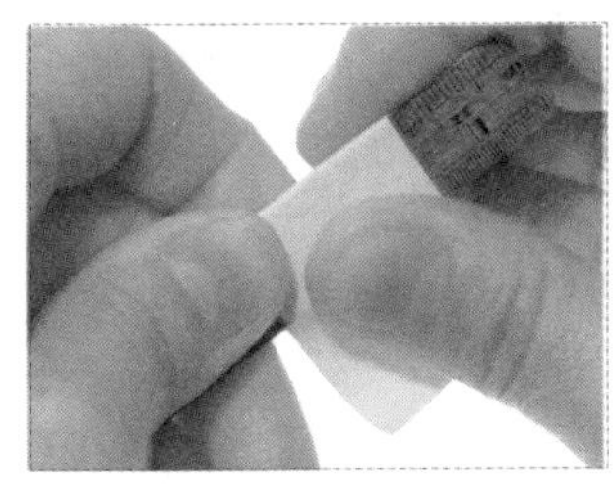

01 取一张便利贴，从无黏性的一端开始缠绕铁尺。

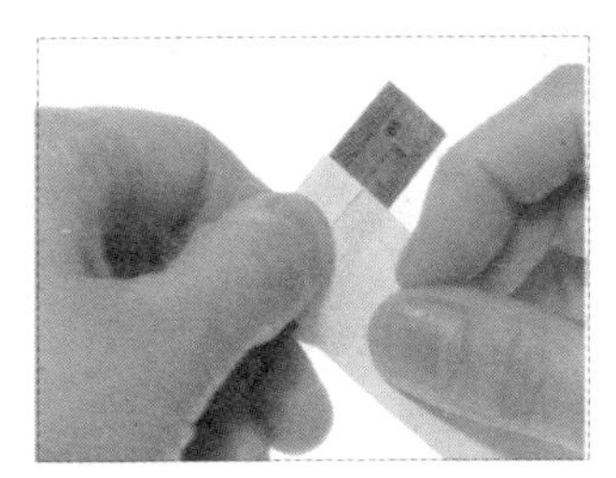

02 再取一张便利贴，在尾端继续接上缠绕。

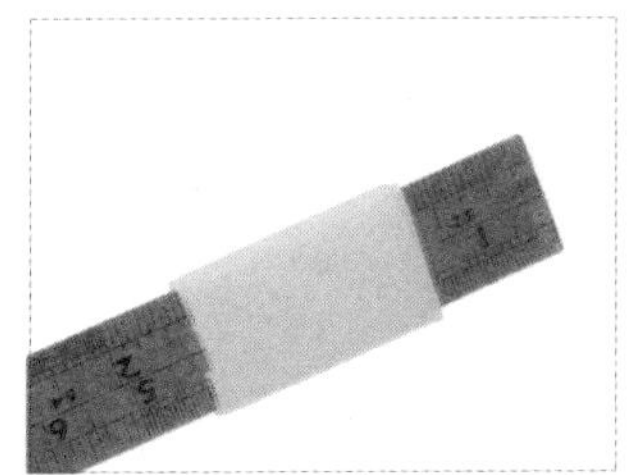

03 依序共缠绕四张便利贴，形成约 2 毫米的厚度。

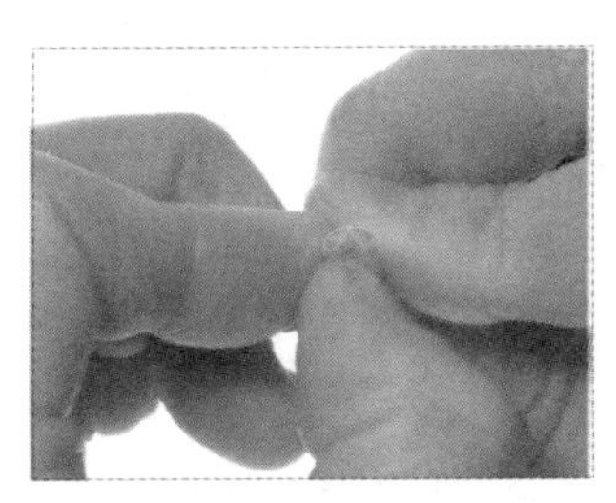

04 取一段吸管，一面以指甲向内压折，另一面向外折。

05 使吸管截面形成一个小爱心的形状。

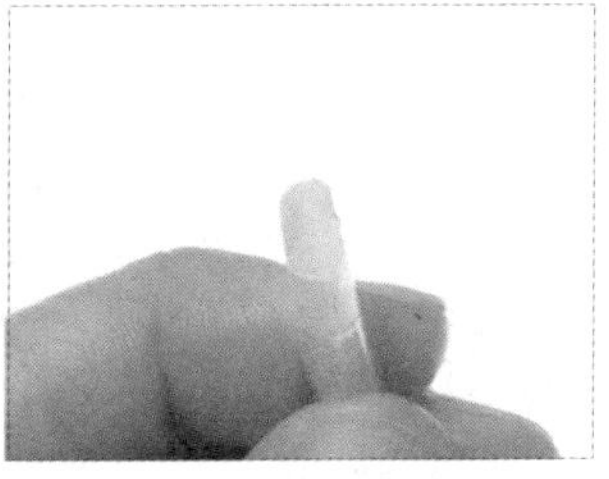

06 另一段吸管，用小剪刀剪去 2/3 圆周，形成一个小弧形。

07 对折烘焙纸，放 1 毫米厚亚克力板于两侧，放置揉捏过的银黏土并折叠成接近草图的宽度。

08 盖上烘焙纸，用塑胶滚轮按垂直方向滚压，将银黏土擀平为 1 毫米的厚度。

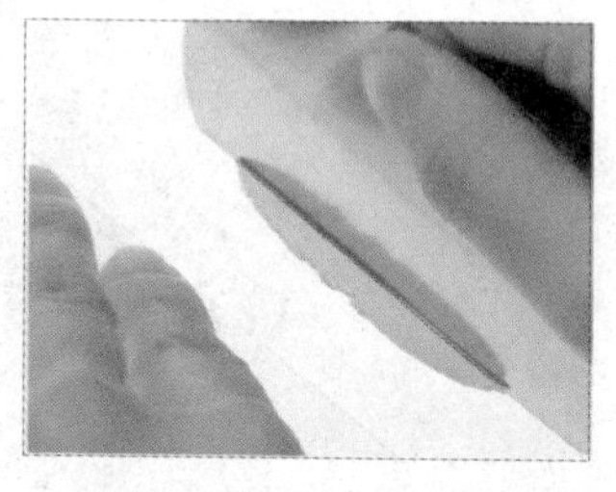

09 掀开烘焙纸，用造型刮板垂直切平银黏土的一侧。

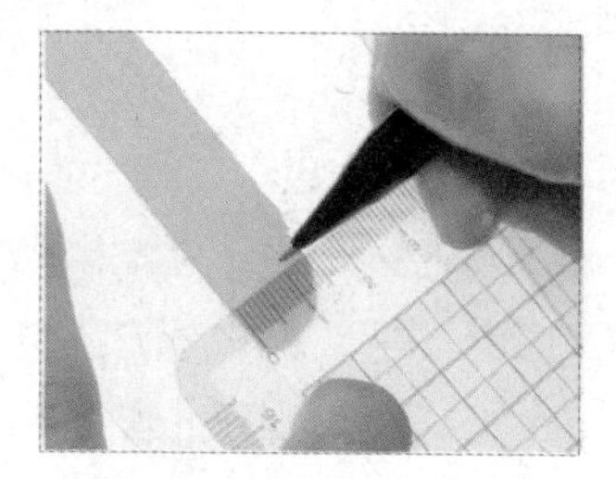

10 切平的一侧靠齐亚克力板边缘，测量 12 毫米的宽度，并画上铅笔记号。

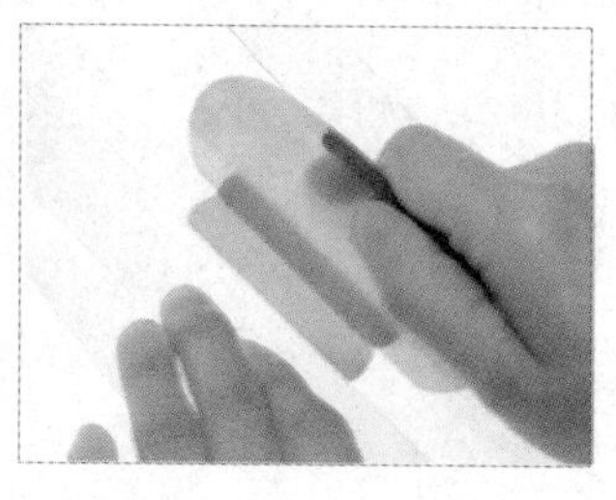

11 再用造型刮板切一道平行线。

12 用造型刮板垂直切平银黏土的一端。

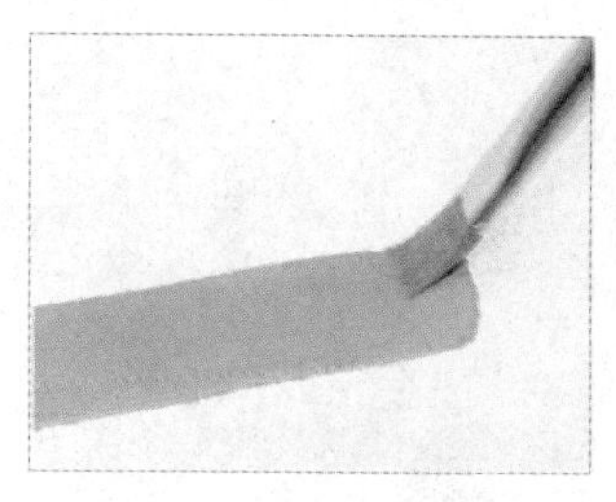

13 用水彩笔刷在银黏土表面刷薄薄的一层水。

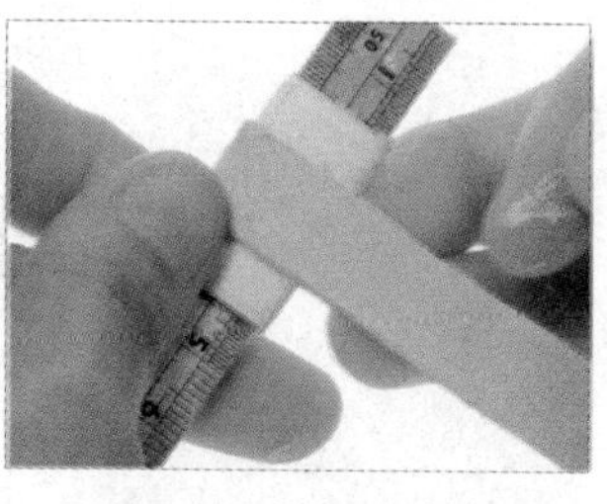

14 轻拿起银黏土切平的一端，环绕已包裹便利贴的小铁尺。

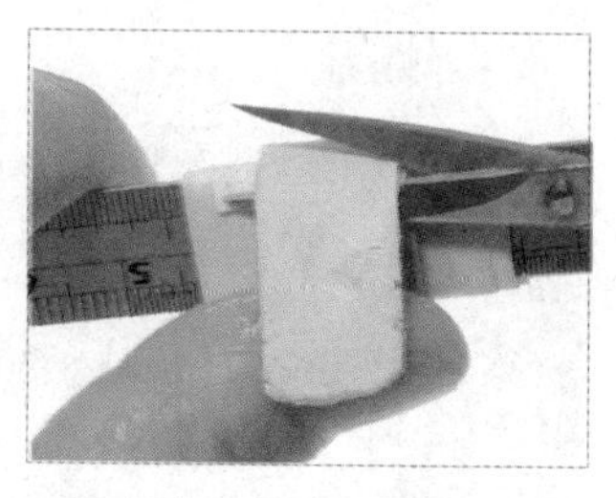

15 环绕一圈后，用小剪刀剪去多余的银黏土。

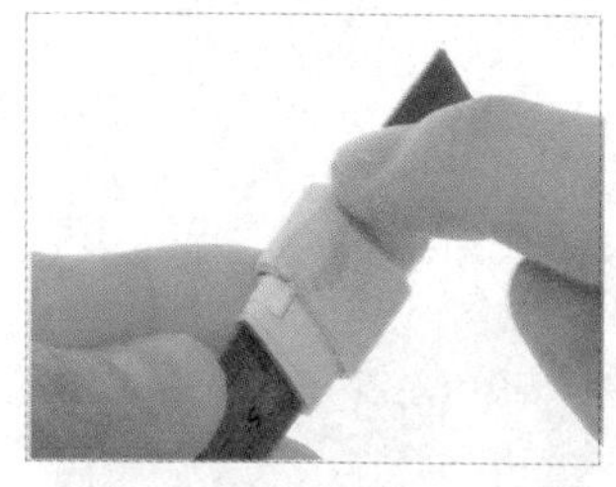

16 指尖抹水，轻轻地推合接缝处，如有缝隙可以用银膏填补。

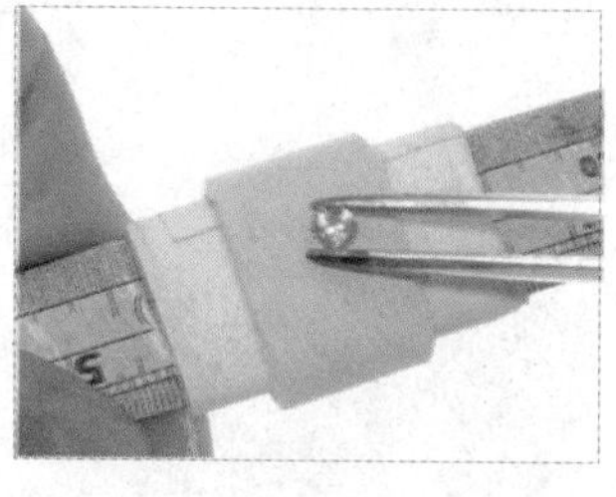

17 用镊子夹取宝石，将尖锥压入银黏土。

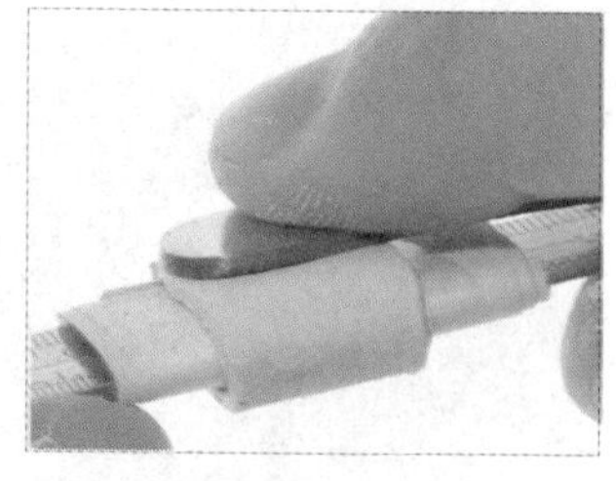

18 用镊子尾端轻轻按压，使宝石表面与银黏土保持在同一水平面上。

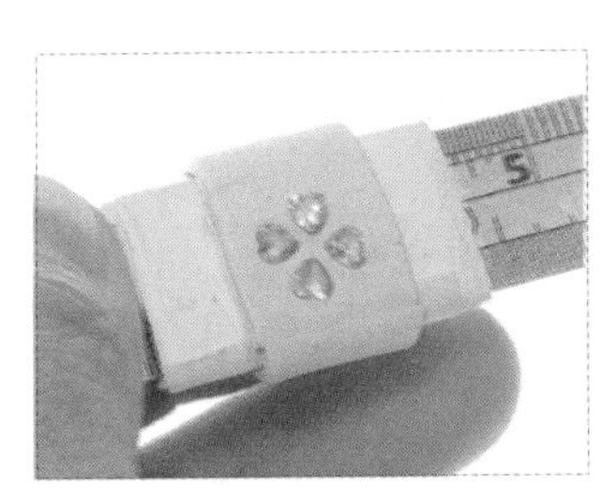

19 4颗宝石依照草图间距，以相同的方式固定，并排列成幸运草的样子。

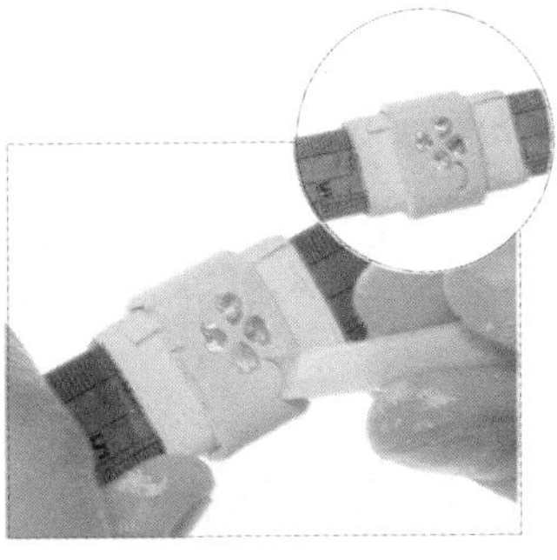

20 用步骤 06 的弧形吸管轻轻按压出幸运草的叶梗。

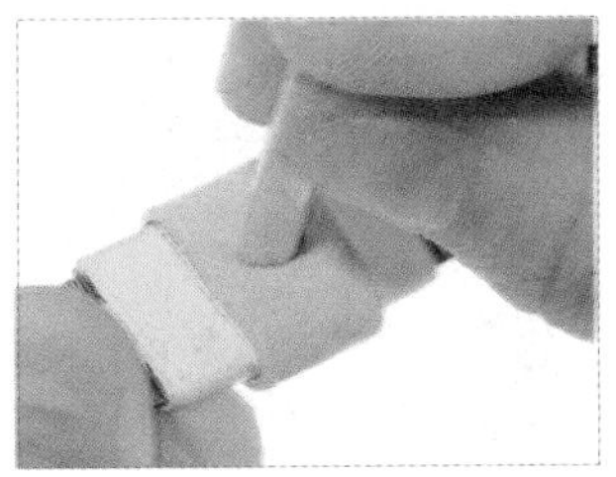

21 翻到背面，并用步骤 05 的小爱心吸管按压中心位置。

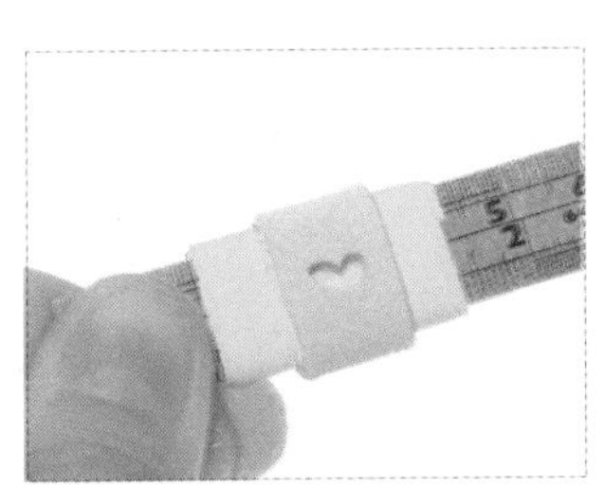

22 提起小吸管，形成爱心镂空。（吸管内银黏土须回收。）

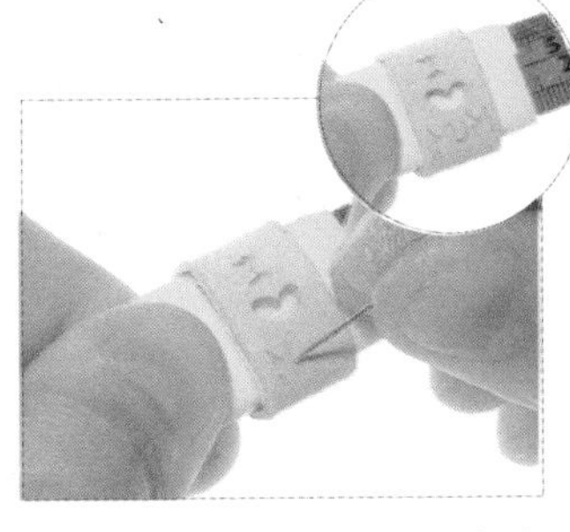

23 用珠针书写文字，完成“I ❤ MUM”字样。

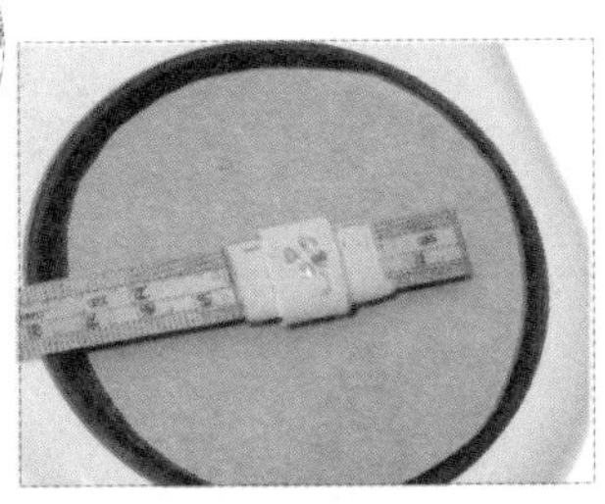

24 将银黏土连同铁尺放置在电烤盘上，或用吹风机热风干燥 10 分钟。

25 用造型刮板切割出厚度为 1 毫米，大小是 4 毫米 ×6 毫米和 2 毫米 ×3 毫米的两个小方块。

26 蘸取少许银膏，将两个小方块重叠黏合做成瓶盖。

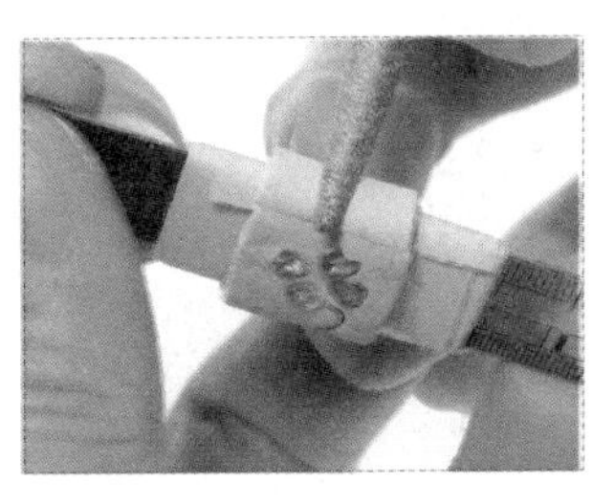

27 在已干燥的香水瓶上方，用锉刀磨出一个小平面。

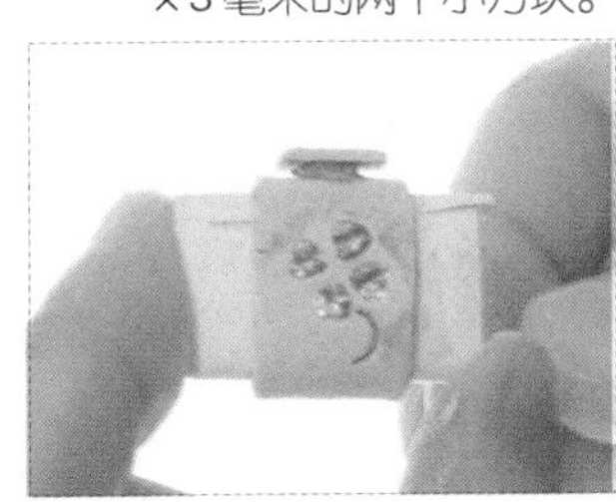

28 抽出小铁尺，蘸少许银膏，黏合瓶身与瓶盖。

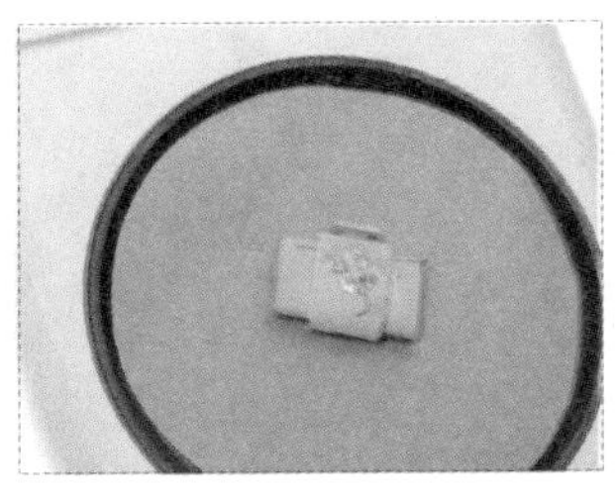

29 将作品放置在电烤盘上或用吹风机热风干燥 10 分钟。

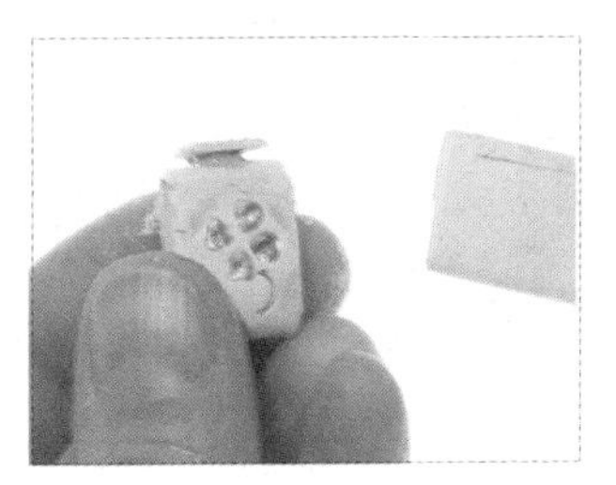

30 完全干燥后，即可抽出便利贴。

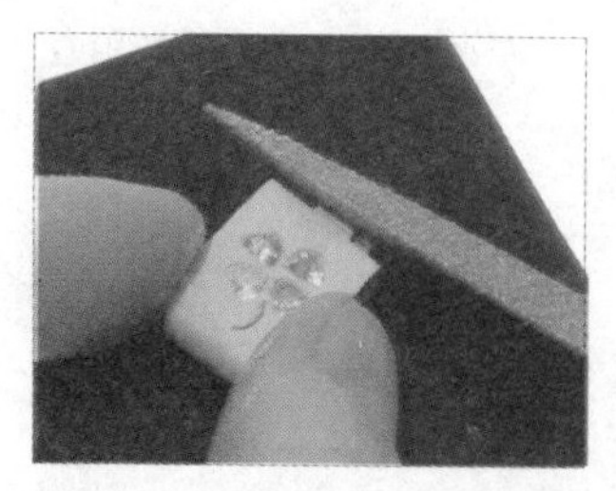

31 用烘焙纸铺底，橡胶台做支撑，用锉刀修磨美化香水瓶。

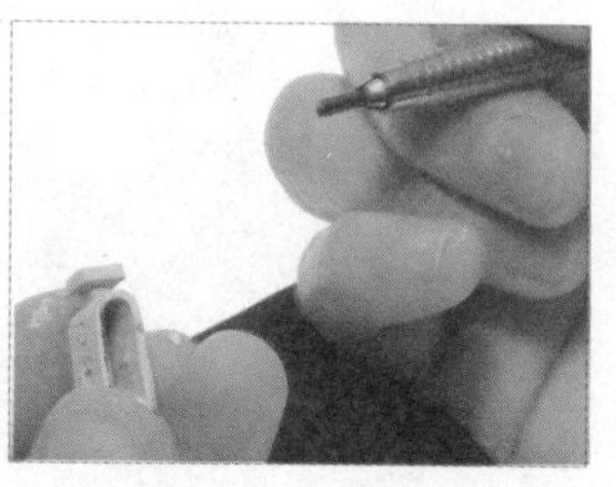

32 用铅笔点出 5 毫米高度的位置，预留穿银链的通道。

33 在对折的烘焙纸中，放置1 毫米厚的亚克力板。

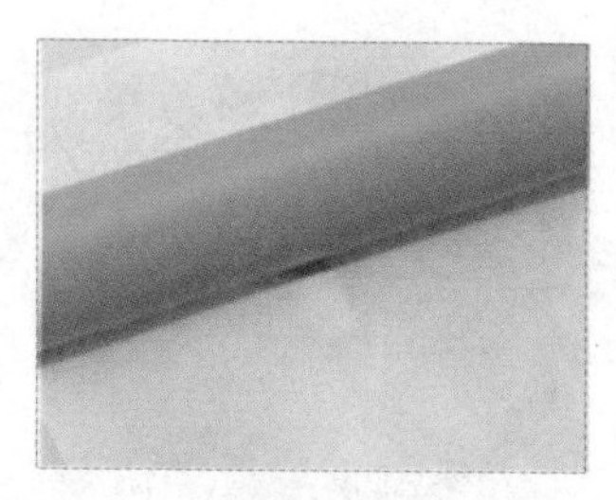

34 用塑胶滚轮，将银黏土擀平为 1 毫米的厚度。

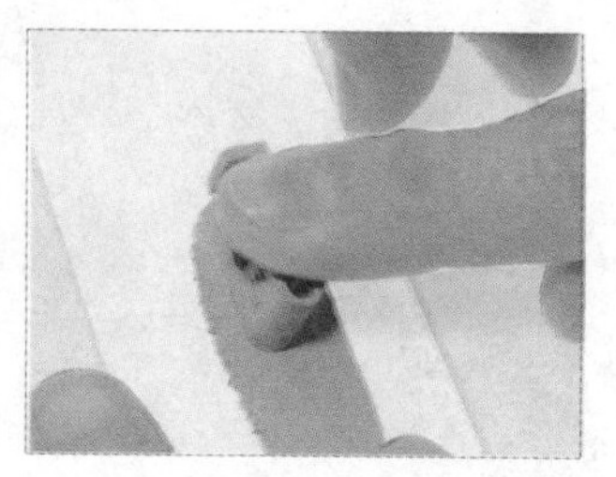

35 取香水瓶并在银黏土上方轻压其左右两侧，即产生两个边框痕迹。

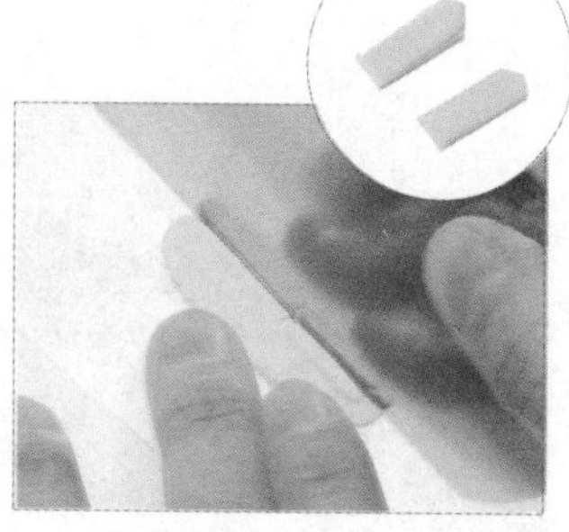

36 用造型刮板沿边切割封住香水瓶两侧的银黏土。

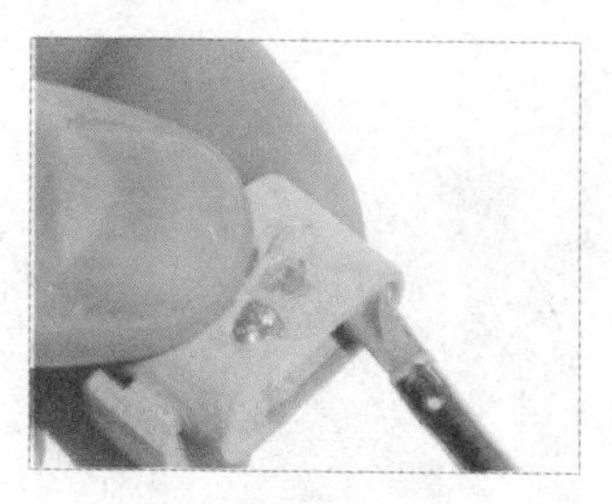

37 侧边用水彩笔刷刷上一圈银膏。

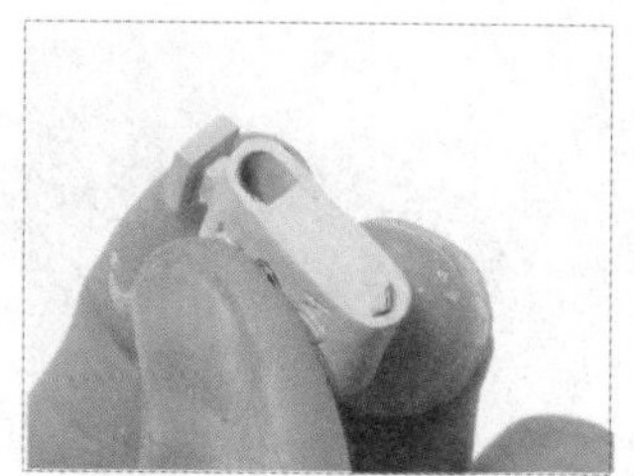

38 推入封住两侧的银黏土固定。

39 用银膏填满边缘的缝隙。（两侧皆以相同方式封边。）

40 将作品放置在电烤盘上或用吹风机热风干燥 10 分钟。

41 干燥后，再用锉刀修磨两侧。（如仍有缝隙，须再次填补与干燥。）

42 烧制前，检查宝石表面，如沾有银黏土可用珠针轻轻剔除。

43 电气炉升温至 800℃，烧制 5 分钟。（用煤气灶烧制 8~10 分钟。）

44 待作品冷却，用短毛钢刷刷除白色结晶。

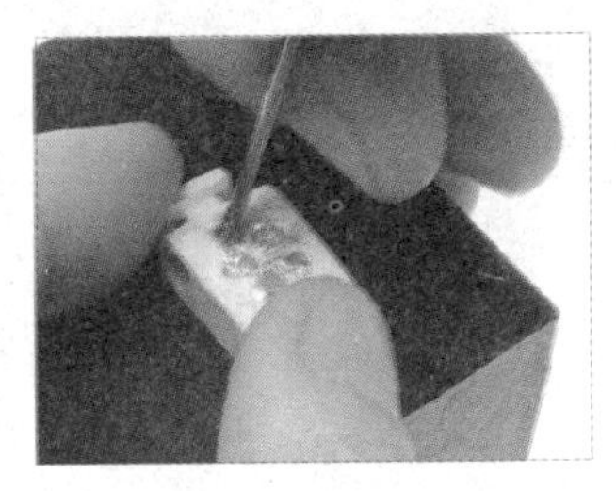

45 用双头细密钢刷，刷除宝石周围的结晶。（为避免刷花宝石，事先可用纸张遮蔽宝石。）

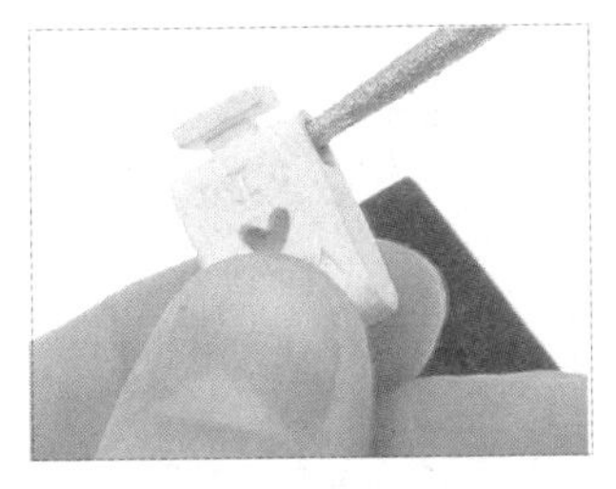

46 对于小孔内刷不到的结晶，可用圆形锉刀的尖端摩擦去除。

47 保留表面毛细孔状的梨皮质感。

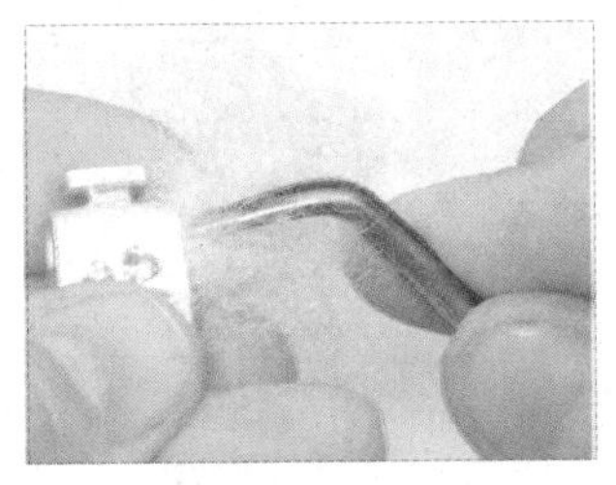

48 用镊子夹住棉花，由侧边开口慢慢推挤塞入香水瓶中。

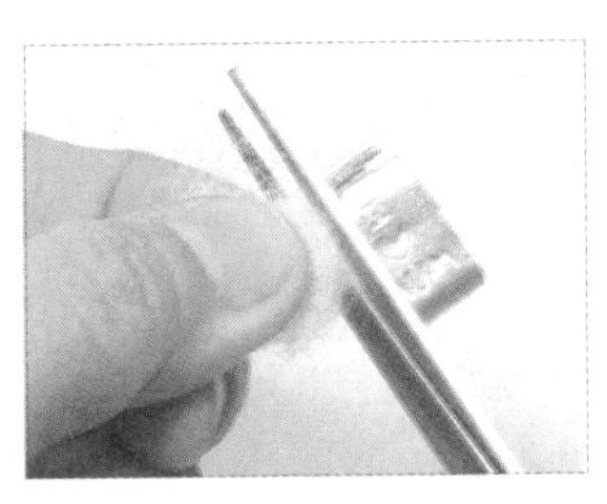

49 用剪刀剪去多余的棉花。（须预留穿银链的空间。）

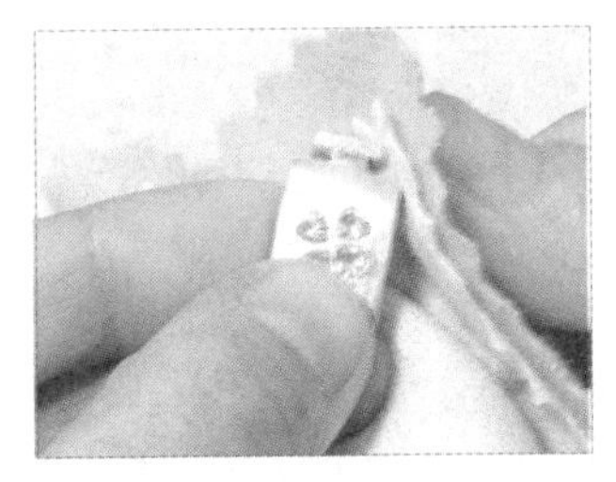

50 以拭银布擦拭作品。

51 将银链穿入步骤 49 预留的空间。

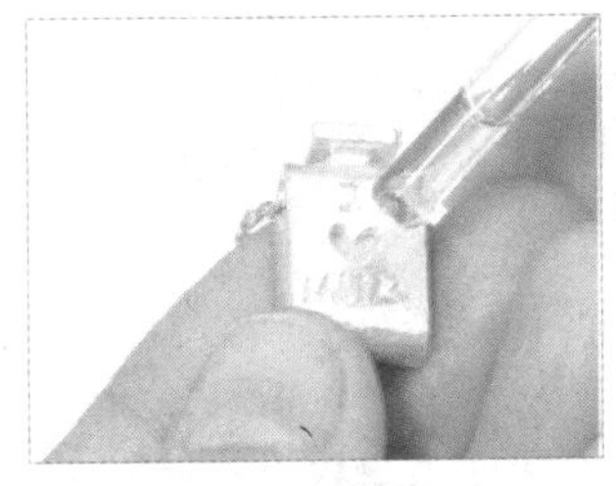

52 可由背面的小爱心洞口，滴入母亲喜欢的精油或香水。

53 即完成母亲节最精致的香水瓶项链。

毕业季

raduation

趣味表情

材料

黏土型纯银黏土 10 克、小插入环 10 个、直径 3 毫米的纯银开口圈 10 个、锁链式纯银链 1 条

工具

塑形工具

烘焙纸、塑胶滚轮、珠针、造型刮板、保鲜膜、牙医工具、2 毫米厚亚克力板、镊子、锉刀、橡胶台

干燥及烧制器具

电烤盘或吹风机、计时器、电气炉或煤气灶和不锈钢烧制网

加工工具

短毛钢刷、海绵砂纸、棉棒、温泉液、旧牙刷、中性清洁剂、剪钳、尖嘴钳、拭银布、橡胶台

步骤说明

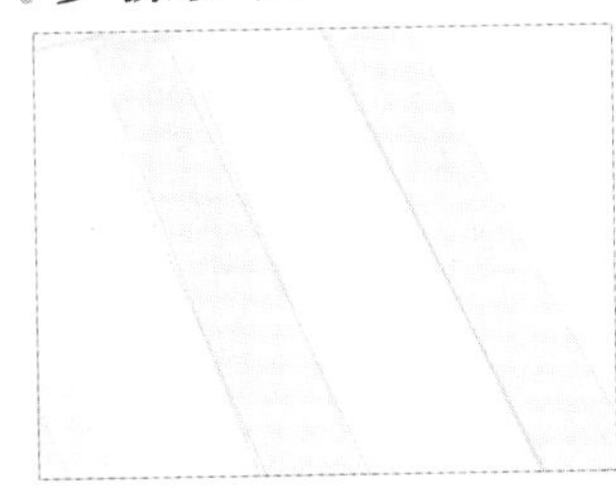

01 在对折的烘焙纸中，摆放 2 毫米厚的亚克力板于两侧。

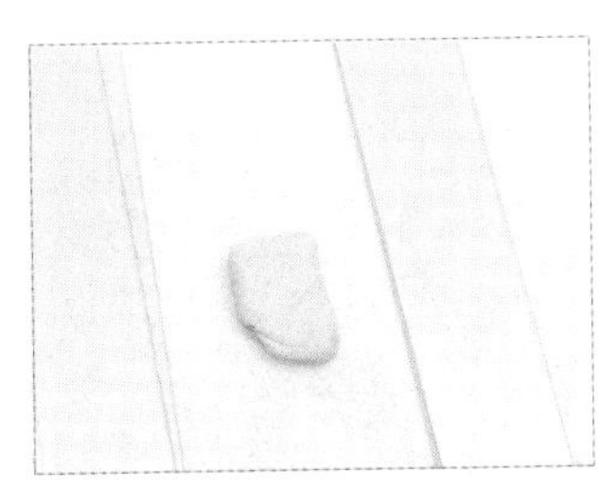

02 放置揉捏过并折叠成接近草图宽度的银黏土。

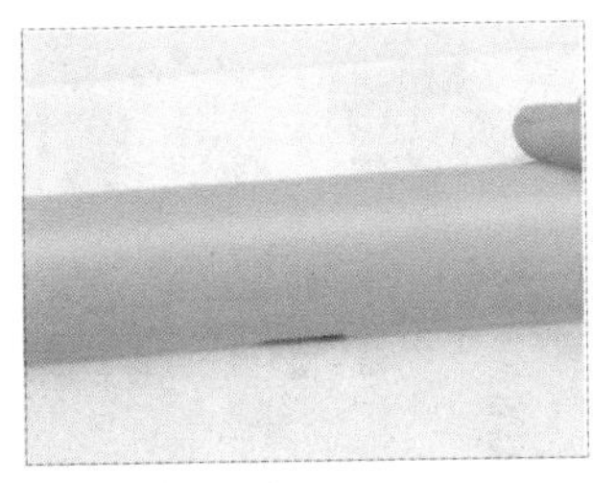

03 盖上烘焙纸，用塑胶滚轮按垂直方向滚压银黏土。

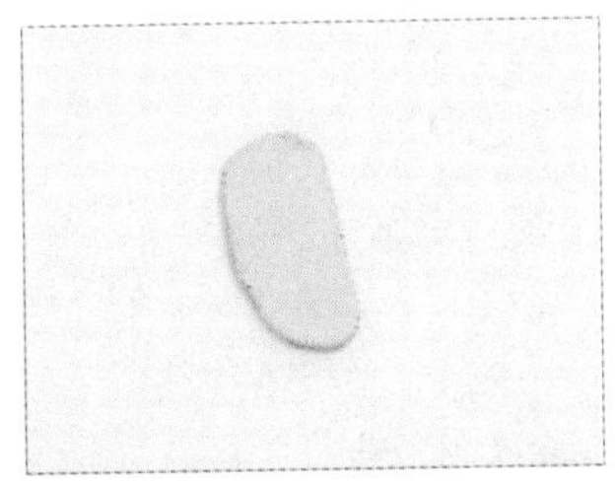

04 将银黏土擀平为 2 毫米的厚度。

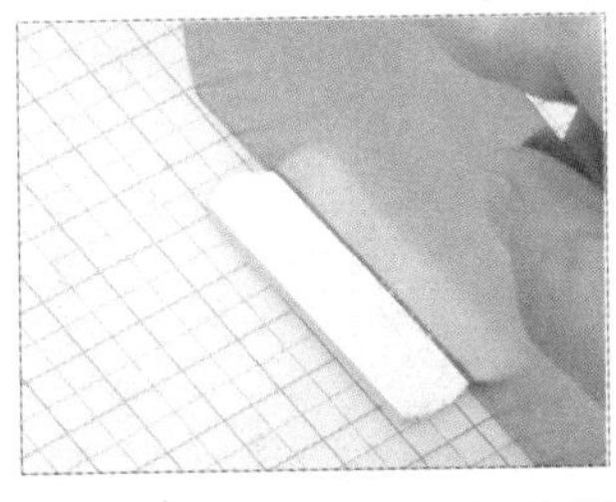

05 以造型刮板将擀好的银黏土切成 1.2 厘米宽的长条形。

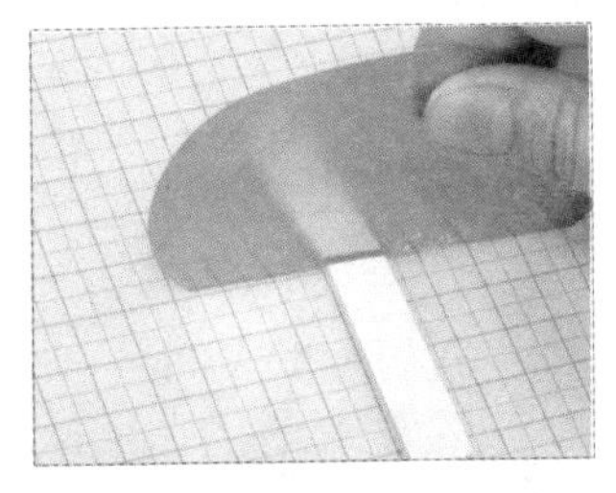

06 将一端切平。

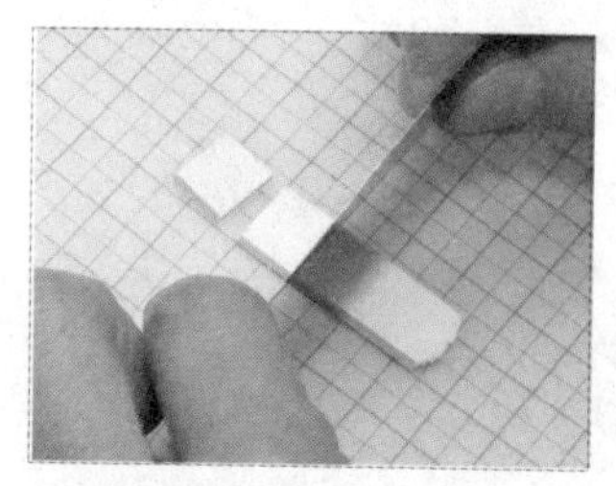

07 用造型刮板将银黏土切割成长1厘米的小方块。

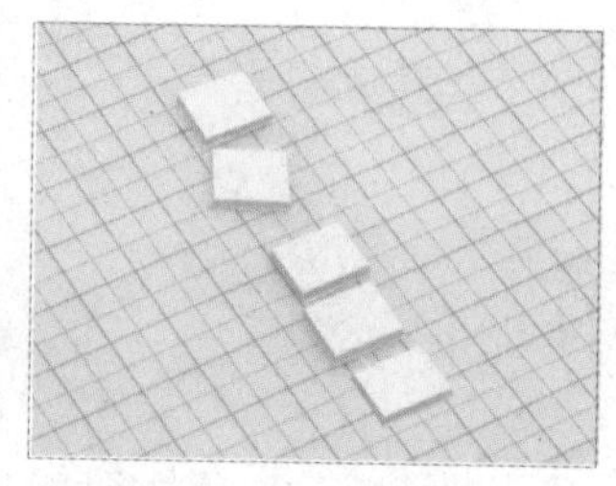

08 共切割出5块1厘米×1.2厘米的小方块。

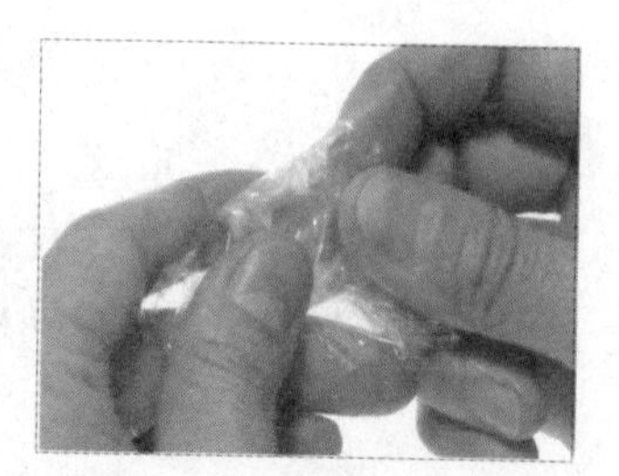

09 切下多余的银黏土，包回保鲜膜中回收保存。

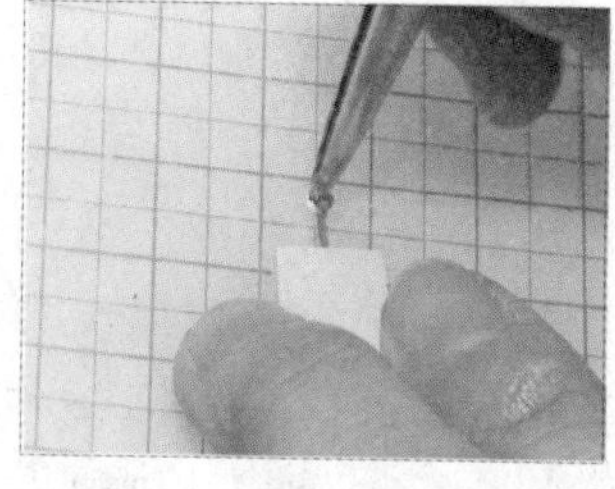

10 在小方块2个短边中央位置，各插入1个小插入环。

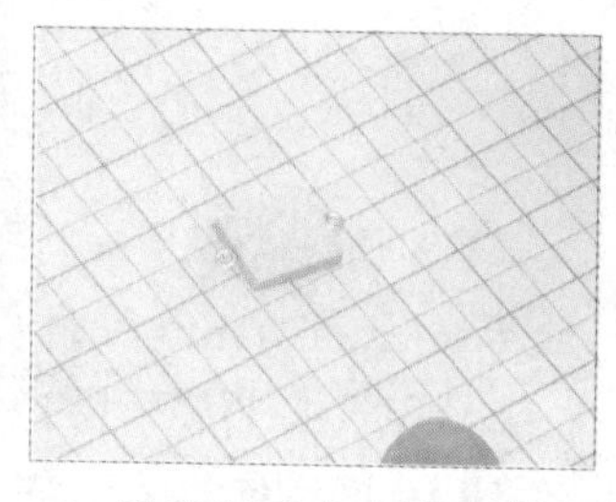

11 只露出两个小圈在银黏土外。

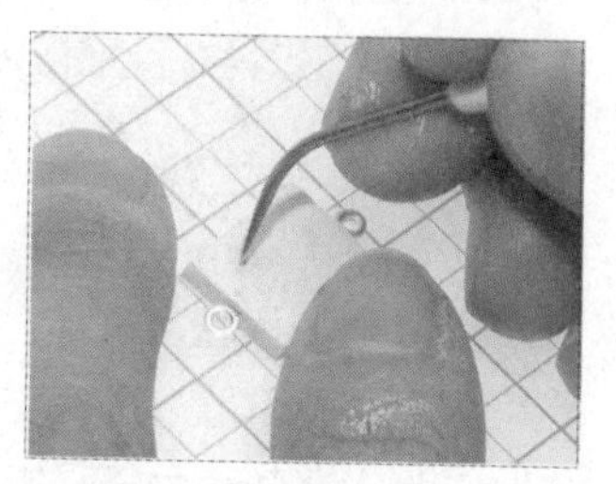

12 用牙医工具刻画表情。

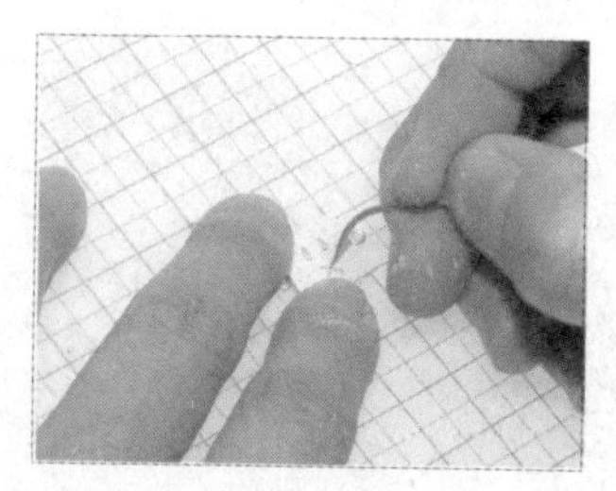

13 刮下的银黏土屑，暂时不需理会。

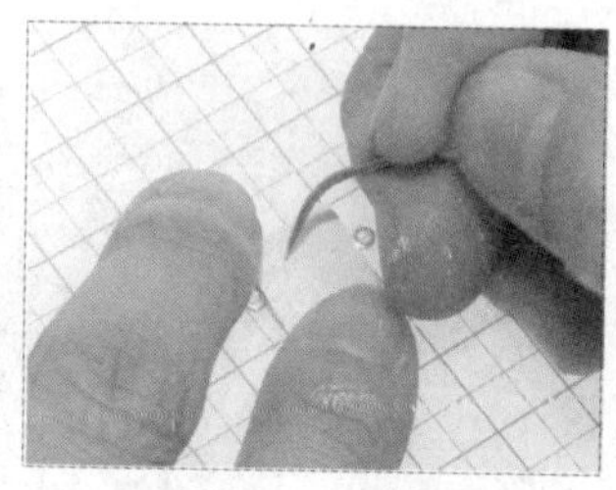

14 将银黏土垂直翻到背面，刻画另一面的表情。

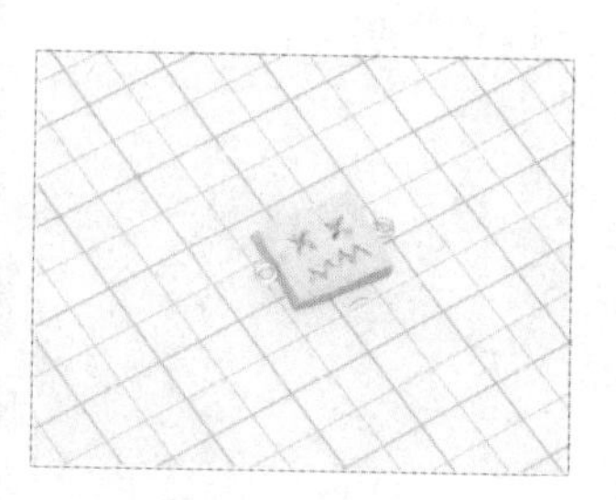

15 表情刻画完成。

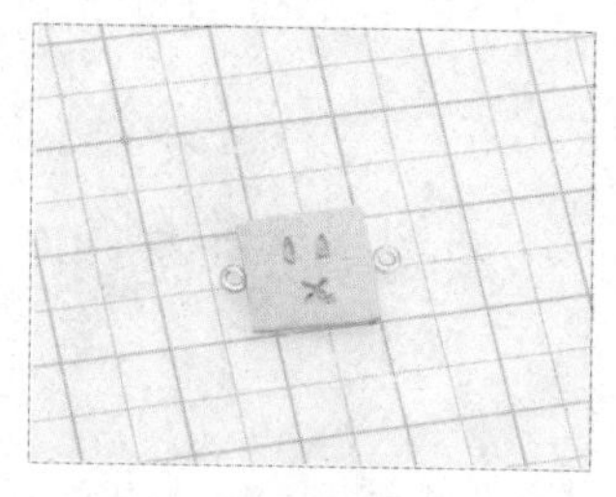

16 5个小方块皆以相同的方式刻画出不同的表情。

17 将5个小方块放置在电烤盘上或用吹风机热风干燥10分钟。

18 干燥完成。

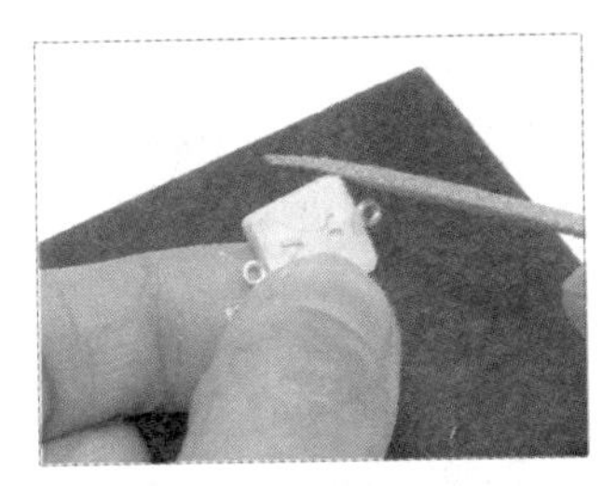

19 用烘焙纸铺底，橡胶台做支撑，用锉刀磨圆方块的 4 个直角。

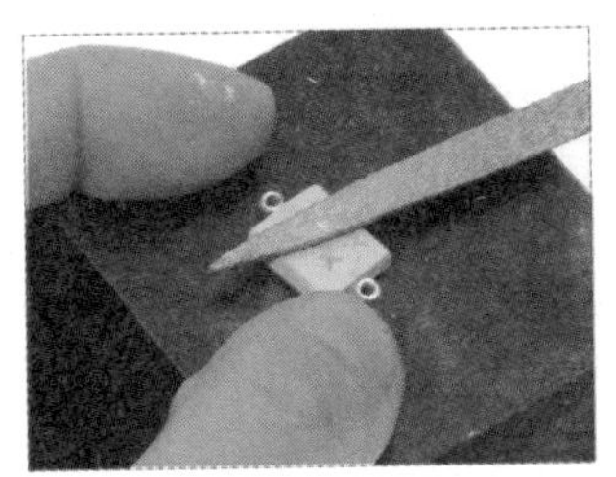

20 用锉刀修磨表面凸起的银黏土屑，使其平整。

21 电气炉升温至 800℃，烧制 5 分钟。（煤气灶烧制 8 ~ 10 分钟。）

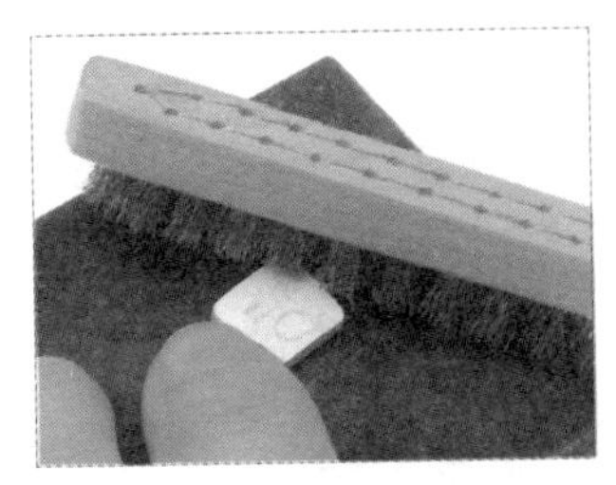

22 待作品冷却后，用短毛钢刷刷除白色结晶。

23 表面保留毛细孔状的梨皮质感。

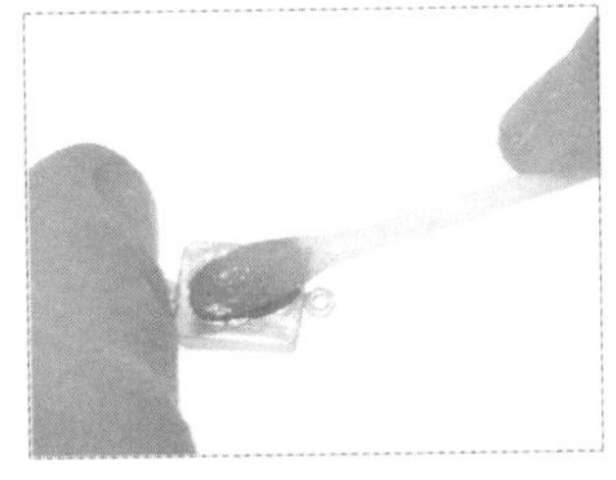

24 用棉棒蘸少许温泉液，涂抹在想要硫化上色的局部位置。

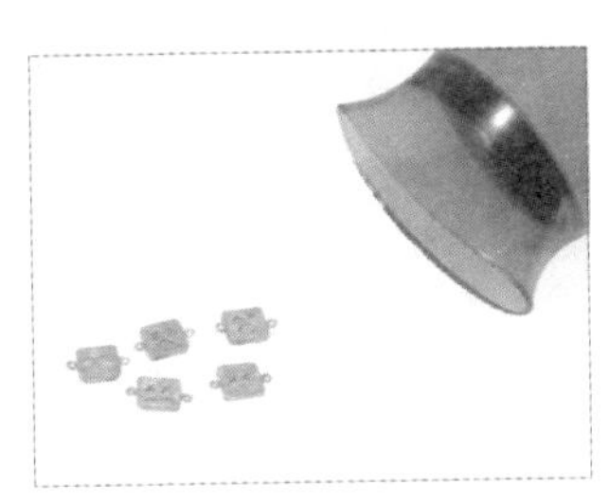

25 取吹风机用热风吹热，以加速变色。

26 当作品的颜色已达自己想要的深度，即可停止加热。

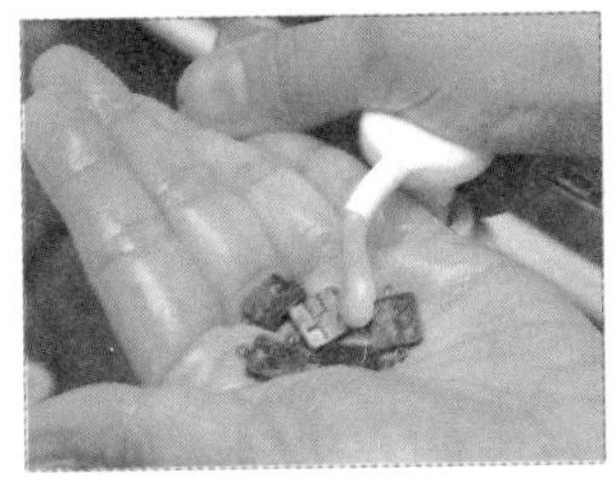

27 将作品带至水槽洗去温泉液。先挤上少许中性清洁剂。

28 再用旧牙刷刷洗作品。（凹缝处须加强刷洗，避免残留温泉液使作品继续硫化变黑。）

29 用自来水将作品冲洗干净，再擦干。

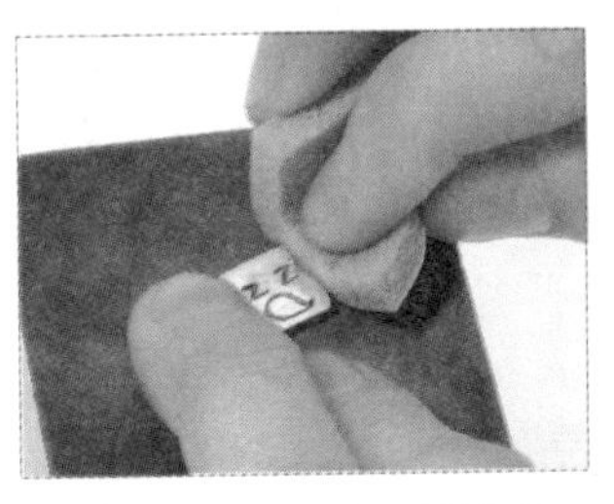

30 拿红色海绵砂纸将正、反面的表情磨白，让五官线条留下熏黑的颜色，侧面也一并磨白。

31 用剪钳将锁链式纯银链剪断。

32 依据个人手围大小拆剪，并排列好串连顺序。

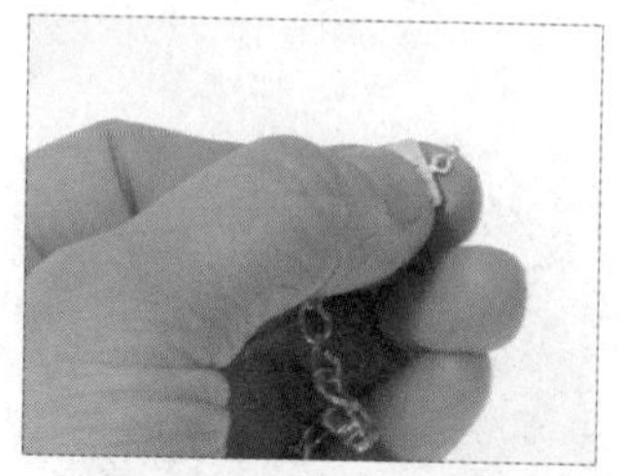

33 用尖嘴钳钳开银圈的开口处，钩入插入环的小圈。

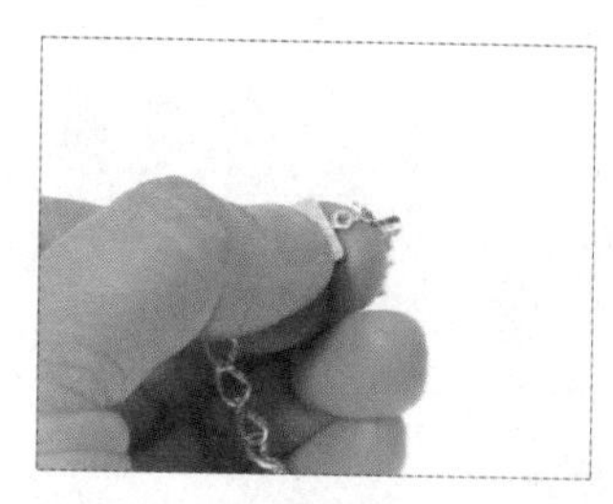

34 钩入银链的一端。

35 用尖嘴钳将银圈夹密合。

36 每一段皆用小开口圈串连插入环和银链。

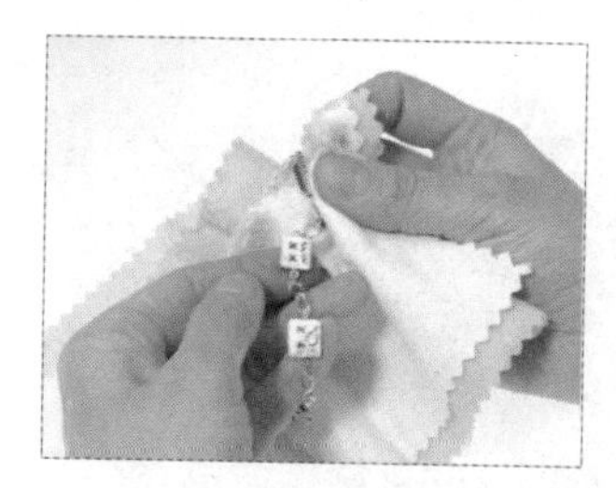

37 用拭银布擦拭作品。

38 即完成充满趣味的表情手链。

成功之钥

材料

黏土型纯银黏土 7 克、针筒型纯银黏土 2 克、绿针头（中口）、膏状型纯银黏土少许、直径 6 毫米的纯银开口圈 2 个、纯银链 1 条

工具

塑形工具

烘焙纸、铅笔、1 毫米厚透明亚克力板、垫板或 L 夹、水彩笔刷、造型刮板、棉棒轴、笔刀或美工刀、纸板、锉刀、橡胶台、镊子

干燥及烧制器具

电烤盘或吹风机、电气炉或煤气灶和不锈钢烧制网、计时器

加工工具

尖嘴钳、拭银布、圆形锉刀、短毛钢刷、海绵砂纸、橡胶台

步骤说明

01 裁剪一小张烘焙纸，用铅笔描下附图。

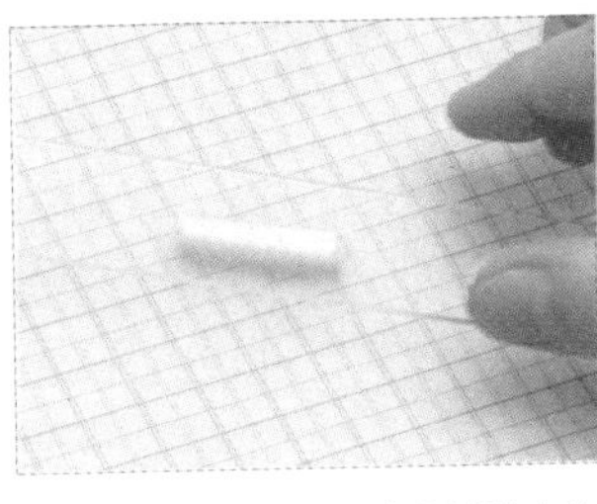

02 在垫板上，将揉捏过的银黏土用透明亚克力板搓成长条状。

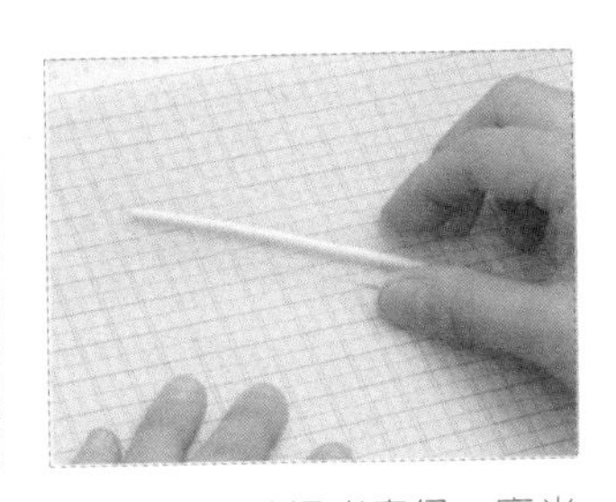

03 继续搓细成直径 3 毫米的均匀细长条。

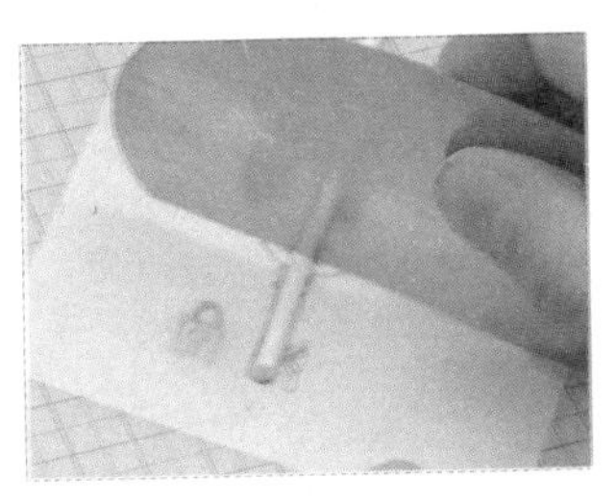

04 先切齐尾端，再移到草图上，用造型刮板依照长度切断条状土。

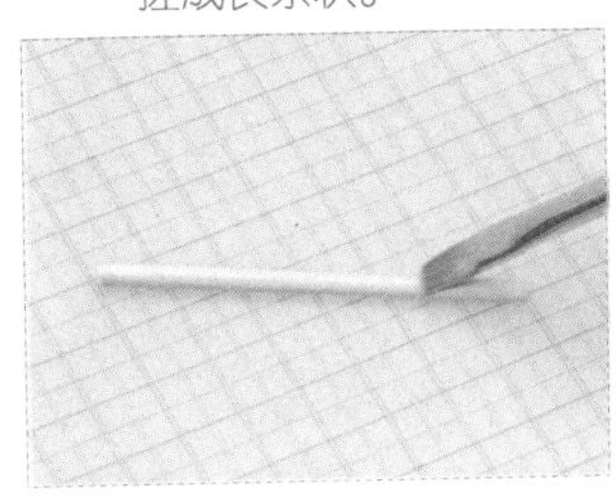

05 用水彩笔刷在剩余的银黏土表面刷薄薄的一层水。

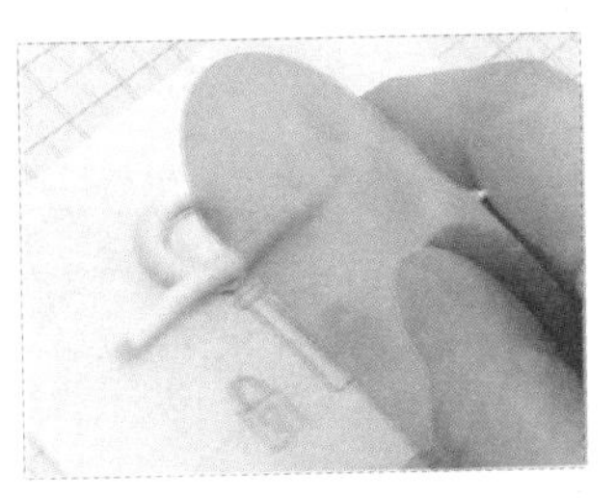

06 将细长条银黏土按照草图绕出椭圆形，并用造型刮板切除多余的银黏土。

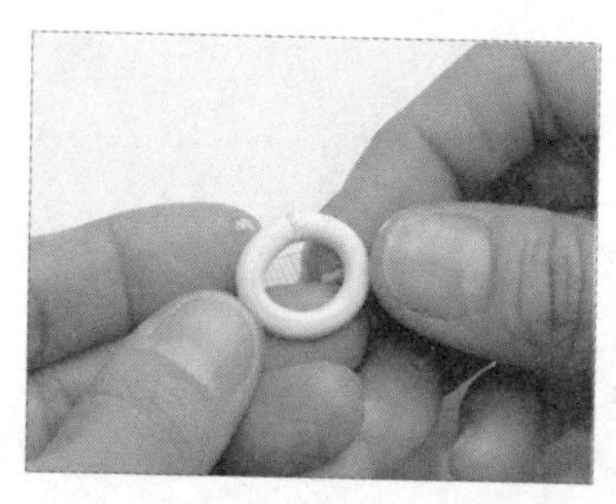

07 用水彩笔刷在切口处点上银膏，衔接密合成环状。

08 用银膏将直条和环状银黏土加以黏合。

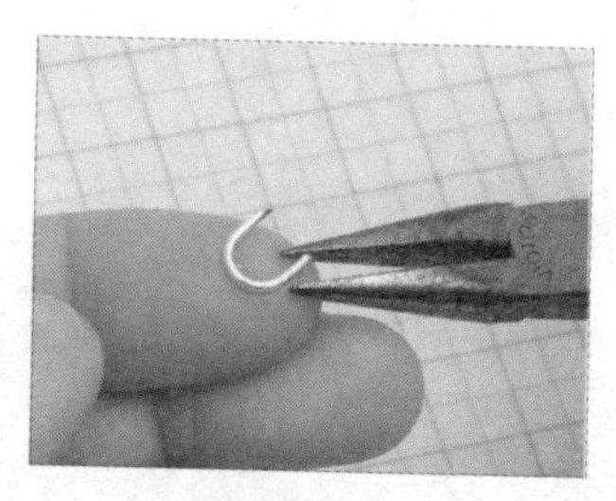

09 用尖嘴钳将开口圈的切口两端夹直为U形。

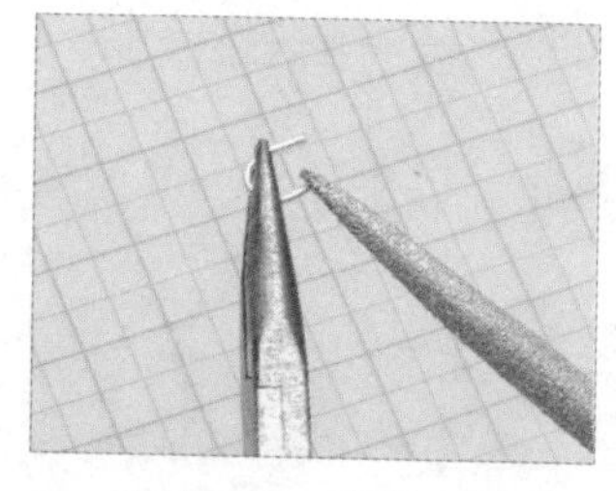

10 用锉刀将U形银丝两个端面磨成粗糙面。

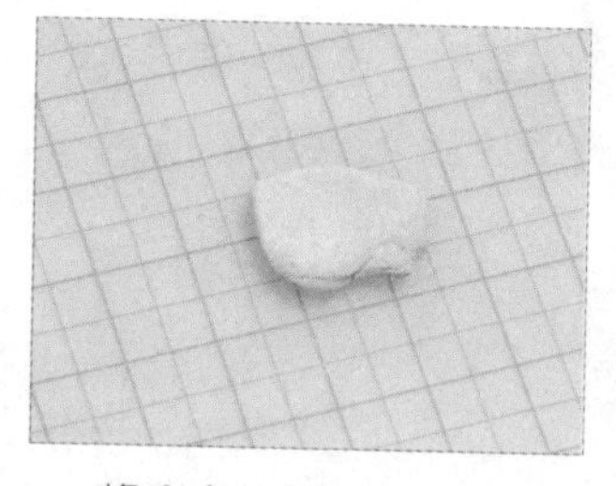

11 将剩余的银黏土捏成约3毫米的厚度。

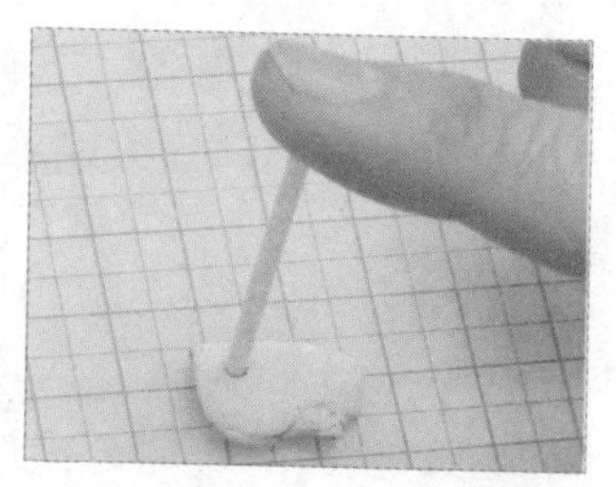

12 依草图做塑形，先切齐上边，用棉棒轴按压出一个圆孔。

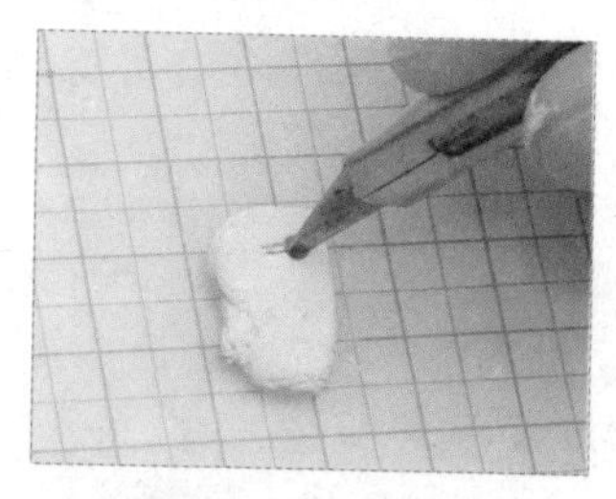

13 用美工刀在圆孔下方切出两条平行线。

14 挑出缝隙，形成钥匙孔。

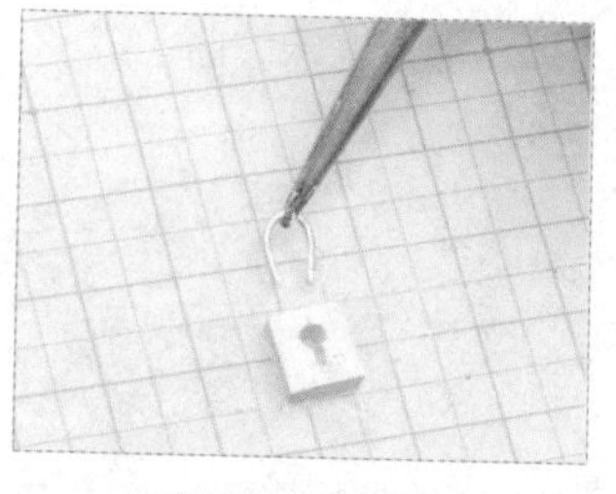

15 切割钥匙孔的另外三边，切出小方块后，再用镊子夹住U形末端，平行插入上方的中央位置。

16 完成小锁头。

17 将作品放置在电烤盘上或用吹风机热风干燥大约10分钟。

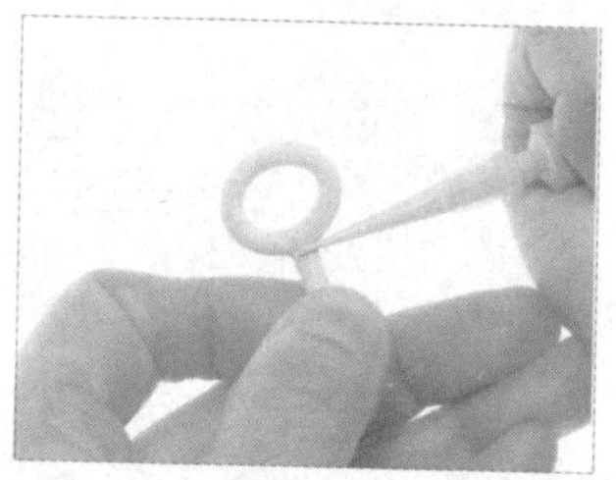

18 取针筒型银黏土，接上中口绿针头，在椭圆形下方，打一圈针筒线条。

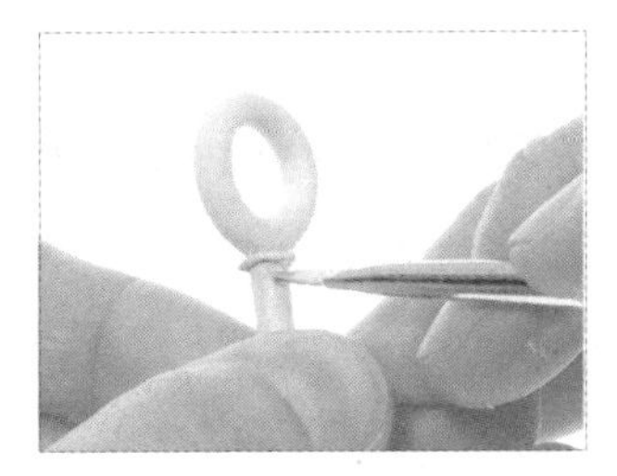

19 用水彩笔刷将针筒土的头尾接点推顺。

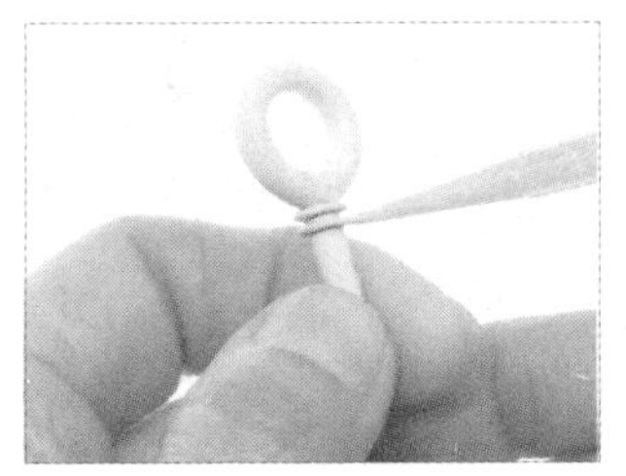

20 在距离椭圆形1毫米的下方，再打上第二圈针筒线条，修好衔接点。

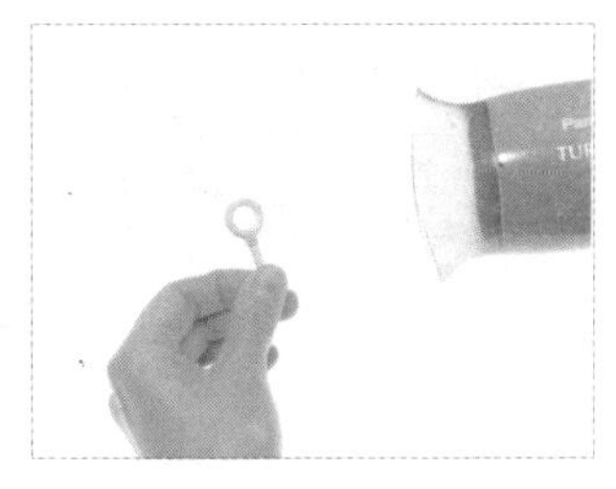

21 手拿钥匙，在距离吹风机10厘米处，用热风干燥5分钟。

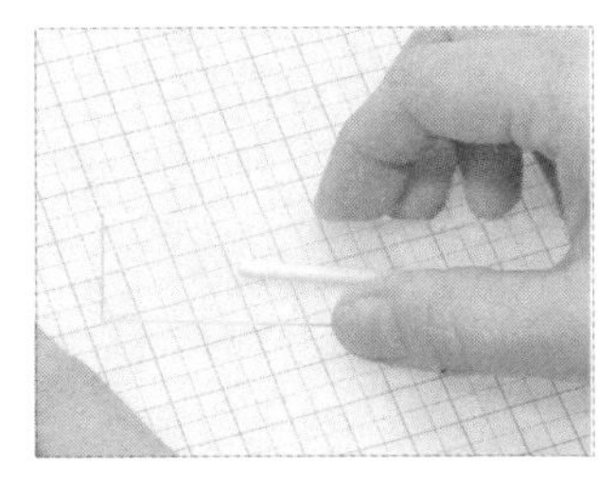

22 用透明亚克力板将剩余的一小块银黏土搓滚成直径1.5毫米的长条。

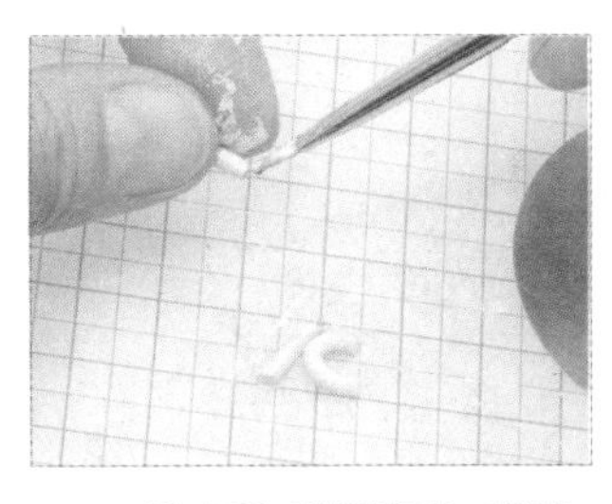

23 刷水后，利用弯曲、切剪、黏合等技法，完成英文名字的缩写，稍作干燥。

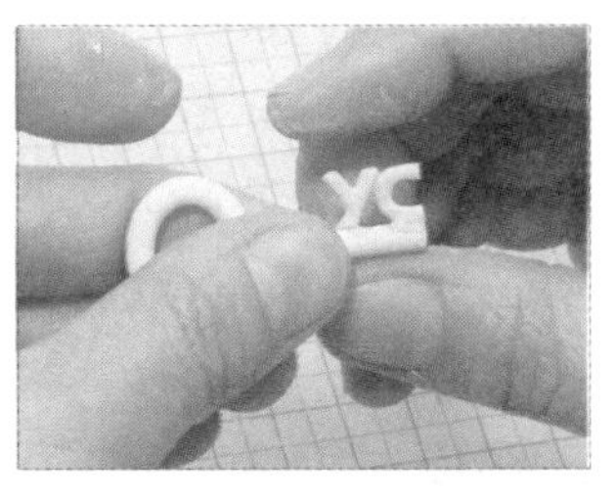

24 用银膏将字母固定于钥匙尾端。

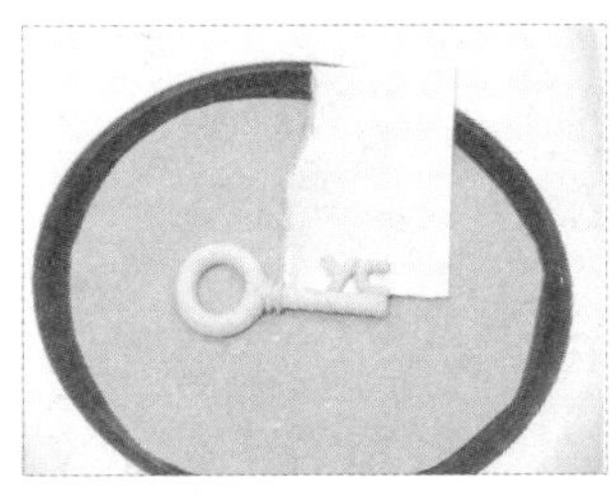

25 用纸板稍微垫高字母，放置在电烤盘上或用吹风机热风干燥5分钟。

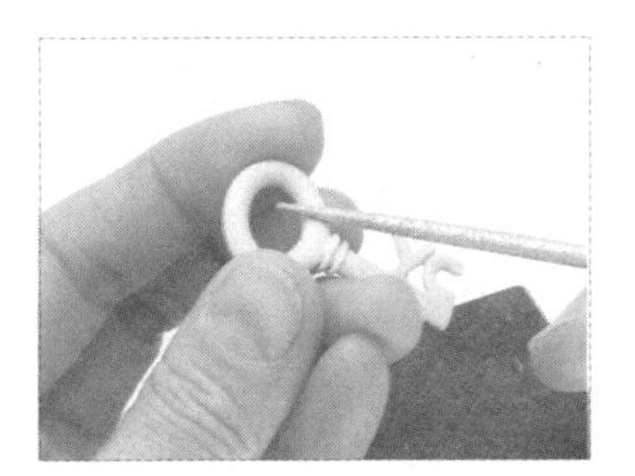

26 完全干燥后，用烘焙纸铺底，橡胶台做支撑，用锉刀修磨不够平整的地方。

27 电气炉升温至800℃，烧制5分钟。（用煤气灶烧制8～10分钟。）

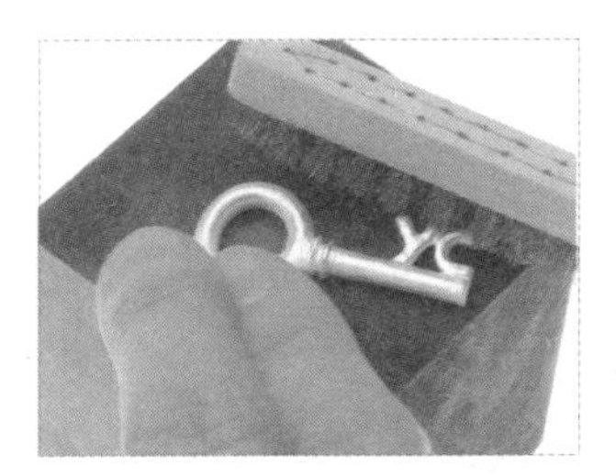

28 待作品冷却后，用短毛钢刷刷除白色结晶，内外侧都要刷干净。

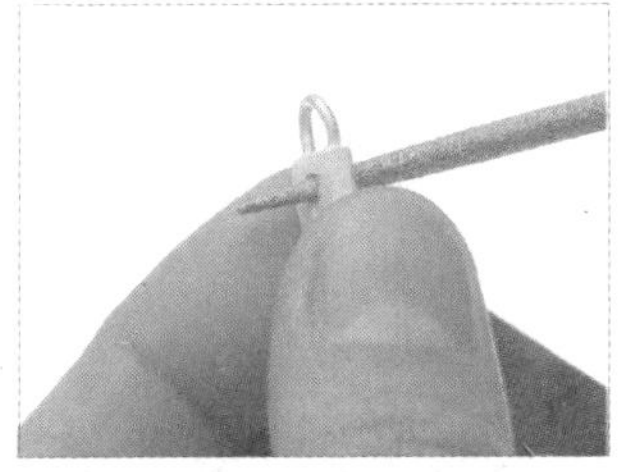

29 对于小孔内刷不到的结晶，可用圆形锉刀摩擦去除。

30 将表面刷出毛细孔状的梨皮质感。

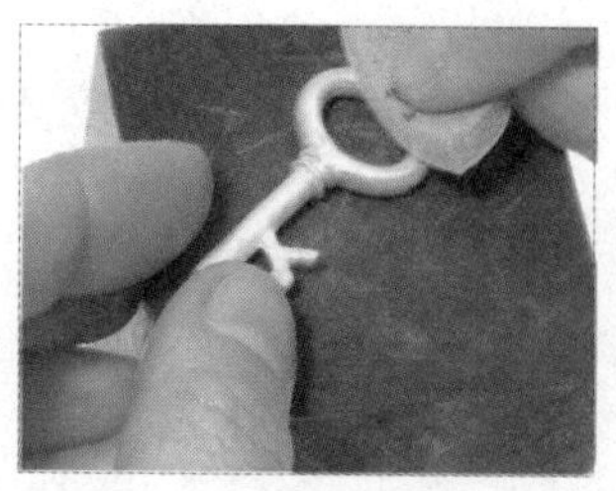

31 用红色海绵砂纸慢慢推磨到平顺。（可以继续用蓝色、绿色海绵砂纸打磨到更细致的程度。）

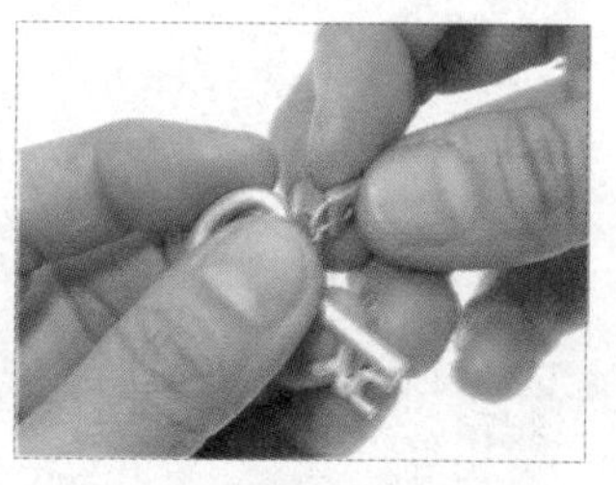

32 用尖嘴钳钳开银圈的开口处，钩入钥匙的圈圈和小锁顶端的挂环。

33 用尖嘴钳将银圈夹密合。

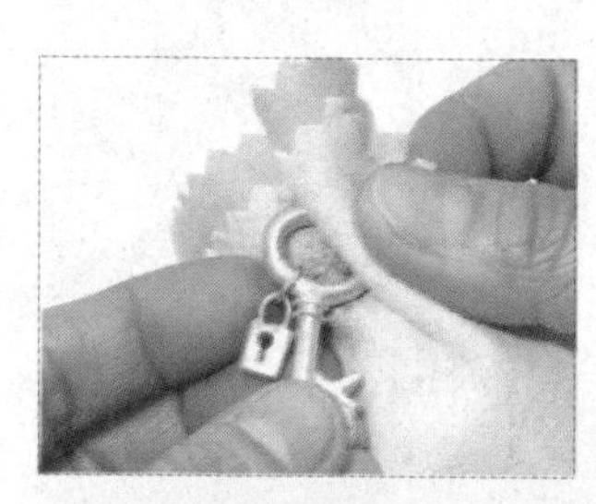

34 用拭银布擦拭作品。

35 打开银链的扣头，穿入钥匙中即可。

36 即完成钥匙项链。

学士帽

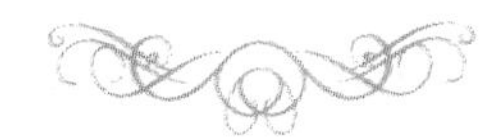

材料

黏土型纯银黏土5克、膏状型纯银黏土5克、针筒型纯银黏土2克、绿针头（中口）、蝶形胸针1组、直径5毫米纯银开口圈1个、直径1.5毫米迷你小珠12～20颗、71号黑色玉线或缝衣线15厘米

工具

塑形工具

烘焙纸、铅笔、纱布、水彩笔刷、剪刀、塑胶滚轮、1毫米厚亚克力板、造型刮板、钻头组、滴水瓶、小罐子、橡胶台、锉刀

干燥及烧制器具

电烤盘或吹风机、电气炉或煤气灶和不锈钢烧制网、计时器

加工工具

棉棒、温泉液、中性清洁剂、旧牙刷、尖嘴钳、短毛钢刷、圆形锉刀、海绵砂纸、玛瑙刀、橡胶台、打火机、拭银布

步骤说明

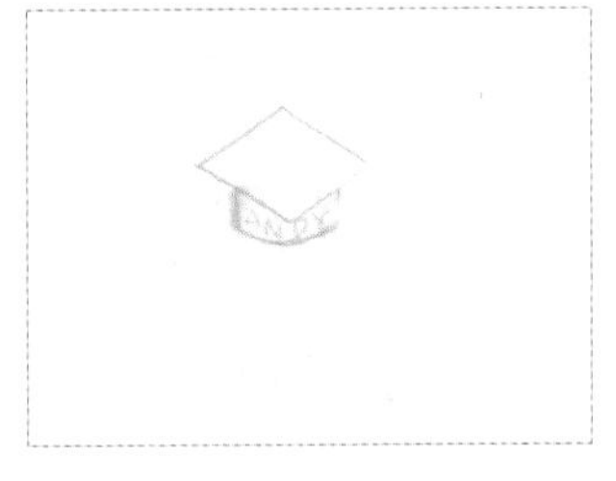

01 裁剪一小张烘焙纸，用铅笔描下附图。

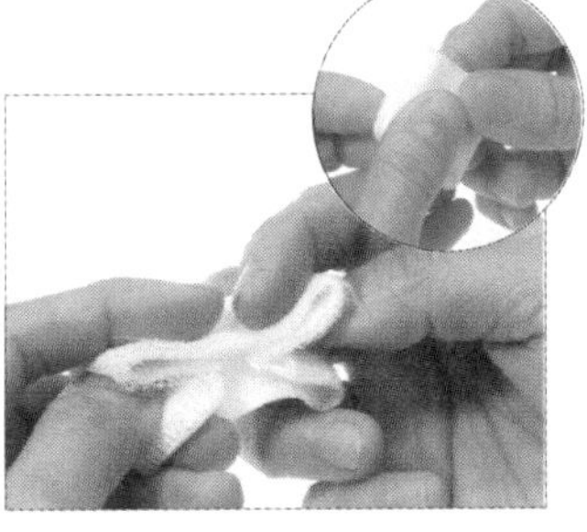

02 将纱布裁剪的毛边向内折，折成约2厘米×2厘米大小。

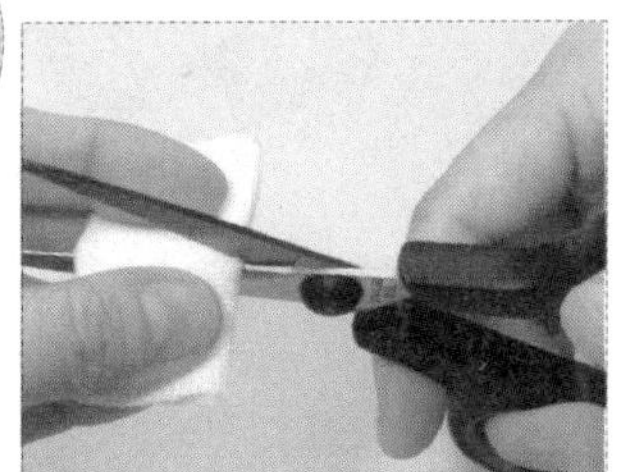

03 如果太厚，可打开剪掉一半。

04 将纱布左右拉宽成符合草图大小的菱形。

05 找一个较浅的罐子，用水彩笔刷挖出新鲜银膏。（约5克。）

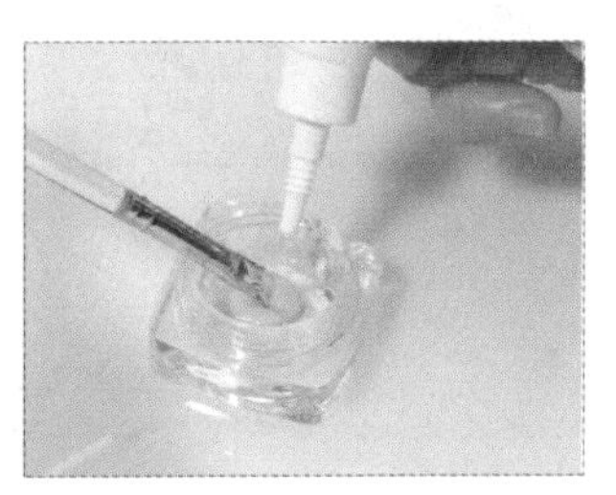

06 慢慢加水稀释，放慢搅拌速度，以免气泡过多。

07 将银膏调匀至用水彩笔刷蘸起形成水滴状又不会迅速滴下的浓度。

08 将折叠好的纱布先放在烘焙纸上，再涂银膏。

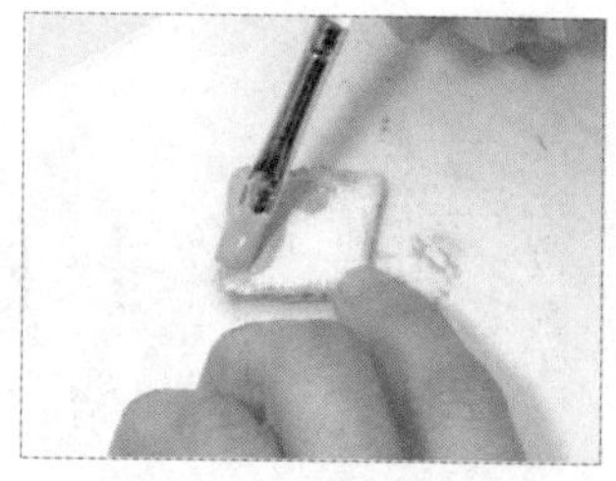

09 将纱布翻面，并涂满银膏。

10 将作品放置在电烤盘上或用吹风机热风干燥 5 分钟。

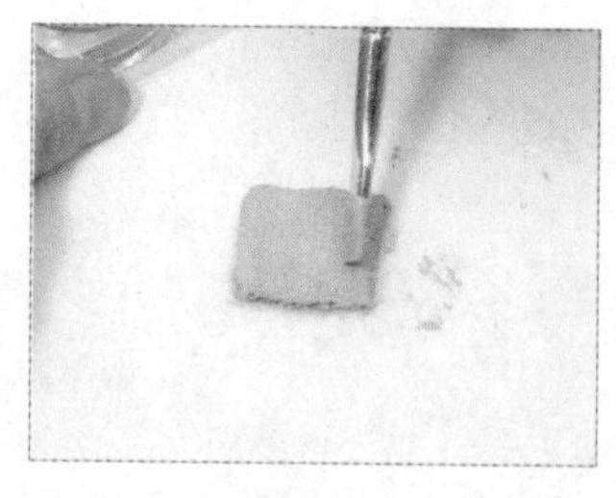

11 干燥后，正、反面再涂一层银膏。

12 再次干燥 10 分钟。

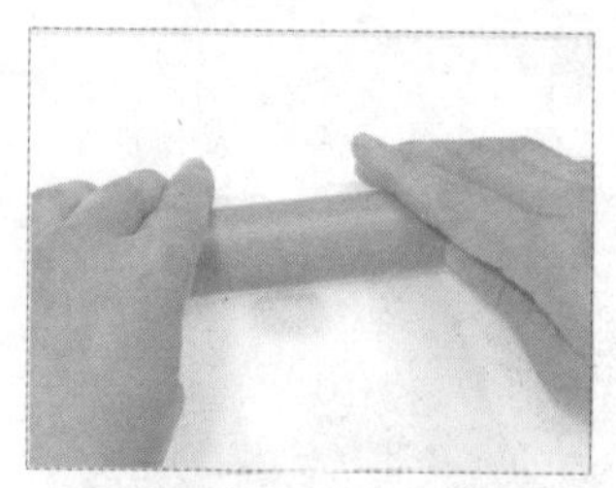

13 在对折的烘焙纸上，放置1毫米厚的亚克力板，并用塑胶滚轮将银黏土擀平为 1 毫米的厚度。

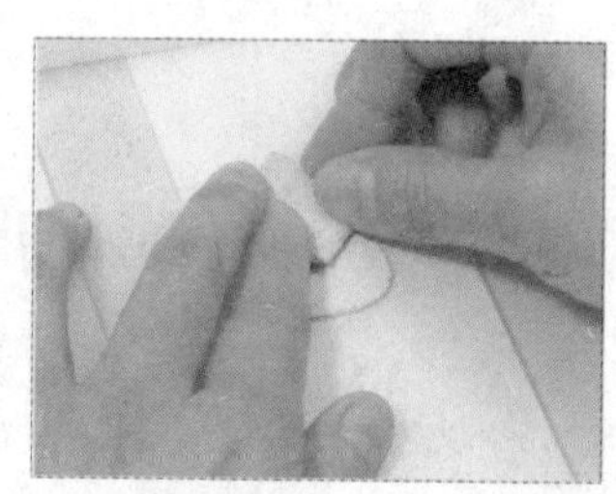

14 掀开烘焙纸，将已干燥的银膏纱布重叠一部分于银黏土上方，并轻轻按压。

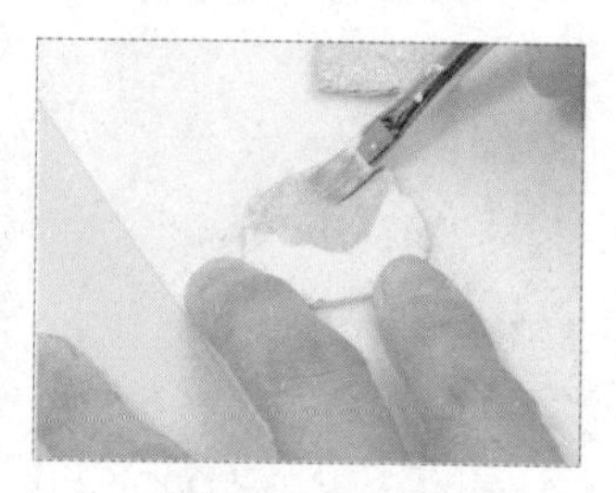

15 拿起纱布将重叠的范围涂上银膏。

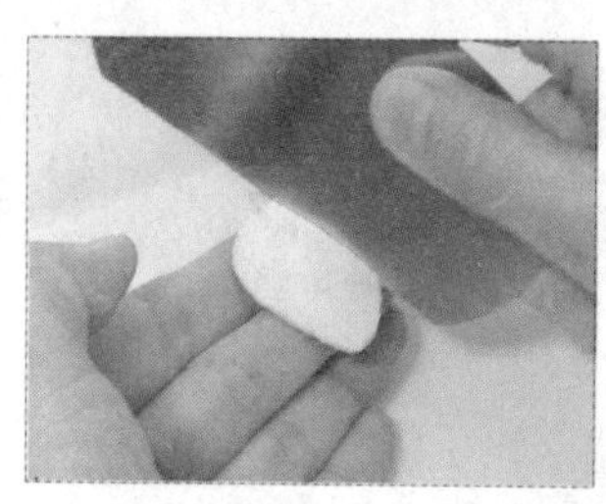

16 翻到背面，用造型刮板横切菱形的中线，将多余的银黏土切掉。

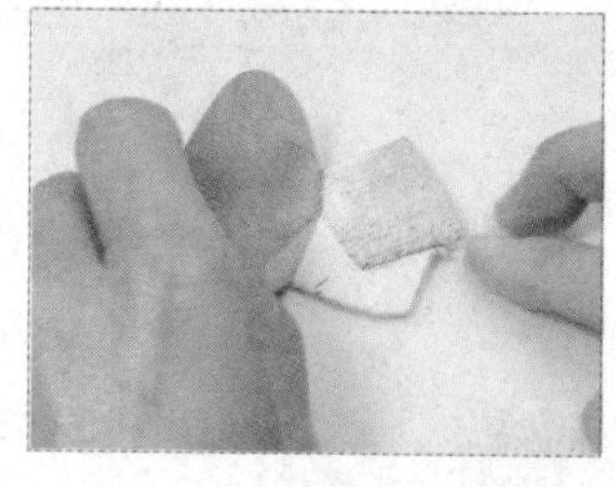

17 依照草图用造型刮板切割出学士帽帽檐的垂直线条。

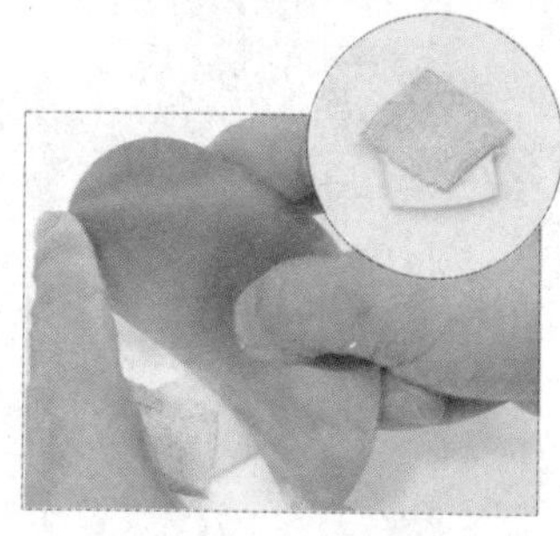

18 用弯曲造型刮板的方式切出学士帽下缘的曲线，即完成学士帽大致的模样。

19 正、反面再涂一层银膏，直至看不清纱布的纱网线条。

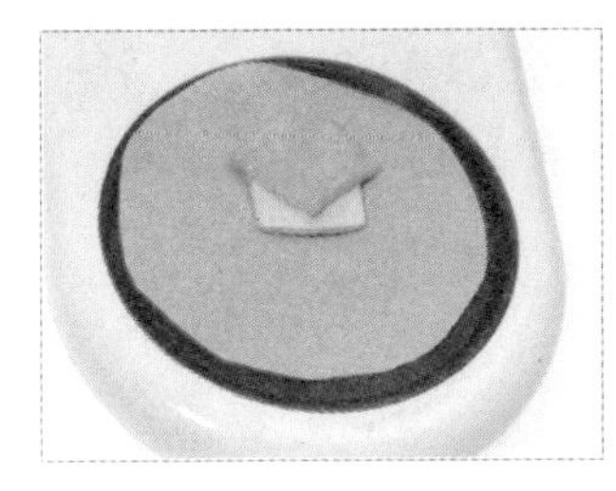

20 将作品放置在电烤盘上或用吹风机热风干燥 10 分钟。

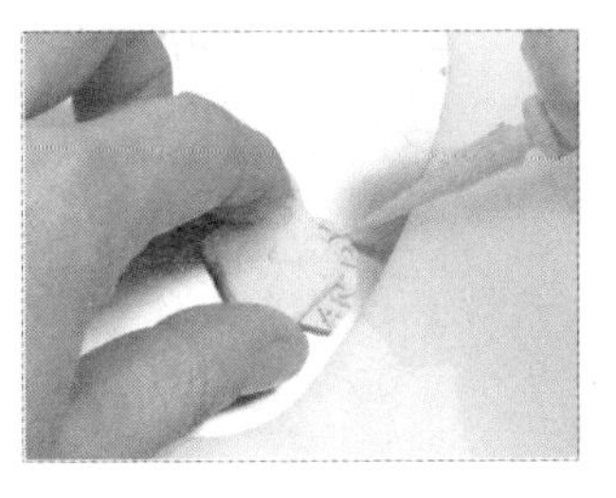

21 取出针筒型银黏土，接上中口绿针头，在帽缘处打上英文字母。

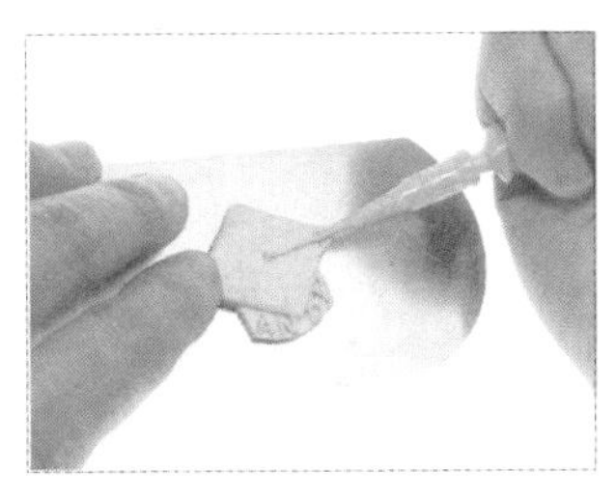

22 在帽子顶部的中心点打出一条水平线。

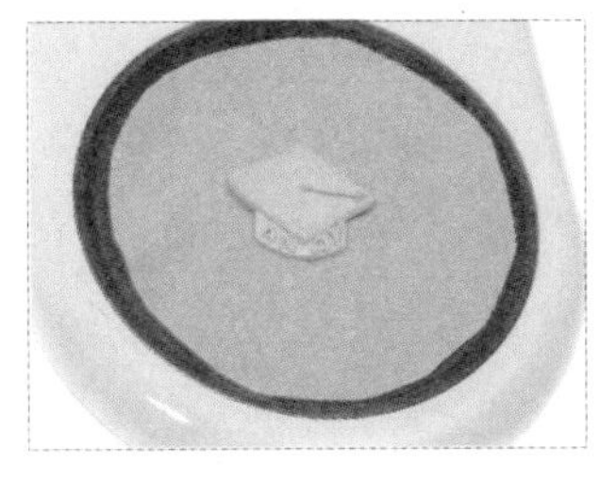

23 再次干燥约 5 分钟。

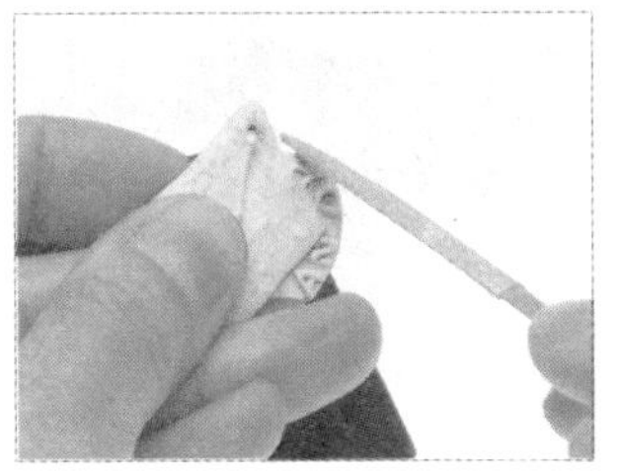

24 将烘焙纸铺底，橡胶台做支撑，用锉刀修磨边缘线条及背面。

25 以钻头铗钳套用直径 1 毫米的钻针，在距离右边角落约 2 毫米的位置钻孔。

26 将作品翻至背面以固定胸针。（位置尽量在作品 1/3 以上的范围内。）

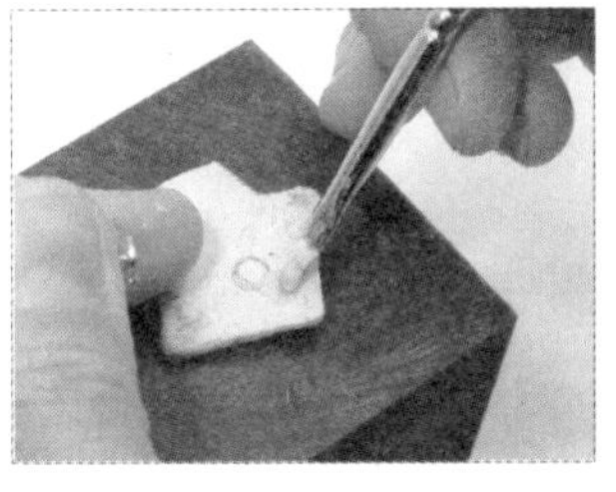

27 在固定胸针的圆底座的位置先涂上一层银膏。（胸针的盖子不能烧，须先拔掉。）

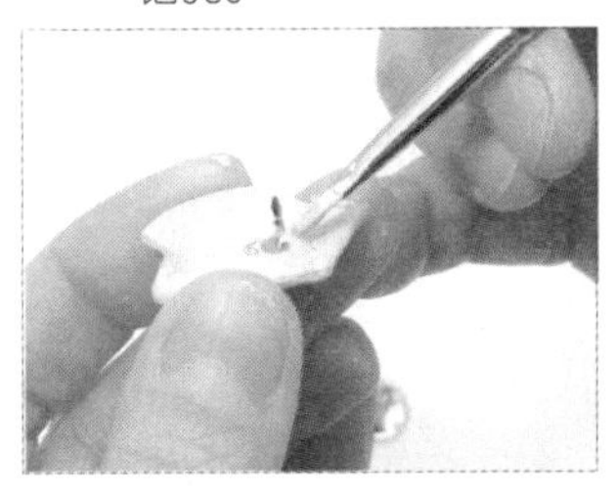

28 放上胸针，再以浓浓的银膏覆盖。

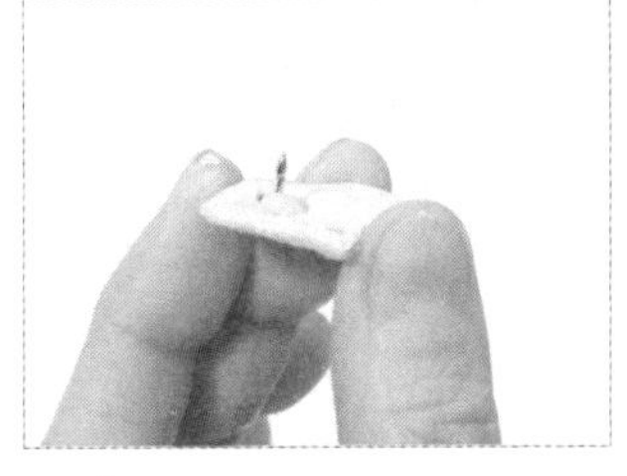

29 圆底座必须被完全覆盖，只留下针头和小凸起。（银膏覆盖至看不到圆底座为止。）

30 将作品放置在电烤盘上或用吹风机热风干燥 5 分钟。

31 干燥后，背面可以用锉刀稍加修磨。

32 电气炉升温至 800℃，烧制 5 分钟。（煤气灶烧制 8 ～ 10 分钟。）

33 待作品冷却，小心地将针头，靠向橡胶台边缘。

34 用短毛钢刷刷除白色的结晶。

35 对于小孔内刷不到的结晶，可利用圆形锉刀的尖端摩擦去除。

36 表面保留毛细孔状的梨皮质感。

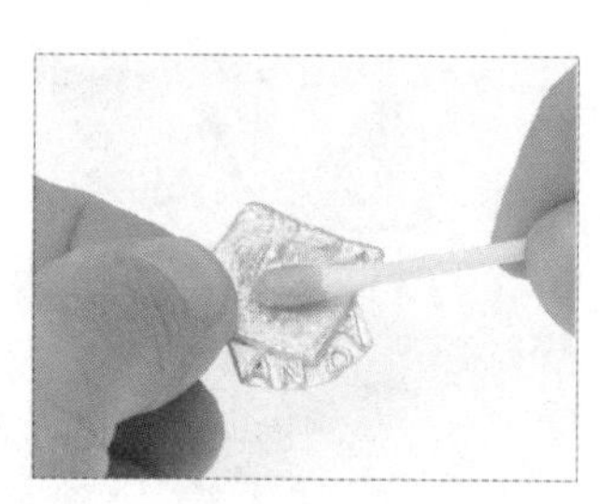

37 用棉棒蘸少许温泉液，涂抹在想要硫化上色的位置。

38 用吹风机热风吹热，以加速变色。

39 当作品的颜色已达自己想要的深度，即可停止加热。

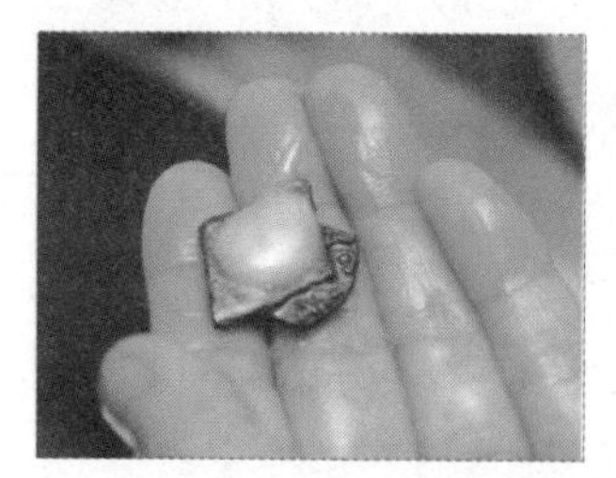

40 将作品带至水槽洗去温泉液。先挤上少许中性清洁剂。

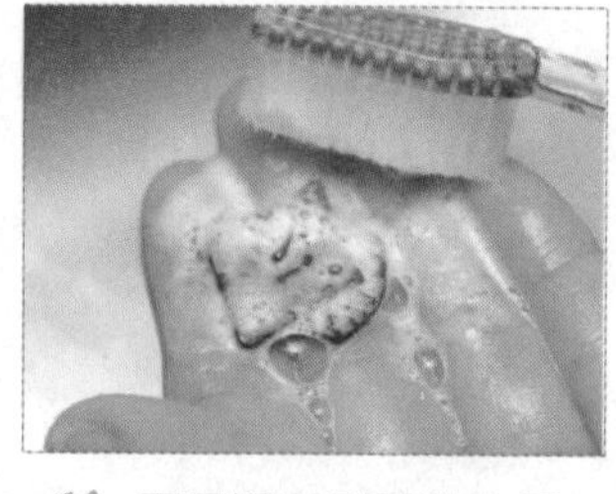

41 再用旧牙刷刷洗作品。凹缝处须加强刷洗，避免温泉液残留，使作品继续硫化变黑。

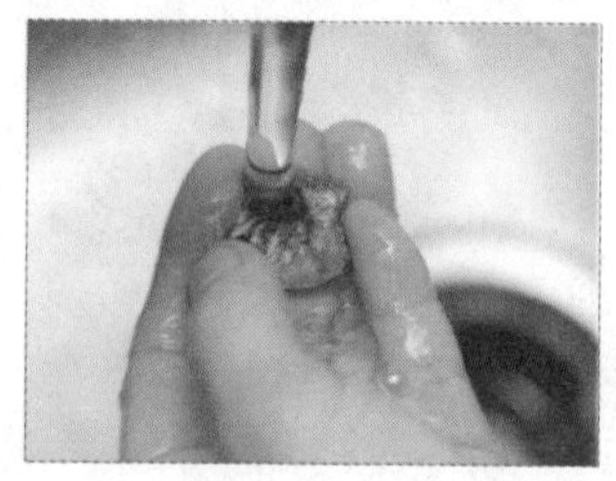

42 用自来水将作品冲洗干净，再擦干。

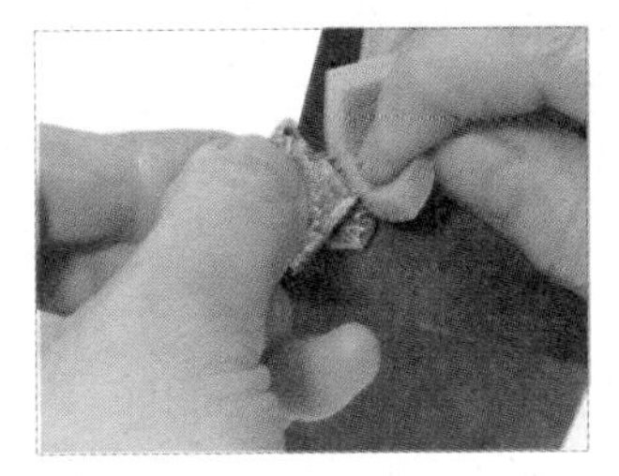

43 用红色海绵砂纸将针筒线条及纱布较凸出部分磨白，文字留下熏黑的颜色。背面、侧面如有染黑也须磨白。

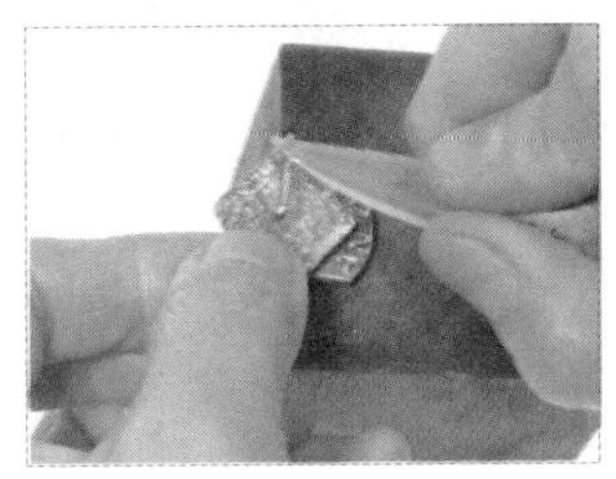

44 用玛瑙刀压光针筒线条，使学士帽更有立体感。

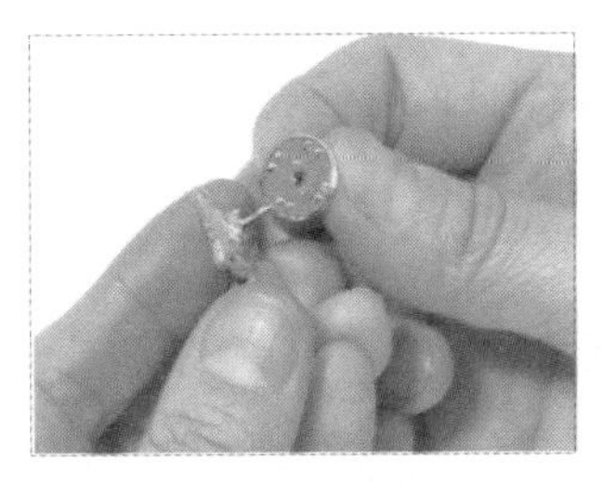

45 将学士帽扣上胸针的盖子。

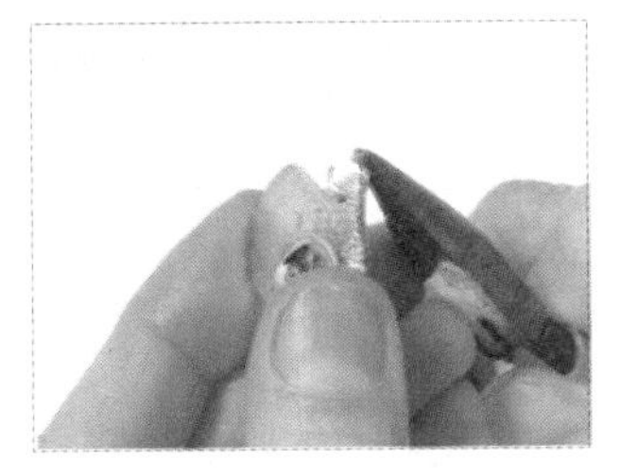

46 用尖嘴钳夹开银圈的开口处，钩入学士帽右侧的小孔并夹密合。

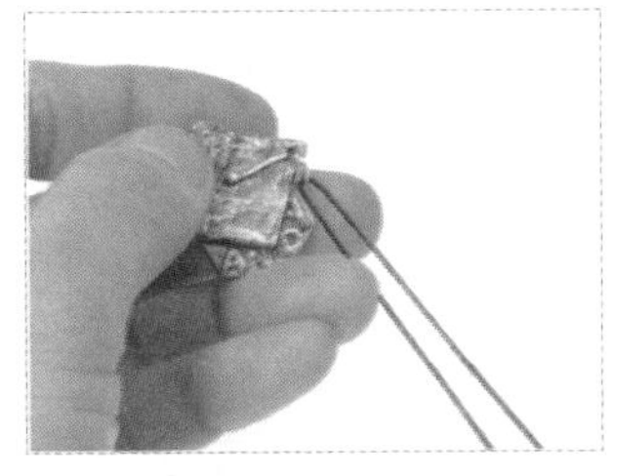

47 在开口圈穿上一小段 71 号黑色玉线或缝衣线。

48 将双线一起打一个小结。（小结尽量靠近银圈的边缘。）

49 在线上穿入迷你小珠子，每条线不超过1厘米长。

50 将两条线打结收尾。

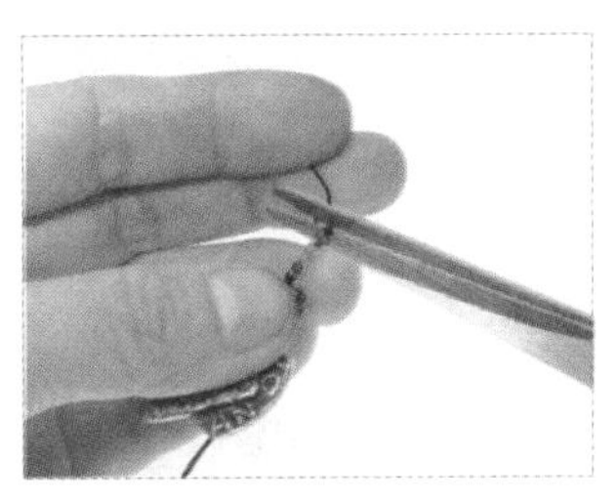

51 将线拉紧，并剪掉多余的线，再用打火机烧一下线头。

52 用拭银布擦拭作品。

53 即完成毕业季最有纪念意义的学士帽胸针。

父亲节

Father's Day

爸爸万岁

材料

黏土型纯银黏土 10 克、中型插入环 1 个、钥匙环和开口圈 1 组

工具

塑形工具

0.5 毫米厚卡纸、铅笔、切割垫、美工刀或笔刀、烘焙纸、2 毫米厚亚克力板、塑胶滚轮、直径 2 毫米丸棒黏土工具、保鲜膜、橡胶台、镊子、锉刀

干燥及烧制器具

电烤盘或吹风机、电气炉或煤气灶和不锈钢烧制网、计时器

加工工具

棉棒、温泉液、中性清洁剂、旧牙刷、尖嘴钳、短毛钢刷、拭银布、橡胶台、海绵砂纸

步骤说明

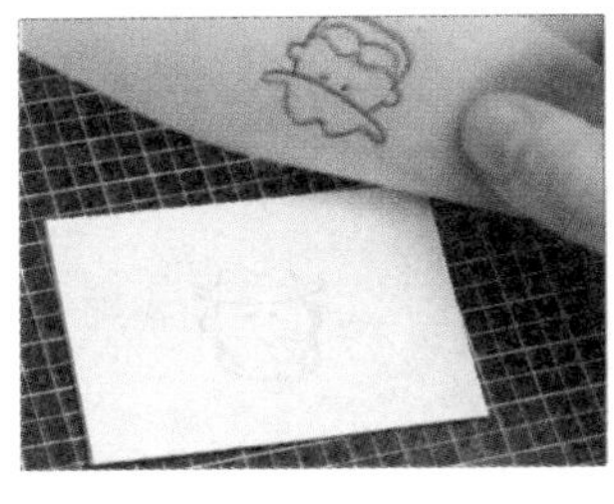

01 用铅笔在烘焙纸上描下附图，转拓于卡纸上。

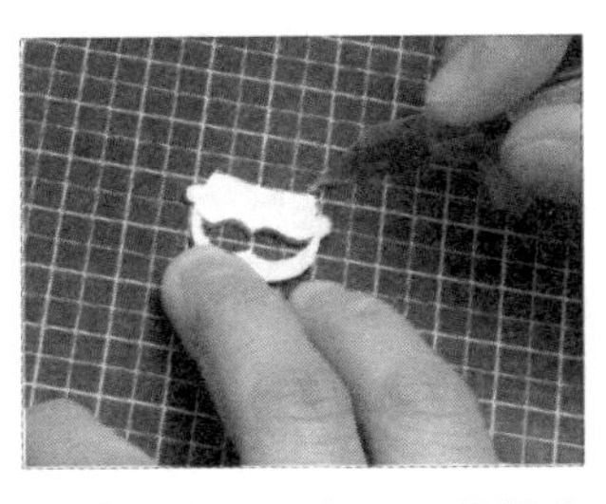

02 用美工刀割下“胡须爸爸”卡纸模。

03 在对折的烘焙纸上，摆放 2 毫米厚的亚克力板于两侧。

04 将揉捏过的银黏土折叠成接近草图的宽度，放置在亚克力板中间。

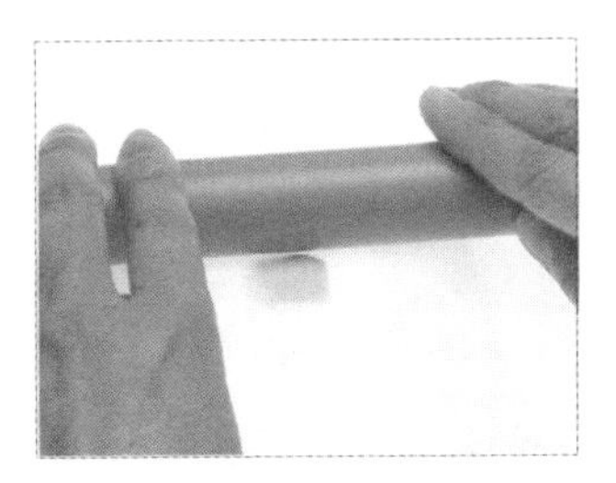

05 盖上烘焙纸，用塑胶滚轮按垂直方向滚压银黏土。

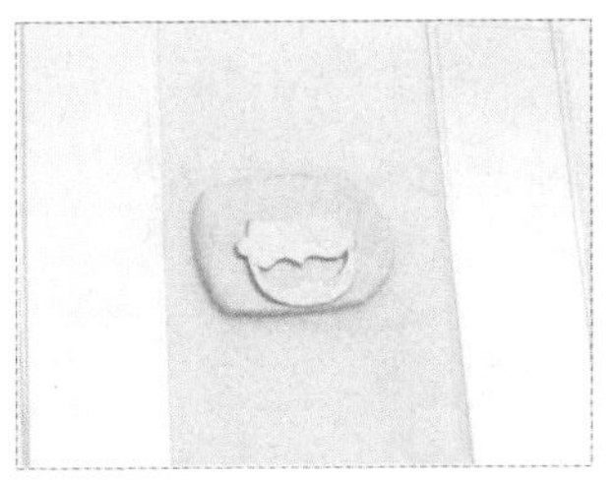

06 将银黏土擀平成 2 毫米的厚度后，将“胡须爸爸”卡纸模覆盖于银黏土的上方。

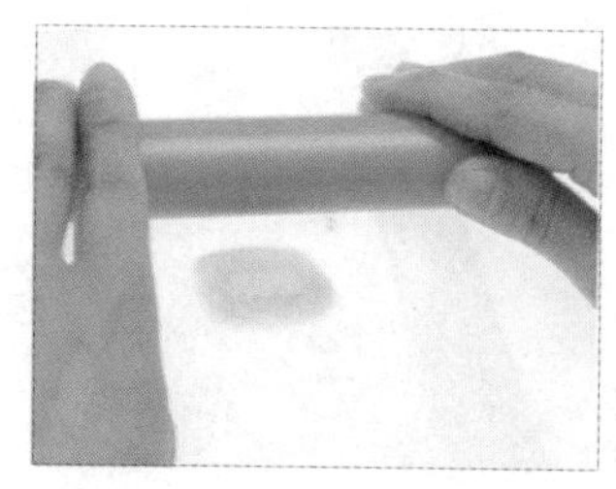

07 盖上烘焙纸，用塑胶滚轮滚压一遍。（切勿来回滚压，以免产生叠影。）

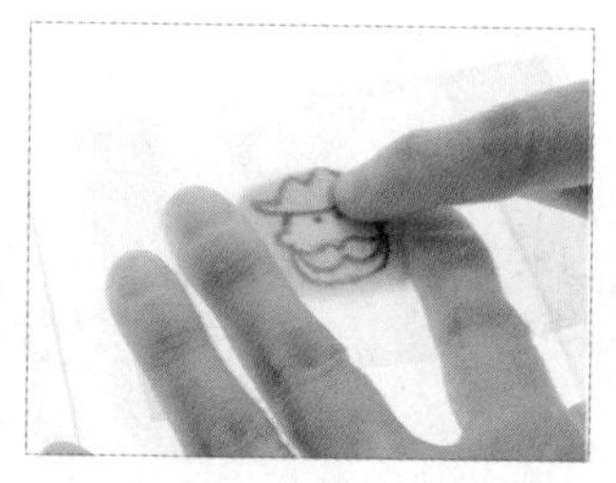

08 覆盖上草图，对准卡纸模脸部的位置，用手指轻推帽子的铅笔线。

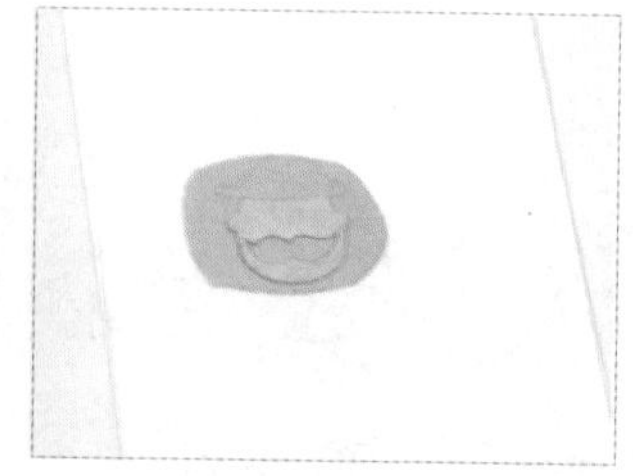

09 将帽子的轮廓线拓印在银黏土。

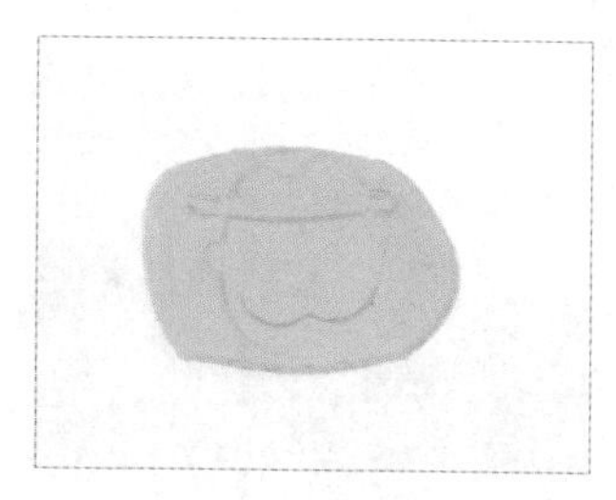

10 用镊子小心地夹起卡纸模。

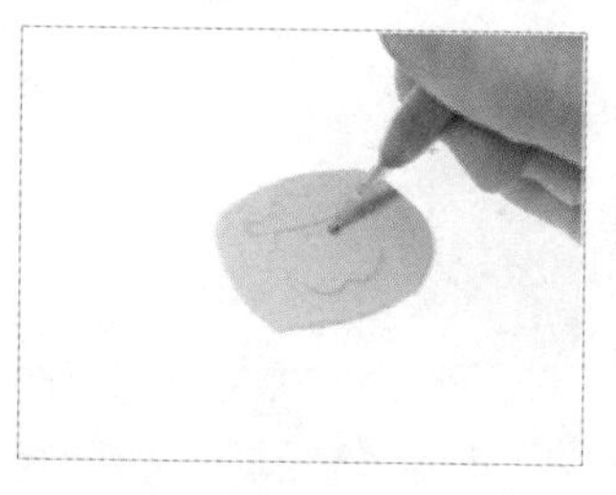

11 用丸棒黏土工具压出两只半球状的眼睛。

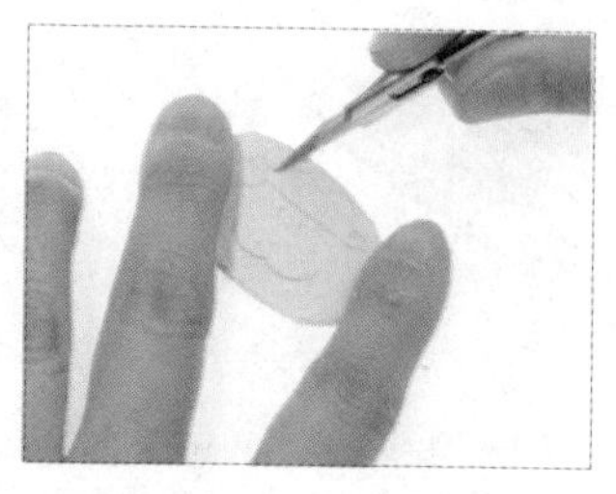

12 用美工刀或笔刀切割外框。（刀刃尽量垂直。）

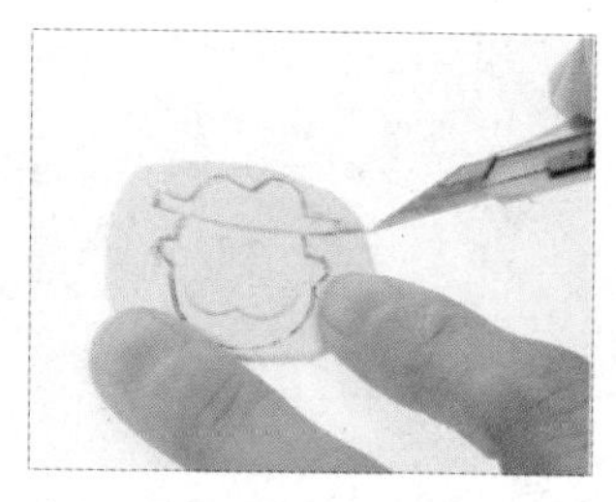

13 用美工刀切割完后，向外划一刀，取下多余的银黏土包回保鲜膜中回收保存。

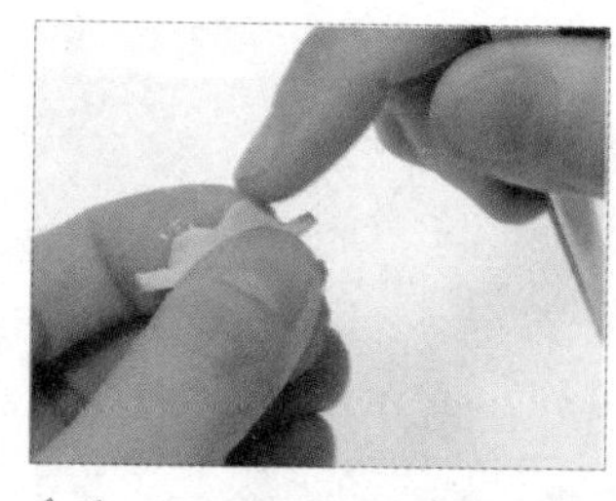

14 用手指稍加按推修整，边缘要固定插入环。

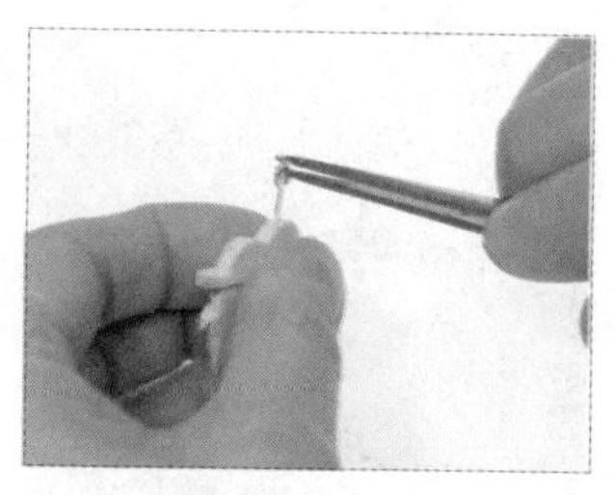

15 用镊子夹取插入环的小圈，将插入环尖端刺入银黏土的侧面，位置于中间略偏后一些。

16 只露出小圈在银黏土外。

17 将作品放置在电烤盘上或用吹风机热风干燥 10 分钟。

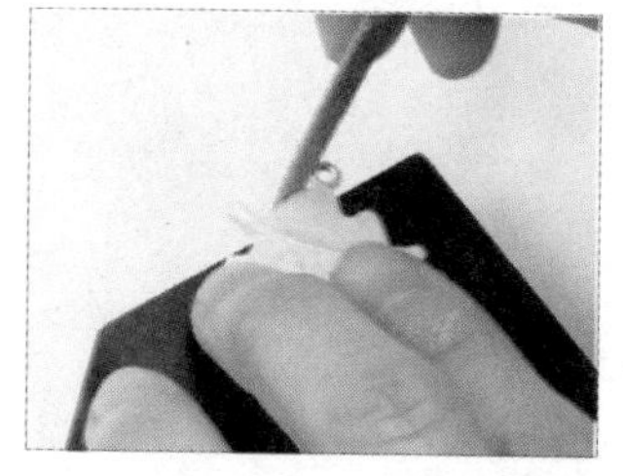

18 用烘焙纸铺底，橡胶台做支撑，用锉刀磨顺外框。

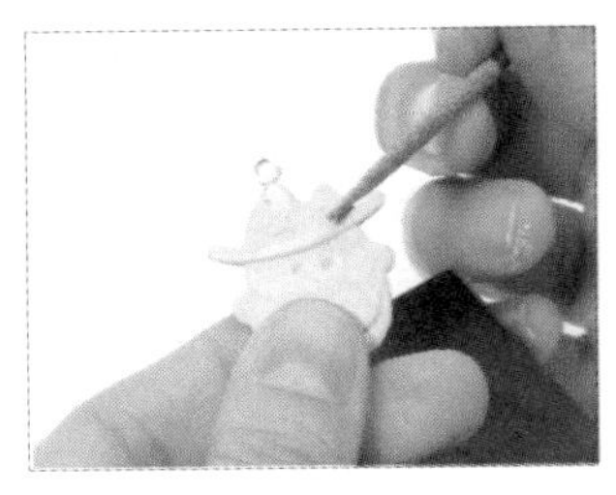

19 用圆形锉刀将爸爸的脸庞、牛仔帽边缘全磨成圆角。

20 烧制前，若发现金具上沾有银黏土要将其剔除。

21 将电气炉升温至 800℃，烧制 5 分钟。（以煤气灶烧制 8 ~ 10 分钟。）

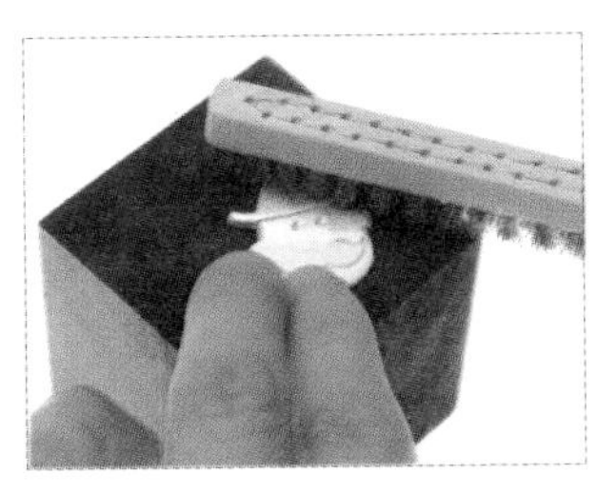

22 待作品冷却后，以短毛钢刷刷除白色结晶。

23 保留表面毛细孔状的梨皮质感。

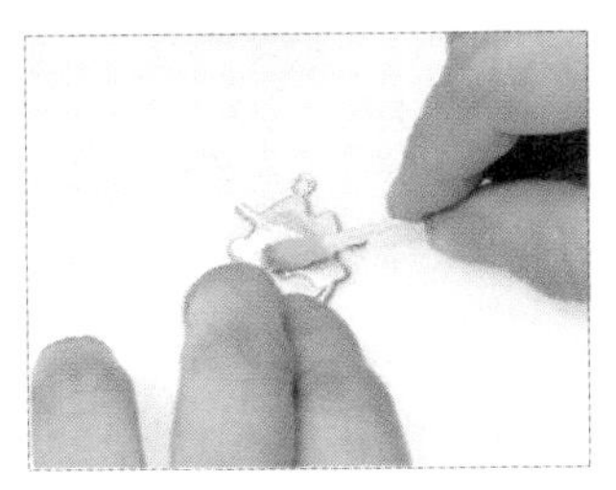

24 用棉棒蘸少许温泉液，涂抹在想要硫化上色的局部位置。

25 用吹风机的热风吹热，以加速变色。

26 当作品的颜色已达自己想要的深度，即可停止加热。

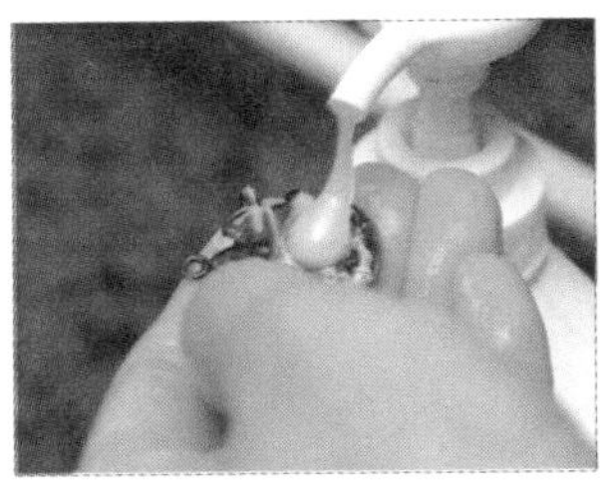

27 将作品带至水槽洗去温泉液。先挤上少许中性清洁剂。

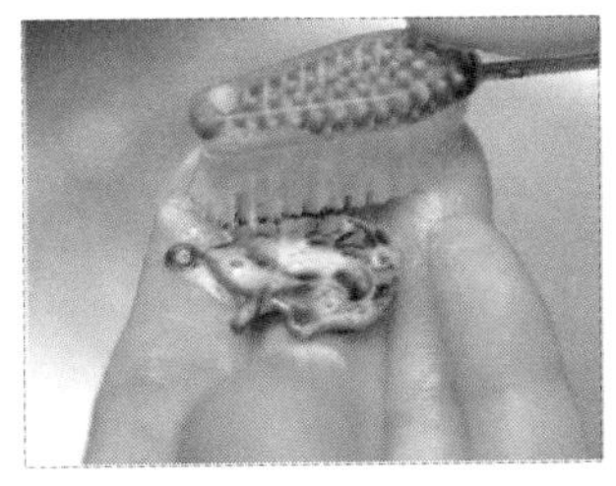

28 再用旧牙刷刷洗作品。（凹缝处须加强刷洗，避免温泉液残留导致作品继续硫化变黑。）

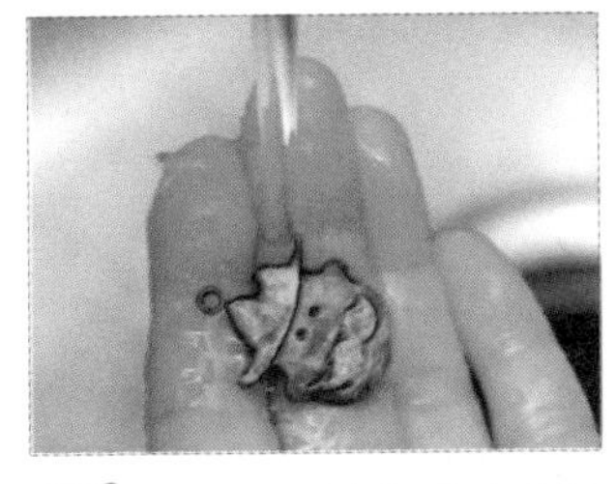

29 用自来水将作品冲洗干净，再擦干。

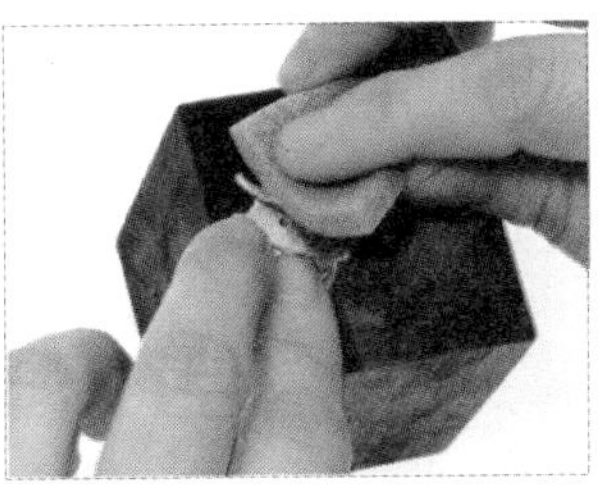

30 用红色海绵砂纸打磨表面，将凸出部分磨淡，凹陷处留熏黑颜色，背面如有染黑也一并磨淡。

31 胡须部分须加强磨白，以增添作品的立体感。

32 用尖嘴钳夹开钥匙环的开口圈。

33 将开口圈钩入插入环的小圈。

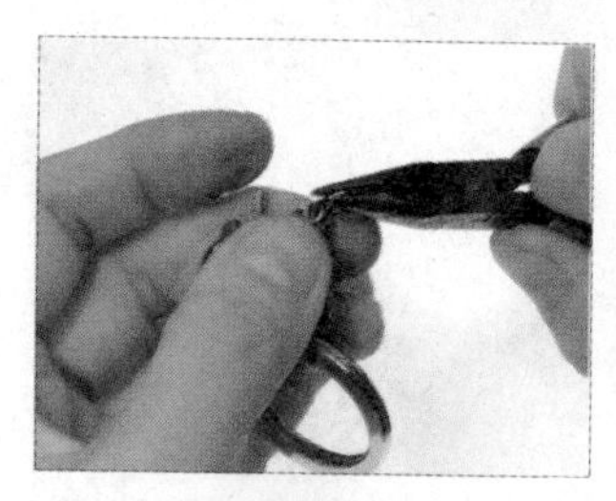

34 用尖嘴钳将开口圈夹密合。

35 用拭银布擦拭作品。

36 即完成“爸爸万岁”钥匙环。

绅士领带

材料

黏土型纯银黏土 10 克、膏状型纯银黏土少许、直径 1.5 毫米仿皮绳 60 厘米、直径 1.5 毫米弹簧头和问号头 1 组

工具

塑形工具

烘焙纸、铅笔、塑胶滚轮、1 毫米厚亚克力板、造型刮板、美工刀或笔刀、保鲜膜、水彩笔刷、棉棒轴、锉刀、橡胶台

干燥及烧制器具

电烤盘或吹风机、电气炉或煤气灶和不锈钢烧制网、计时器

加工工具

棉棒、温泉液、旧牙刷、中性清洁剂、尖嘴钳、拭银布、短毛钢刷、海绵砂纸、橡胶台、圆形锉刀

步骤说明

01 裁剪一小张烘焙纸，用铅笔描下附图。

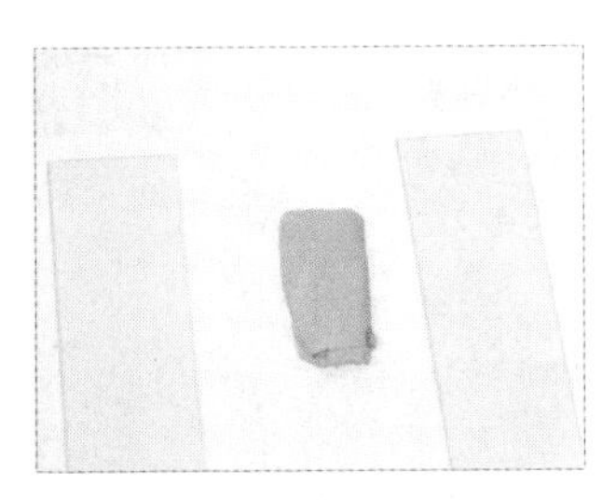

02 在对折的烘焙纸上，摆放 1 毫米厚的亚克力板和折叠成接近草图宽度的银黏土。

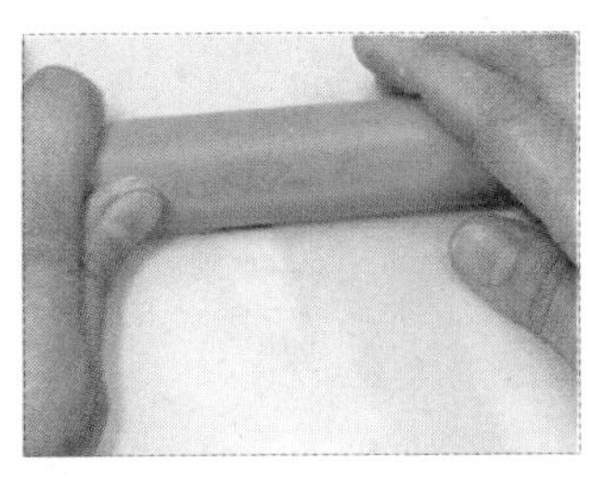

03 盖上烘焙纸，用塑胶滚轮按垂直方向滚压银黏土。

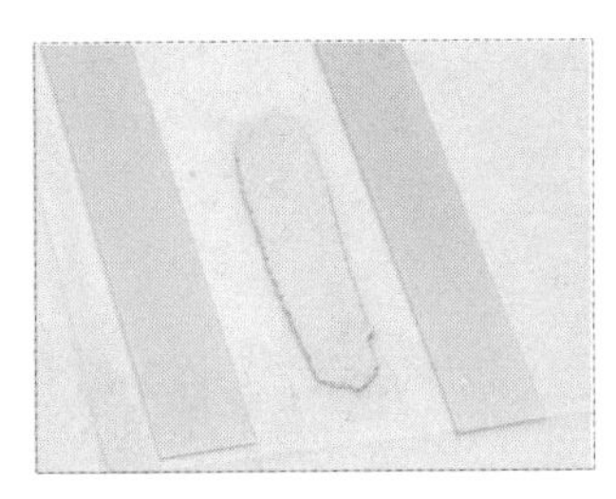

04 将银黏土擀平为 1 毫米的厚度。

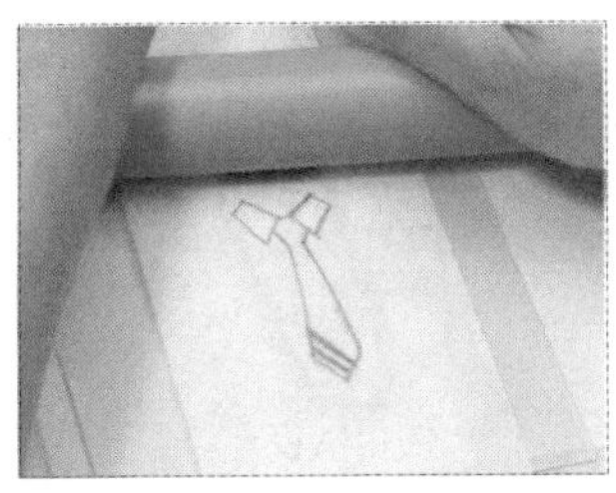

05 取草图正面将其覆盖在银黏土上，用塑胶滚轮滚压一遍。（切勿来回滚压，以免产生叠影。）

06 移开草图纸后，领带图形已拓印于银黏土上。

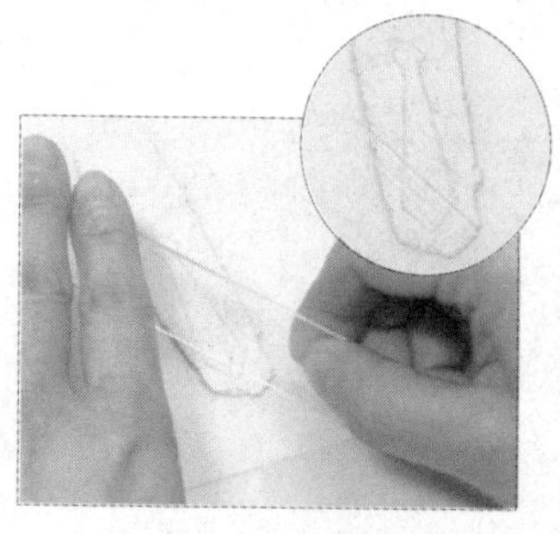

07 用1毫米厚的亚克力板侧边轻压领带左下方，形成两道凹陷纹路。

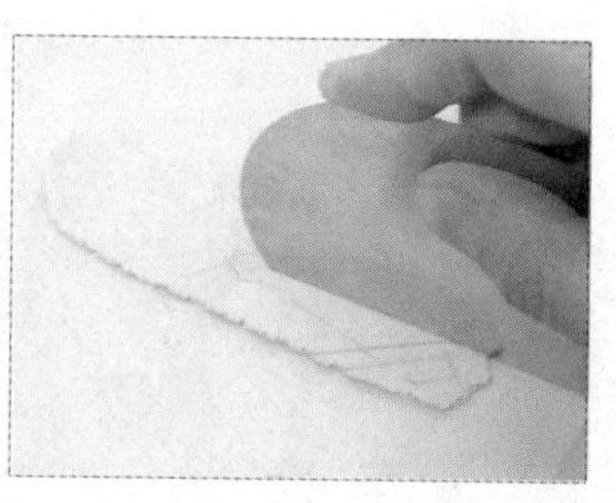

08 用造型刮板切出领带较长的两边。

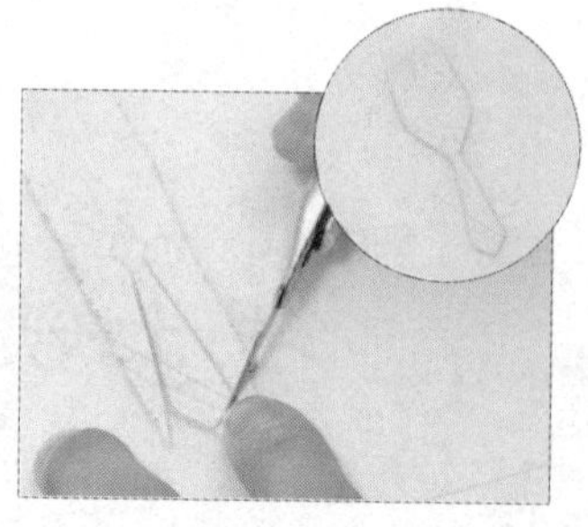

09 用美工刀切出领带下方的短边。

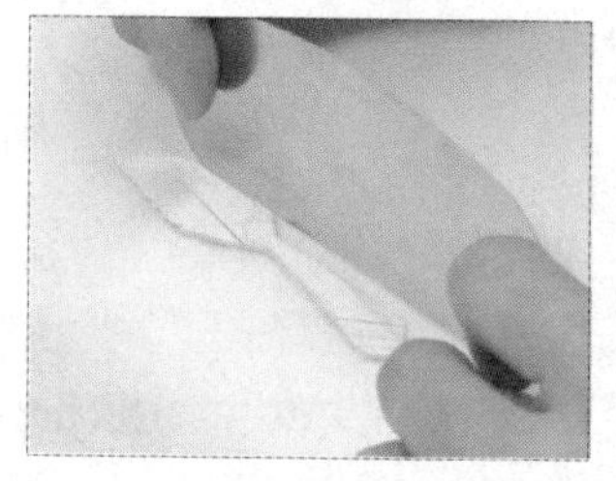

10 再改用造型刮板，在上方切出两道微往内斜的直线。

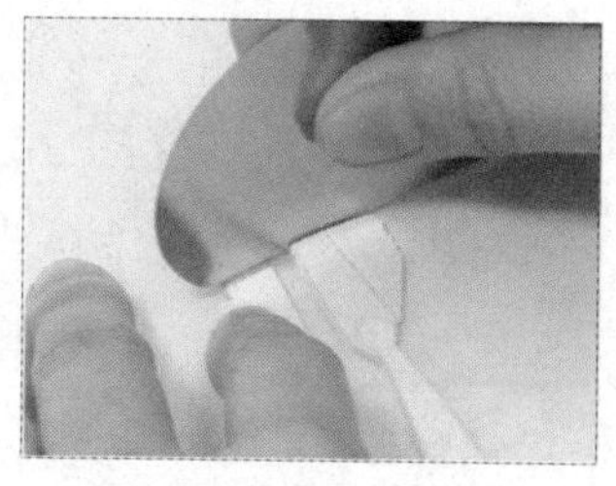

11 在银黏土向上延伸2厘米处用造型刮板水平切割。

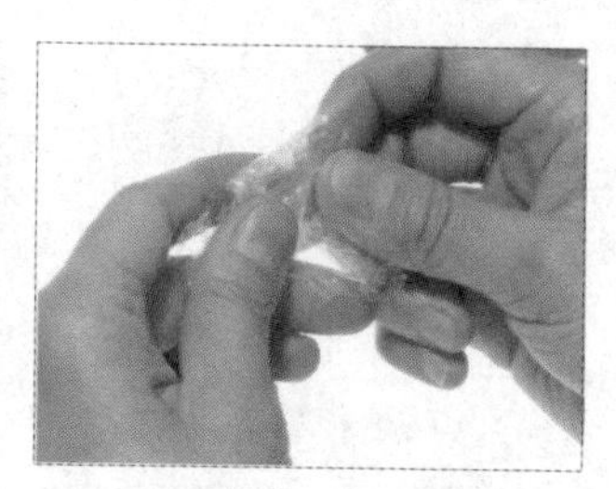

12 将多余的银黏土包回保鲜膜中回收保存。

13 用水彩笔刷在领带上方刷薄薄的一层水。

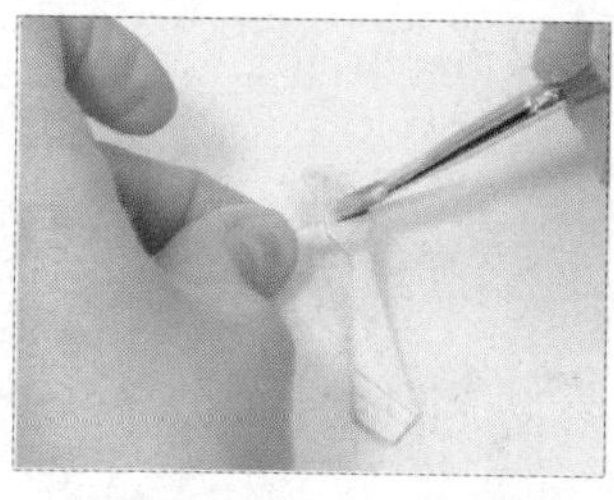

14 将棉棒轴放置于领带结的下方。

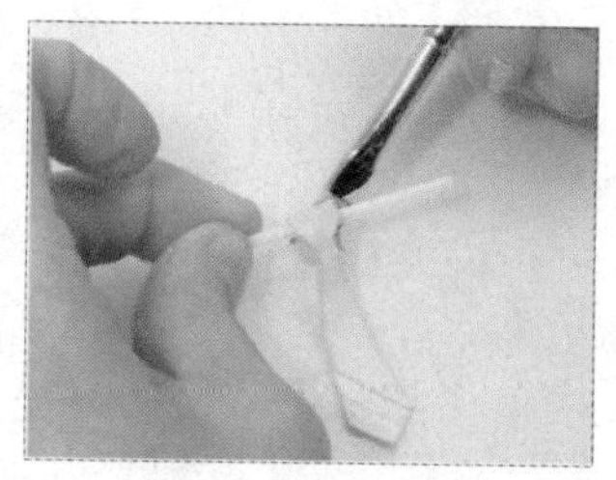

15 用水彩笔刷将预留的银黏土沿棉棒轴向后弯曲。

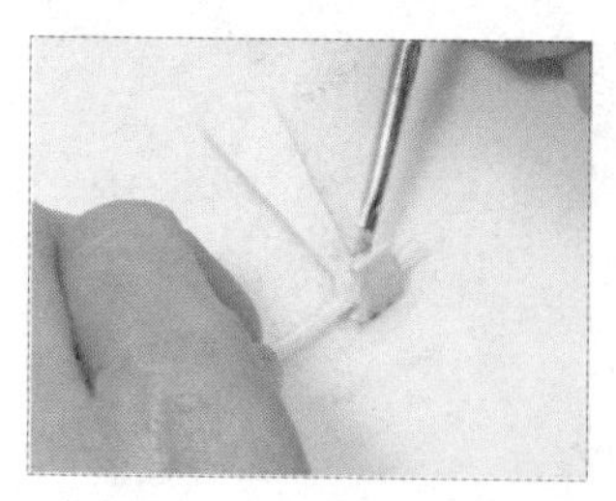

16 翻至背面，在交叠处涂上些许银膏并黏合。

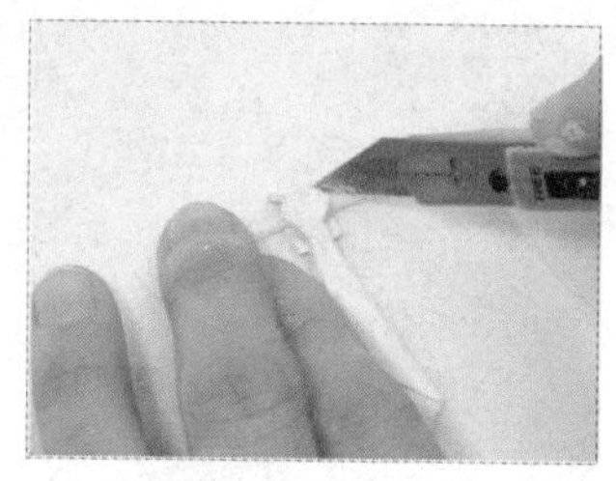

17 翻回至正面，用美工刀切除领带结上方多出的银黏土。

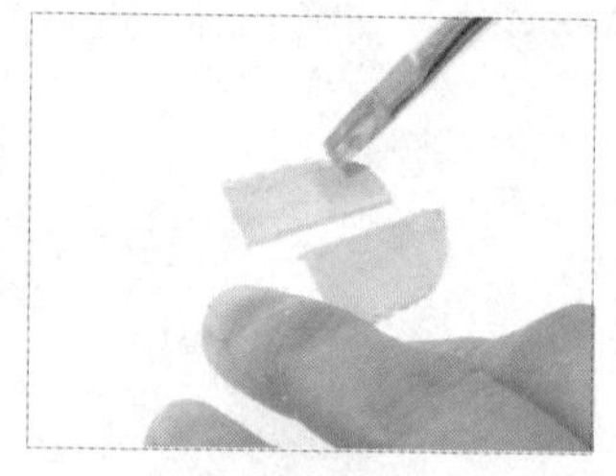

18 剩余的银黏土擀成1毫米的厚度，切成两个1厘米×2厘米的方形，刷上薄薄的一层水。

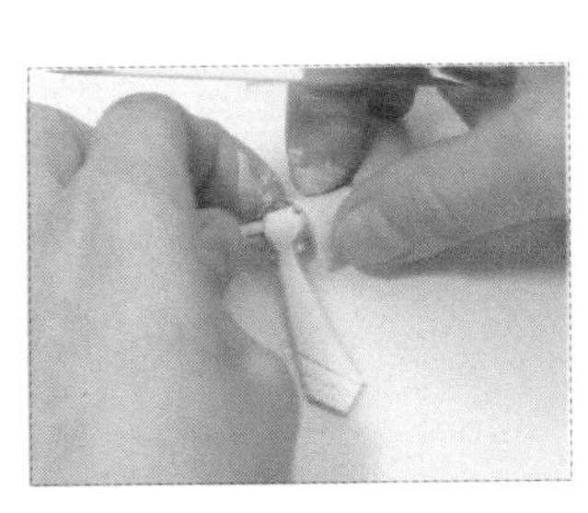

19 将两块方形银黏土对折弯曲，绕在棉棒轴上。

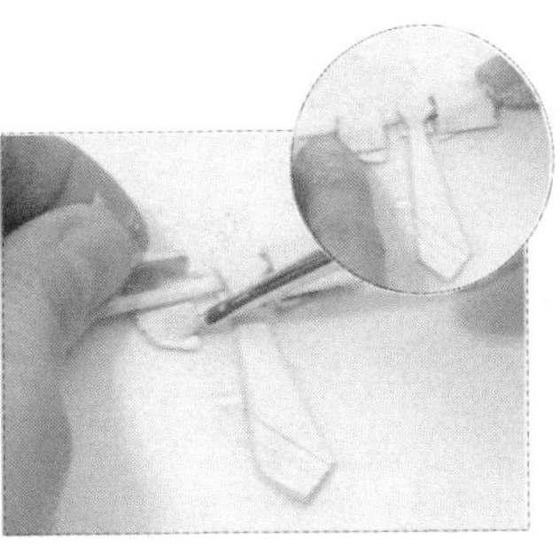

20 掀开重叠处，涂上银膏，并轻压黏合。

21 将作品放置在电烤盘上或用吹风机热风干燥 10 分钟。

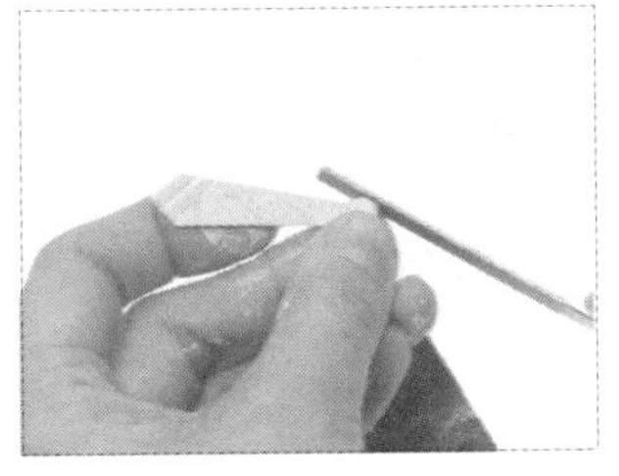

22 干燥后，用烘焙纸铺底，橡胶台做支撑，用锉刀按草图修磨领带。

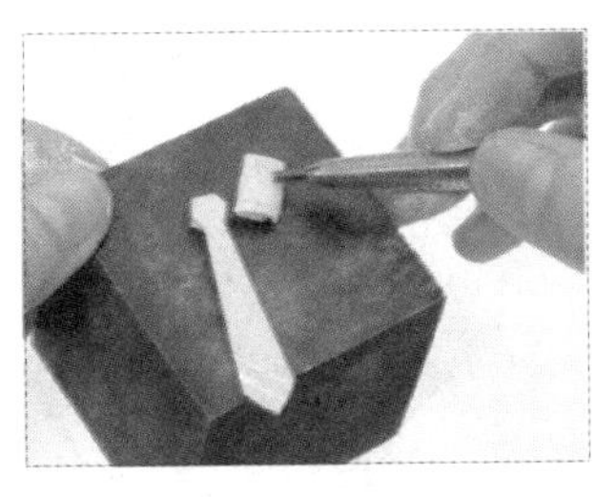

23 取已干燥的两个方块，用铅笔画上衬衫领形状。

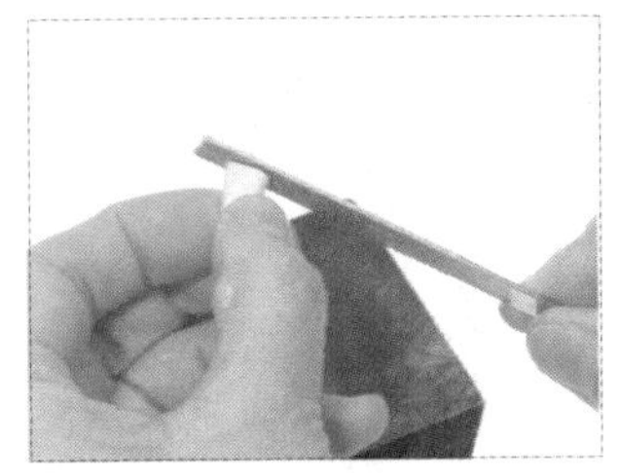

24 使用锉刀磨去多余的银黏土。

25 依草图修磨完成。（若重叠处仍有缝隙，须再次填补银膏并进行干燥。）

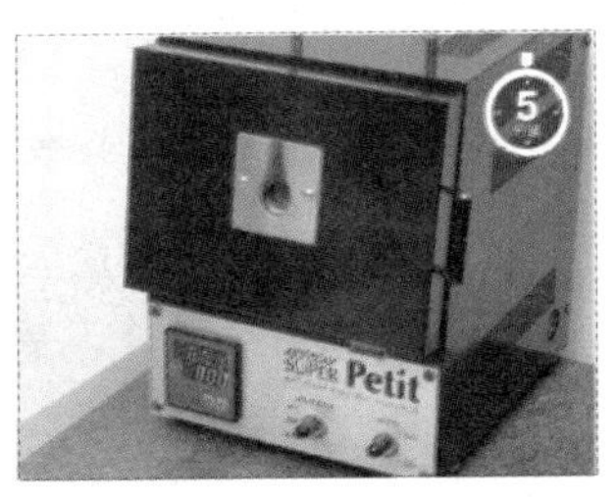

26 电气炉升温至 800℃，烧制 5 分钟。（用煤气灶烧制 8 ~ 10 分钟。）

27 待作品冷却，用短毛钢刷刷除白色结晶。

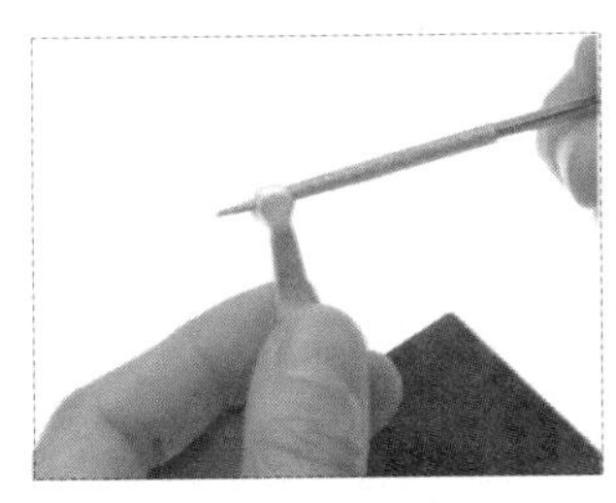

28 对于小孔内刷不到的结晶，可利用圆形锉刀的尖端摩擦去除。

29 表面保留毛细孔状的梨皮质感。

30 用棉棒蘸取少许温泉液，涂抹在想要硫化上色的局部位置。

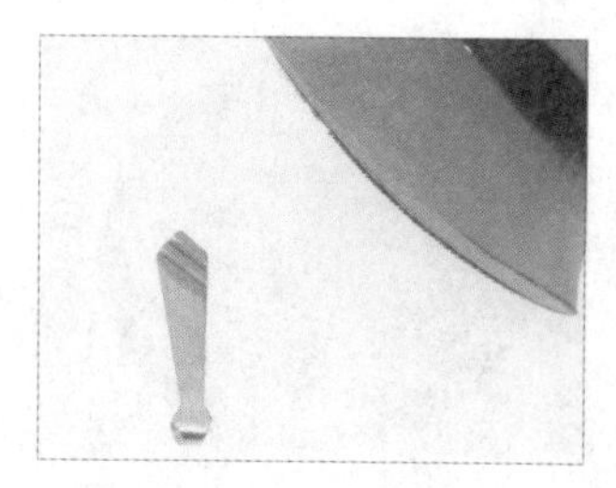

31 拿吹风机热风吹热，加速变色。

32 当作品的颜色达到自己想要的程度，即可停止加热。

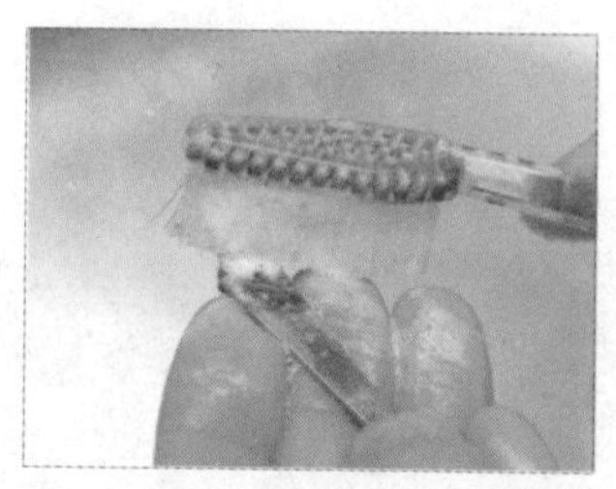

33 挤上中性清洁剂并用旧牙刷刷洗作品。（凹缝处须加强刷洗，避免残留温泉液使作品继续硫化变黑。）

34 用自来水将作品冲洗干净，再擦干。

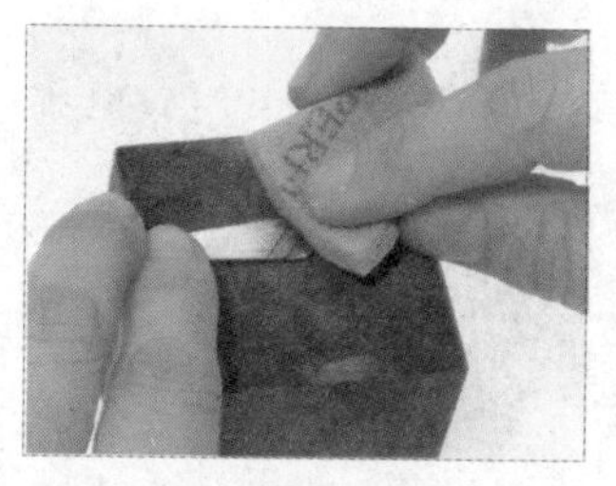

35 用红色海绵砂纸将平面部分磨白，留下平行纹路处的黑颜色，背面也一并磨白。

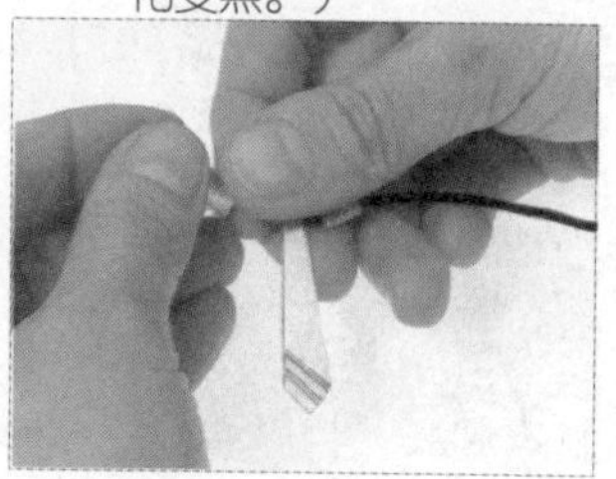

36 将仿皮绳依序穿入右边衬衫领、领带和左边衬衫领的圆孔。

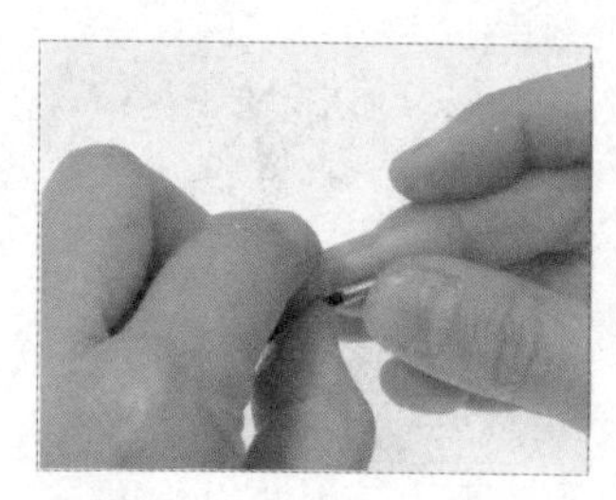

37 线头两端分别套入两个弹簧套管。

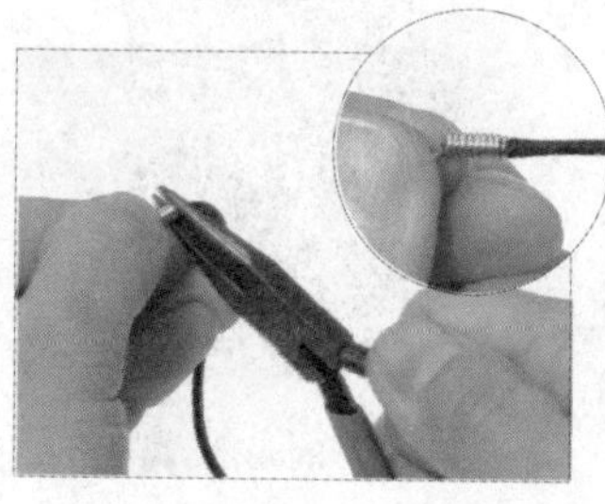

38 用尖嘴钳夹扁弹簧套管尾端一圈。

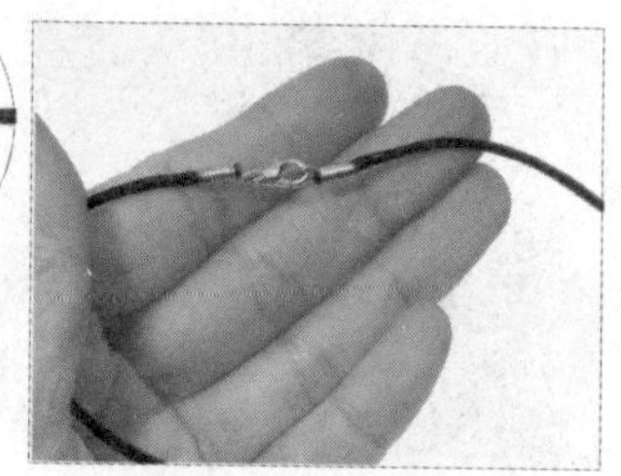

39 仿皮绳固定完成，两端都确定夹紧。

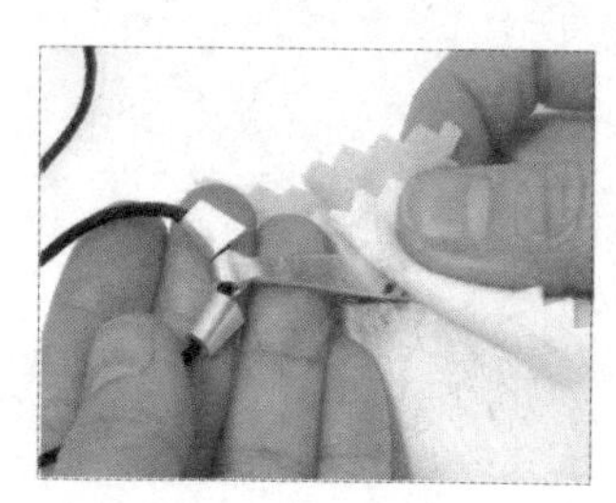

40 用拭银布擦拭作品。

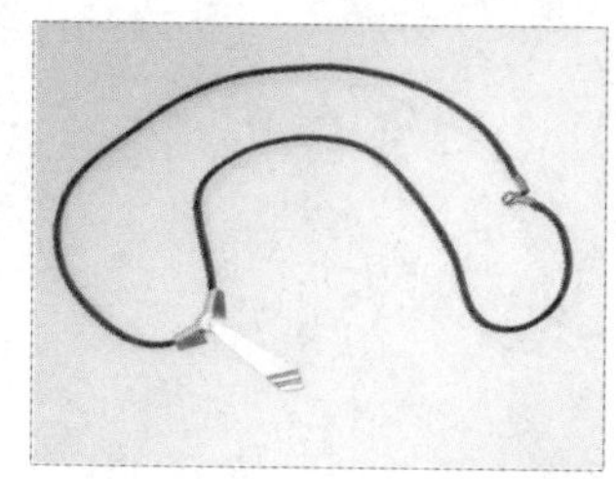

41 即完成父亲节最绅士的领带项链。

时尚风

材料

黏土型纯银黏土 10 克、直径 8 毫米纯银开口圈 1 个、直径 2 毫米皮绳 1 条、直径 2 毫米纯银套管和钩头 1 组

工具

塑形工具

烘焙纸、铅笔、橡胶台、塑胶板、2 毫米厚亚克力板、塑胶滚轮、三角雕刻刀、锉刀、造型刮板、棉棒轴、保鲜膜

干燥及烧制器具

电烤盘或吹风机、电气炉或煤气灶和不锈钢烧制网、计时器

加工工具

广口瓶、浓缩温泉液、中性清洁剂、棉棒、免洗筷、旧牙刷、尖嘴钳、拭银布、圆形锉刀、橡胶台、海绵砂纸、短毛钢刷

步骤说明

01 裁剪一小张烘焙纸，用铅笔描下草图。（附图为非对称图形，须在背面再反描一遍。）

02 在对折的烘焙纸上，摆放 2 毫米厚的亚克力板于两侧。

03 放置揉捏过并折叠成接近草图宽度的银黏土于两片亚克力板之间。

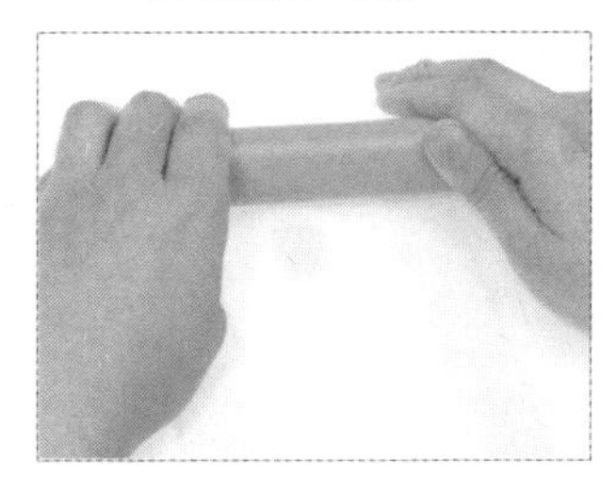

04 盖上烘焙纸，用塑胶滚轮按垂直方向将银黏土滚压至 2 毫米厚。

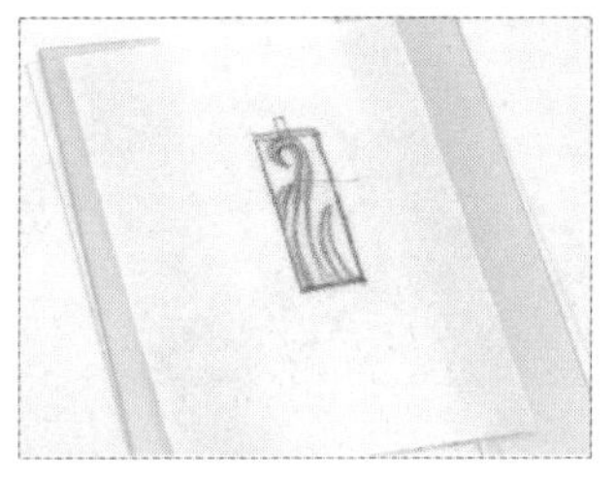

05 掀开烘焙纸，将草图纸正面覆盖在银黏土上方。

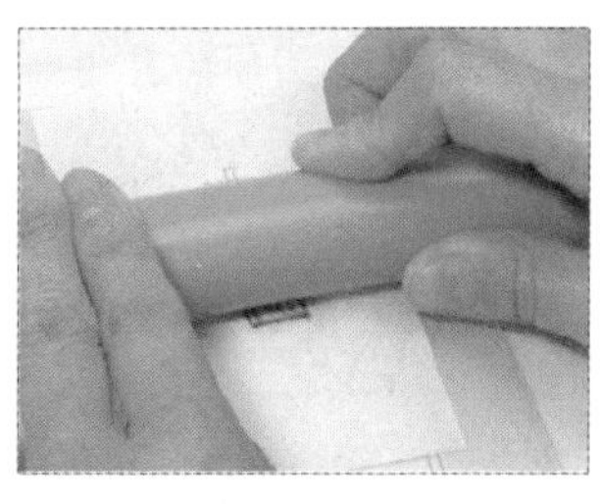

06 用塑胶滚轮滚压一遍银黏土。（切勿来回滚压，以免产生叠影。）

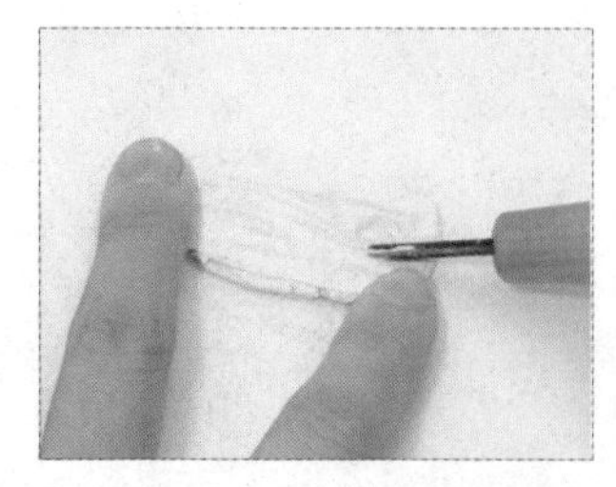

07 用三角雕刻刀在银黏土上雕刻图形线条。

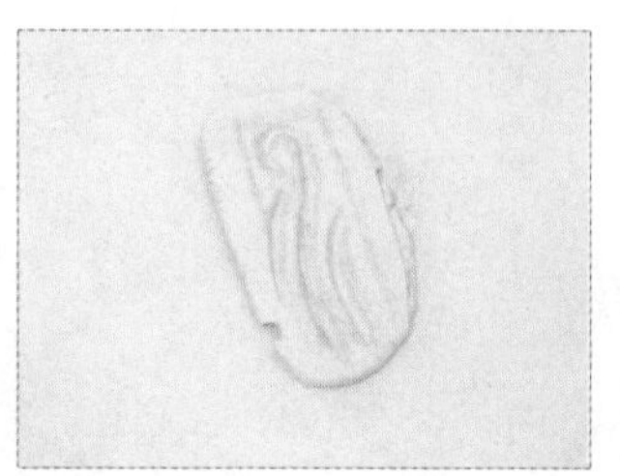

08 雕刻完成。

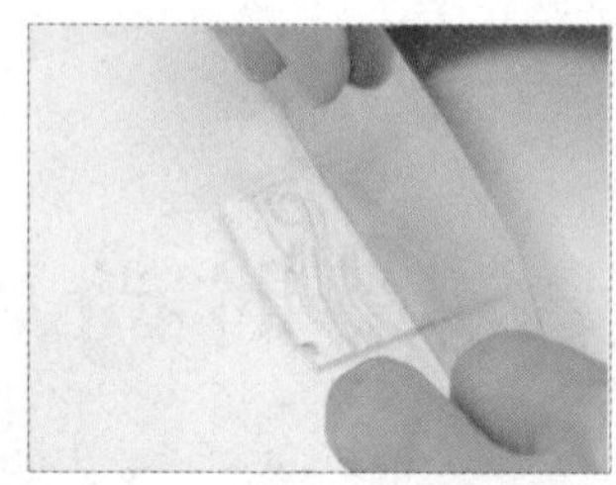

09 用造型刮板按草图切割出长方形。

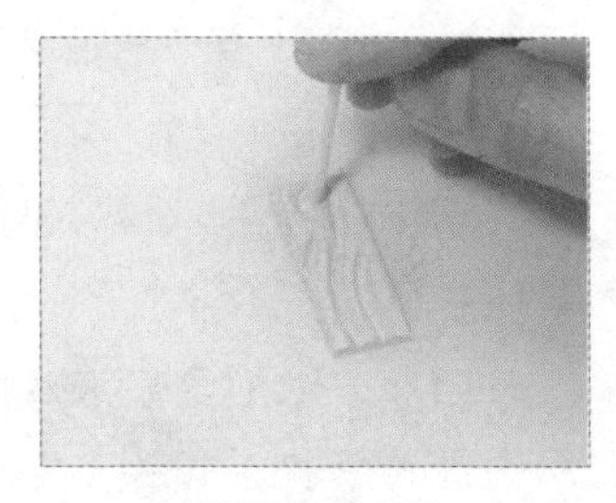

10 以棉棒轴按压出 1 个坠头小圆孔。（轴内银黏土记得回收。）

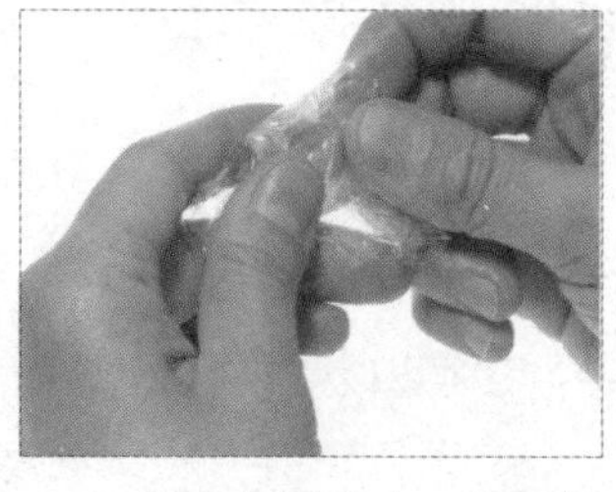

11 切下的银黏土，包回保鲜膜中回收保存。

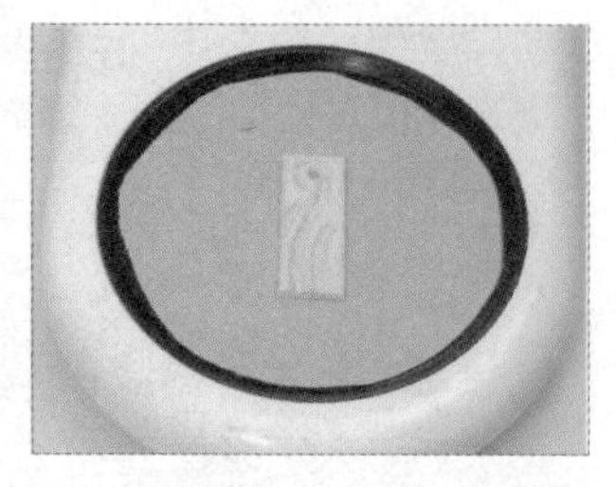

12 将银黏土放置在电烤盘上或用吹风机热风烘干正面 15 分钟。

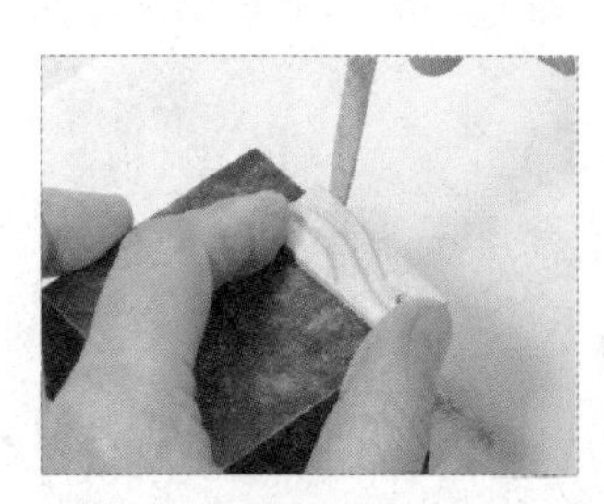

13 完全干燥后，用烘焙纸铺底，橡胶台做支撑，用锉刀修磨边缘至平整。

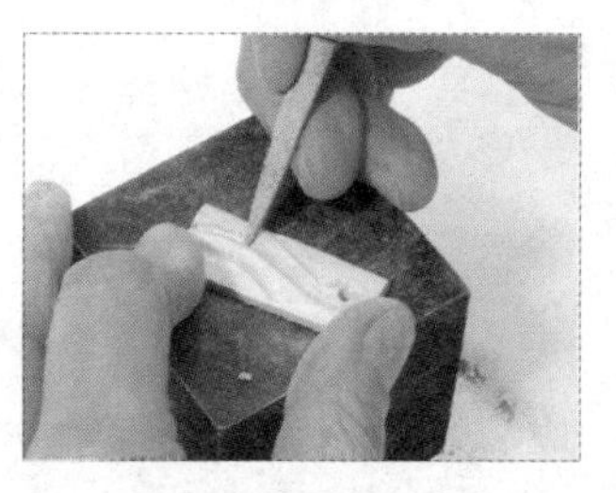

14 用圆形锉刀修整不顺畅的雕刻线条。

15 电气炉升温至 800℃，烧制 5 分钟。（用煤气灶烧制 8~10 分钟。）

16 待作品冷却后，用短毛钢刷刷除白色结晶。

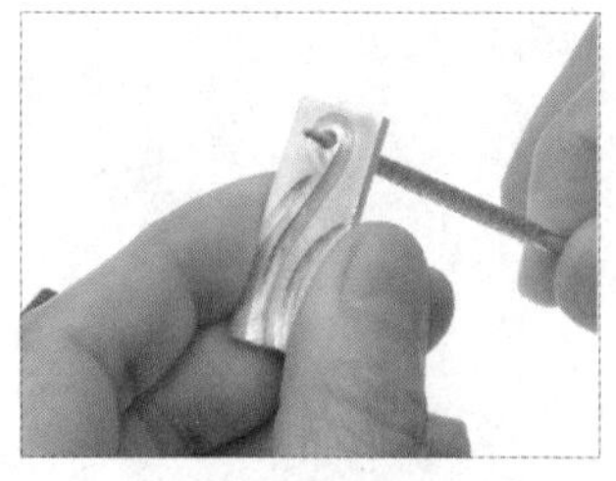

17 对于小孔内刷不到的结晶，可利用圆形锉刀的尖端摩擦去除。

18 保留表面毛细孔状的梨皮质感。

19 广口瓶中盛装足以淹没作品的热开水，并滴入2 ~ 3 滴浓缩温泉液。

20 放入作品，浸泡至变色。

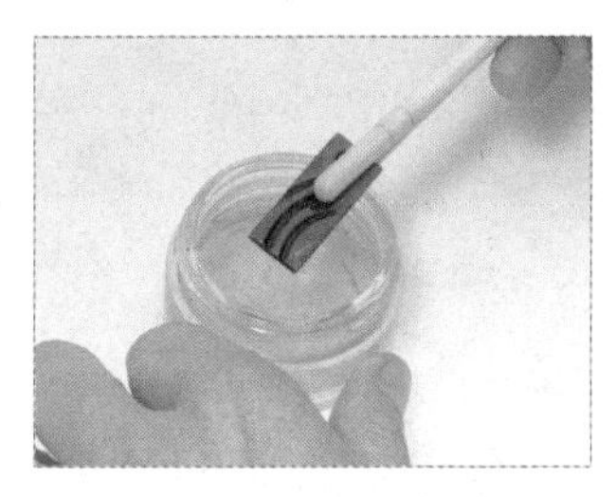

21 当作品的颜色已达到自己想要的深度，即可夹出清洗。

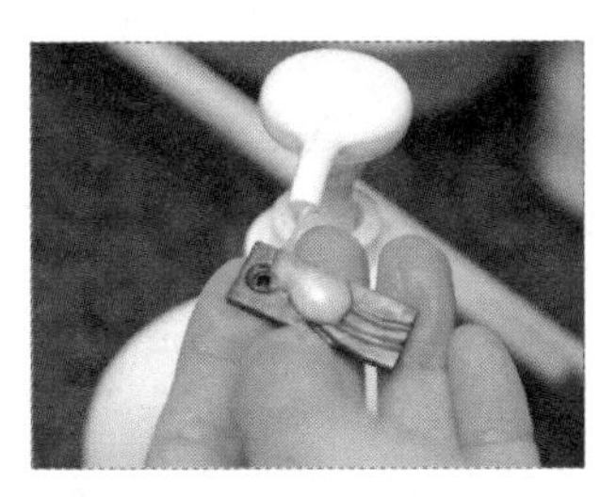

22 带至水槽洗去温泉液。先挤上少许中性清洁剂。

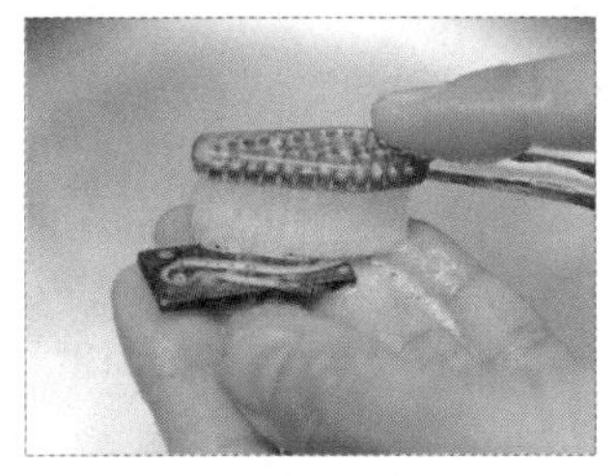

23 用旧牙刷刷洗作品。（凹缝处必须加强刷洗，避免残留温泉液使作品继续硫化变黑。）

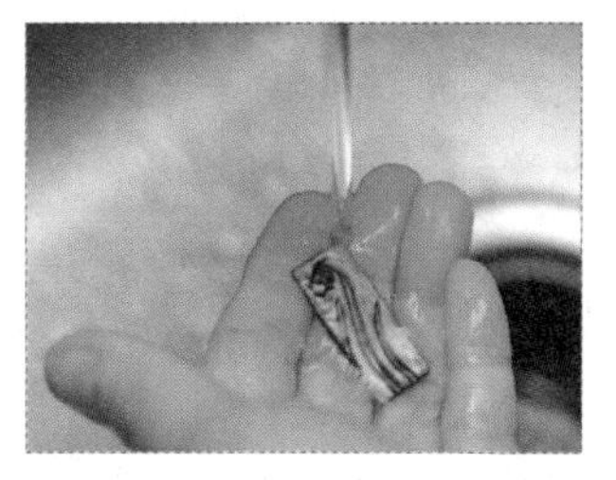

24 用自来水将作品冲洗干净，再擦干。

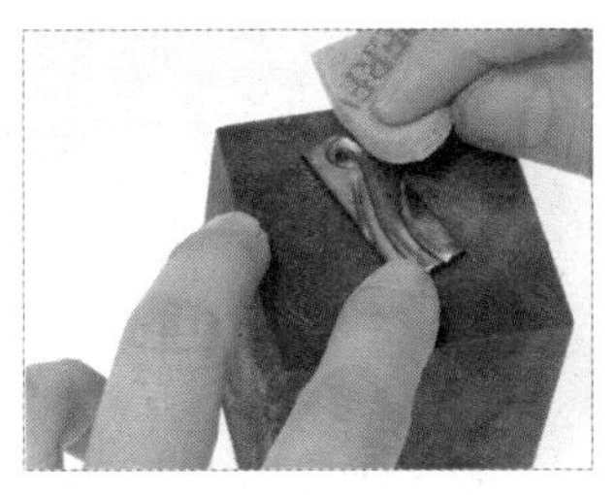

25 拿红色海绵砂纸打磨作品，将平面磨白，雕刻凹纹处留下熏黑颜色，侧面如有染黑也请一并磨白。

26 用尖嘴钳将直径 8 毫米的银圈开口转向侧边，夹成椭圆形。

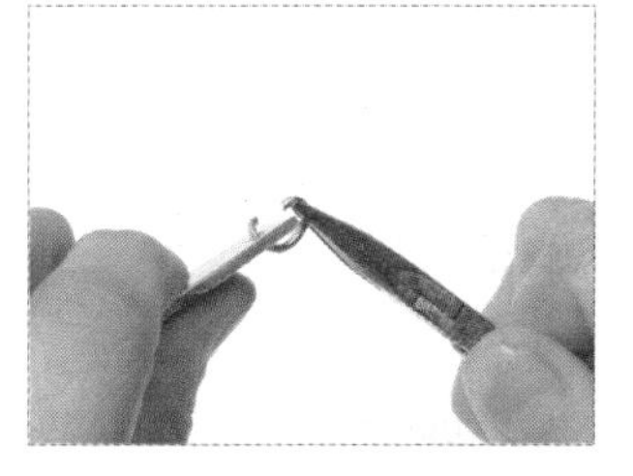

27 用尖嘴钳夹开银圈开口，钩入坠子顶端的小孔。

28 再钩入皮绳后，用尖嘴钳将银圈夹密合。

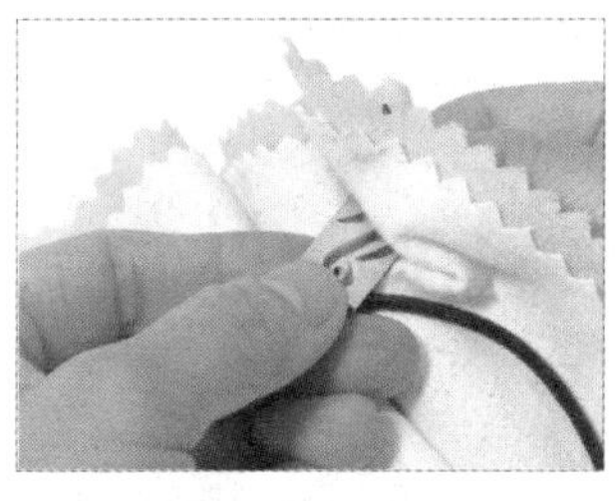

29 以拭银布擦拭作品。

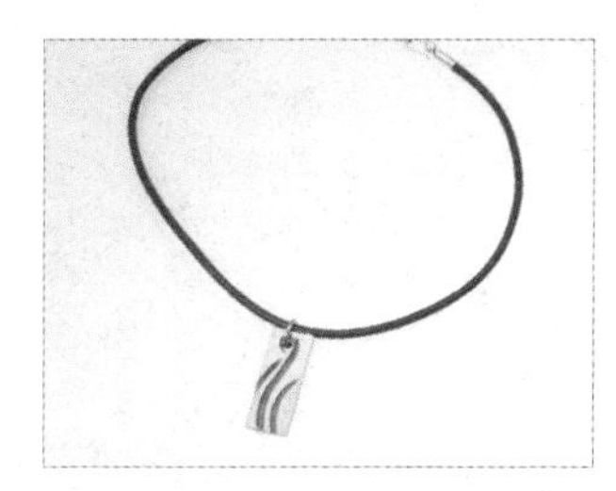

30 将皮绳与纯银套管和钩头连接，即完成父亲节帅气的雕刻项链。

圣诞节

Christmas

圣诞快乐

材料

黏土型纯银黏土 10 克、膏状型纯银黏土少许、针筒型纯银黏土 5 克、绿针头（中口）、直径 3 毫米圆形合成宝石 2 颗、直径 2 毫米圆形合成宝石 5 颗、小插入环 3 个、直径 4 毫米纯银开口圈 3 个、纯银别针 1 个

工具

塑形工具

烘焙纸、铅笔、造型刮板、塑胶滚轮、水彩笔刷、1 毫米厚亚克力板、美工刀或笔刀、保鲜膜、锉刀、橡胶台、镊子

干燥及烧制器具

电烤盘或吹风机、电气炉或煤气灶和不锈钢烧制网、计时器

加工工具

尖嘴钳、拭银布、短毛钢刷、玛瑙刀、橡胶台

步骤说明

01 在烘焙纸上用铅笔描下附图。（附图为非对称图形，须在背面再反描一遍。）

02 在对折的烘焙纸上，摆放 1 毫米厚的亚克力板和折叠成接近草图宽度的银黏土。

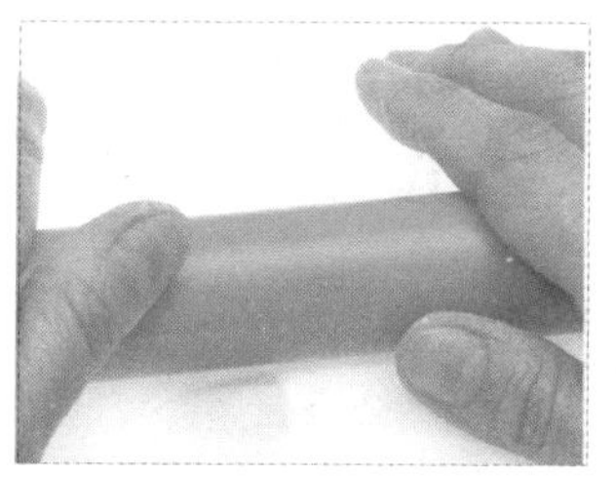

03 盖上烘焙纸，用塑胶滚轮按垂直方向滚压银黏土。

04 将银黏土擀平为 1 毫米的厚度。

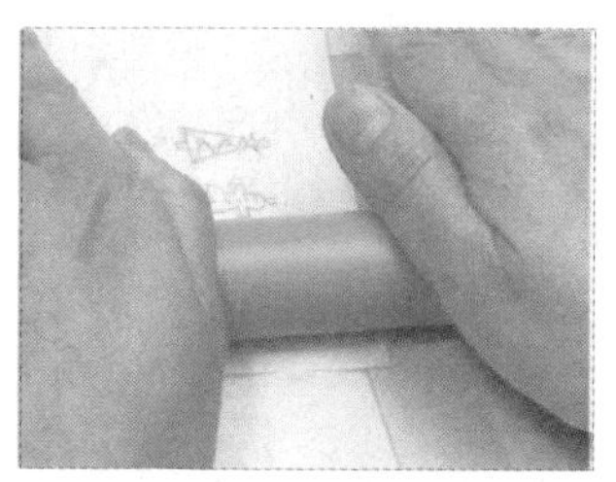

05 将草图纸正面覆盖于银黏土上方，用塑胶滚轮滚压一遍。

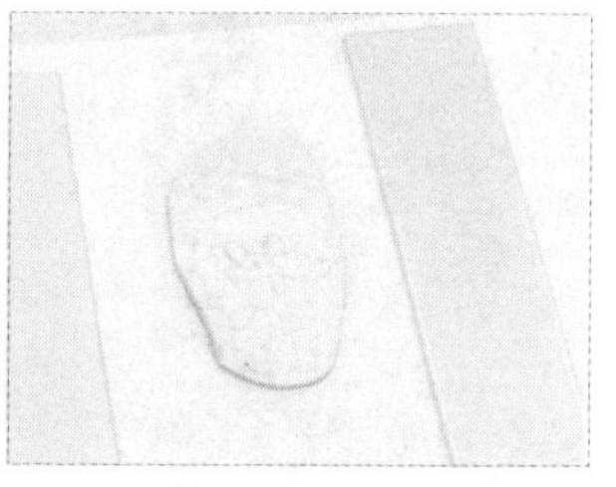

06 将图形拓印于银黏土上。（切勿来回滚压，以免产生叠影。）

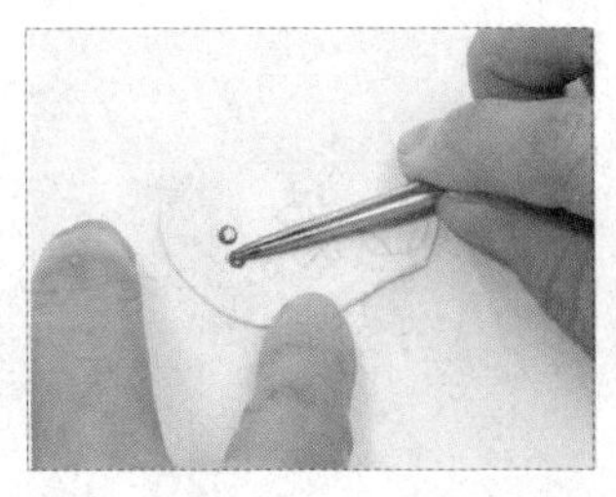

07 用镊子夹取直径3毫米的宝石，将其尖锥压入圣诞树表面。

08 用透明亚克力板覆盖按压。

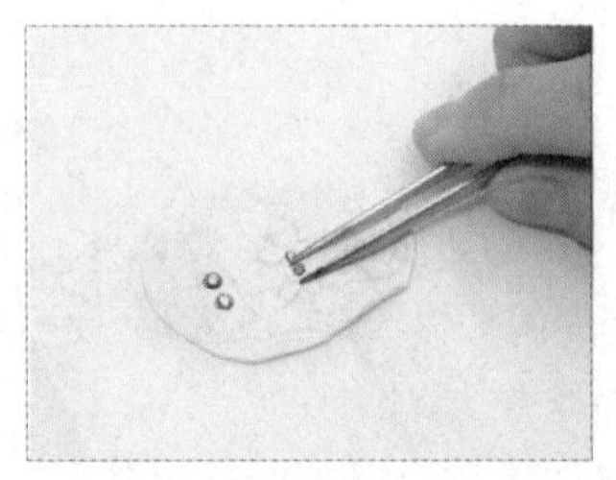

09 使宝石表面与银黏土表面在同一水平面上。

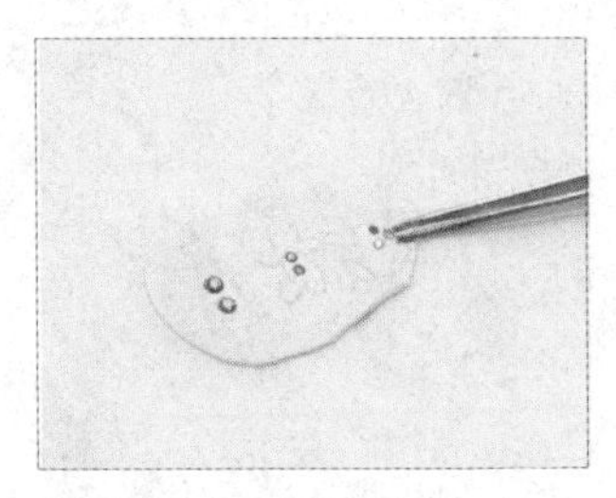

10 用镊子夹取直径2毫米的宝石，将尖锥压入姜饼人和圣诞袜表面。

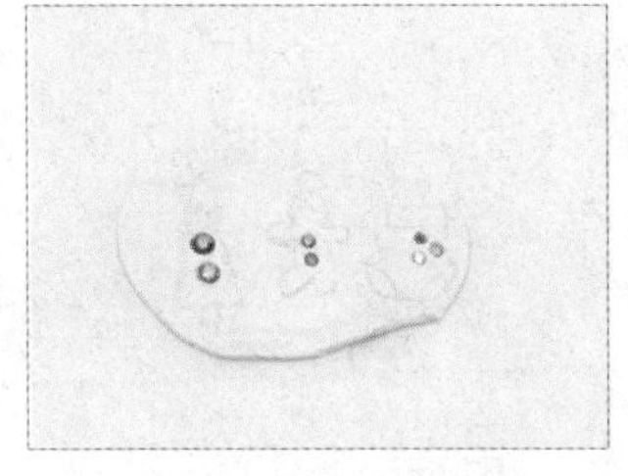

11 用透明亚克力板覆盖按压，直至宝石表面与银黏土表面在同一水平面上。

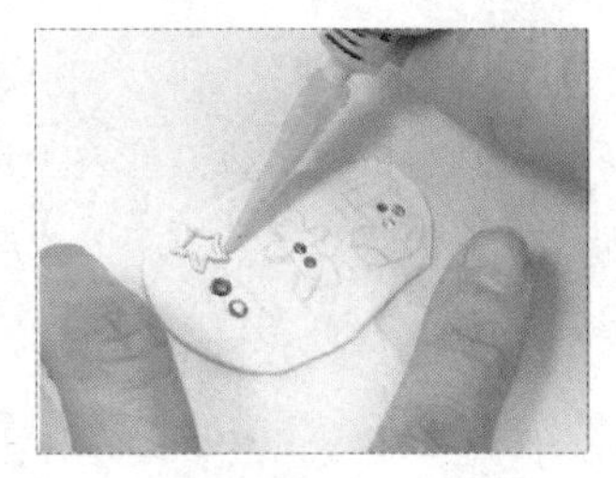

12 取针筒型银黏土，接上中口绿针头，沿草图打出外框线条。

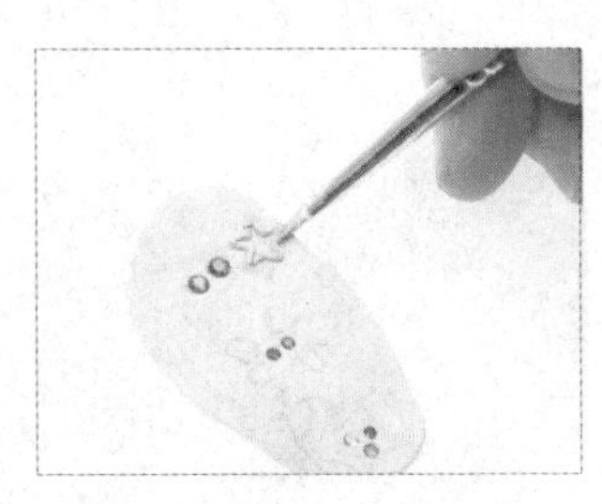

13 以不破坏线条圆度为原则，用水彩笔刷由侧边轻轻拨移。（须随时确认线条是否偏移草图。）

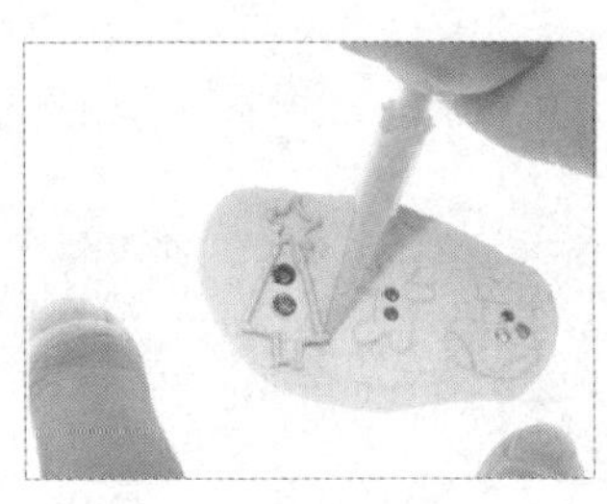

14 完成圣诞树针筒线条。

15 重复步骤12—13，完成姜饼人外框线条。

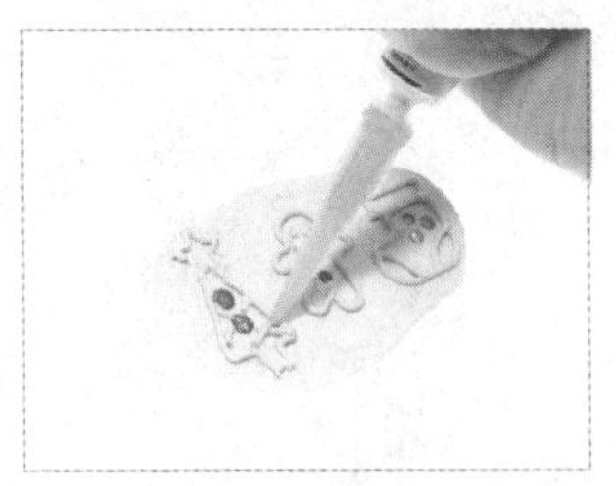

16 依序画出圣诞树、姜饼人、圣诞袜的线条。

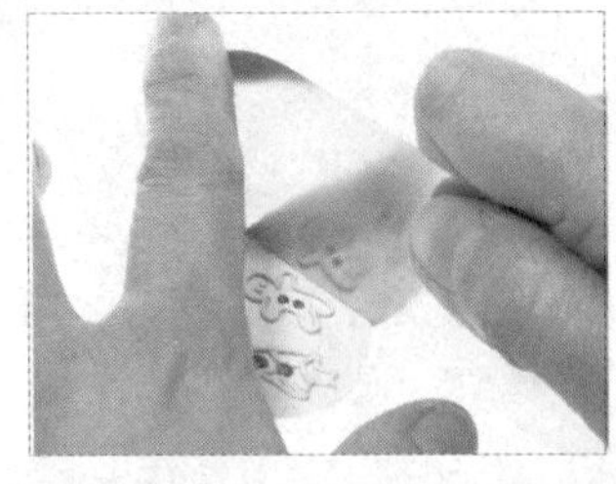

17 用造型刮板切割3件圣诞小物。

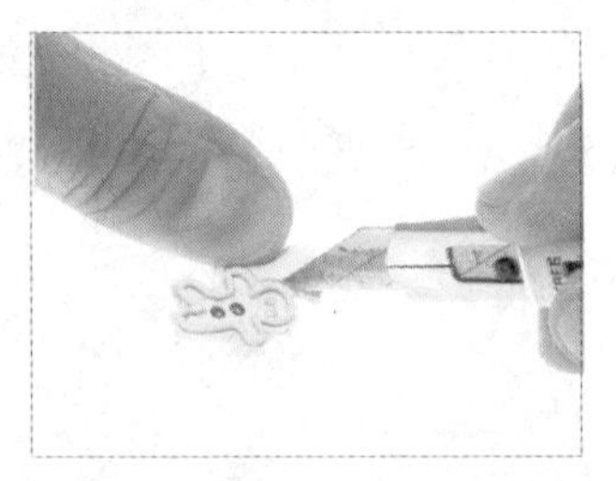

18 用美工刀沿着比针筒线条外围大出1毫米的等距外框切割。（刀刃尽量垂直。）

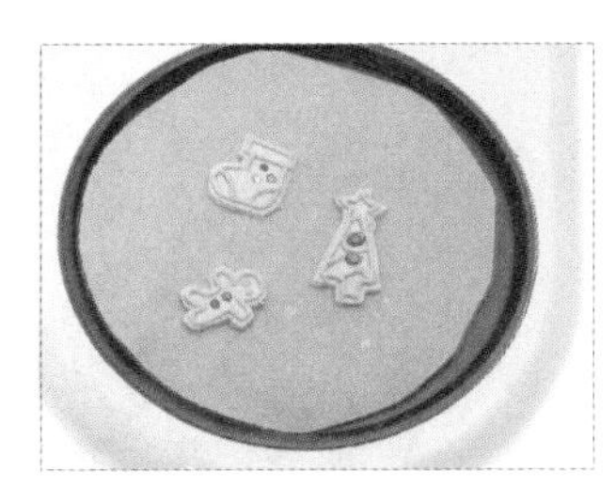

19 将作品放置在电烤盘上或用吹风机热风干燥 10 分钟。

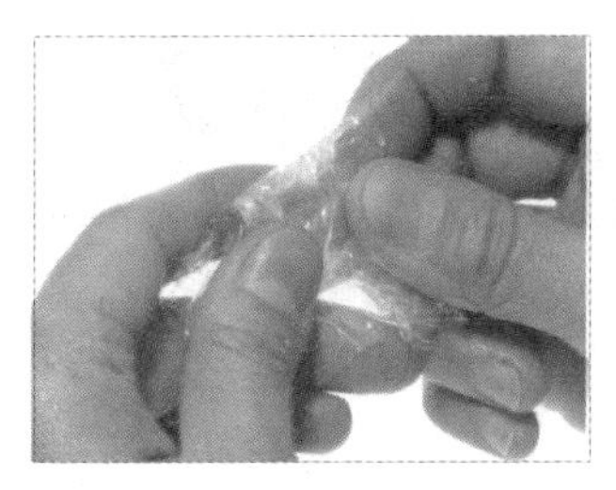

20 切下的多余银黏土，包回保鲜膜中回收保存。

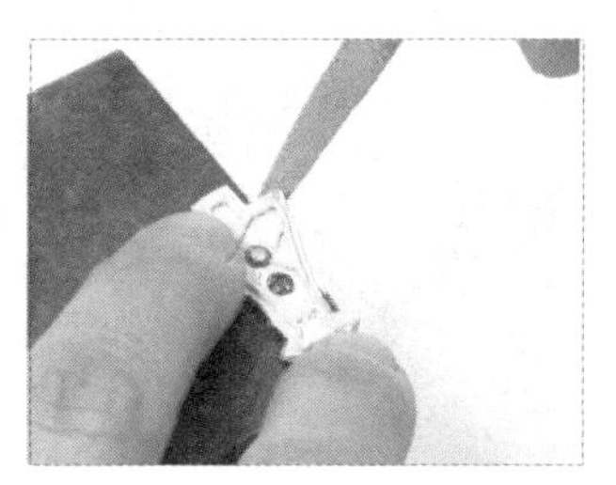

21 待作品完全干燥后，用烘焙纸铺底，橡胶台做支撑，用锉刀修磨边缘至平整。

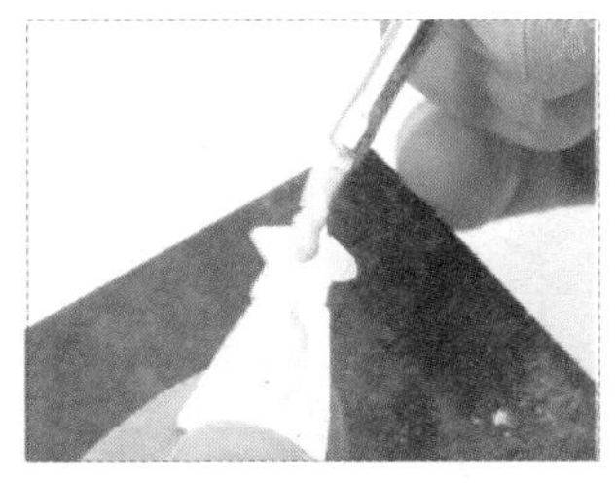

22 翻至背面，用水彩笔刷在顶端中间处涂抹少许银膏。

23 摆放插入环并蘸取浓稠的银膏，覆盖插入环锯齿段。

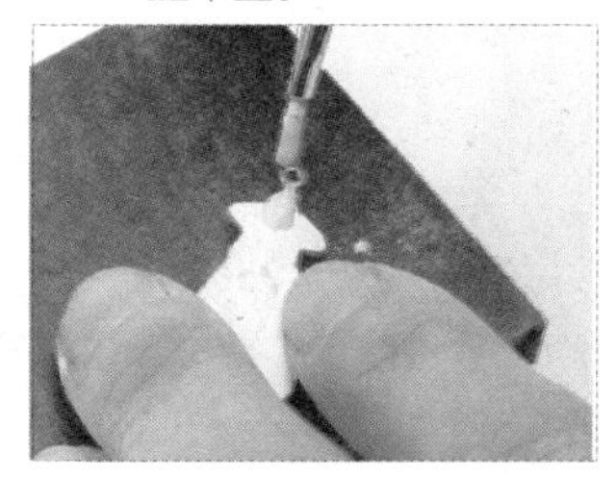

24 直至银膏完全覆盖插入环锯齿边缘，并形成小丘状。

25 将作品放置在电烤盘上或用吹风机热风干燥 5 分钟。

26 电气炉升温至 800℃，烧制 5 分钟。（可用煤气灶烧制 8 ~ 10 分钟。）

27 待作品冷却后，用短毛钢刷刷除作品的白色结晶。（小心避免刷花宝石。）

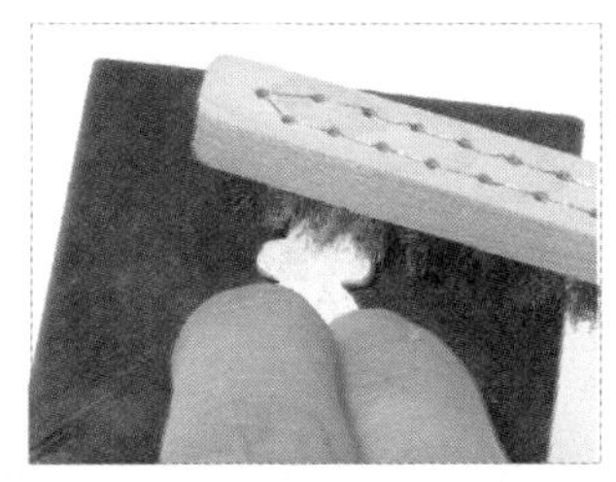

28 用短毛钢刷刷除作品背面的白色结晶。

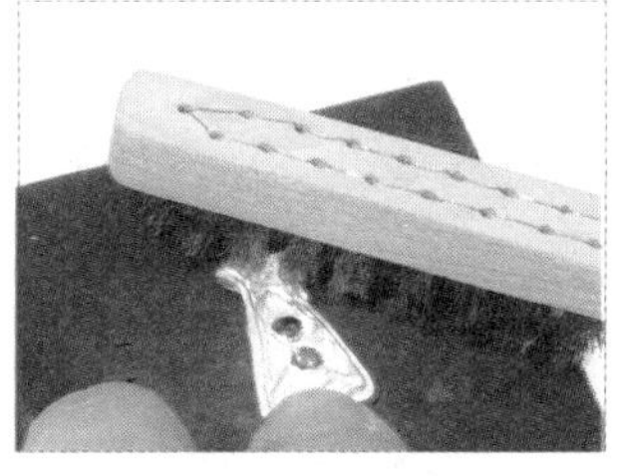

29 重复步骤 27—28，依序刷除作品结晶。

30 保留作品上毛细孔状的梨皮质感。

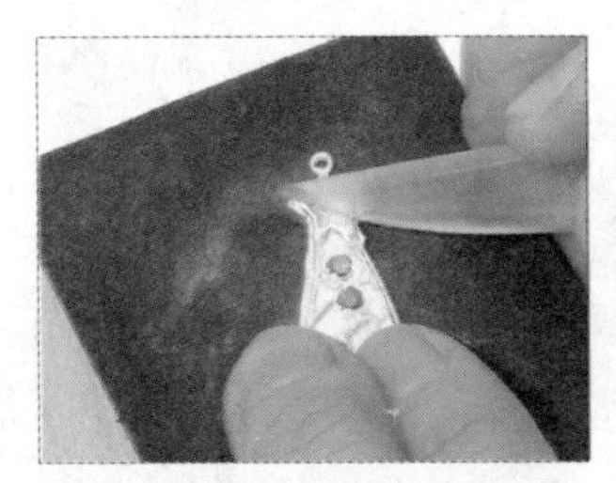

31 用玛瑙刀压光凸起的针筒线条，使作品更有层次感。

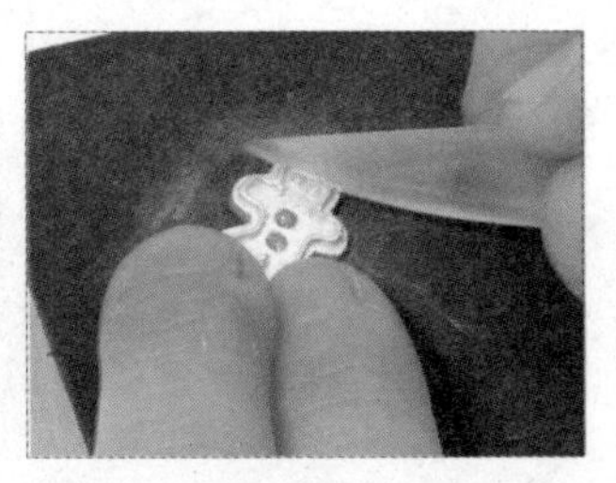

32 其他两件作品以同样的方法操作。

33 用尖嘴钳夹开开口圈，钩入插入环的小圈。

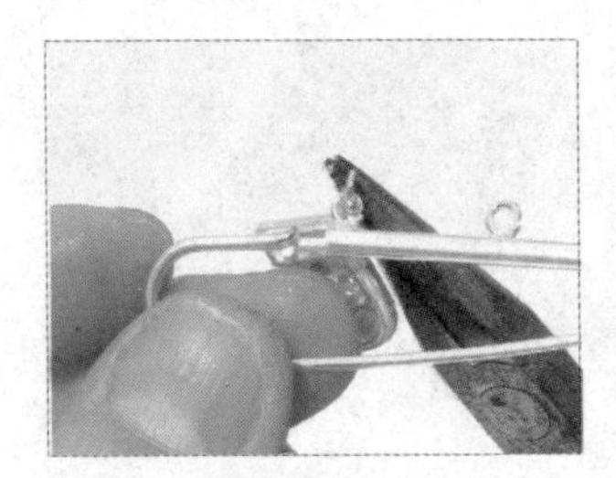

34 钩入别针上的小圈。

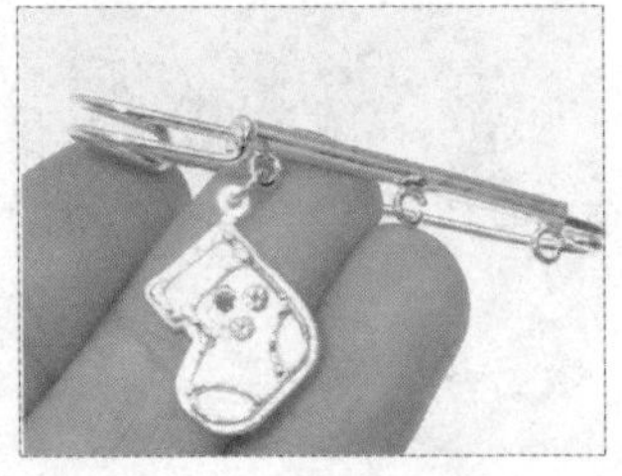

35 用尖嘴钳将开口圈夹密合。

36 重复步骤 33—34，将开口圈钩入插入环的小圈。

37 重复步骤 34—35。

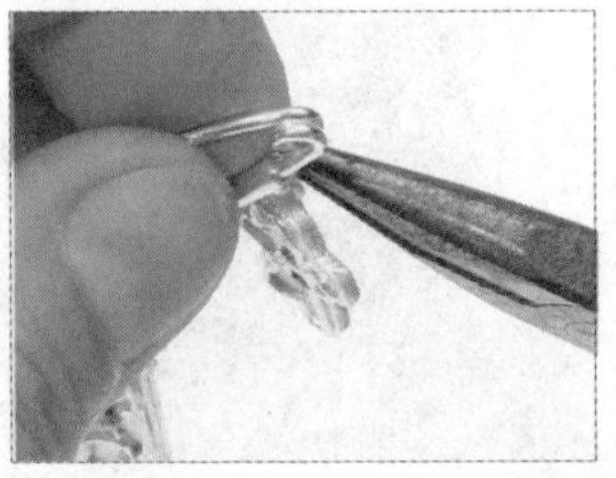

38 3 件圣诞小吊饰，皆以相同的方式固定。

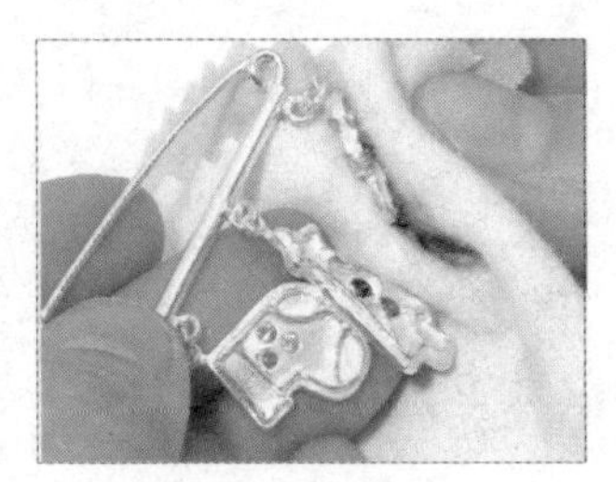

39 用拭银布擦拭作品。

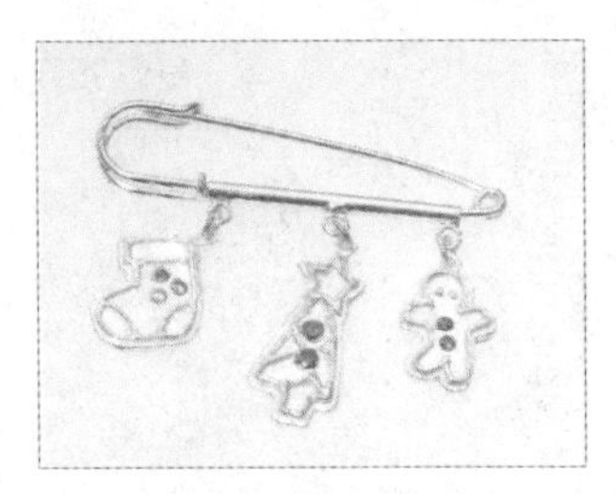

40 即完成精致的圣诞节别针。

银色圣诞

材料

黏土型纯银黏土 7 克、膏状型纯银黏土少许、针筒型纯银黏土 1 克、绿针头（中口）、细目花银、小插入环 1 个、直径 3 毫米的圆形合成宝石 1 颗、3 毫米 x3 毫米的星形合成宝石 1 颗、坠子头 1 个、纯银链 1 条

工具

塑形工具

烘焙纸、铅笔、塑胶滚轮、1 毫米和 1.5 毫米厚亚克力板、圈圈板、珠针、保鲜膜、牙医工具、直径 1 毫米丸棒黏土工具、夹链袋、牙签、造型刮板、水彩笔刷、小铲子、锉刀、橡胶台、镊子

干燥及烧制器具

电烤盘或吹风机、计时器、电气炉或煤气灶和不锈钢烧制网

抛光工具

尖嘴钳、拭银布、细密钢刷、玛瑙刀、橡胶台、短毛钢刷、圆形锉刀

步骤说明

01 裁剪一小张烘焙纸，用铅笔描下附图。

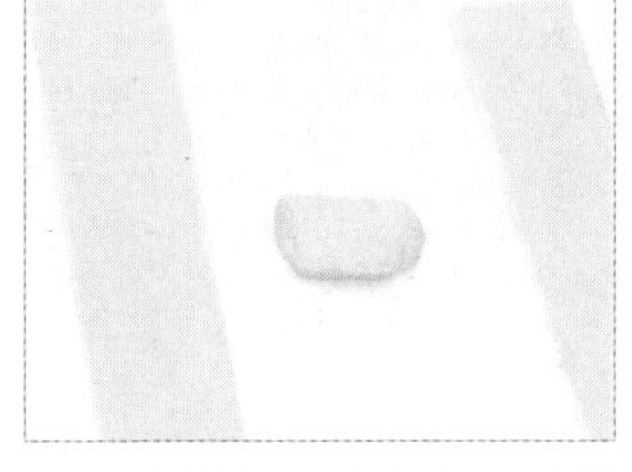

02 在对折的烘焙纸上，摆放 1.5 毫米厚的亚克力板和接近草图宽度的银黏土。

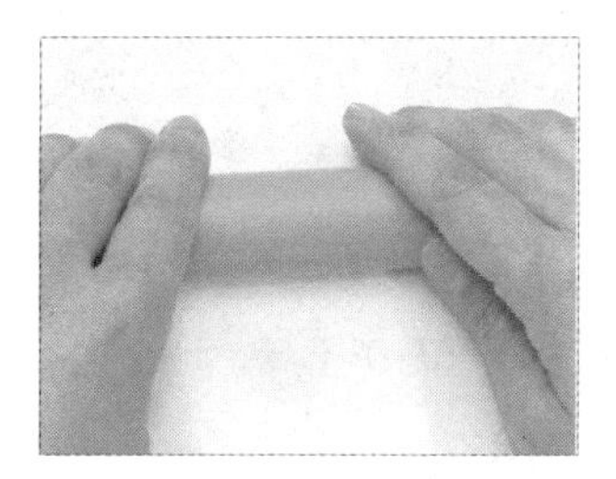

03 取烘焙纸覆盖在银黏土上，用塑胶滚轮按垂直方向滚压。

04 将银黏土擀平为 1.5 毫米的厚度。

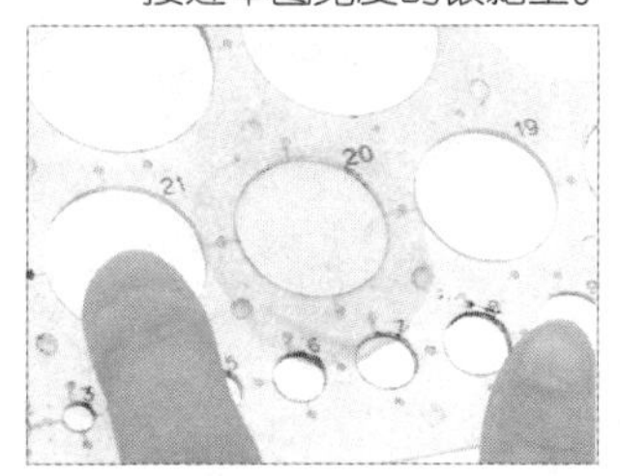

05 将圈圈板覆盖在银黏土上，并选用直径为 20 毫米的圆。

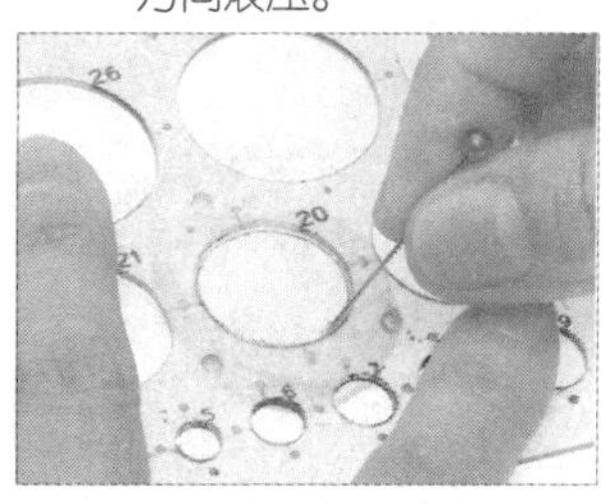

06 用珠针沿着边缘画圆。（针尽量垂直。）

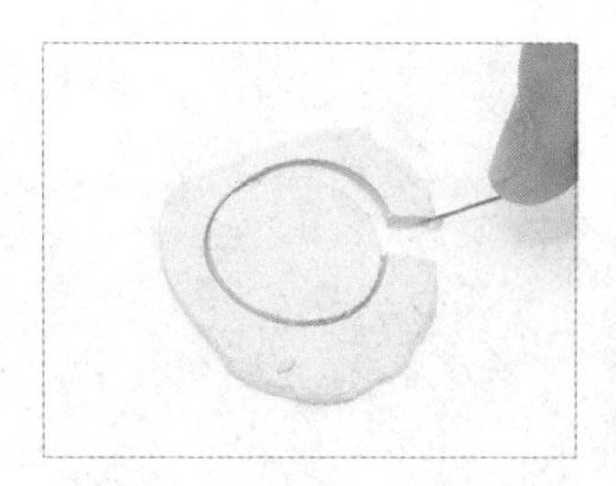

07 拿开圈圈板，用珠针划开一边。

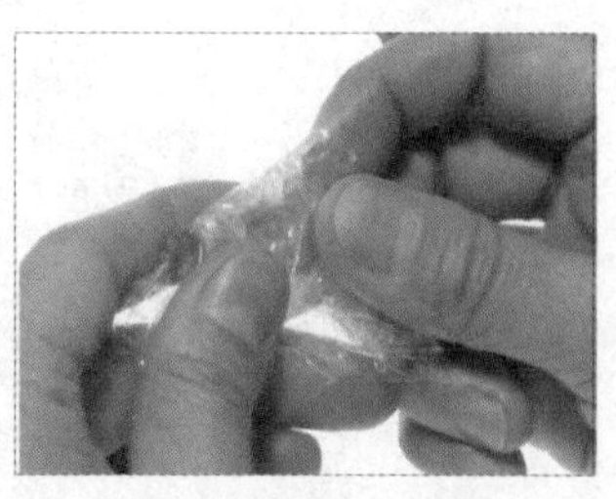

08 取下多余的银黏土，包回保鲜膜中回收保存。

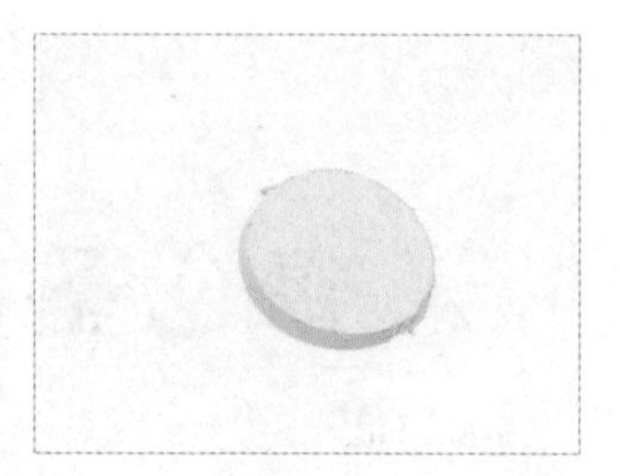

09 用手指稍加推按，修整边缘，要固定插入环的位置。

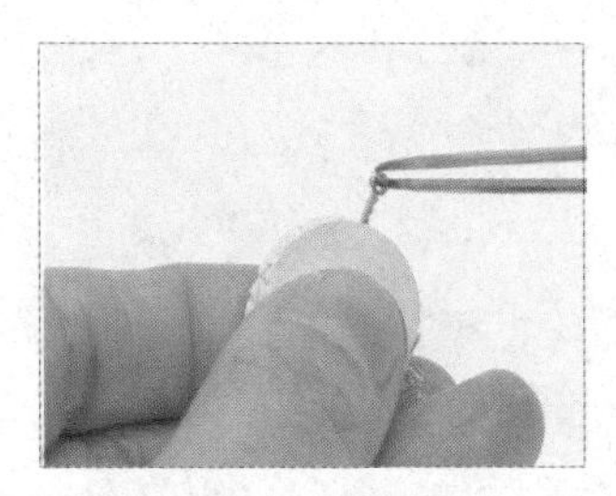

10 先用镊子夹取插入环的小圈，再刺入银黏土的侧面。（位置要在中间略偏后一些。）

11 只露出小圈在银黏土外。

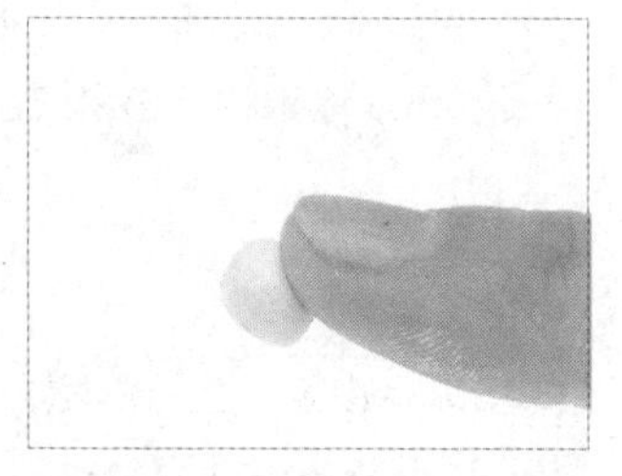

12 取一小块银黏土，先用手搓成球状，再将底面压平。

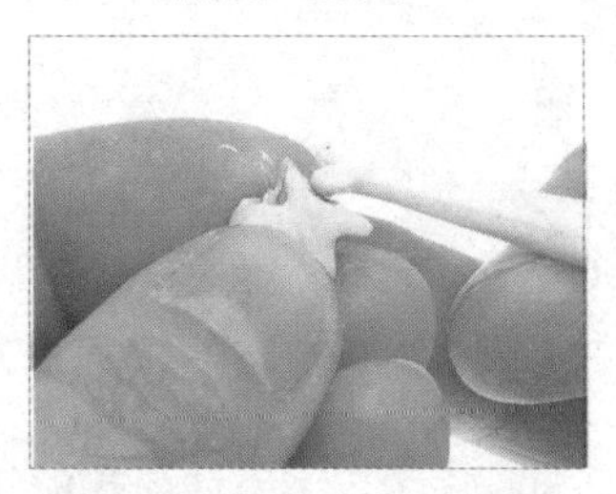

13 用牙医工具依照草图推压麋鹿塑形。

14 如图完成麋鹿的头部塑形。

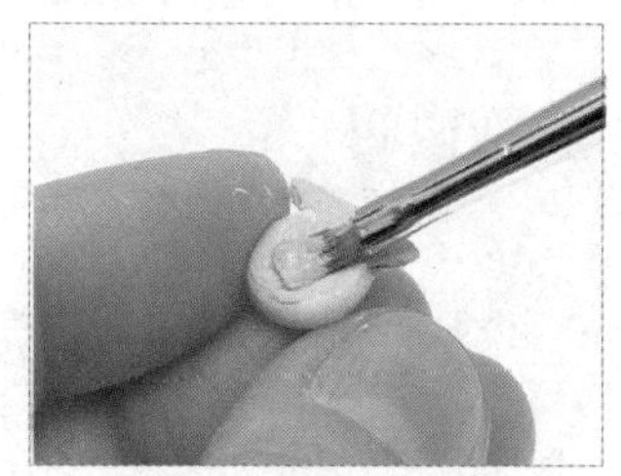

15 用水彩笔刷蘸取银膏，涂在麋鹿头部的背面。

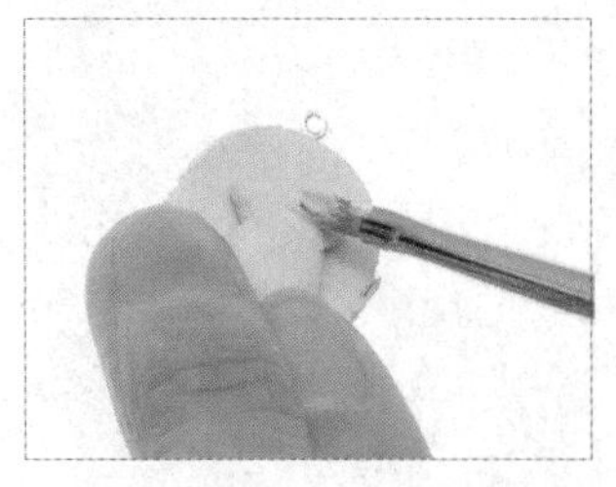

16 将麋鹿头按压固定在圆形银黏土中间偏下的位置。

17 用牙签在鼻子位置钻出一个宝石定点。

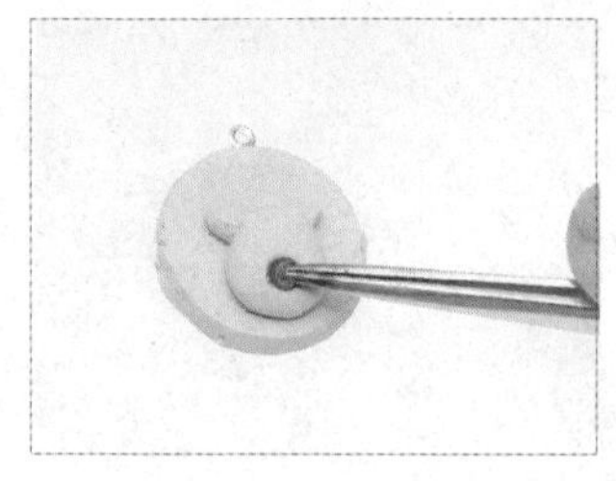

18 先用镊子夹取圆形宝石，再将宝石尖端压入定点。

19 将宝石压入银黏土中，使之与银黏土保持在同一水平面上。

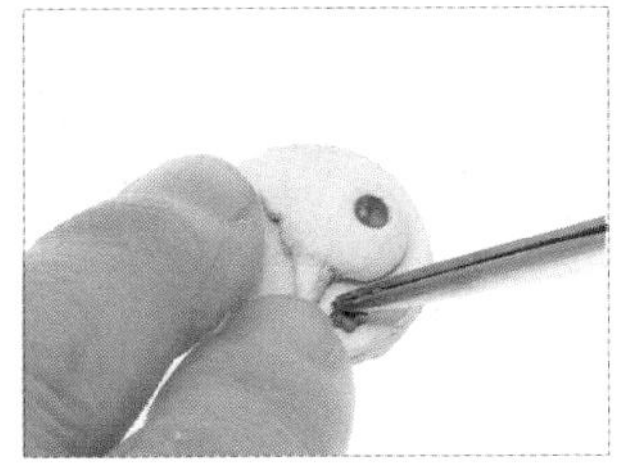

20 用镊子夹取星形宝石，将其固定在麋鹿的左侧。

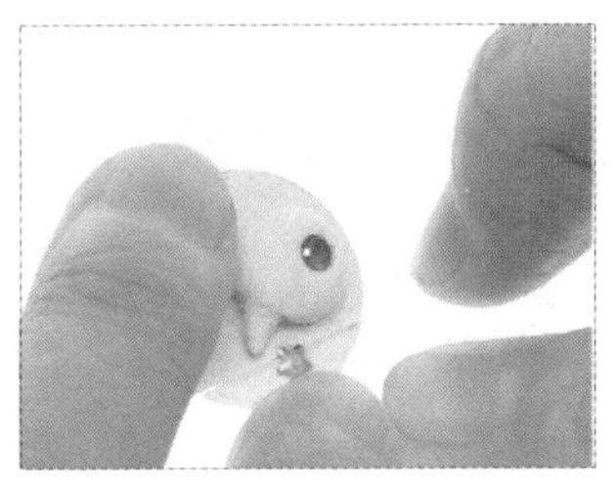

21 用透明亚克力板覆盖按压，使宝石与银黏土保持在同一水平面上。

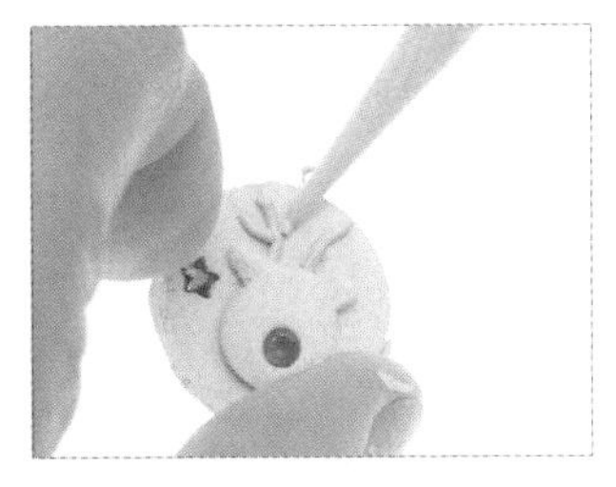

22 取出针筒型银黏土，接上中口绿针头，打上鹿角线条。

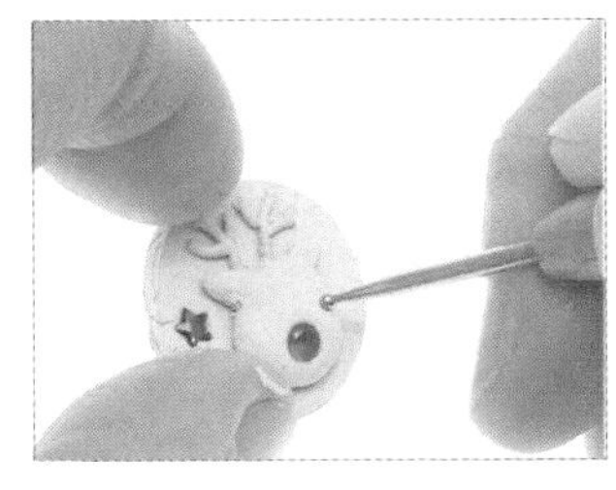

23 鹿角完成后，用丸棒黏土工具压出麋鹿眼睛。

24 在鼻子上方两侧，各按压出一个半球状的小点。

25 将作品放置在电烤盘上或用吹风机热风干燥 15 分钟。

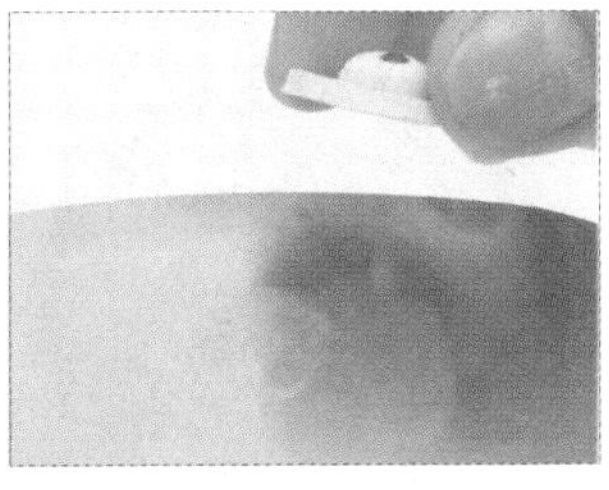

26 将作品置于造型刮板上 1 ~ 2 秒，拿起时如钢片上有水汽，表示银黏土未干透需继续干燥。

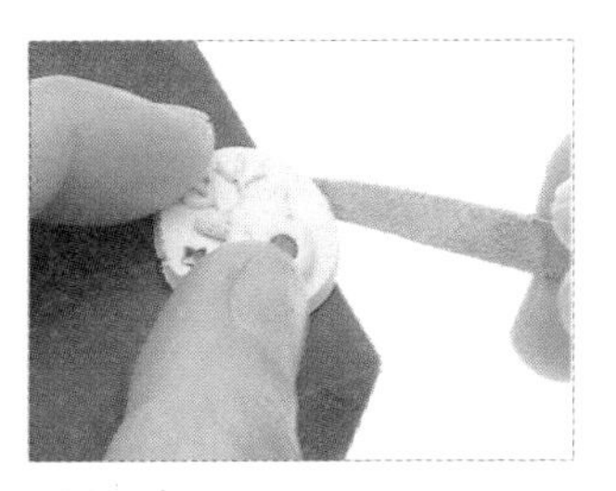

27 完全干燥后，用烘焙纸铺底，橡胶台做支撑，用锉刀修磨边缘至平整。

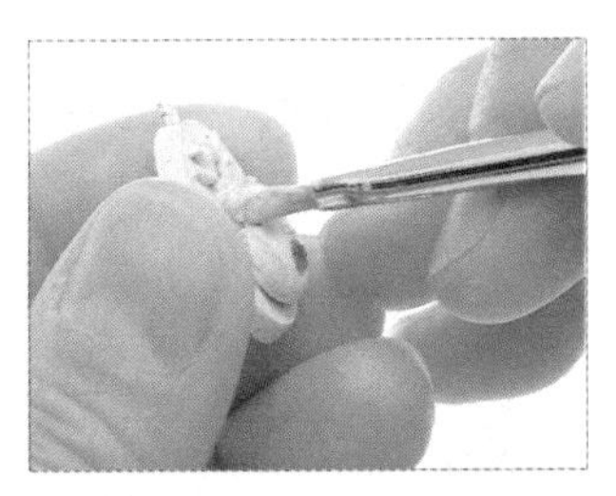

28 在麋鹿头部涂上银膏。（涂抹时须避开麋鹿的眼睛、宝石。）

29 先将作品放在干净的纸张上，再用小铲子盛装花银。

30 将花银洒在已涂上银膏的麋鹿头部。

31 拿起作品并轻敲背面，使多余的花银掉落。

32 用牙签清掉眼睛凹洞里的花银。

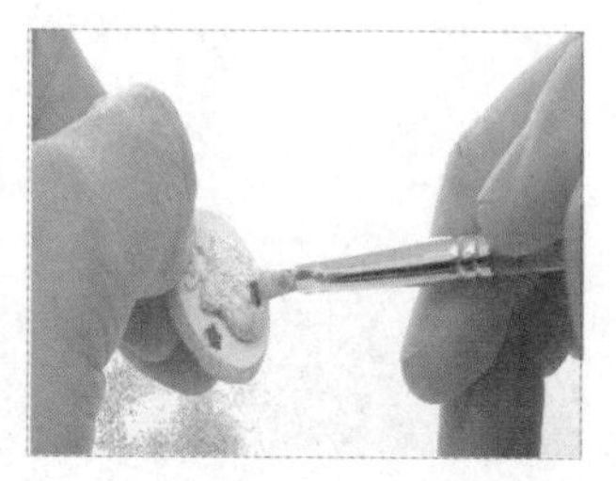

33 在未粘上花银的部位，再次涂上银膏。

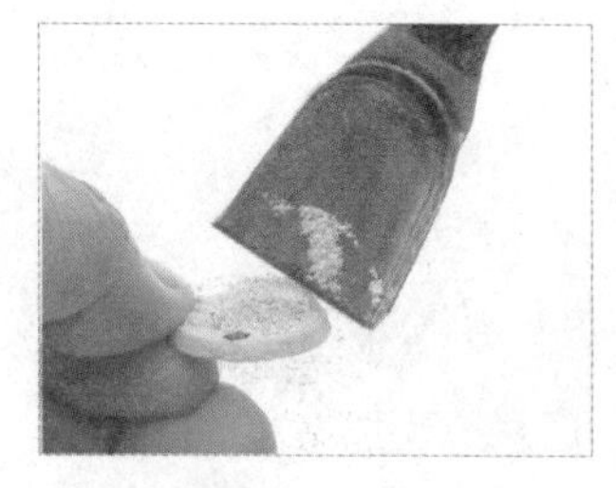

34 重复步骤 29—30，将花银再洒一遍。

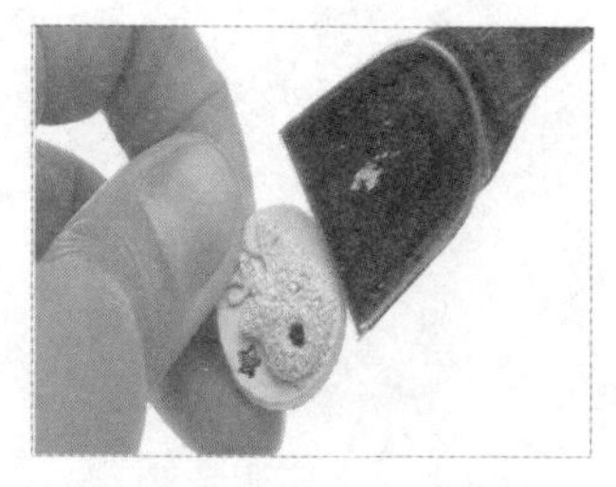

35 让麋鹿脸部均匀地粘上花银。

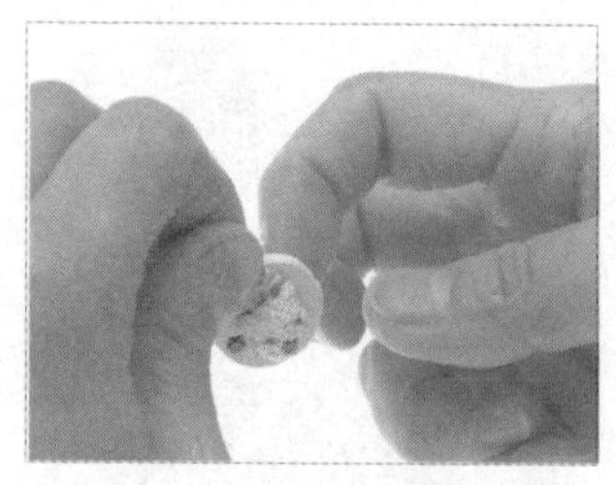

36 重复步骤 31，轻敲背面。

37 直至麋鹿脸部均匀地粘上花银后，用手指轻轻按压花银，加强固定。

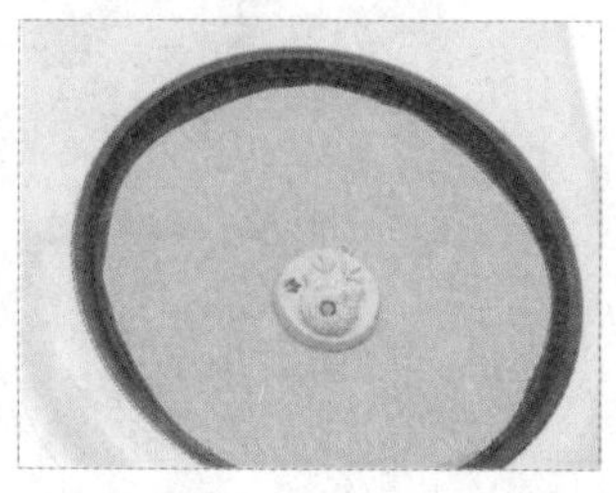

38 将作品放置在电烤盘上或用吹风机热风干燥 5 分钟。

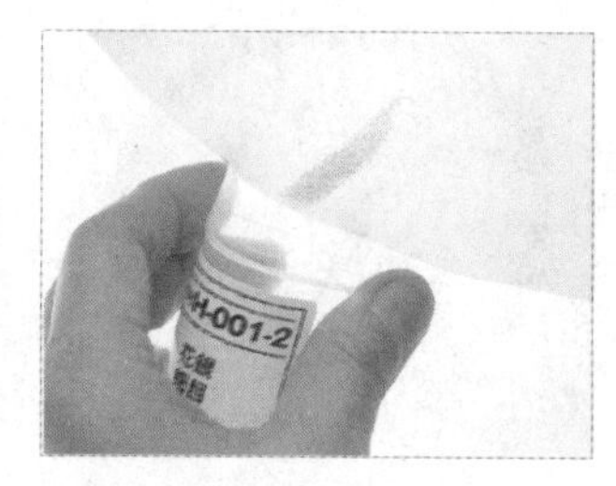

39 先弯曲纸张，并对准夹链袋口，使多余的花银滑落，即完成回收。

40 电气炉升温至 800℃，烧制 5 分钟。（煤气灶烧制 8 ~ 10 分钟。）

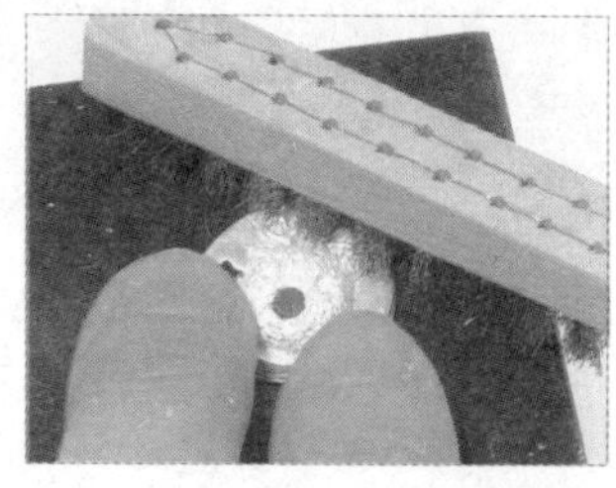

41 用短毛钢刷刷除白色结晶。（一定要待作品冷却。）

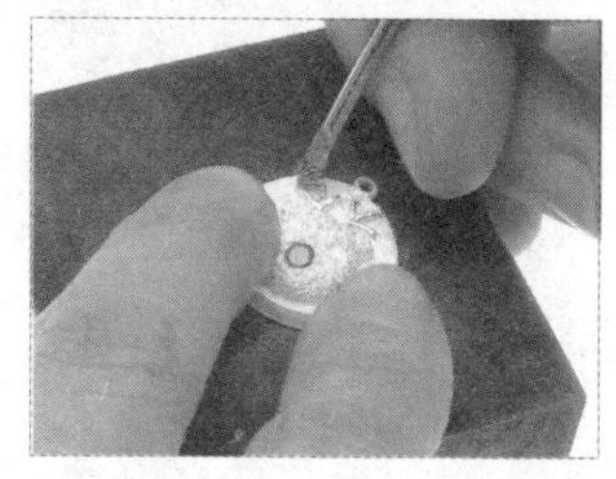

42 用细密钢刷刷除细小处的白色结晶。

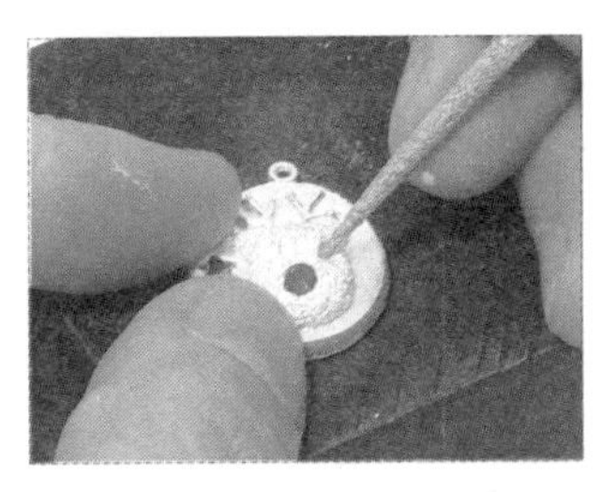

43 用圆形锉刀轻刮麋鹿眼睛的内凹处，以去除结晶。

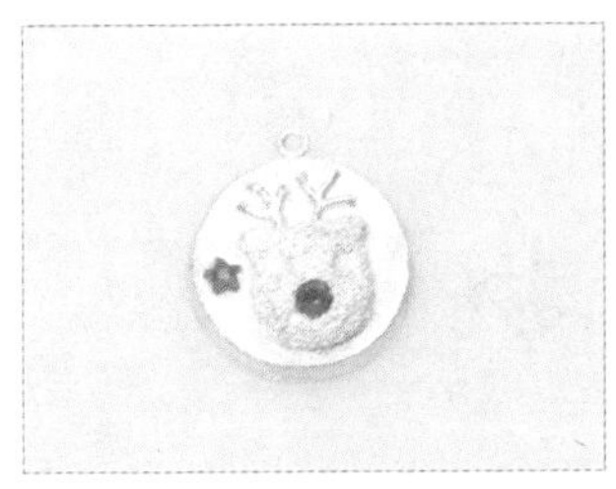

44 保留作品表面毛细孔状的梨皮质感。

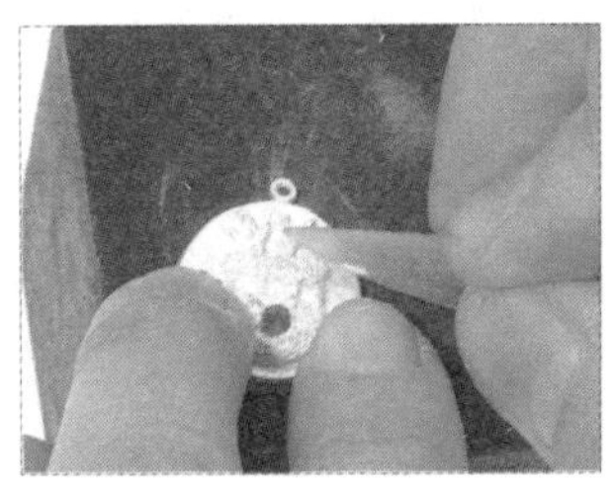

45 用玛瑙刀压光凸起的鹿角线条，使麋鹿更有立体感。

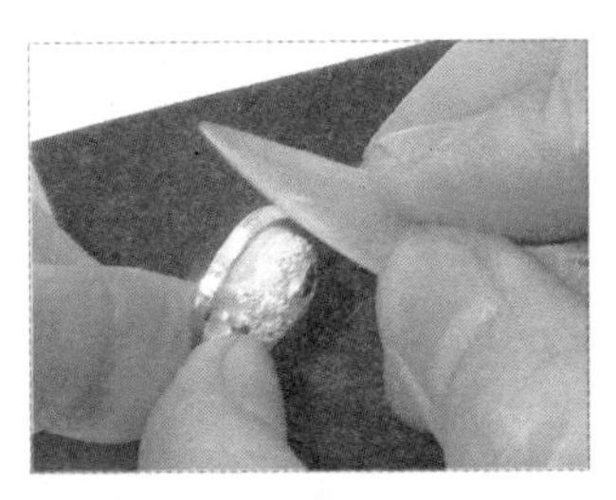

46 用玛瑙刀将圆形周围一并压光。

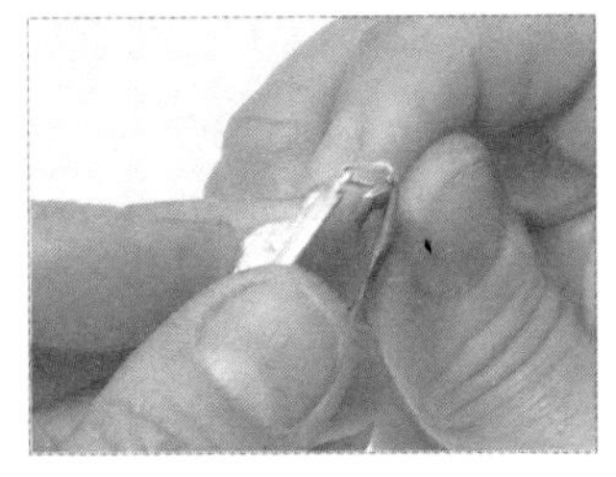

47 使用尖嘴钳钳住坠子头，将插入环的小圈往里钩住。

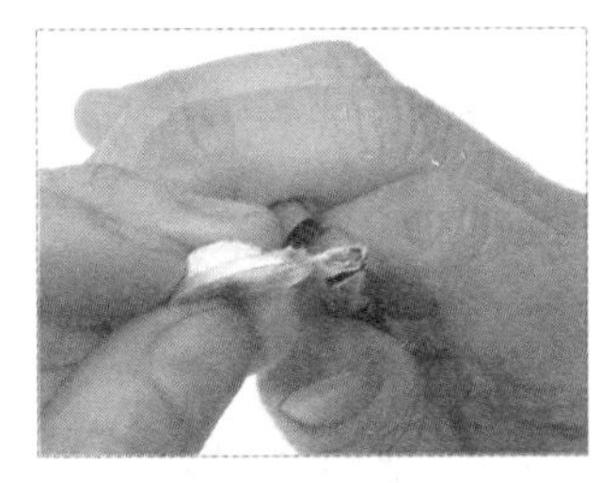

48 将外侧钳紧。

49 将银链穿入坠子头。

50 用拭银布擦拭作品。

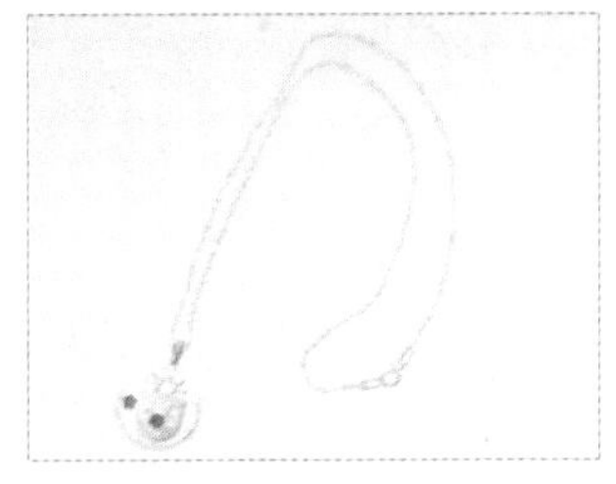

51 即完成圣诞节银白色的麋鹿项链。

神秘小礼物

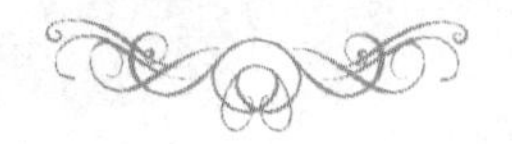

材料

黏土型纯银黏土 7 克、膏状型纯银黏土少许、小插入环 1 个、直径 3 毫米纯银开口圈 1 个、直径 4 毫米纯银开口圈 1 个

工具

塑形工具

烘焙纸、铅笔、便利贴、保鲜膜、垫板或 L 夹、0.5 毫米和 1.5 毫米厚透明亚克力板、造型刮板、水彩笔刷、塑胶滚轮、湿纸巾、小剪刀、珠针、锉刀、橡胶台、木芯棒、戒围量圈纸或戒围量圈、镊子

干燥及烧制器具

电烤盘或吹风机、电气炉或煤气灶和不锈钢烧制网、计时器

加工工具

戒围钢棒、橡胶锤、尖嘴钳、拭银布、橡胶台、短毛钢刷、双头细密钢刷、海绵砂纸、玛瑙刀

步骤说明

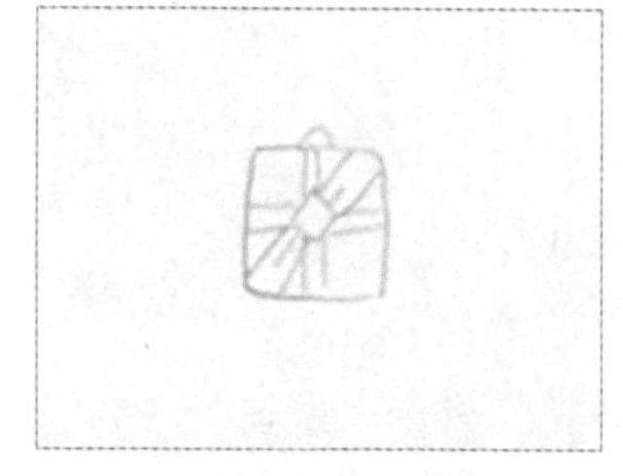

01 裁剪一小张烘焙纸，用铅笔描下附图，并在背面反描一遍。

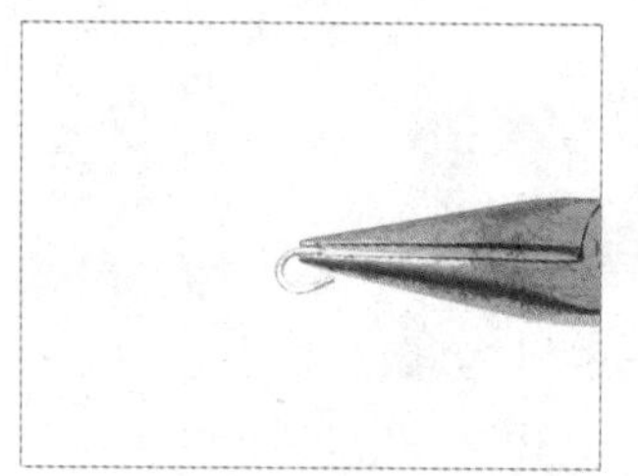

02 用尖嘴钳将直径 4 毫米开口圈的切口两端夹直，夹成 U 形。

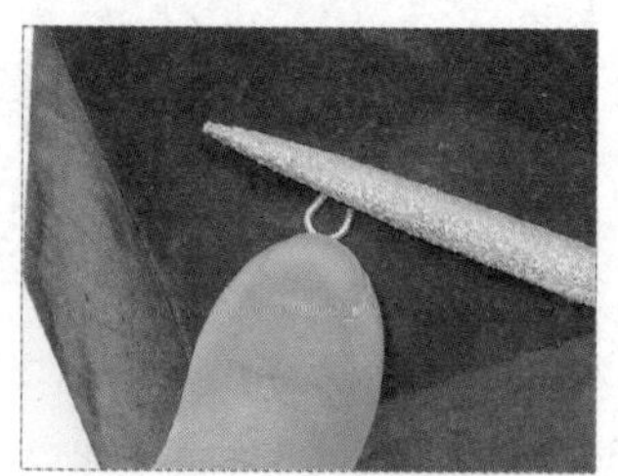

03 用锉刀将 U 形两个末端表面磨成粗糙面。

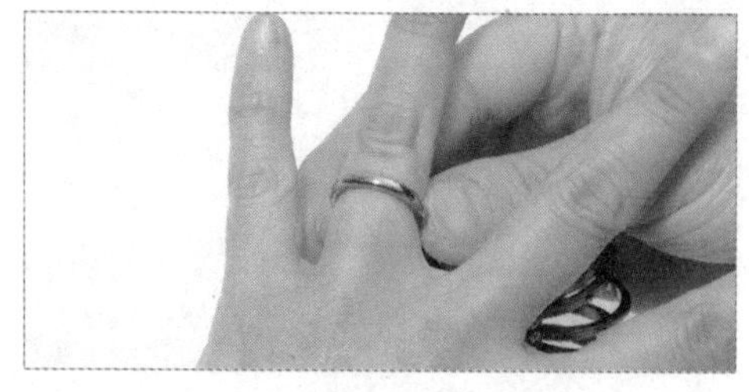

04 使用戒围量圈测量戒围号数（示例为 8 号）。

05 银黏土烧成银饰后会缩小些，制作戒指必须预留收缩号数。（条状戒指请加 3 号，示例则为 8+3=11 号。）

06 将预备制作的量圈（11 号）套入木芯棒，在粗的那侧用铅笔画上记号。（量圈与木芯棒须垂直。）

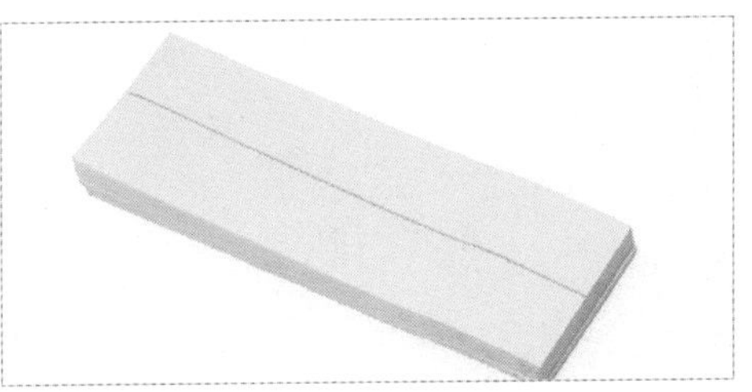

07 取便利贴，并在便利贴宽度的一半处用铅笔画一条直线。

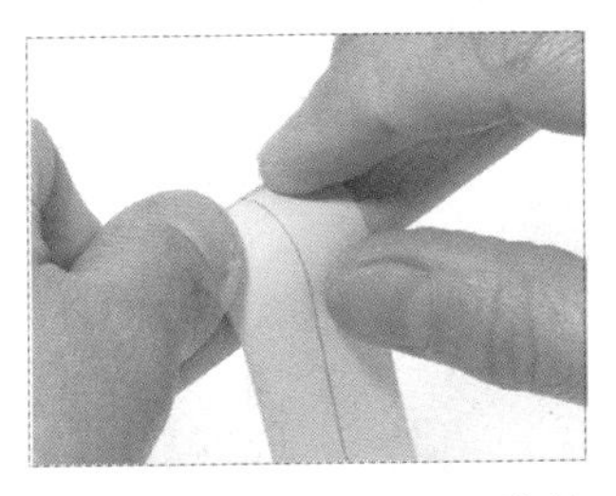

08 撕下便利贴，用无黏性的一端对准木芯棒上的铅笔记号。

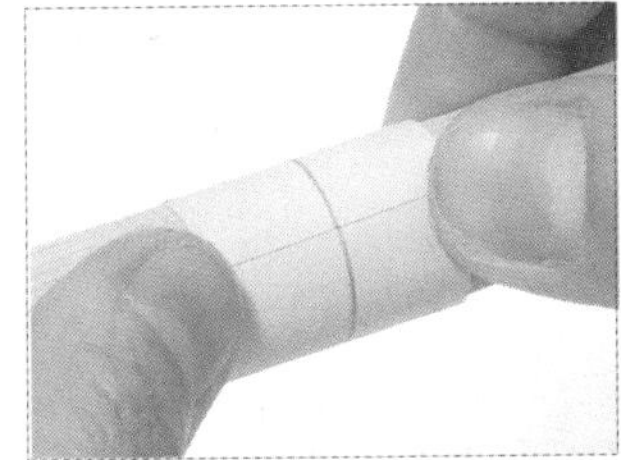

09 紧紧环绕木芯棒一圈，让头尾铅笔线相衔接，然后贴合。

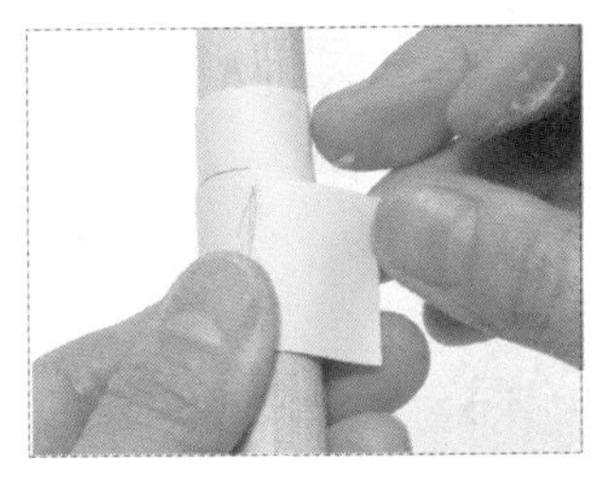

10 任取一张纸片绕木芯棒的铅笔记号一圈，以测量戒围的圆周长度。

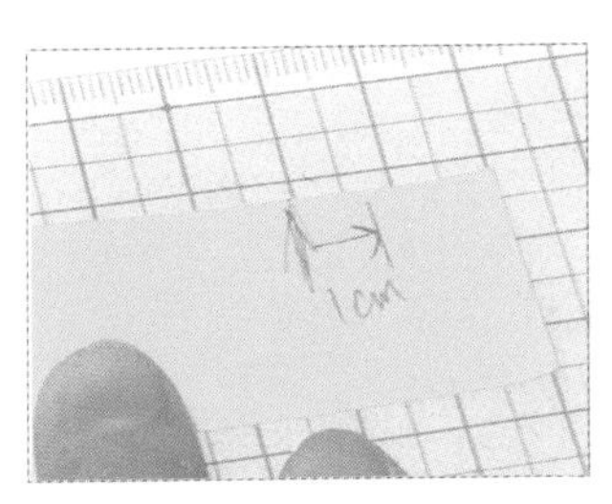

11 将圆周加长 1 厘米，作为银黏土所需长度的依据。

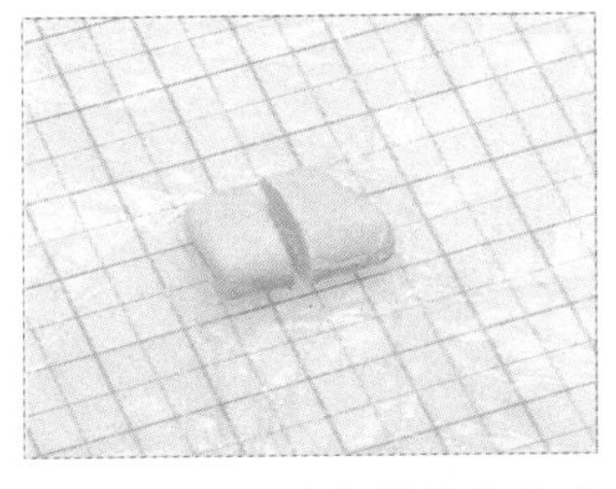

12 将揉捏过的银黏土分成两块。一块用保鲜膜包好备用。

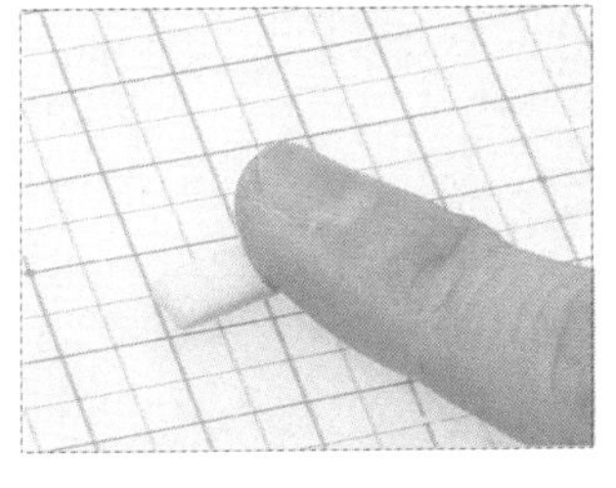

13 另一块放在光滑的垫板上，搓成长条状。

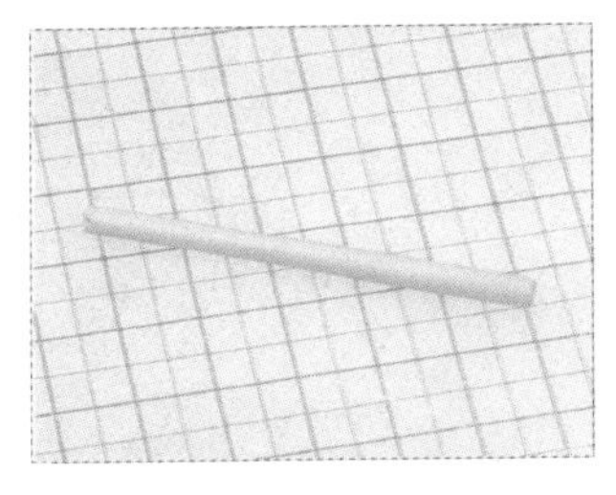

14 将银黏土搓成直径约 3 毫米的长条。（可用透明亚克力板搓滚，搓成的长条较均匀平滑。）

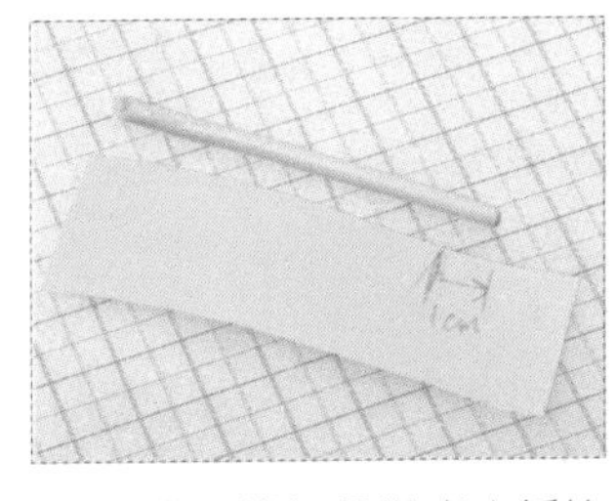

15 直至将长条搓成小纸片所画的长度为止，如过短请继续搓细。

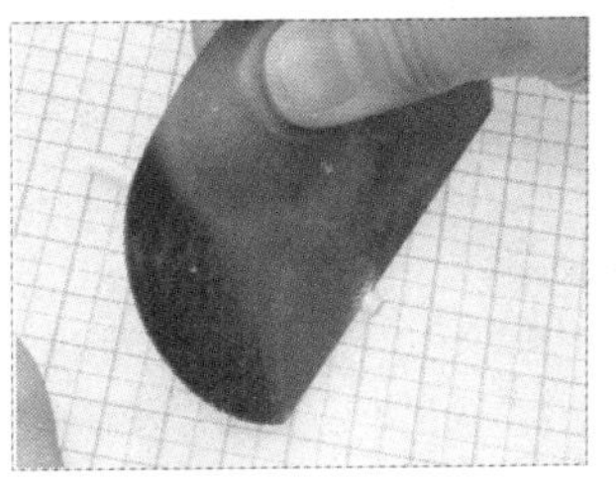

16 用造型刮板斜切银黏土的一端。

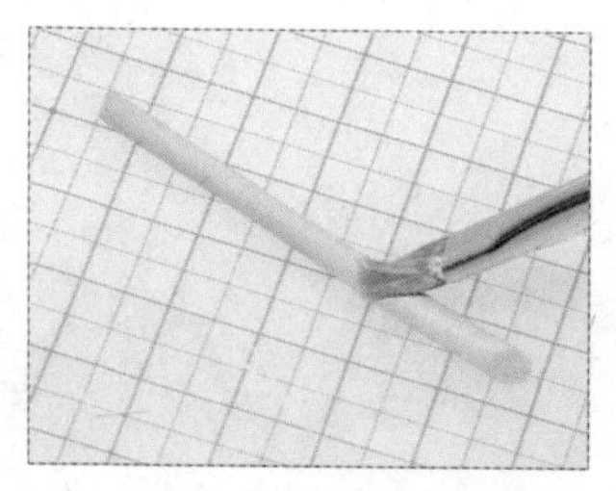

17 用水彩笔刷在银黏土的表面刷薄薄的一层水。

18 将斜角一端对齐铅笔记号，并环绕木芯棒。（银黏土要保持水平。）

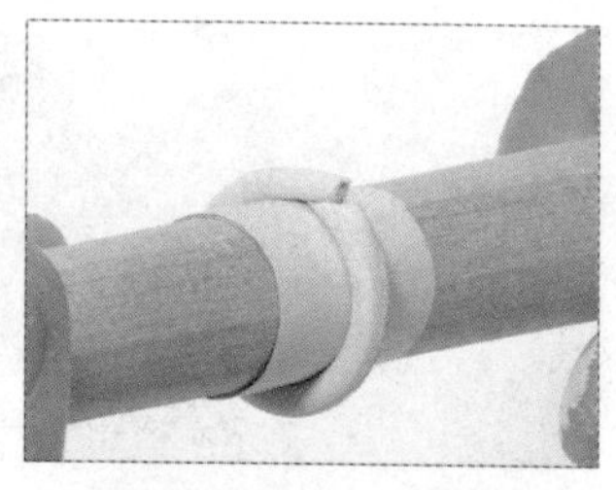

19 环绕一圈后，将银黏土相接于斜切口处，轻压黏合。（如重叠太多，可以用造型刮板切平。）

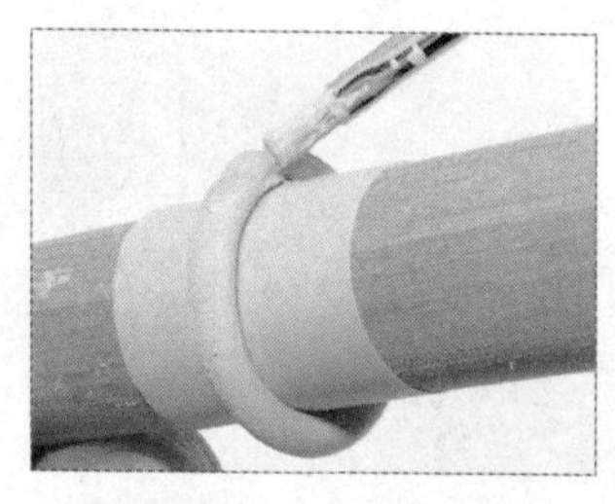

20 用水彩笔刷蘸取银膏填补接缝。

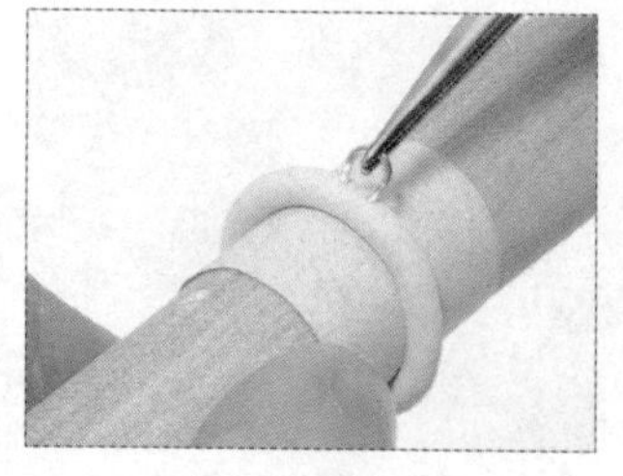

21 转回正面，用镊子夹住U形的顶端，垂直推入圆环上方的中央位置。

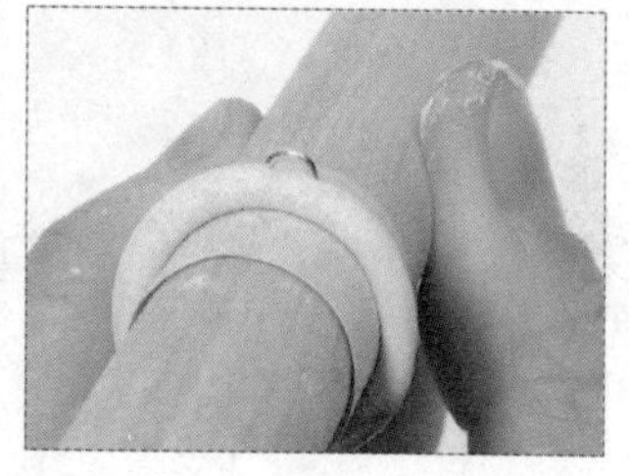

22 只剩半圆弧外露。

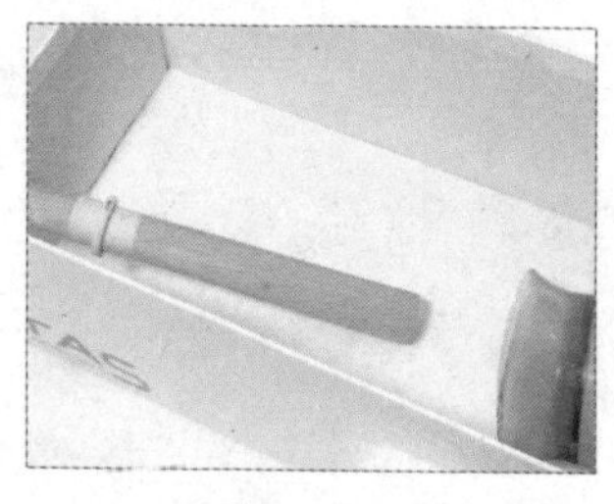

23 用吹风机热风干燥10分钟。（木芯棒不可平放须架空，避免压扁塑形好的银黏土。）

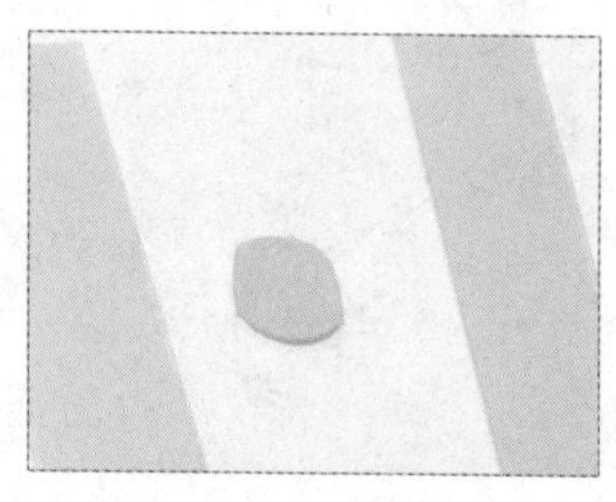

24 取出保鲜膜里的另一块银黏土，擀平为1.5毫米的厚度。

25 先掀开烘焙纸，再将草图纸正面覆盖在银黏土的上方。

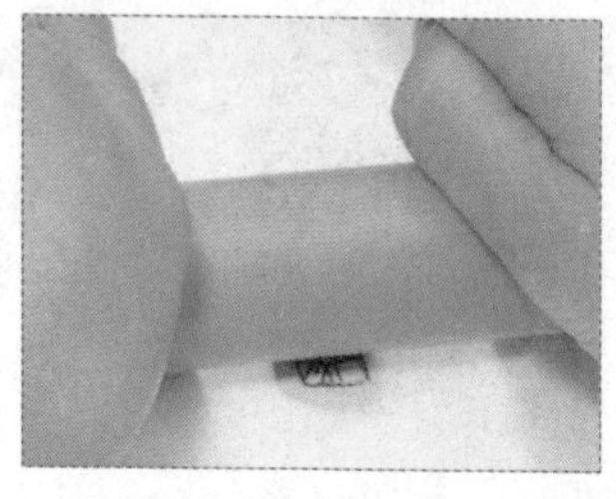

26 取烘焙纸覆盖在银黏土上，用塑胶滚轮滚压一遍。（切勿来回滚压，以免产生叠影。）

27 图形已拓印在银黏土上。

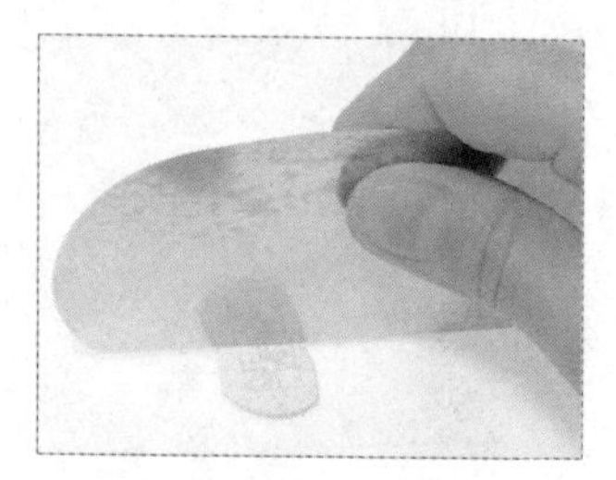

28 用造型刮板切割出方形礼物外框。

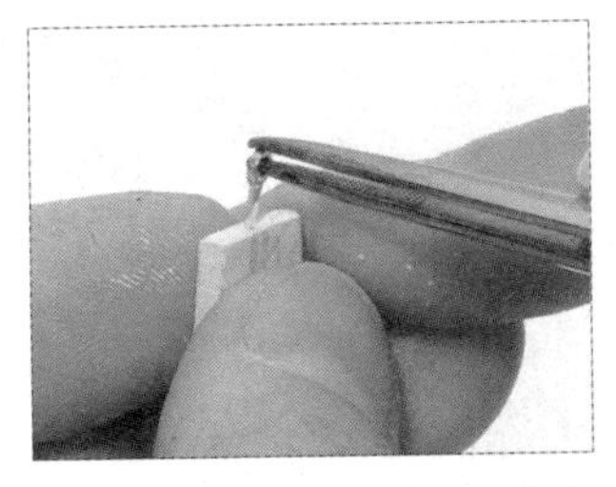

29 用镊子夹取插入环的小圈，并将其刺入银黏土侧面的中间位置。

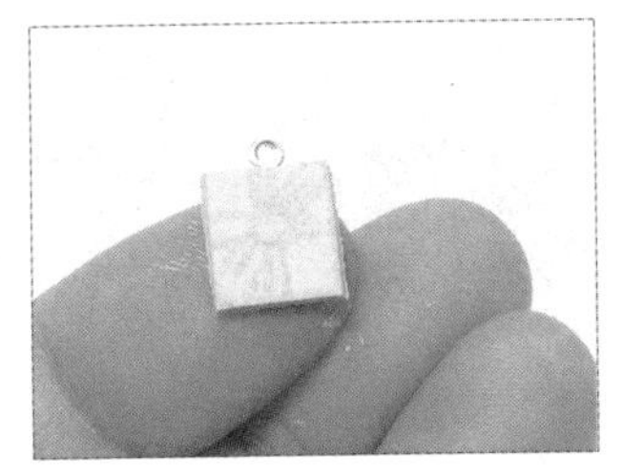

30 只露出小圈在银黏土外。

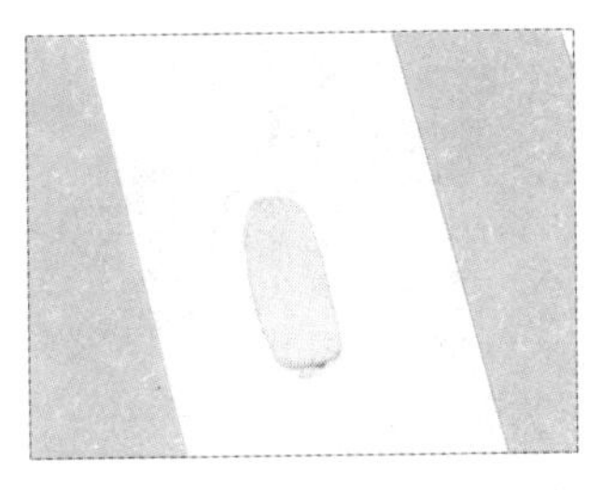

31 将剩余的银黏土擀平为 0.5 毫米的厚度。

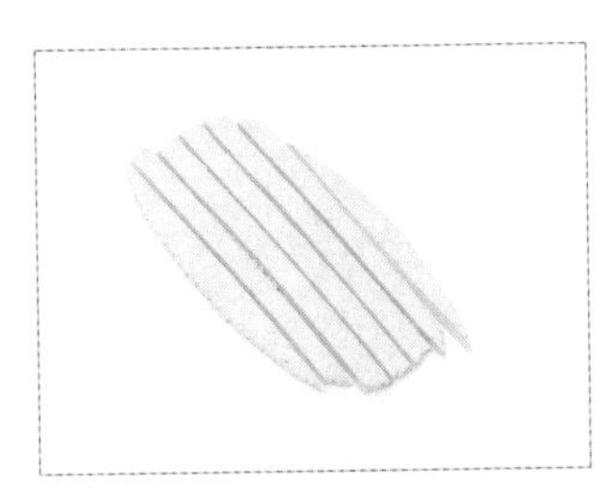

32 将厚 0.5 毫米的银黏土用造型刮板切出 4 条宽 1.5 毫米的细条。

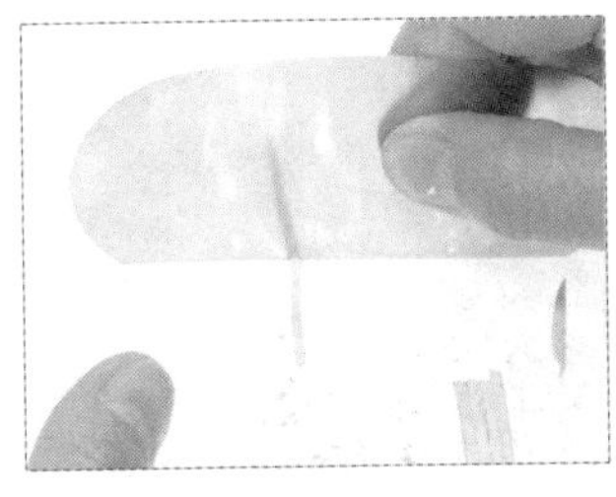

33 先用造型刮板切平银黏土单边，再刷上薄薄的一层水。

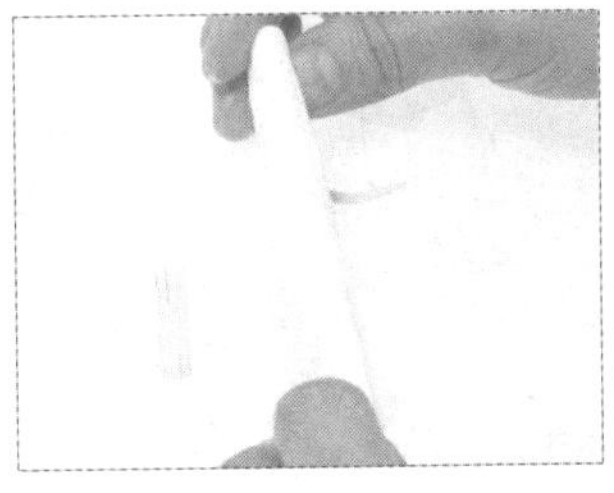

34 取一条银黏土，其余用湿纸巾轻轻覆盖保湿。

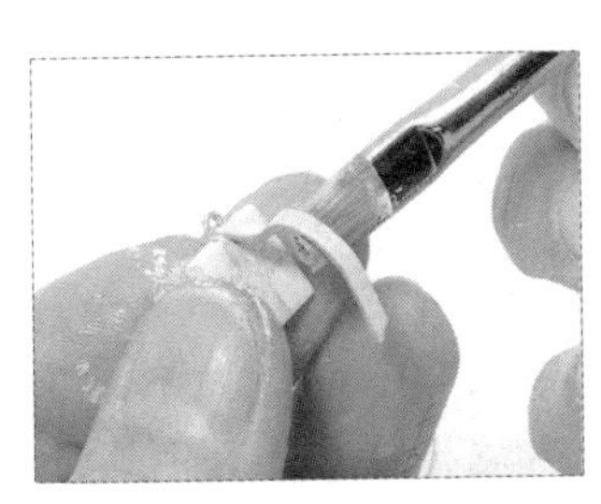

35 先将银黏土细条背面刷水，再用水彩笔刷将其挑起，对准方块顶端插入环边缘并粘住。

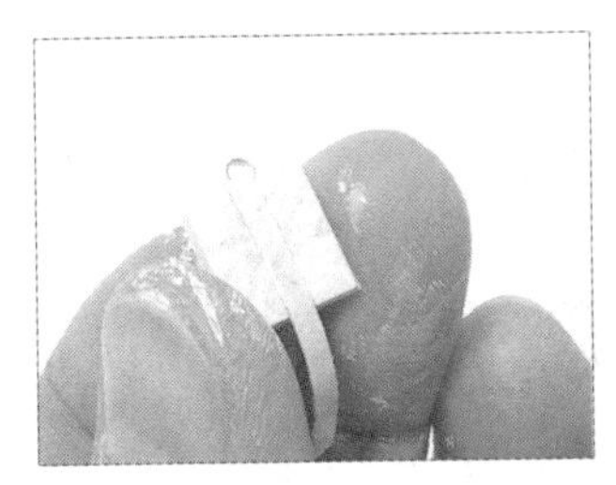

36 依照礼物盒上的草图，转折粘贴到正面。

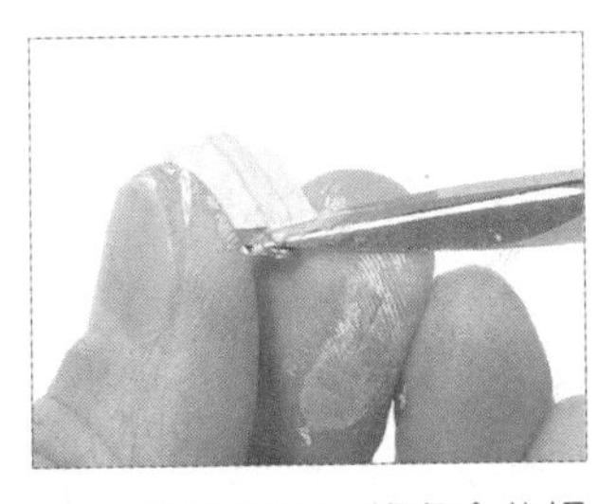

37 绕到背面，将多余的银黏土用小剪刀剪掉，转折到小插入环的另一侧黏合。

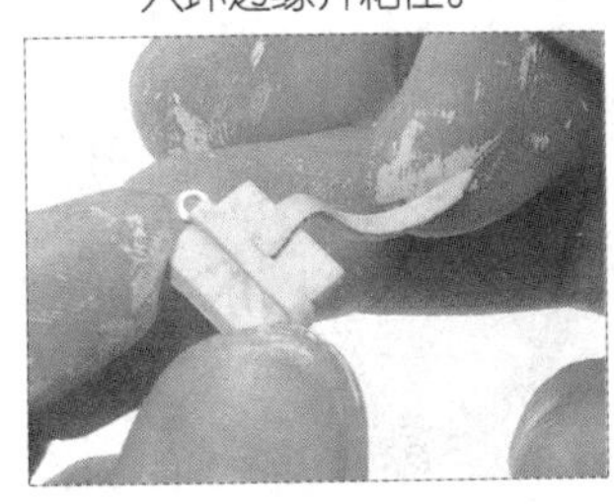

38 取第二条银黏土，在背面刷水，依草图在正面中间固定。

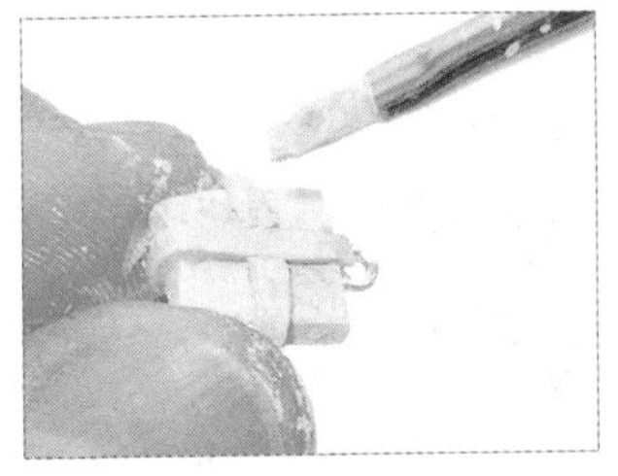

39 将银黏土条转折到背面，再绕回正面，用小剪刀剪掉多余的后黏合。

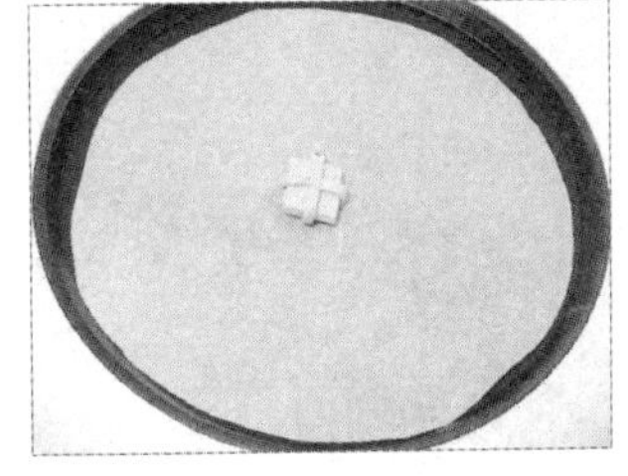

40 将作品放置在电烤盘上或用吹风机热风干燥 5 分钟。

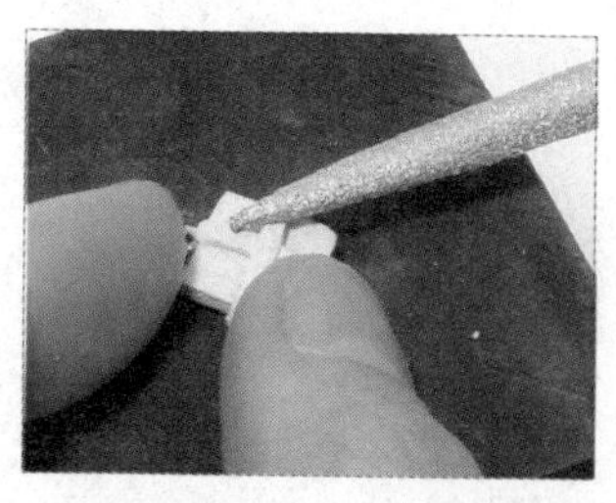

41 翻至背面缎带重叠处，用锉刀将高起处磨平。

42 切取长度为 1 厘米的短银黏土放置在 45° 斜角处。另一条长银黏土，依草图叠放。

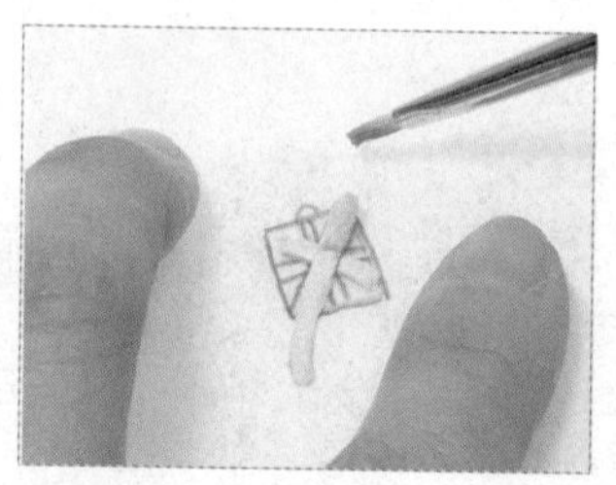

43 用水彩笔刷弯曲长银黏土的两端卷至中心位置。

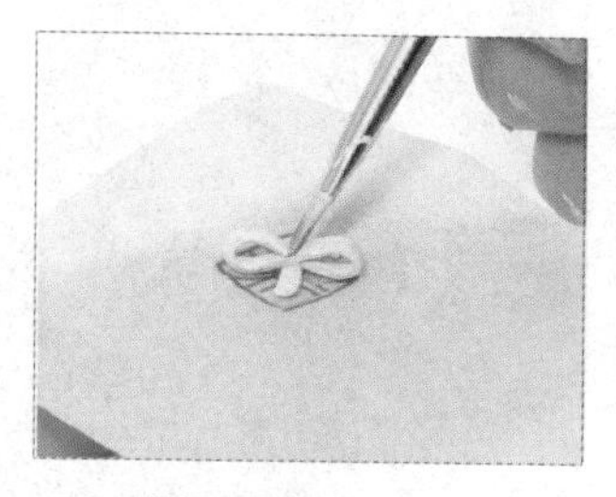

44 侧面呈现图。

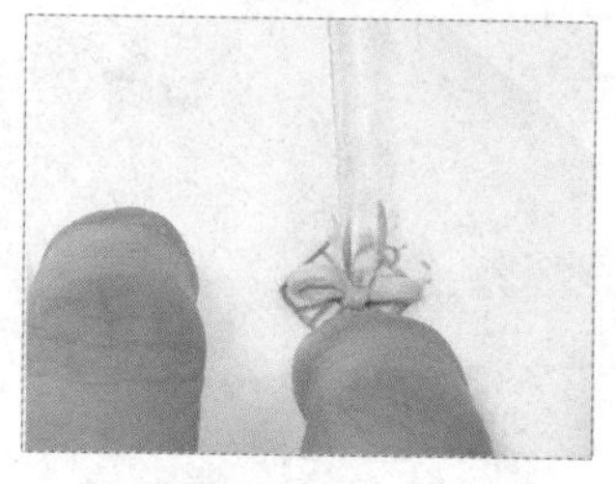

45 将短银黏土圈住礼物盒中心，并用水彩笔刷末端稍稍按压。

46 先在礼物盒中心涂上些许银膏，再将蝴蝶结接缝朝下黏合固定。

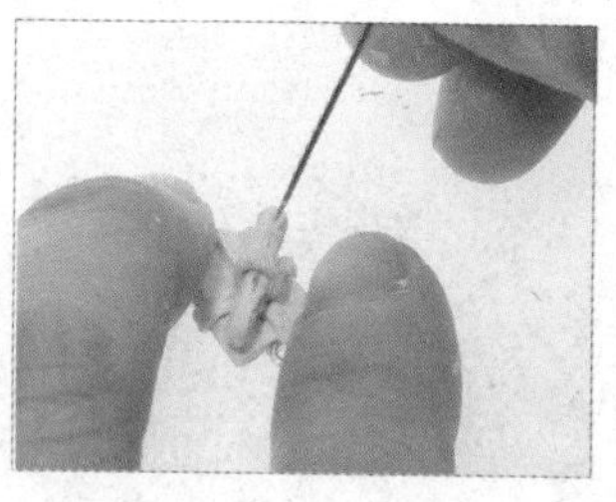

47 用珠针划出蝴蝶结的皱折纹路。

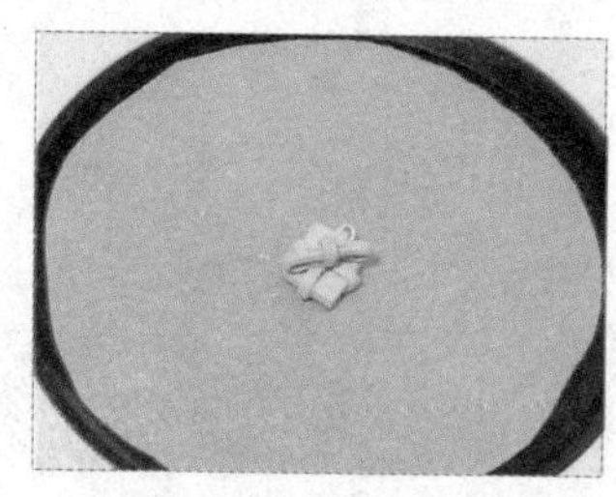

48 将作品放置在电烤盘上或用吹风机热风干燥 10 分钟。

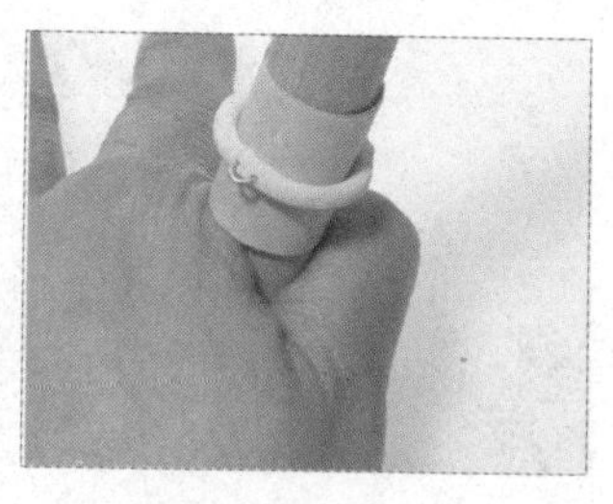

49 用单手虎口握住木芯棒较细的那端，使其与桌面垂直，轻敲桌面，让戒指连同便利贴滑落在手上。

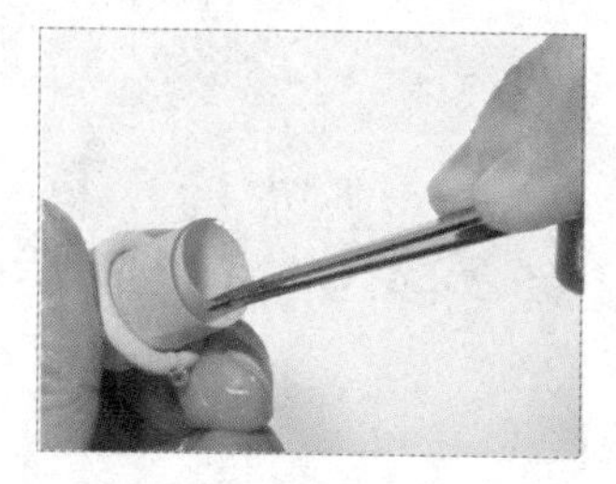

50 以镊子小心地将便利贴卷成小圈。（确定便利贴已完全剥离银黏土后才可抽出便利贴。）

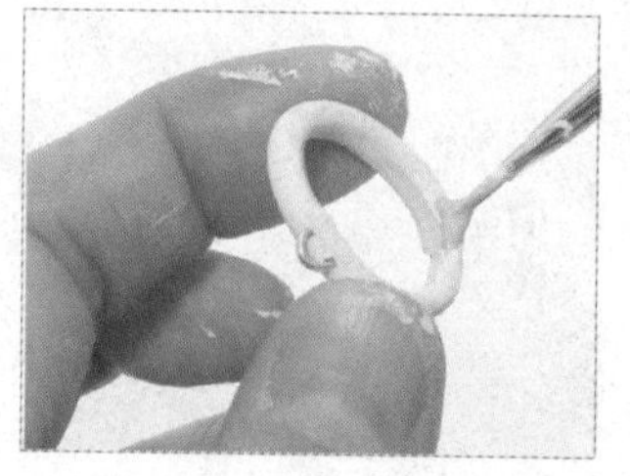

51 用水彩笔刷蘸少许银膏填补戒指内外侧衔接处的凹缝。

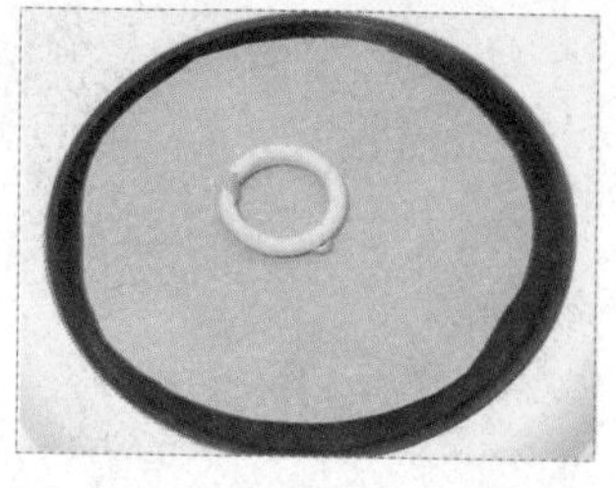

52 将戒指放置在电烤盘上或用吹风机热风干燥 5 分钟。

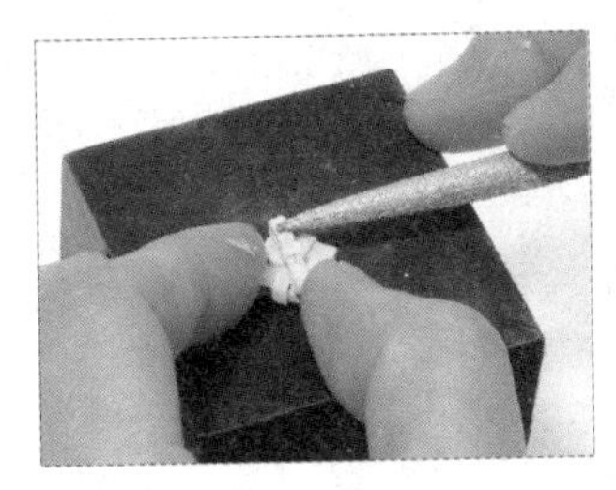

53 完全干燥后用烘焙纸铺底，橡胶台做支撑，用锉刀修磨礼物盒。

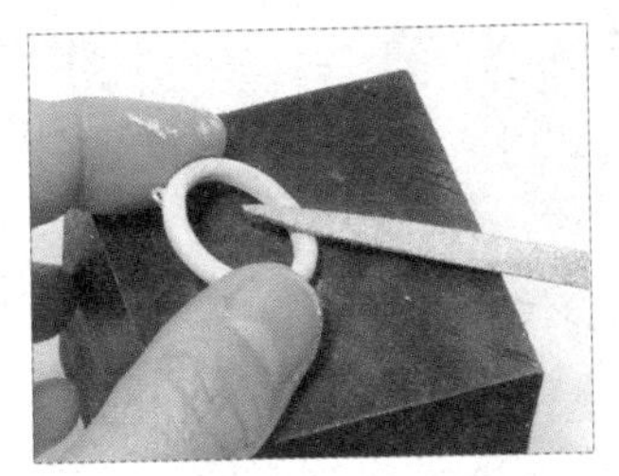

54 戒圈干燥后，用锉刀修磨戒指内围高起的部分。（内侧磨太多戒围易变松。）

55 电气炉升温至 800℃，烧制 5 分钟。（煤气灶烧制 8 ~ 10 分钟。）

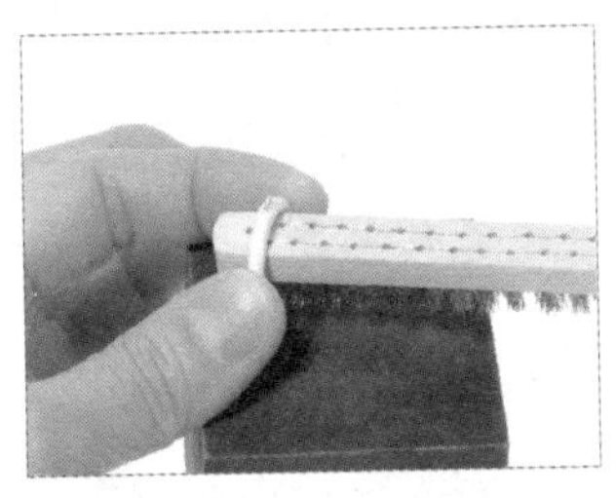

56 待作品冷却，用短毛钢刷刷除白色结晶，内、外侧都要刷干净。

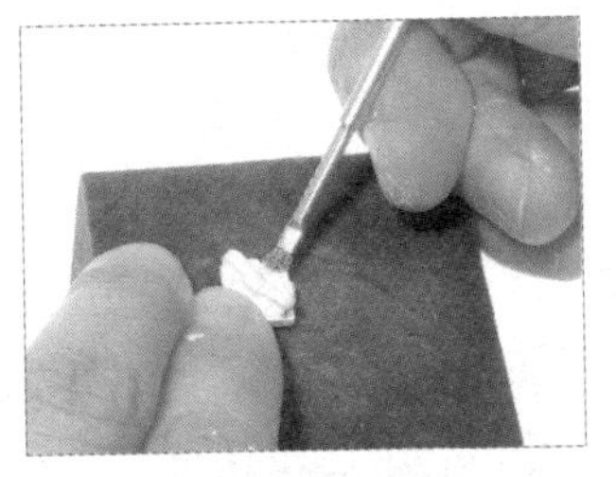

57 用双头细密钢刷刷除礼物盒微小处的结晶。

58 将戒指套入戒围钢棒，确认号数，并用橡胶锤敲圆。

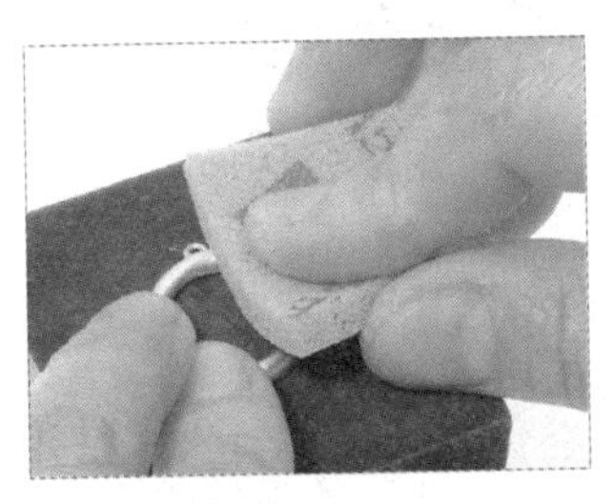

59 用红色海绵砂纸将戒圈推磨至平顺。

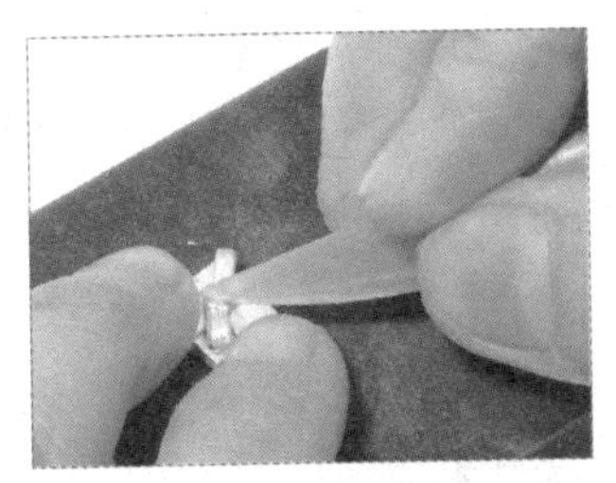

60 用玛瑙刀压光礼物盒上的缎带，以增加立体感。

61 用尖嘴钳夹开开口圈，钩入戒圈和礼物盒上的小圈后，再夹密合。

62 用拭银布擦拭作品。

63 即完成最神秘的圣诞节礼物戒指。

生日礼物

Birthday

毛小孩

材料

黏土型纯银黏土 10 克、膏状型纯银黏土少许、小插入环 2 个、3 毫米 x3 毫米心形合成宝石 1 颗、直径 5 毫米纯银开口圈 2 个、不锈钢锁链 1 条

工具

塑形工具

烘焙纸、铅笔、直径 2 毫米和直径 4 毫米铜管或吸管、直径 8 毫米吸管、塑胶滚轮、水彩笔刷、牙医工具、剪刀、1 毫米厚亚克力板、直径 2 毫米丸棒黏土工具、竹签、美工刀或笔刀、保鲜膜、小纸片、锉刀、橡胶台、镊子

干燥及烧制器具

电烤盘或吹风机、电气炉或煤气灶和不锈钢烧制网、计时器

加工工具

棉棒、温泉液、中性清洁剂、旧牙刷、橡胶台、剪钳、尖嘴钳、拭银布、海绵砂纸、短毛钢刷

步骤说明

01 裁剪一小张烘焙纸，用铅笔描下附图，并在背面反描一遍。

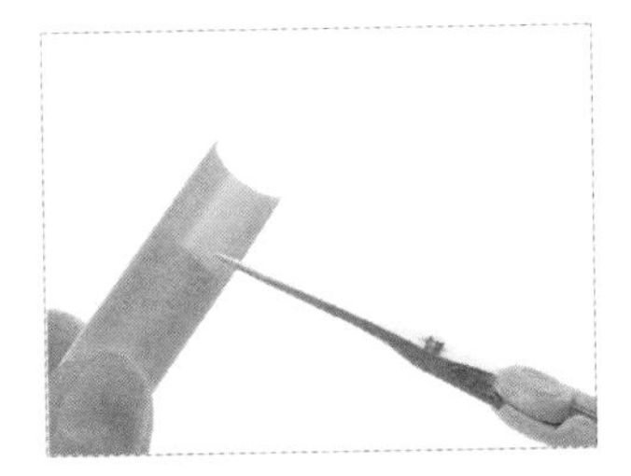

02 用小剪刀剪去直径 8 毫米吸管的 1/2 圆周。

03 在对折的烘焙纸中，亚克力板和折叠成接近草图宽度的银黏土。

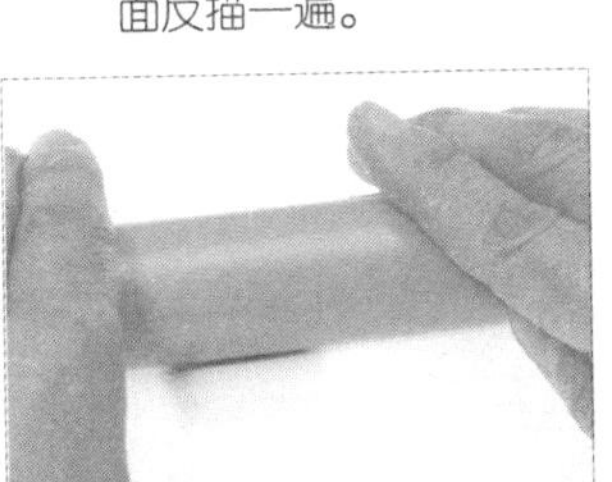

04 盖上烘焙纸，用塑胶滚轮按垂直方向滚压银黏土。

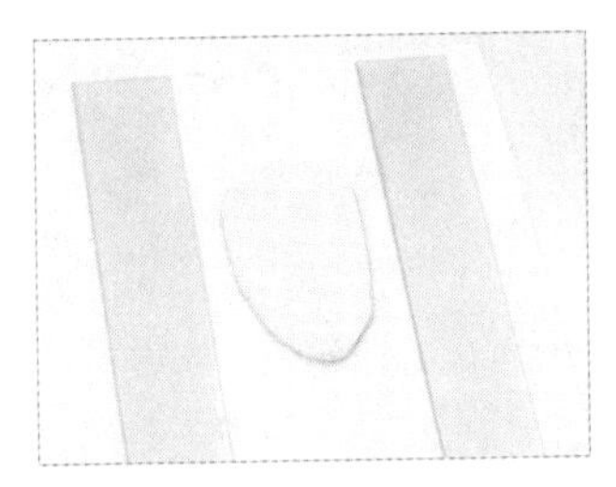

05 将银黏土擀平为 1 毫米的厚度。

06 用草图纸正面覆盖在银黏土上。

07 用塑胶滚轮滚压一遍。（切勿来回滚压，以免产生叠影。）

08 用直径 2 毫米的铜管轻压草图中眼眶位置。

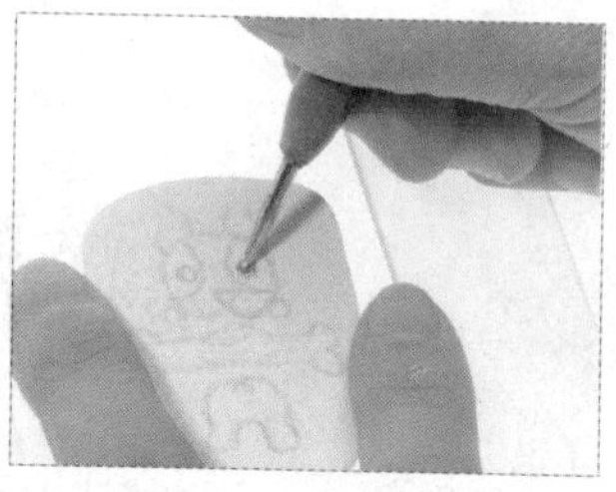

09 用丸棒黏土工具按压，以形成眼珠。

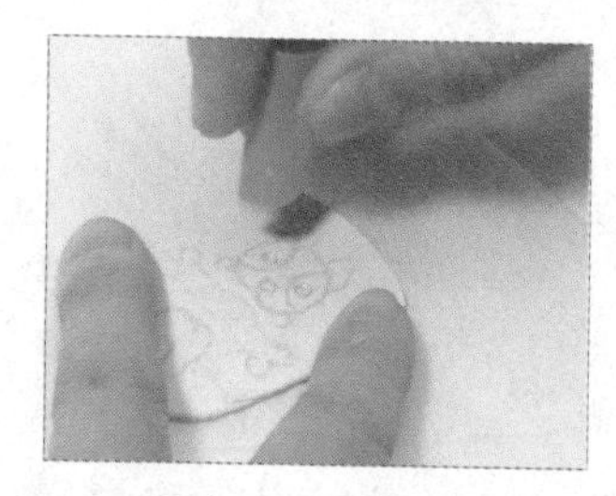

10 取步骤 02 剪好的吸管，轻压眼圈。

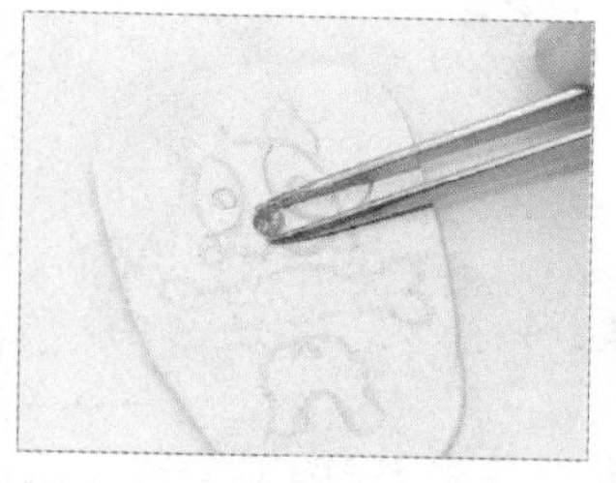

11 用镊子夹取宝石，将尖锥压入银黏土。

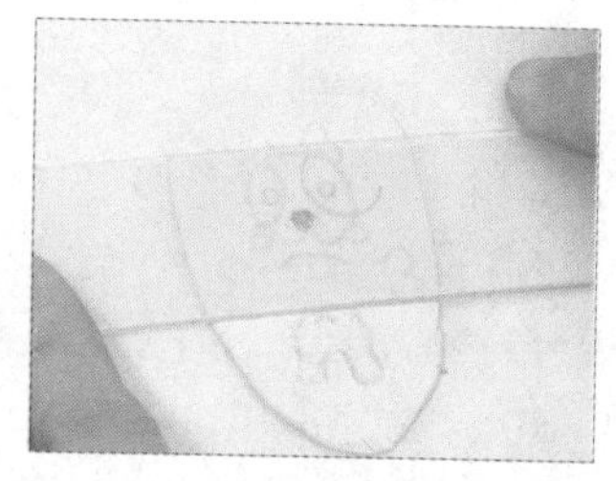

12 取透明的亚克力板覆盖并轻按宝石。

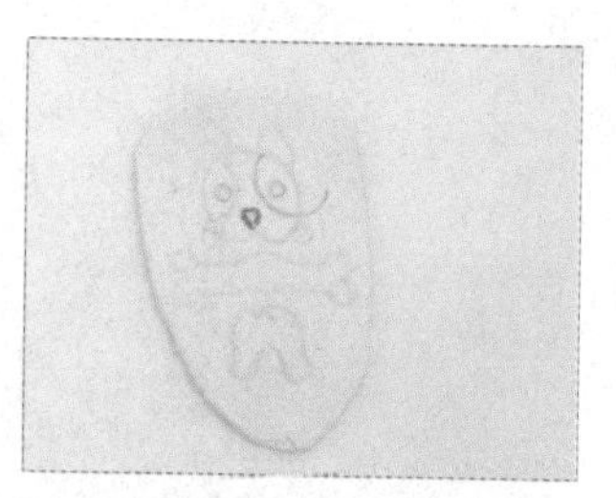

13 使宝石表面与银黏土表面保持在同一水平面上。

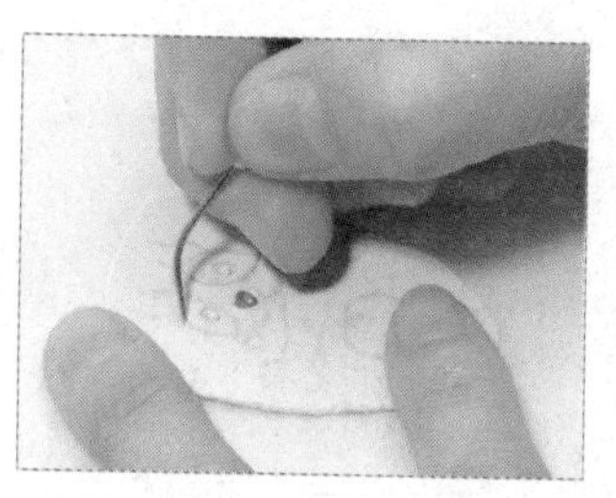

14 用牙医工具尖端刻出耳朵的分界线。

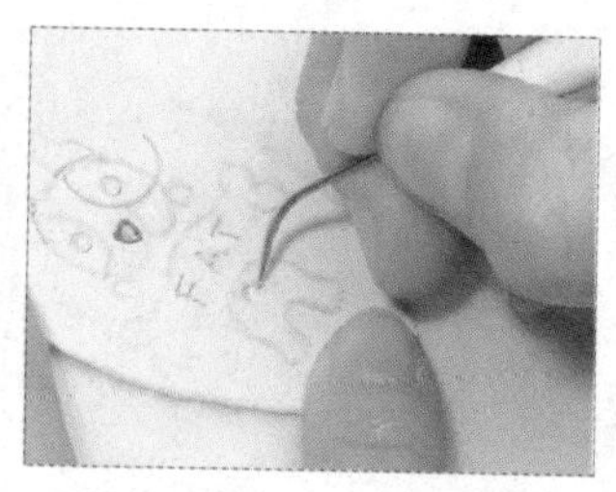

15 依序刻出毛小孩的名字和小尾巴。

16 用直径 4 毫米的铜管在草图之外的位置按压。

17 将竹签平的一端推进铜管，并由另一头顶出银黏土。

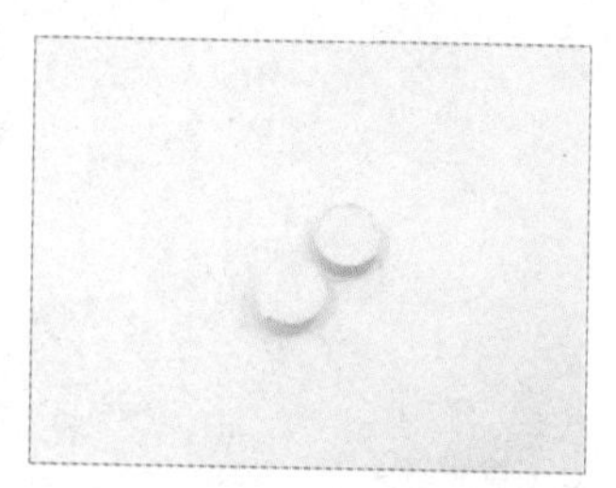

18 共需要两个银黏土小圆，作为毛小孩的前脚。

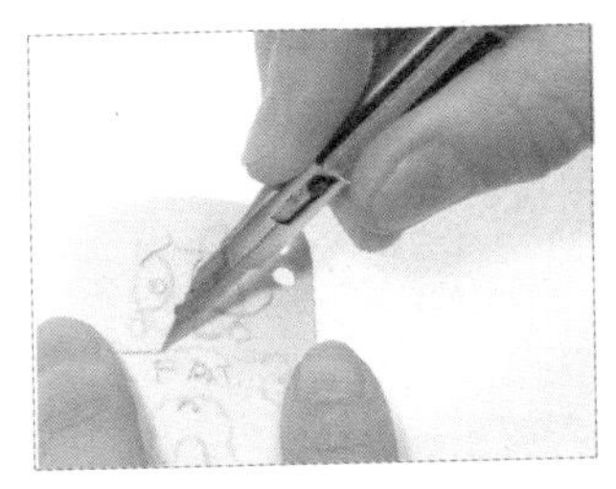

19 用美工刀沿草图切割外框。（刀刃尽量垂直。）

20 切下的银黏土，包回保鲜膜中回收保存。

21 切割完成后，用水彩笔刷蘸少许银膏涂在毛小孩屁股反面。

22 粘上骨头后，再涂上少许银膏粘上毛小孩的头部。

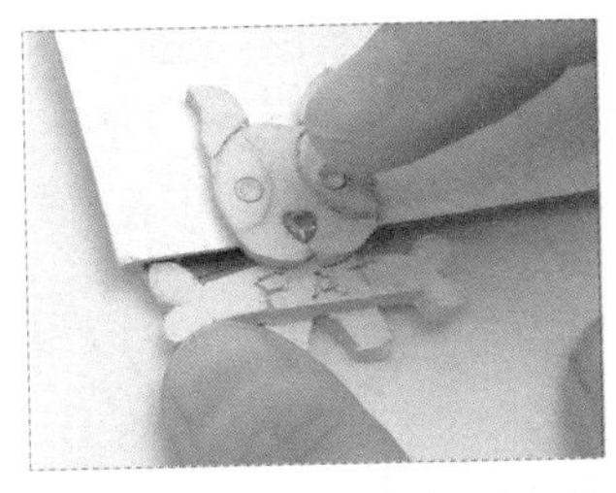

23 在黏合时，因为厚度的落差，需要用小纸片垫高头部，以使作品呈水平状。

24 在骨头上粘上毛小孩的两只前脚。

25 将作品连同纸片，一起放置在电烤盘上或用吹风机热风干燥 10 分钟。

26 黏合处再次用银膏补强，再干燥 5 分钟。

27 完全干燥后，以烘焙纸铺底，橡胶台做支撑，用锉刀修磨边缘。

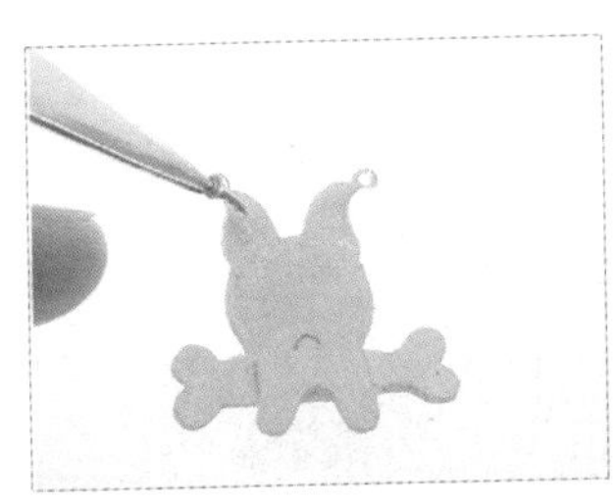

28 修磨完毕后，翻到背面，在耳朵中间处涂少许银膏，并摆放插入环。

29 以银膏覆盖插入环锯齿段直至插入环锯齿边缘消失，并形成小丘状。

30 将作品放置在电烤盘上或用吹风机热风干燥 5 分钟。

31 电气炉升温至 800℃，烧制 5 分钟。（煤气灶烧制 8 ~ 10 分钟。）

32 待作品冷却后，用短毛钢刷刷除白色结晶。

33 保留表面毛细孔状的梨皮质感。

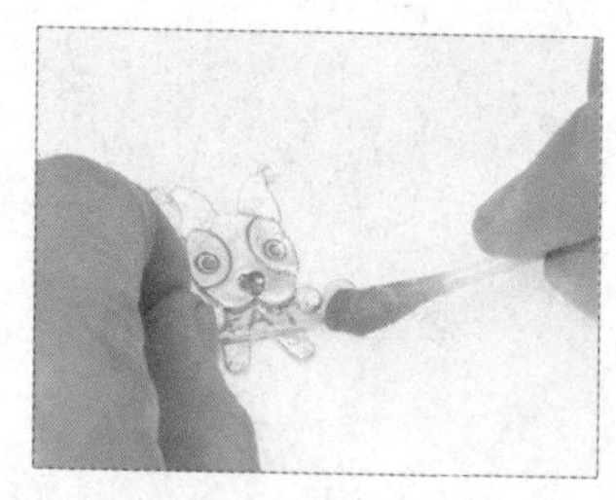

34 以棉棒蘸少许温泉液，涂抹在想要硫化上色的局部位置。

35 正面上色完毕。

36 用温泉液涂抹背面的尾巴。

37 用吹风机热风吹热，加速变色。

38 当作品的颜色达到自己想要的深度时，即可停止加热。

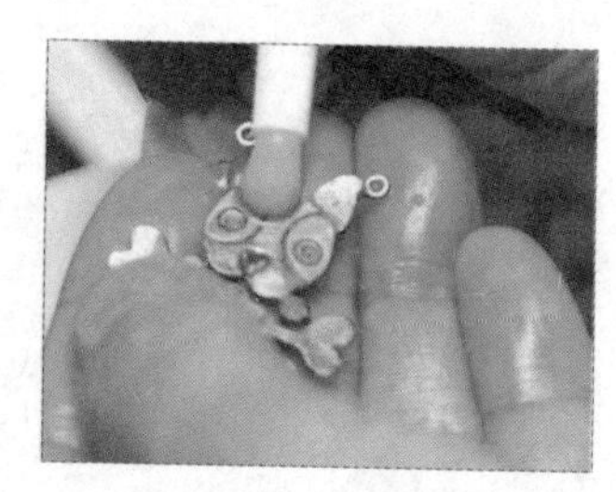

39 将作品带至水槽洗去温泉液。先挤上少许中性清洁剂。

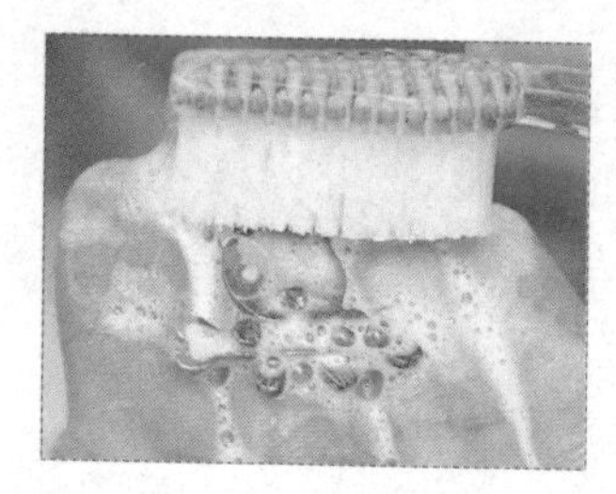

40 再用旧牙刷刷洗作品。

41 凹缝处必须加强刷洗，以免残留温泉液使作品继续硫化变黑。

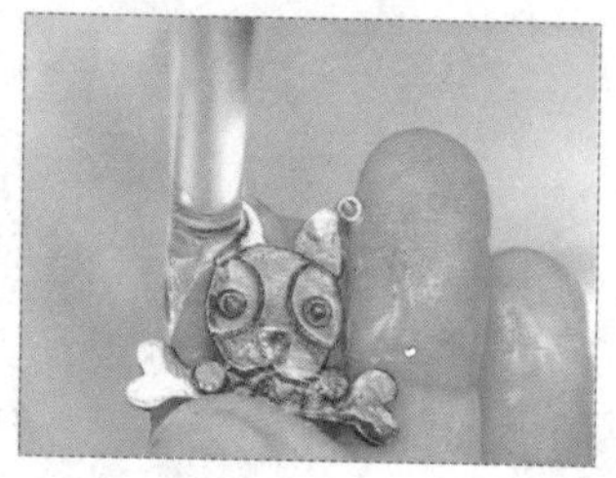

42 用自来水将作品冲洗干净。

43 用擦手纸将作品擦干。

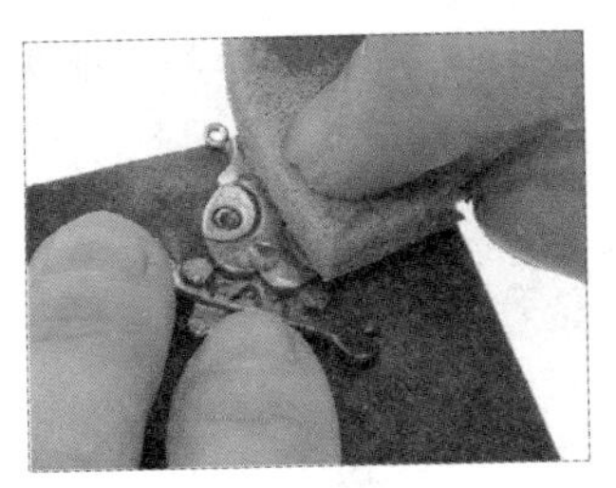

44 用红色海绵砂纸打磨表面，眼睛、线条、文字处留下熏黑的颜色。

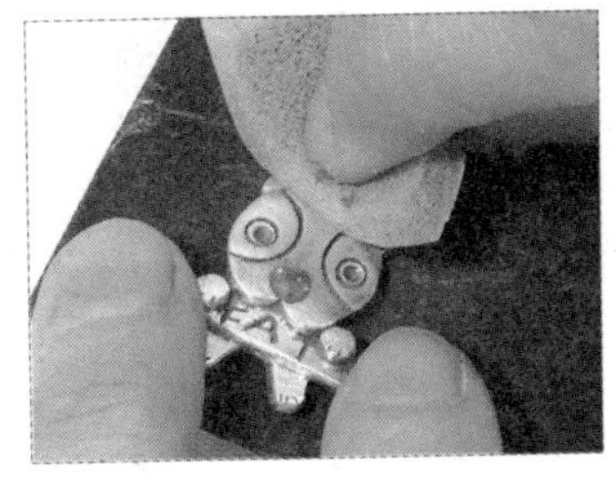

45 背面、侧面如有染黑的情况也请一并磨白。

46 用剪钳剪断锁链中间的那一环。（不锈钢链所需长度为毛小孩的颈围，可自行测量。）

47 用尖嘴钳钳开银圈的开口处。

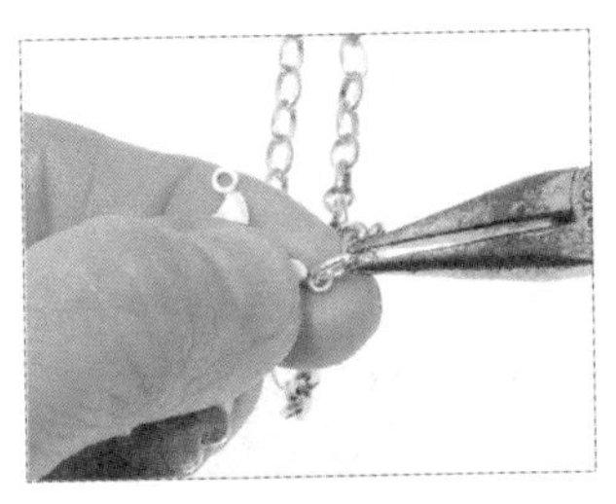

48 钩入插入环的小圈和钢链后夹密合。

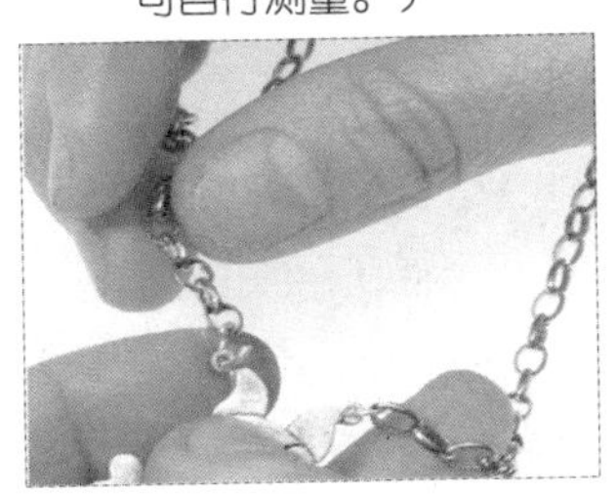

49 重复步骤 47—48，完成另一段银圈的串连。

50 用尖嘴钳将开口圈夹密合。

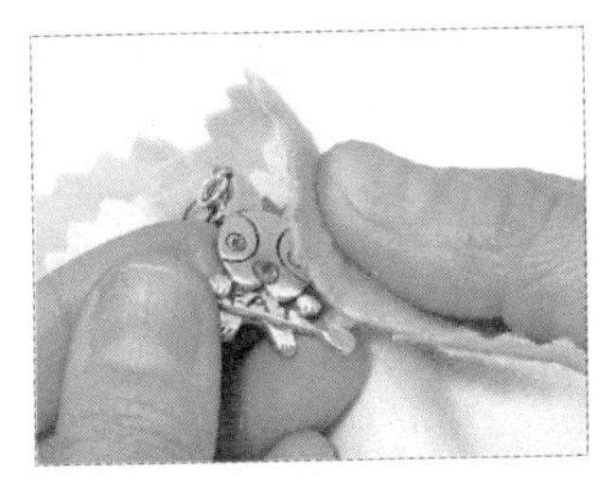

51 用拭银布擦拭作品。

52 即完成最别致的毛小孩项链。

爱心手链

材料

黏土型纯银黏土 10 克、C 环 2 个、纯银锁链式手链 1 条

工具

塑形工具

烘焙纸、铅笔、塑胶滚轮、1.5 毫米厚亚克力板、网状缎带或蕾丝边、美工刀或笔刀、造型刮板、水彩笔刷、易拉罐空瓶、牙医工具、圆形锉刀、橡胶台

干燥及烧制器具

吹风机、电气炉或煤气灶和不锈钢烧制网、计时器、耐热棉

加工工具

广口瓶、浓缩温泉液、免洗筷、中性清洁剂、旧牙刷、剪钳、尖嘴钳、拭银布、橡胶台、短毛钢刷、锉刀、海绵砂纸

步骤说明

01 裁剪一小张烘焙纸，用铅笔描下附图的框。

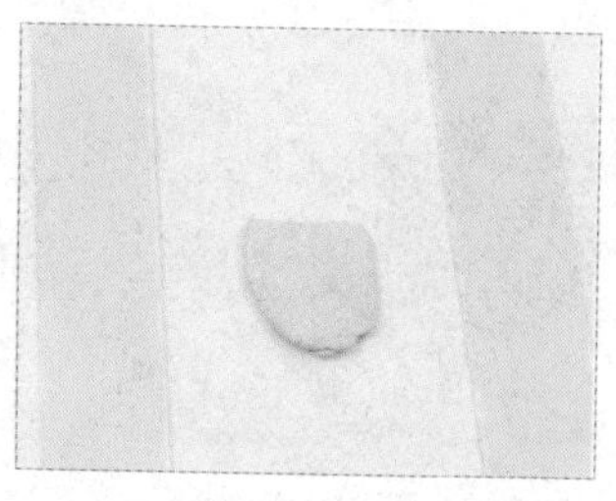

02 在对折的烘焙纸上，摆放 1.5 毫米厚的亚克力板和接近草图宽度的银黏土。

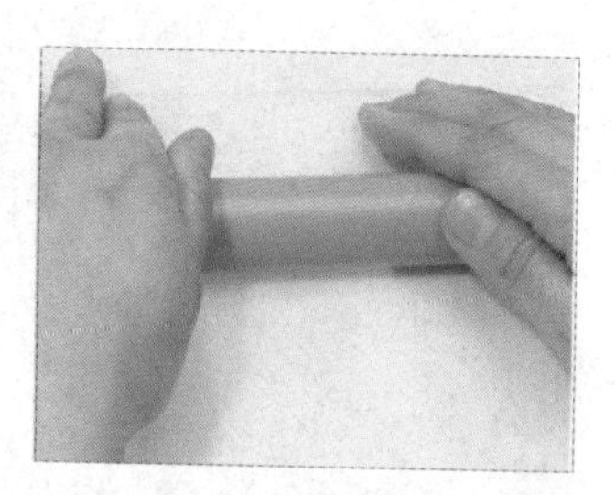

03 盖上烘焙纸，用塑胶滚轮按垂直方向滚压银黏土。

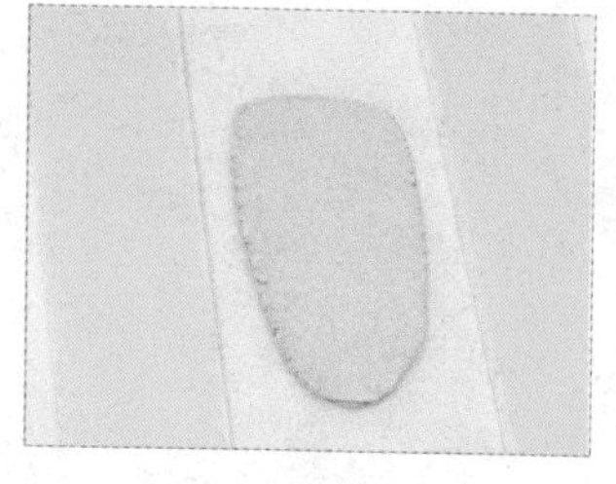

04 掀开烘焙纸，银黏土已擀平为1.5毫米的厚度。

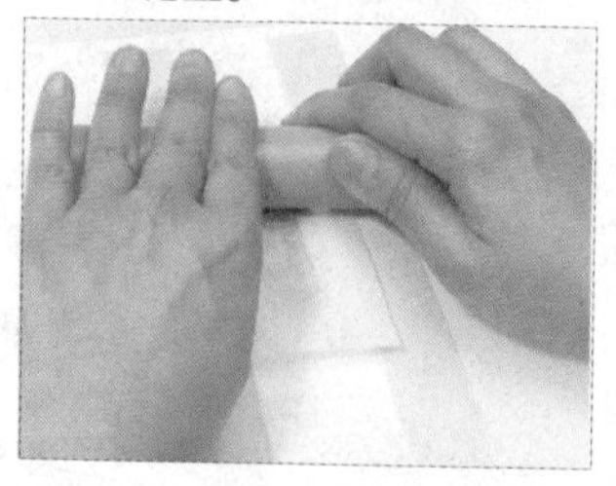

05 将草图纸覆盖在银黏土上，用塑胶滚轮滚压一遍。（切勿来回滚压，以免产生叠影。）

06 先盖上网状缎带，再用塑胶滚轮滚压一遍。

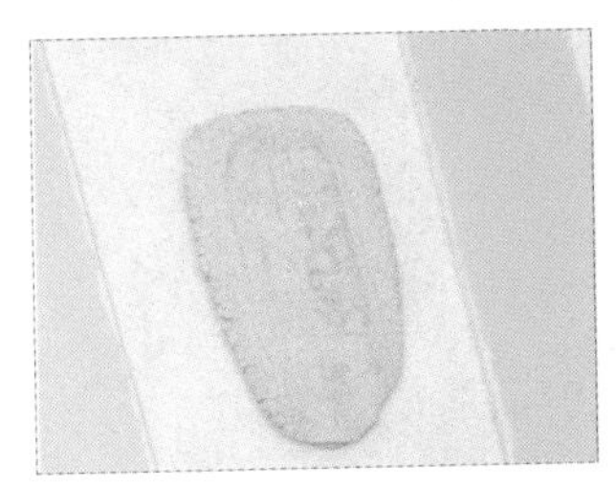

07 移开缎带，网纹已拓印在银黏土上。（网纹是背面的图纹。）

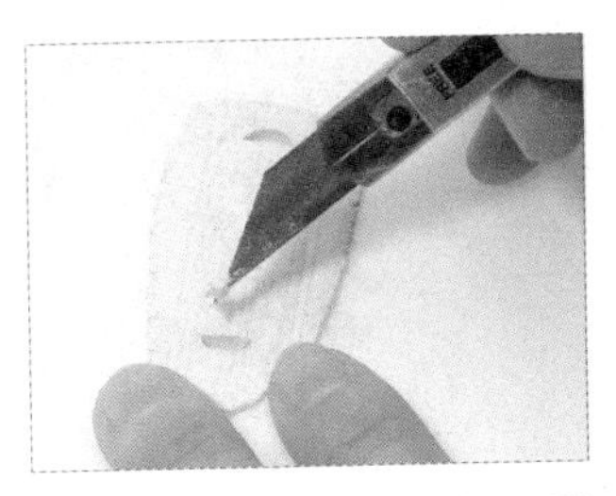

08 用美工刀割出两侧弧形洞口。

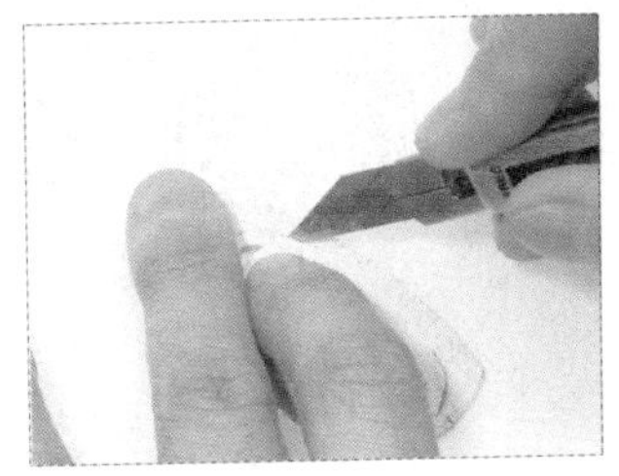

09 切割出左右半圆形的外框。

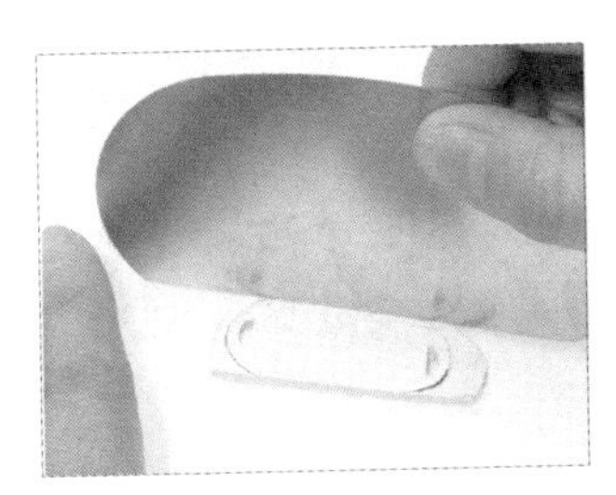

10 用造型刮板切割出上下水平框线。

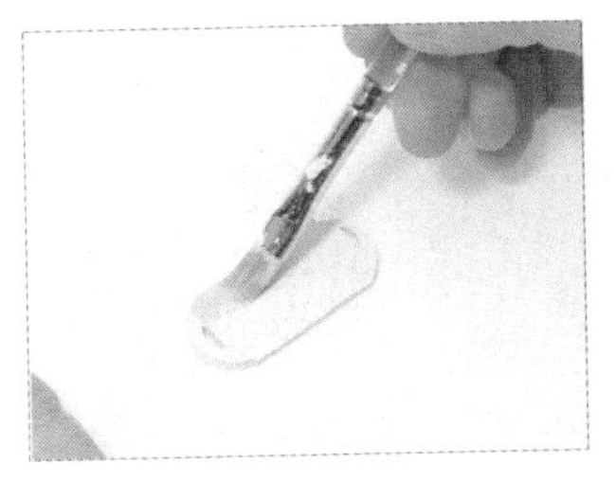

11 翻回正面，用水彩笔刷在银黏土的表面刷薄薄的一层水。

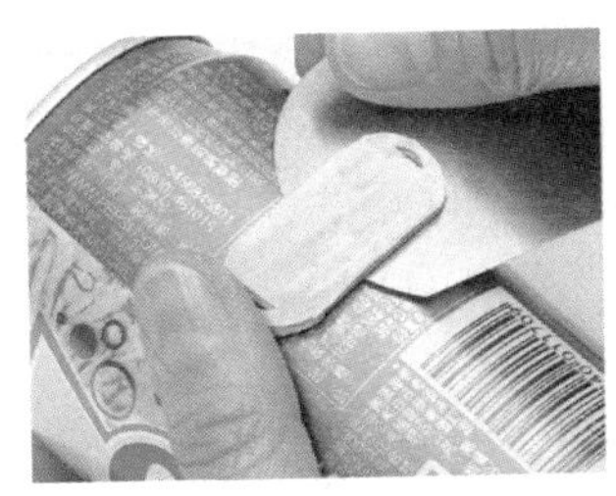

12 取出易拉罐空瓶，将银黏土置于罐身。

13 使银黏土与易拉罐服贴形成弧面。

14 在银黏土未干时，用牙医工具在弧面上书写想要传达的文字信息。

15 依序写完文字。（暂时不需理会刮起的银黏土屑。）

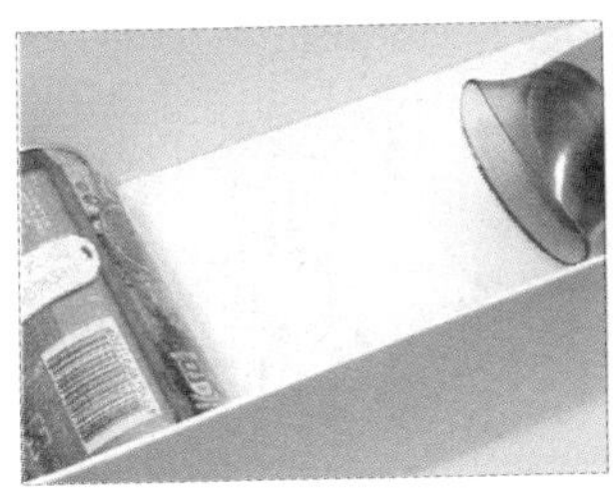

16 连同空罐，用吹风机热风干燥约 15 分钟。

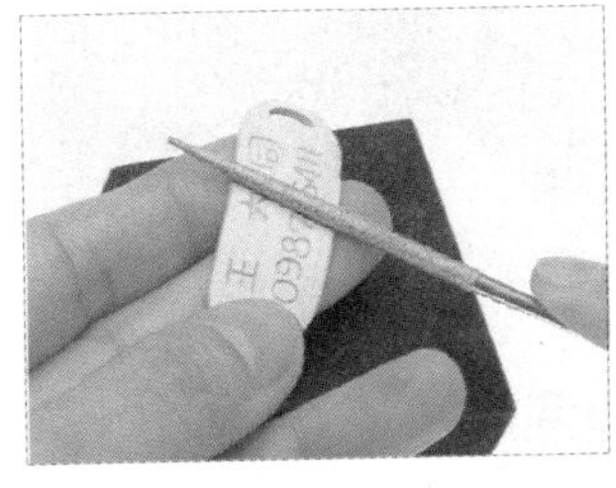

17 完全干燥后，以烘焙纸铺底，手托住做支撑，用圆形锉刀修磨表面的小凸起。

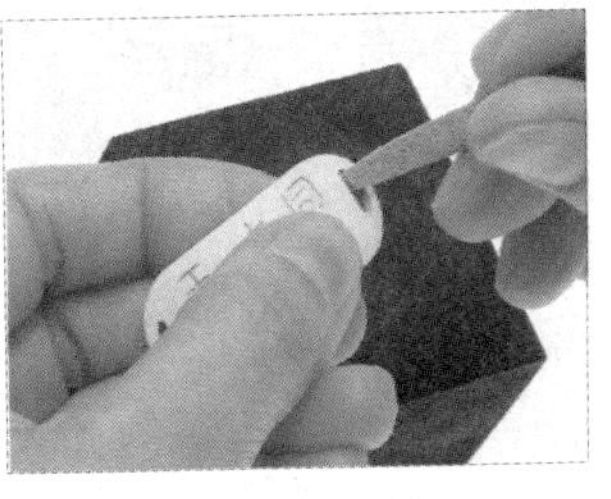

18 用锉刀修磨弧形洞口和整体边缘至平整。

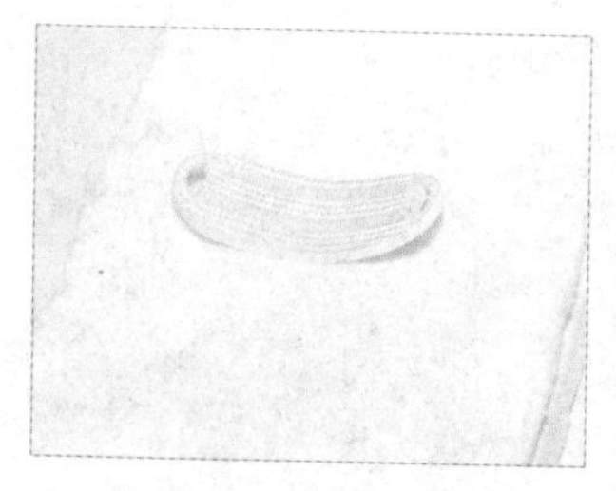

19 由于作品为立体塑形，平放时下方会产生空隙，如直接置入烧制，容易塌陷变平。

20 用少许耐热棉垫高作品，使其弧度有支撑。

21 电气炉升温至 800℃，烧制 5 分钟。（煤气灶烧制 8 ~10 分钟。）

22 待作品冷却后，用短毛钢刷刷除白色结晶，内、外侧都要刷干净。

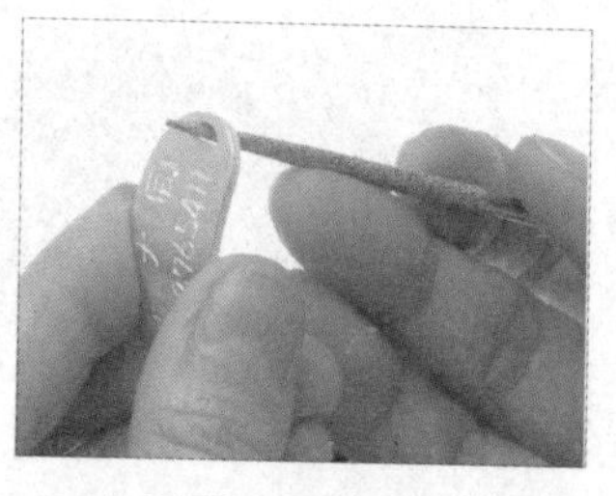

23 对于弧形洞口刷不到的结晶，可利用圆形锉刀的尖端摩擦去除。

24 刷出表面毛细孔状的梨皮质感。

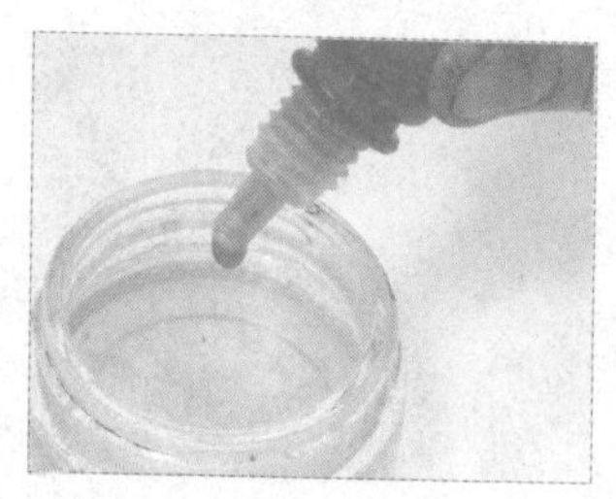

25 广口瓶盛装少许热开水，滴入 2 ~ 3 滴浓缩温泉液。（水量要没过作品。）

26 用免洗筷将作品放入温泉液中，浸泡至变色。

27 当作品的颜色达到自己想要的深度，即可夹出清洗。

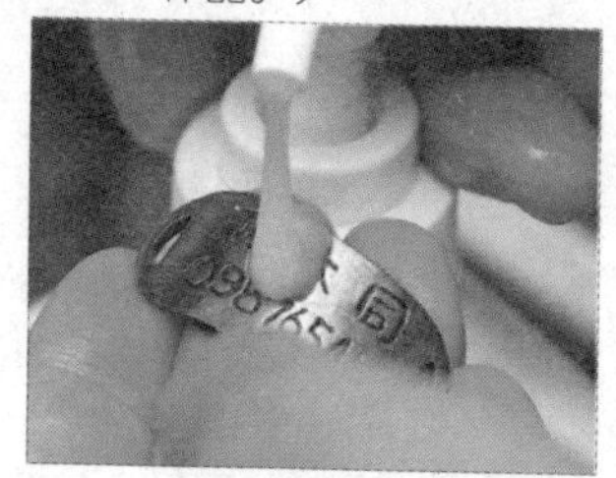

28 将作品带至水槽洗去温泉液。先挤上少许中性清洁剂。

29 用旧牙刷刷洗作品。（凹缝处要加强刷洗，避免残留温泉液使作品继续硫化变黑。）

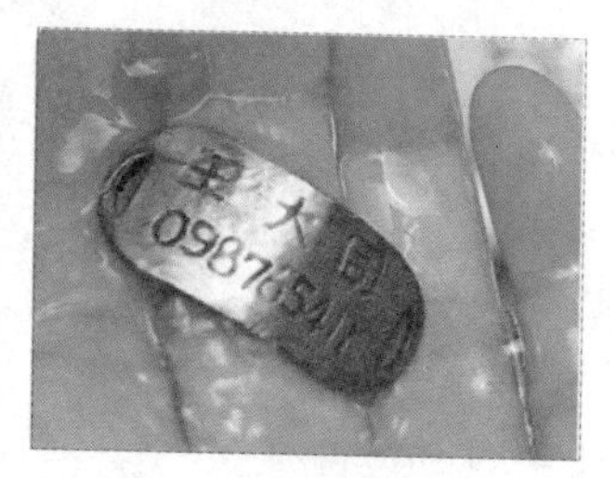

30 用自来水将作品冲洗干净，再擦干。

31 用红色海绵砂纸将平面磨白，文字和网纹处留下熏黑的颜色，侧面如有染黑，也请一并磨白。

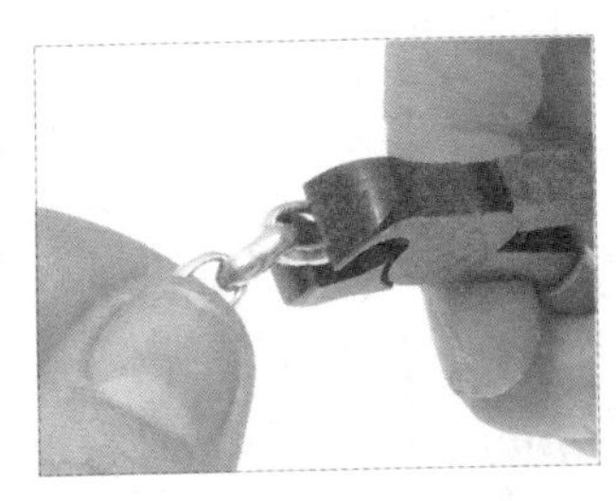

32 取锁链式手链测量手围后，用剪钳剪去多余部分。

33 先用尖嘴钳夹开 C 环，再钩入作品一端的洞口，然后夹密合。

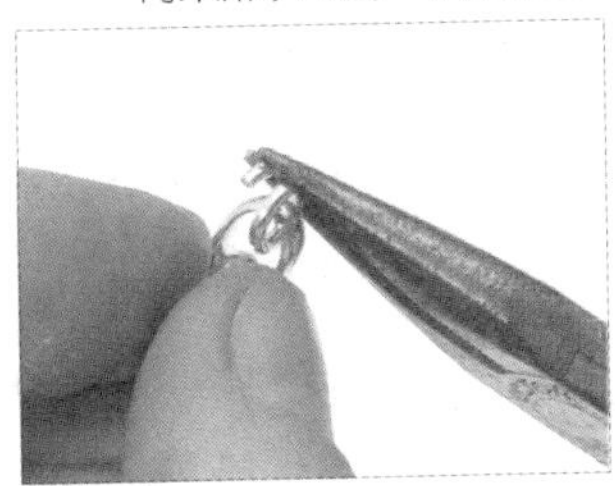

34 用尖嘴钳夹开另一个 C 环，钩入手链的末端。

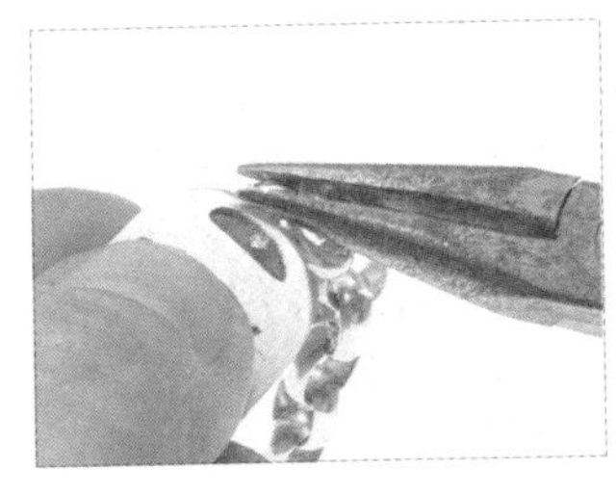

35 再将 C 环钩入作品另一个洞口。

36 用尖嘴钳将C 环夹密合。

37 用拭银布擦拭作品。

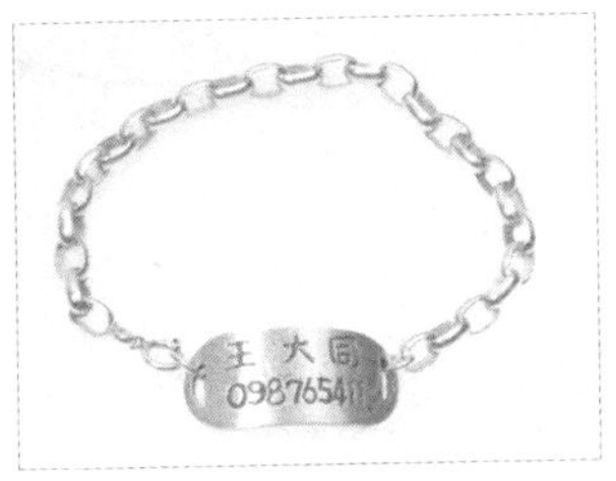

38 即完成送给长辈或幼儿的、具备防走失功能的爱心手链。

银色叶片

材料

膏状型纯银黏土 5 克、直径 5 毫米纯银开口圈 2 个、直径 3 毫米纯银开口圈 2 个、纯银耳针或耳夹 1 副

工具

塑形工具

水彩笔刷、浅口罐子、珠针、小剪刀

干燥及烧制器具

电烤盘或吹风机、电气炉或煤气灶和不锈钢烧制网、计时器

加工工具

尖嘴钳、拭银布、玛瑙刀、短毛钢刷、橡胶台、铅笔、钻头组、半圆形锉刀

步骤说明

01 将两片新鲜小叶片洗净后擦干。（须采集叶身厚、叶脉清晰，且留有叶柄的叶片。）

02 用水彩笔刷挖出约 5 克的银膏。（视叶片大小决定用量。）

03 取浅口罐子放入银膏后，慢慢加水稀释。

04 搅拌速度须放慢，气泡才不会过多。（制作前一天，调稀静置更佳。）

05 调匀至浓稠状，以水彩笔刷蘸起形成水滴状，但不会迅速滴下的浓度为准。

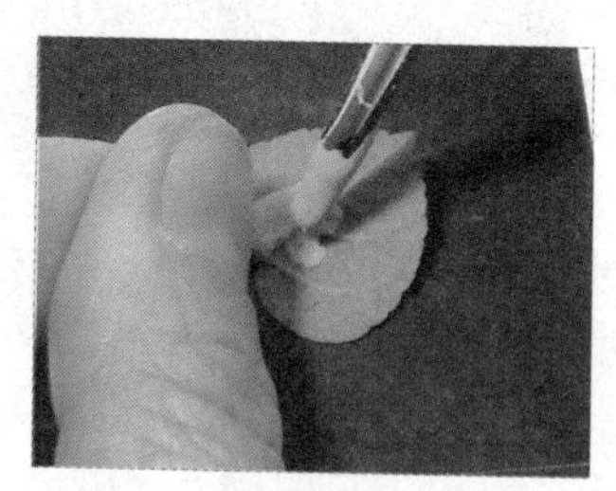

06 一只手轻抓叶柄，另一只手握水彩笔刷涂银膏。

07 以点的方式在叶片背面（叶脉凸出的那面）涂抹银膏。

08 直至涂满（只涂单面），如有小气泡出现，可用珠针轻戳气泡。

09 将作品放置在电烤盘上或用吹风机热风干燥 5 分钟。（吹风机须调弱，以免吹跑叶片。）

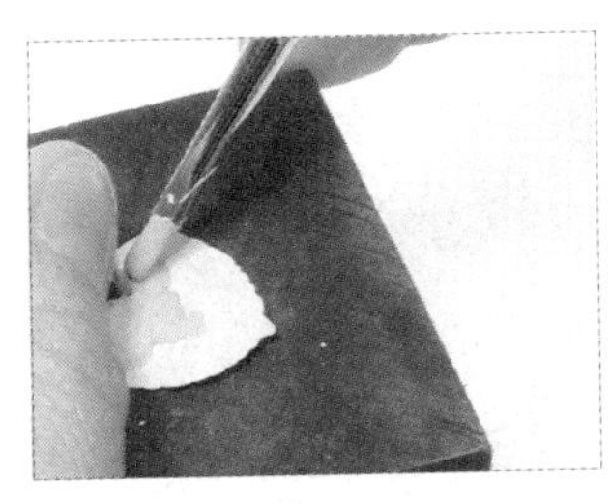

10 重复步骤 7—8，再涂上厚厚的一层银膏。

11 再次干燥 5 分钟。

12 重复步骤 7—8，再次涂满厚厚的银膏（第三层）。

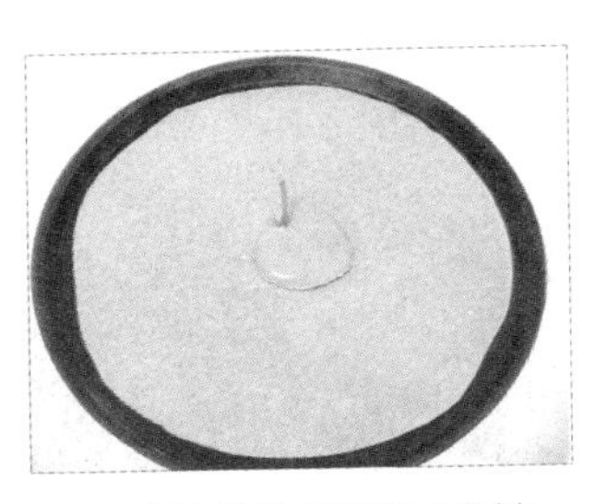

13 再次将作品干燥5分钟。

14 涂抹的次数以作品干燥后达到 1 毫米的厚度，且看不清叶脉纹路为准。

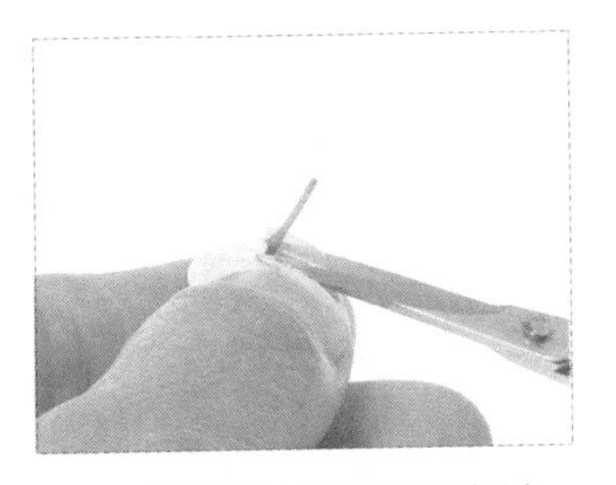

15 当达到1毫米的厚度时，用小剪刀将叶柄剪掉。

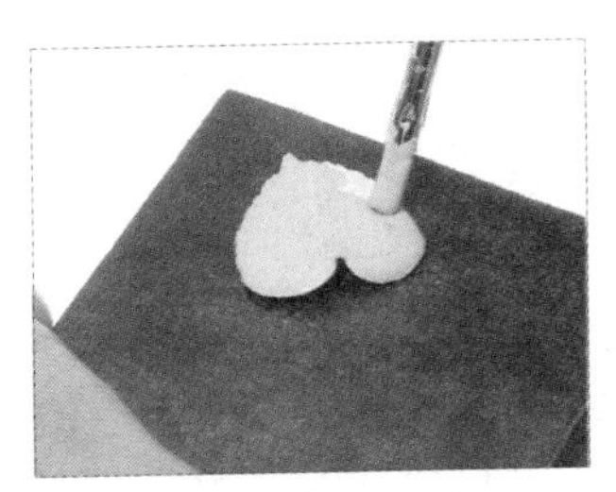

16 用刷的方式涂上最后一层银膏，使叶片背面平整。

17 检查叶片有无气泡，若有以珠针戳破。

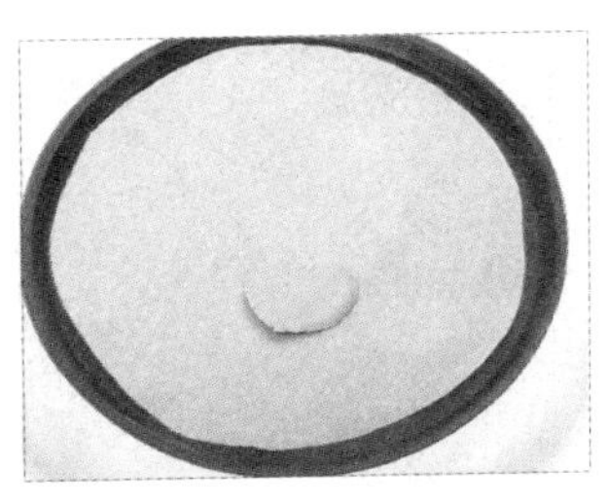

18 将作品再次干燥5分钟。

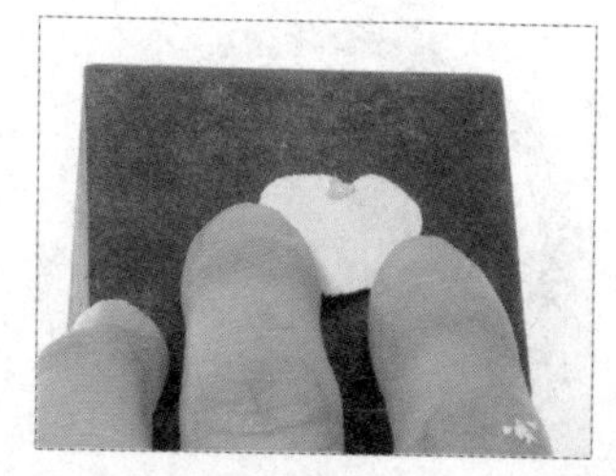

19 用银膏局部加强叶柄切除点，再次干燥10分钟。

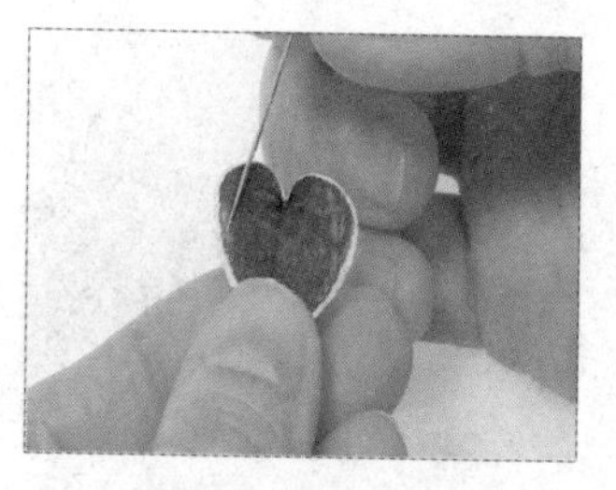

20 正面若粘黏银膏，则用珠针轻轻剔除。

21 将电气炉升温至800℃，烧制5分钟。（煤气灶烧制8 ~ 10分钟。）

22 静待作品冷却。

23 用短毛钢刷刷除正反面的白色结晶。

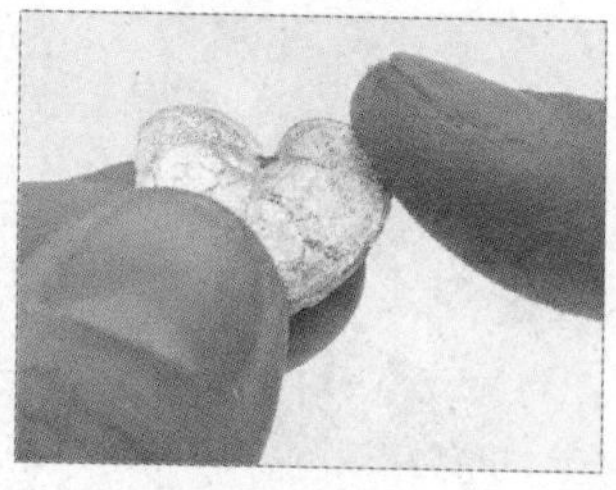

24 检查叶片边缘是否锐利。

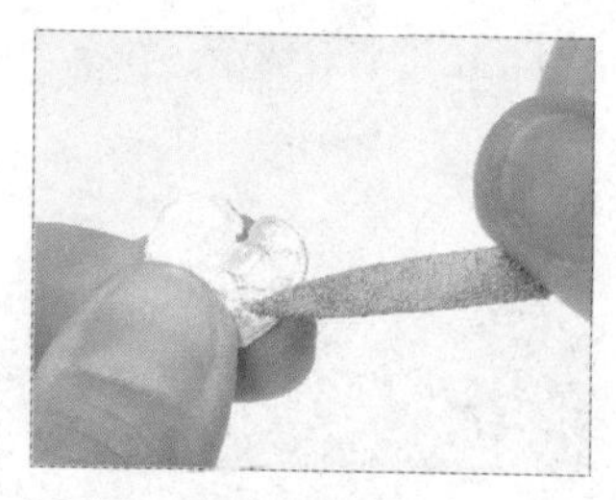

25 取半圆形锉刀按垂直方向将边缘磨滑顺。

26 保留表面毛细孔状的梨皮质感。

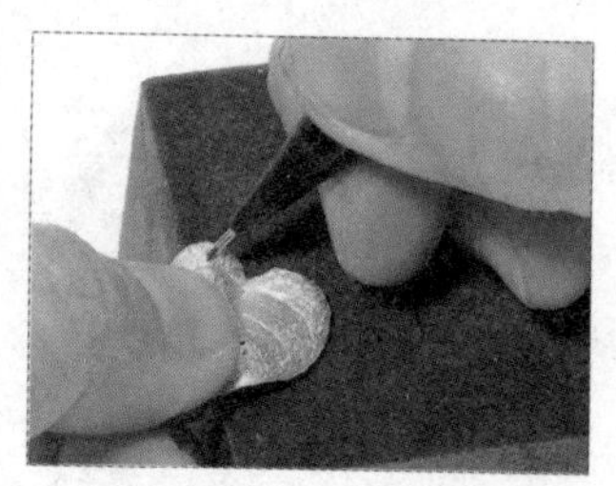

27 点出两片叶片要钻孔的对称的点。（距离边缘约2毫米，主叶脉处较薄，建议避开。）

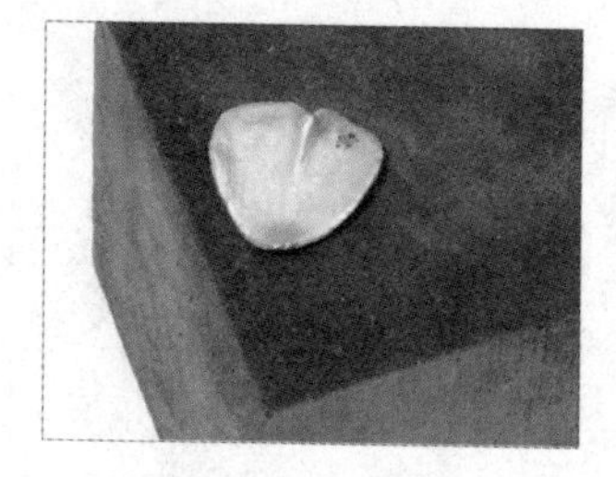

28 预备钻孔位置的下方，若为悬空，改从背面钻孔。

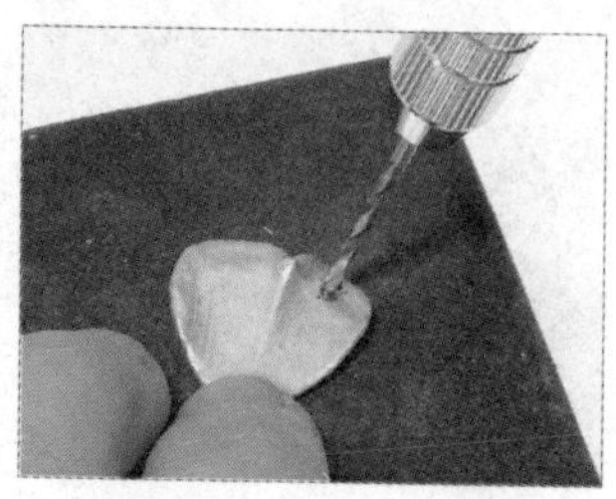

29 取钻头铗钳套用直径1毫米的钻针。

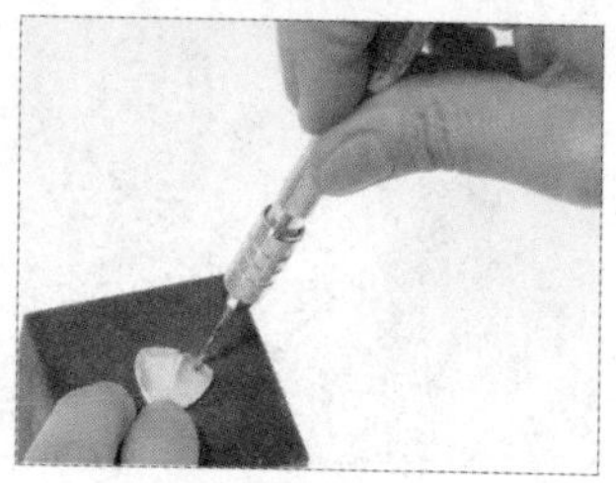

30 对准铅笔记号，手掌轻轻抵住钻尾，垂直向下顺时针旋转。

31 慢慢旋出银屑。

32 直至圆孔钻穿。

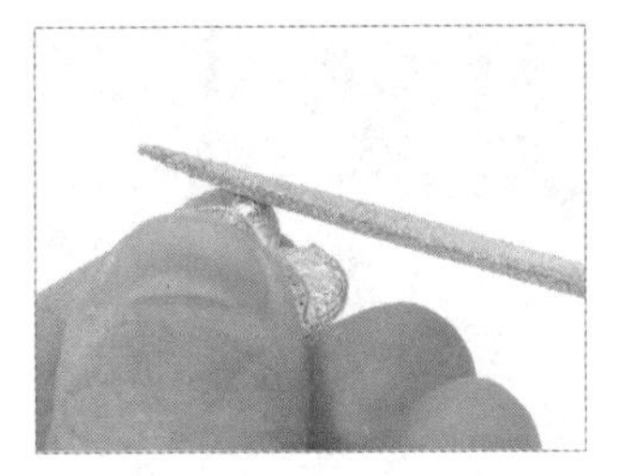

33 洞口若不平顺，可用锉刀稍加锉磨。

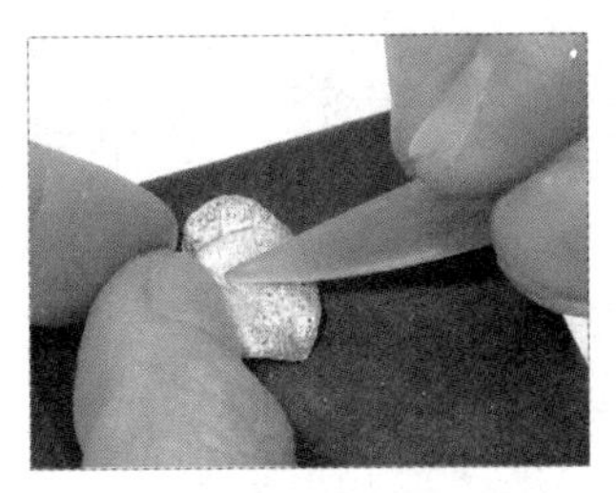

34 用玛瑙刀压光叶片局部，以增加光泽度与立体感。

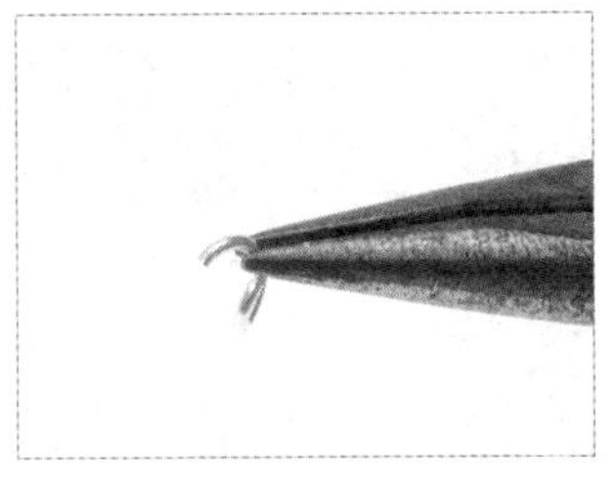

35 用尖嘴钳夹开直径为 5 毫米的银圈的开口处。

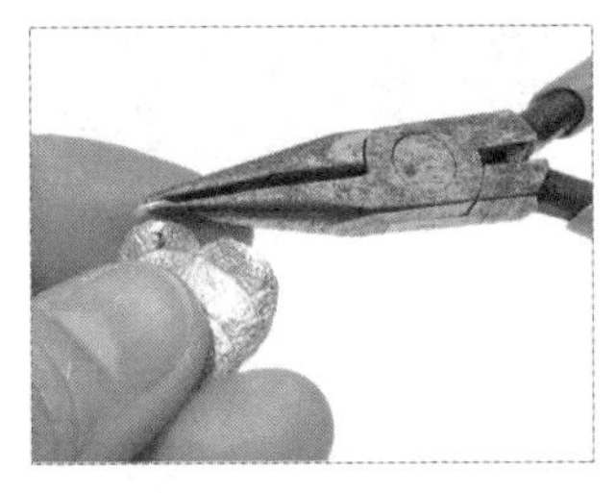

36 钩入叶片的小孔。

37 用尖嘴钳将银圈夹密合。

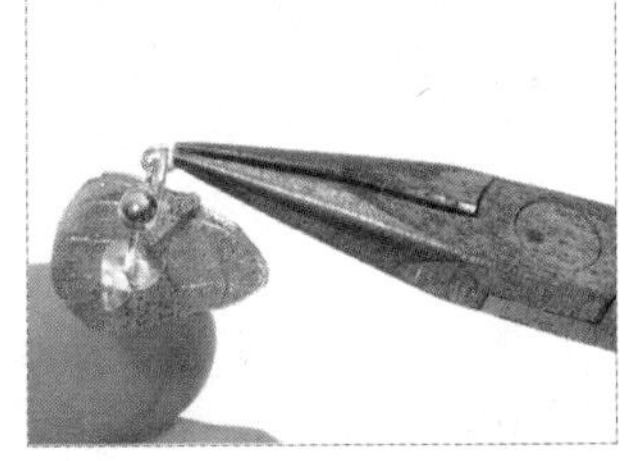

38 取直径 3 毫米的开口银圈，再串连直径 5 毫米银圈和耳针（或耳夹）上的小圈。

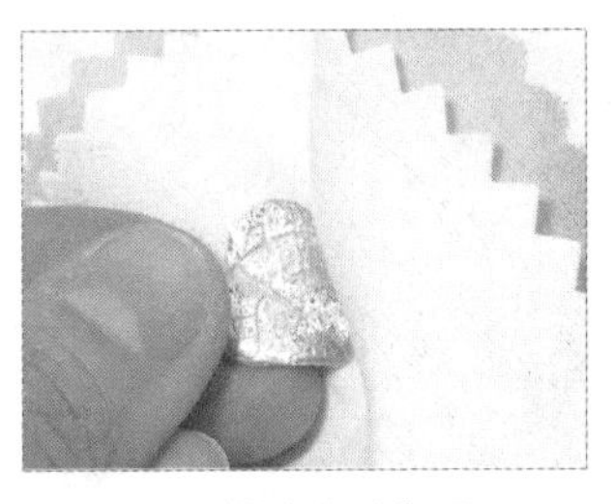

39 用拭银布擦拭作品。

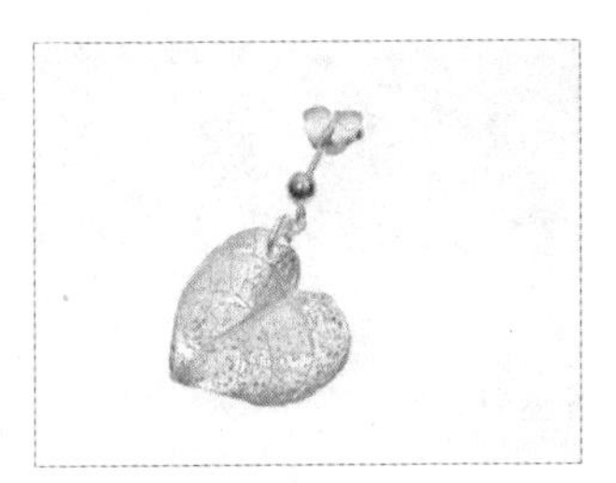

40 即完成最具自然风又独一无二的叶片耳环。

满月礼物

Newborn Baby

出生纪念礼

材料

黏土型纯银黏土 7 克、膏状型纯银黏土少许、针筒型纯银黏土 3 克、绿针头（中口）、纯银链 1 条

工具

塑形工具

烘焙纸、铅笔、1.5 毫米厚亚克力板、塑胶滚轮、椭圆板、珠针、保鲜膜、垫板、造型刮板、牙医工具、直径 1 毫米丸棒黏土工具、塑胶板、水彩笔刷、直径 5 毫米吸管、镊子

干燥及烧制器具

电烤盘或吹风机、电气炉或煤气灶和不锈钢烧制网、计时器

加工工具

棉棒、温泉液、中性清洁剂、旧牙刷、拭银布、短毛钢刷、圆形锉刀、橡胶台、海绵砂纸、玛瑙刀

步骤说明

01 用铅笔在烘焙纸上描出草图，并在背面反描一遍。

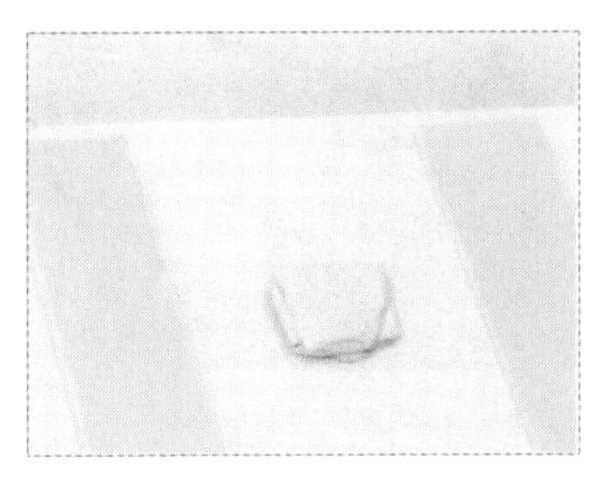

02 在对折的烘焙纸上，摆放 1.5 毫米厚的亚克力板和折叠成接近草图宽度的银黏土。

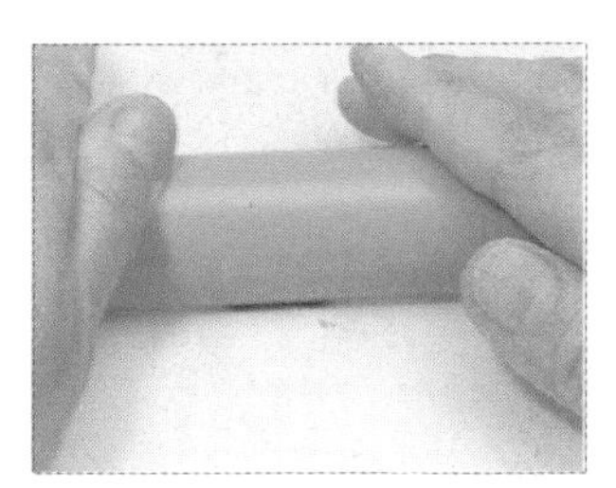

03 盖上烘焙纸，用塑胶滚轮按垂直方向滚压银黏土。

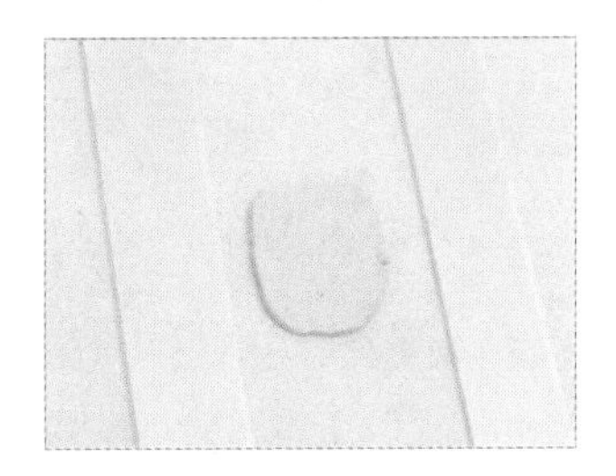

04 将银黏土擀平为 1.5 毫米的厚度。

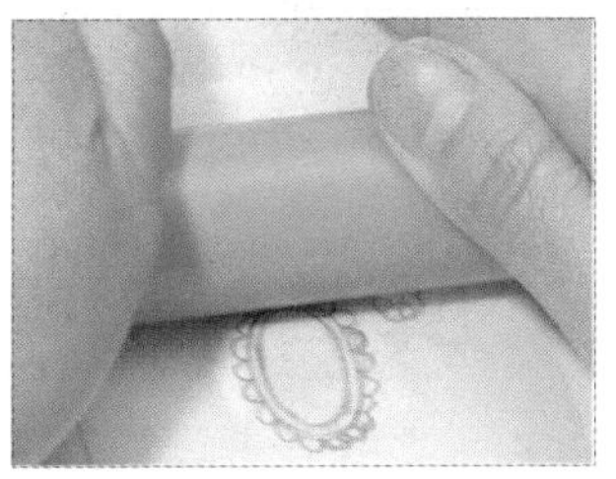

05 将草图纸正面覆盖在银黏土上，用塑胶滚轮滚压一遍。

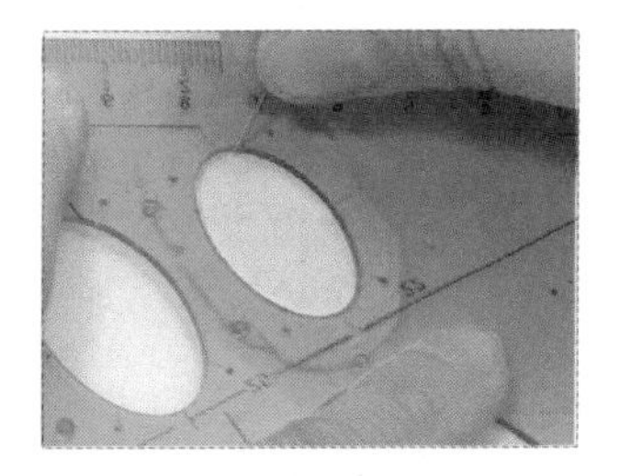

06 覆盖椭圆板。选择比草图略大的椭圆，用珠针浅浅划出椭圆线条。

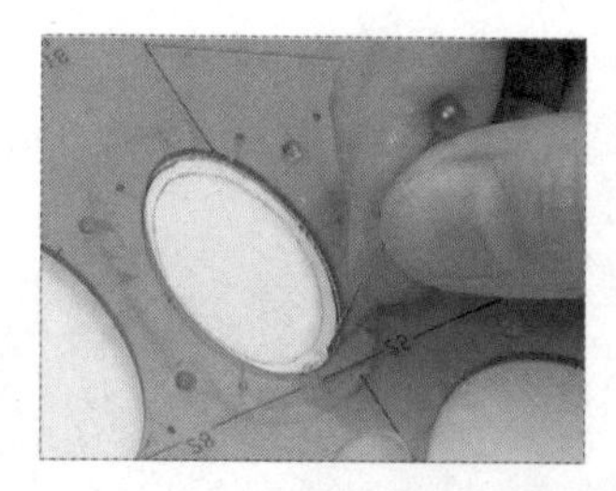

07 换大1号的椭圆，用珠针重重地划一圈。（珠针尽量垂直，这圈须划到底。）

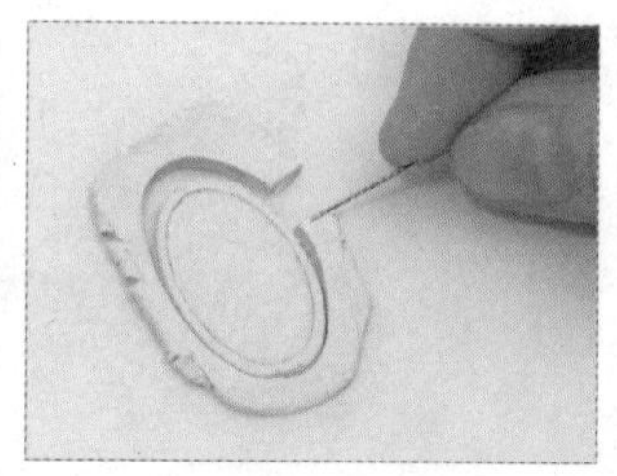

08 用珠针向外划开一边，取下多余的银黏土，包回保鲜膜中回收保存。

09 用珠针写下宝宝的名字和生日。

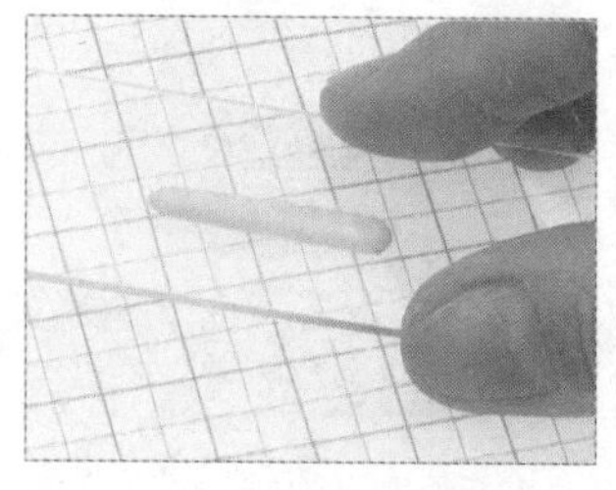

10 取一小块银黏土，在光滑的垫板上，用透明亚克力板搓成长条。

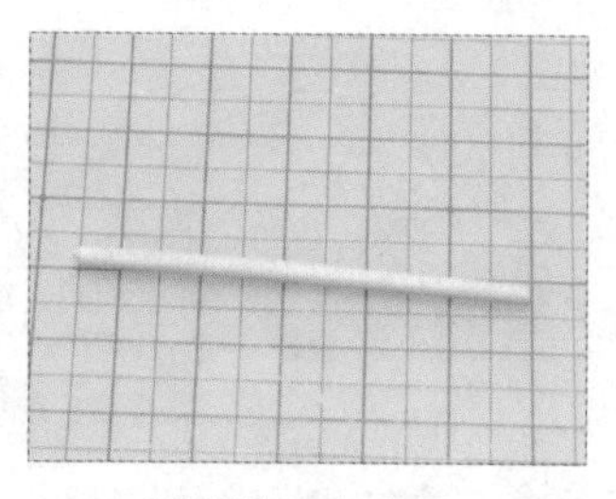

11 继续搓滚成直径2毫米的均匀细长条。

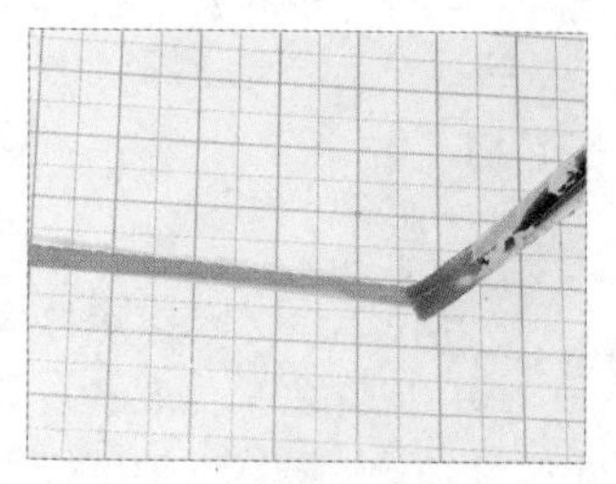

12 用水彩笔刷刷在银黏土条上刷薄薄的一层水。

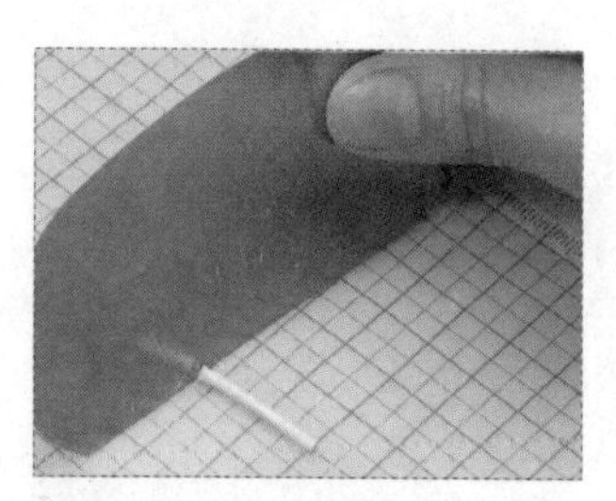

13 用造型刮板截取约2厘米长的细长条。

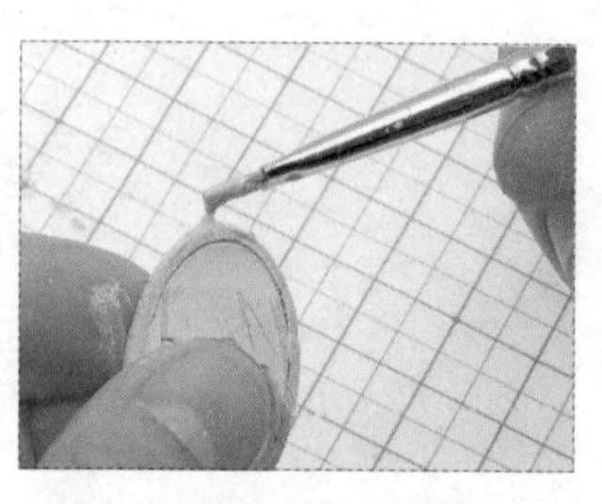

14 在椭圆上方点两小坨银膏。

15 将细长条银黏土弯曲成半圆弧并固定在椭圆上，形成坠子头。

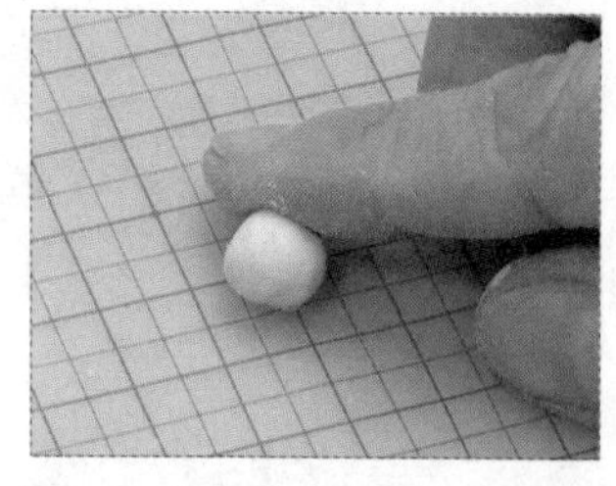

16 取剩余的银黏土，将其搓成一颗直径为1厘米的圆球。

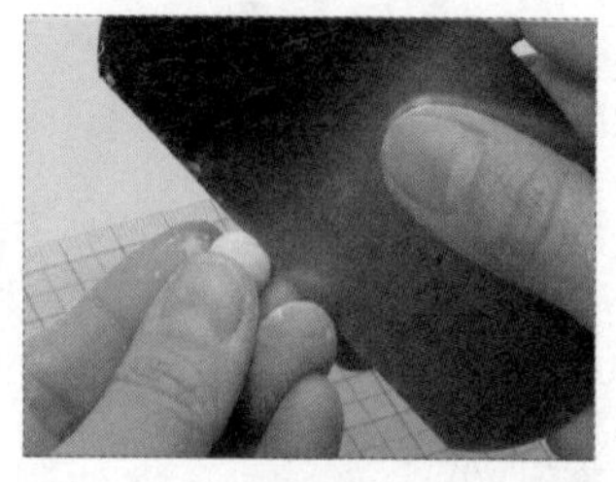

17 用造型刮板将圆球对剖，一半回收保存。

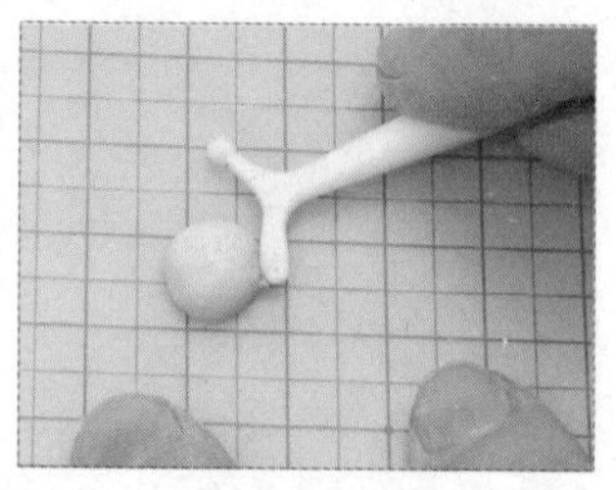

18 用牙医工具将另一半圆球边缘往下压出一个小半圆。

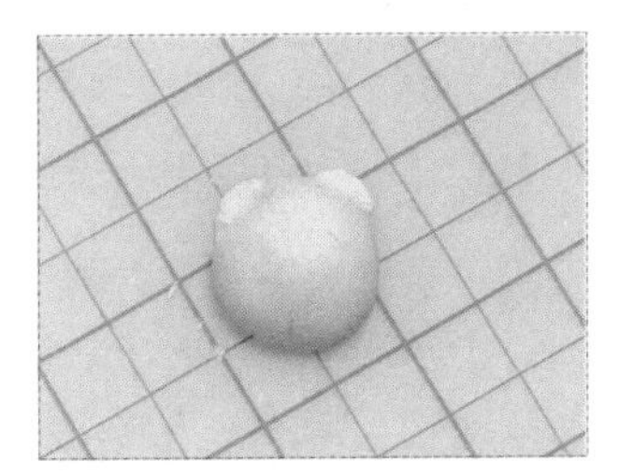

19 再压出另一个半圆，形成小熊的一对耳朵。

20 用吸管轻轻按压，做出小熊嘴的外形。

21 用丸棒黏土工具点出小熊的眼睛。

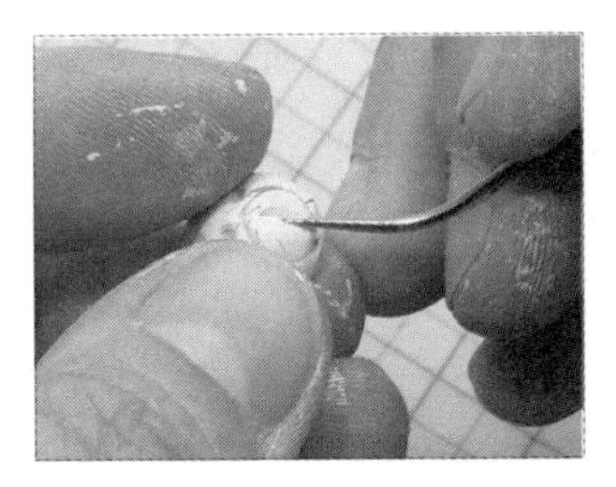

22 用牙医工具的探针画出小熊的嘴巴。

23 搓小颗的圆球并粘上，作为小熊的鼻子。

24 将作品放置在电烤盘上或用吹风机热风干燥 10 分钟。

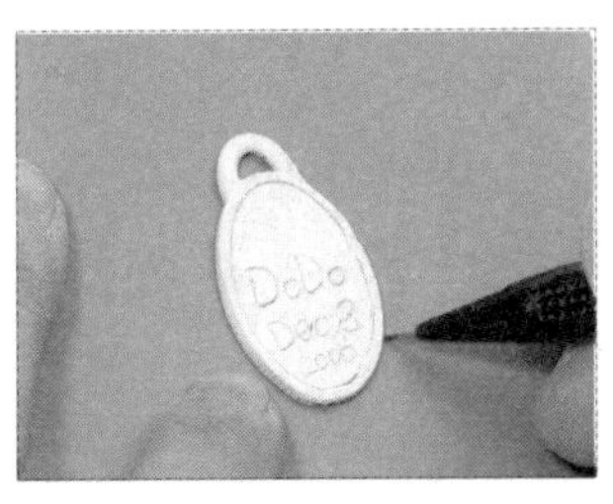

25 取椭圆形银黏土置于塑胶板上，用铅笔均分圆周距离后，再画上环绕椭圆的半圆花边。

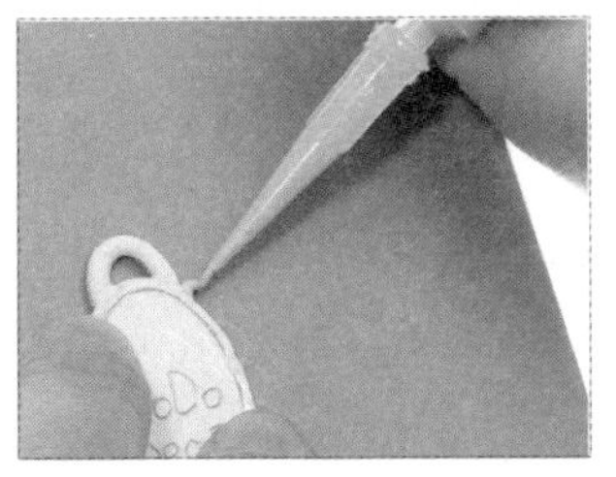

26 取针筒型银黏土，接上中口绿针头后，依铅笔线打上花边。

27 每个半圆的首尾都要切实与椭圆边缘衔接，可旋转塑胶板，让操作更顺手。

28 打一圈半圆花边。

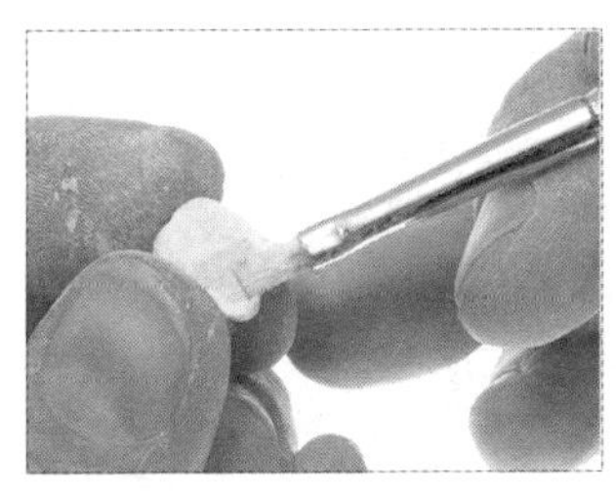

29 用水彩笔刷蘸取银膏，涂满小熊头的背面。

30 将小熊固定在椭圆右上方，并蘸银膏仔细点在每段针筒土的衔接点上。

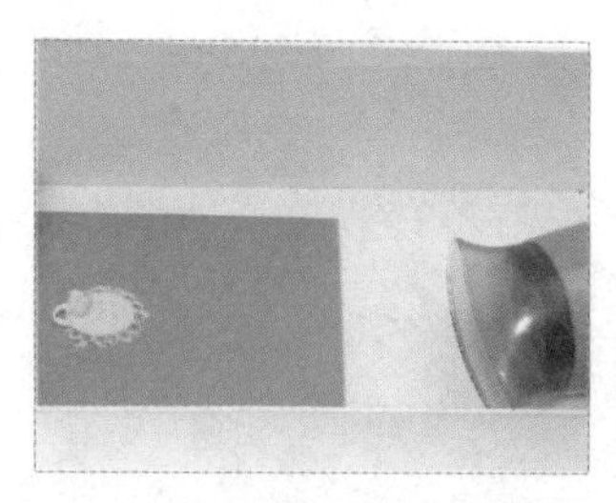

31 连同塑胶板，用吹风机热风干燥 10 分钟。

32 翻至背面，用银膏再次加固针筒线条、坠子头与椭圆间的每个衔接点，再次干燥 5 分钟。

33 将电气炉升温至 800℃，烧制 5 分钟。（煤气灶烧制 8 ~ 10 分钟。）

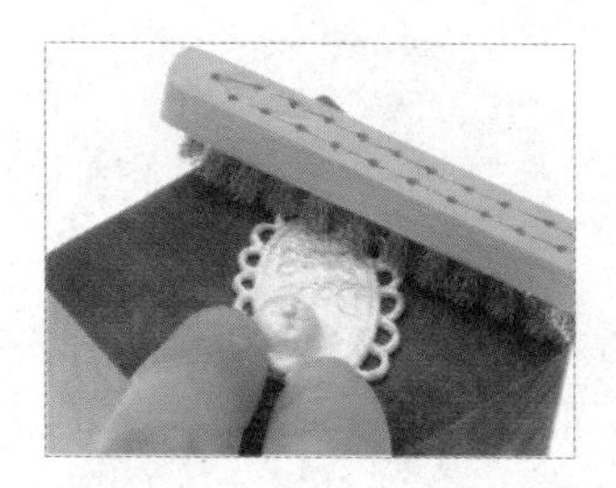

34 待作品冷却后，用短毛钢刷刷除白色结晶。

35 用圆形锉刀的尖端摩擦去除坠子头、针筒线条内刷不到的结晶。

36 保留表面毛细孔状的梨皮质感。

37 用棉棒蘸少许温泉液，涂抹在想要硫化上色的局部位置。

38 用吹风机热风吹热，加速变色。

39 当作品的颜色已达自己想要的深度，即可停止加热。

40 将作品带至水槽洗去温泉液。先挤上少许中性清洁剂。

41 再以旧牙刷刷洗作品。

42 凹缝处必须加强刷洗，避免残留温泉液使作品继续硫化变黑。

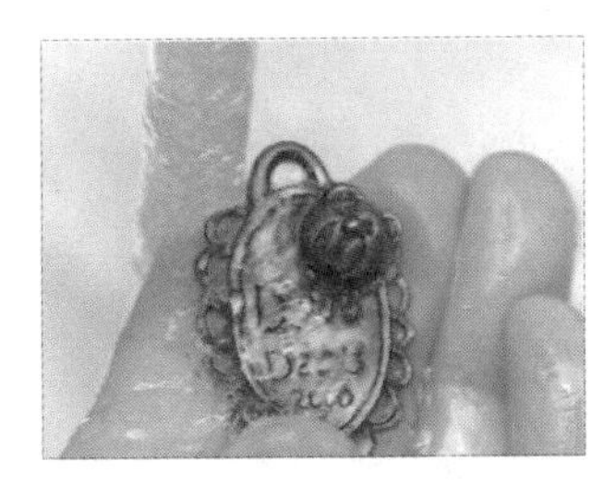

43 用自来水将作品冲洗干净。

44 用擦手纸将作品擦干。

45 用红色海绵砂纸打磨表面。

46 将平面部分磨白，文字、刻线处留下熏黑的颜色，背面、侧面如有染黑须一并磨白。

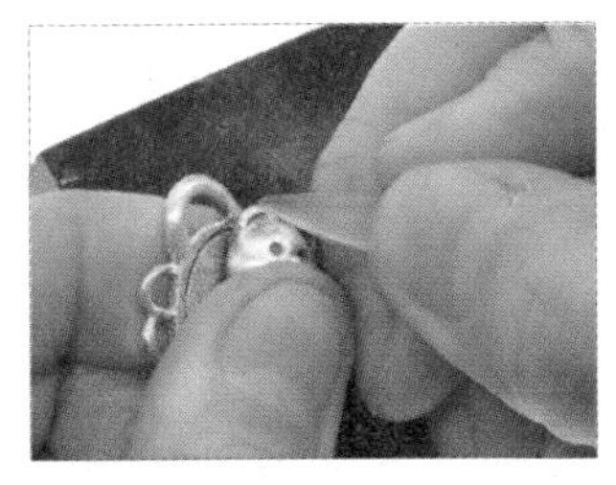

47 用玛瑙刀压光小熊的鼻子、耳朵和嘴，增加立体感。

48 将银链穿入坠子头的半圆里。

49 用拭银布擦拭作品。

50 即完成满月宝宝的出生纪念礼。

宝宝相框

材料

黏土型纯银黏土 10 克、直径 5 毫米纯银开口圈 7 个、纯银链 1 条

工具

塑形工具

烘焙纸、铅笔、棉棒轴、造型刮板、塑胶滚轮、1 毫米厚亚克力板、蕾丝布边、美工刀或笔刀、直径 8 毫米吸管、牙签、锉刀、橡胶台

干燥及烧制器具

电烤盘或吹风机、电气炉或煤气灶和不锈钢烧制网、计时器

加工工具

双面胶带、尖嘴钳、拭银布、短毛钢刷、圆形锉刀、玛瑙刀、橡胶台

步骤说明

01 裁剪一小张烘焙纸，用铅笔描下附图，并在背面反描一遍。

02 在对折的烘焙纸上，摆放 1 毫米厚的亚克力板和折叠成接近草图宽度的银黏土。

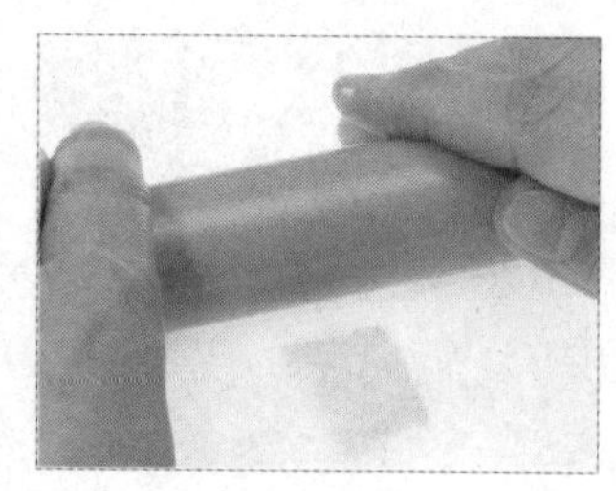

03 盖上烘焙纸，用塑胶滚轮按垂直方向滚压银黏土。

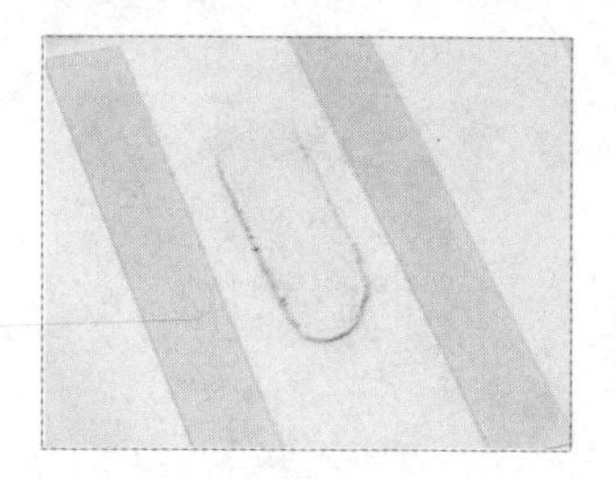

04 将银黏土擀平为 1 毫米的厚度。

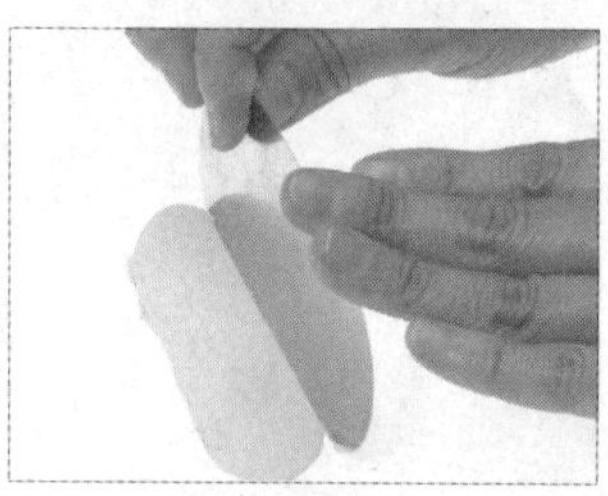

05 用造型刮板切齐一边。

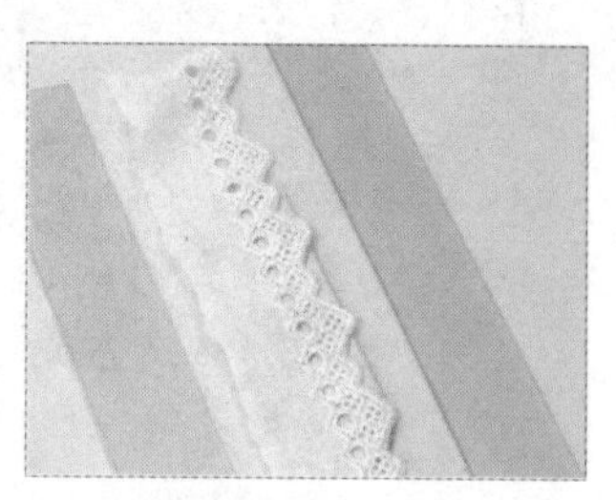

06 拉平蕾丝布边，与已切齐的银黏土一边平行。

07 盖上烘焙纸，再用塑胶滚轮滚压一遍。（切勿来回滚压，以免产生叠影。）

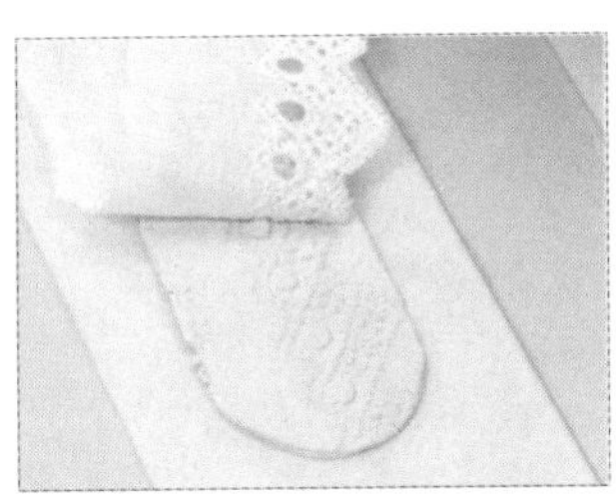

08 轻轻地提起蕾丝布边，银黏土上已拓印出蕾丝花纹。

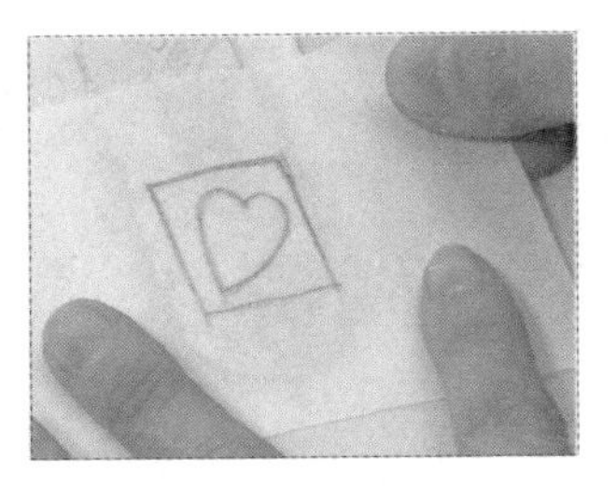

09 覆盖草图在银黏土上并对齐已切平的一边，用手指轻推铅笔线。

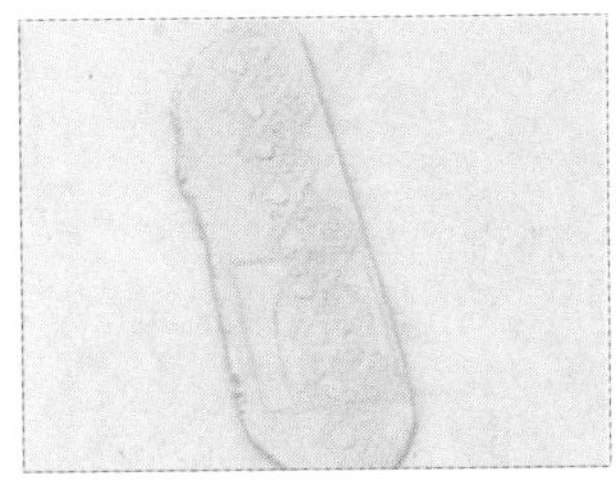

10 在银黏土上拓印出草图的铅笔线。

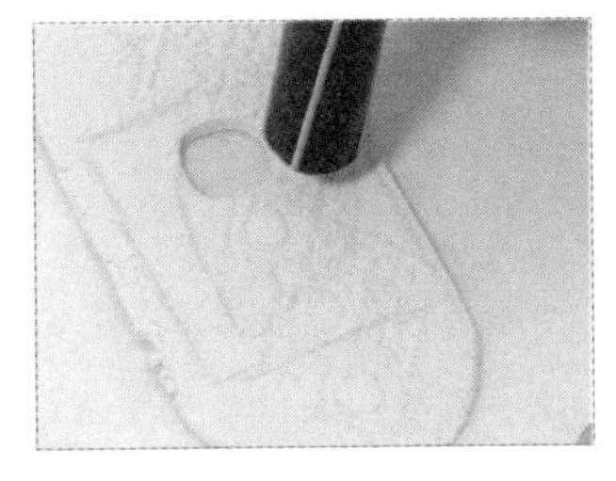

11 用吸管压出心形上方的两段圆弧。

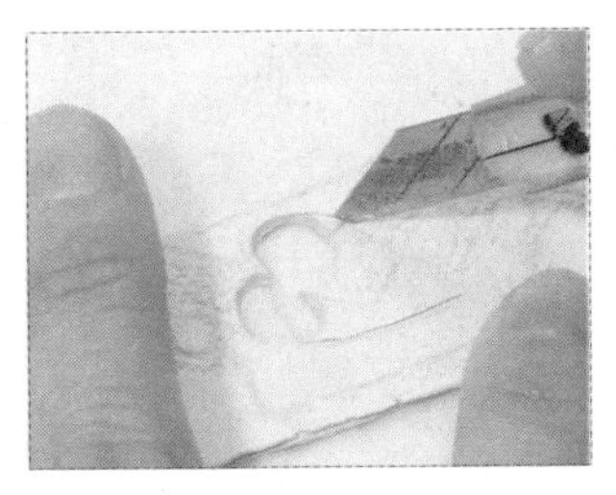

12 接着用美工刀切出心形。（刀刃尽量垂直。）

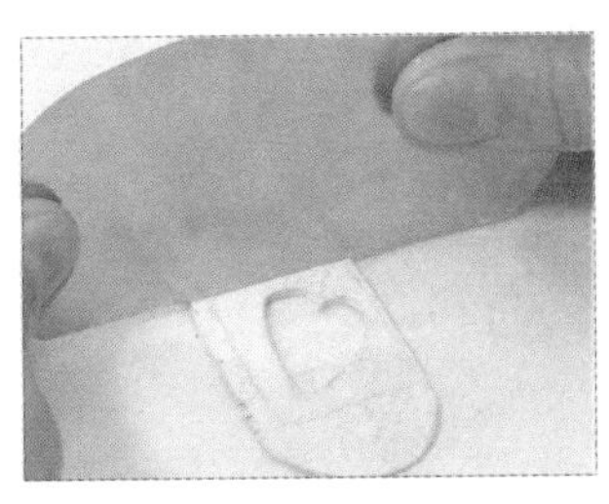

13 用造型刮板按铅笔线切出外框。

14 封面切制完成。

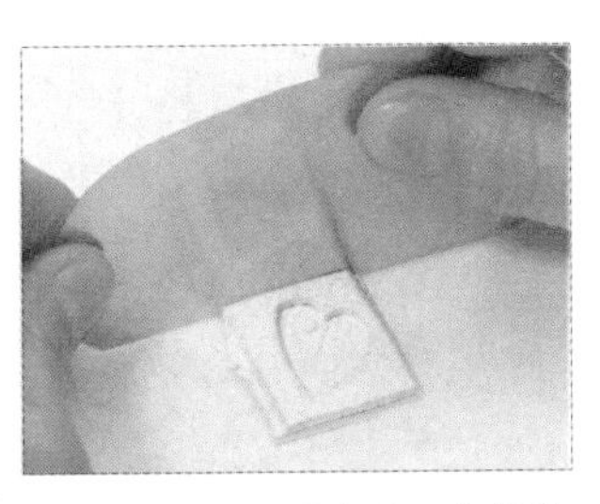

15 将封面重叠在剩下的银黏土上，依外框切割。

16 切出大小相同的方形。

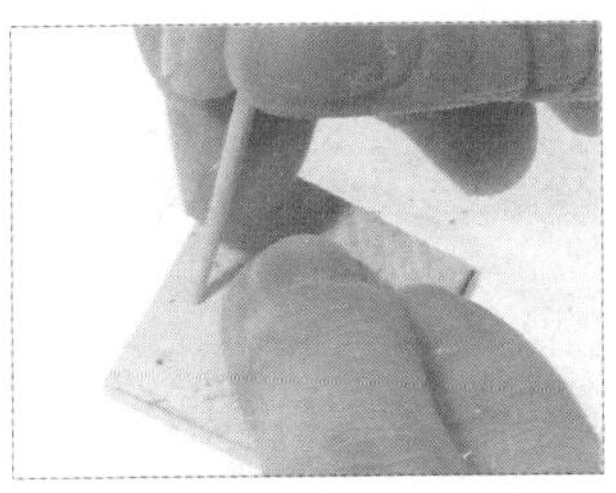

17 将封面、封底对齐，用牙签点出打洞的位置。

18 点出 6 个点。（须注意与边缘、爱心框的安全距离。）

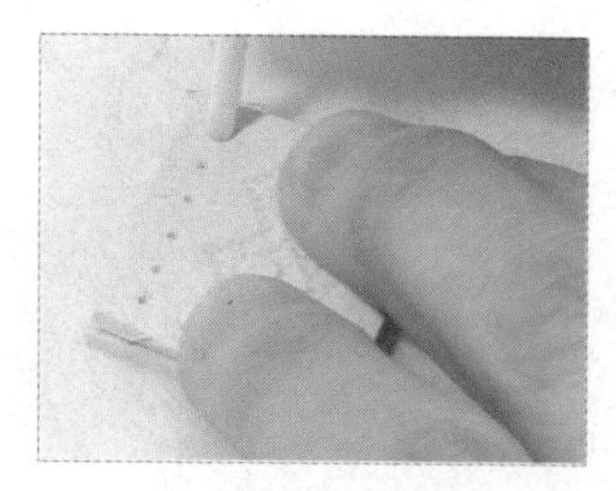

19 用棉棒轴垂直按压出小圆孔。（须将封面、封底两层一起打，洞才对得准。）

20 将棉棒轴按压、提起，依序打出 6 个小圆孔。（棉棒轴内的银黏土须回收。）

21 封面、封底打洞完成。

22 将作品放置在电烤盘上或用吹风机热风干燥 10 分钟。

23 完全干燥后，用烘焙纸铺底，橡胶台做支撑，用锉刀磨顺外框。

24 用圆形锉刀将心形框磨圆。

25 电气炉升温至 800℃，烧制 5 分钟。（煤气灶烧制 8 ~ 10 分钟。）

26 待作品冷却后，用短毛钢刷刷除白色结晶。

27 用圆形锉刀摩擦刮除洞孔内的结晶。

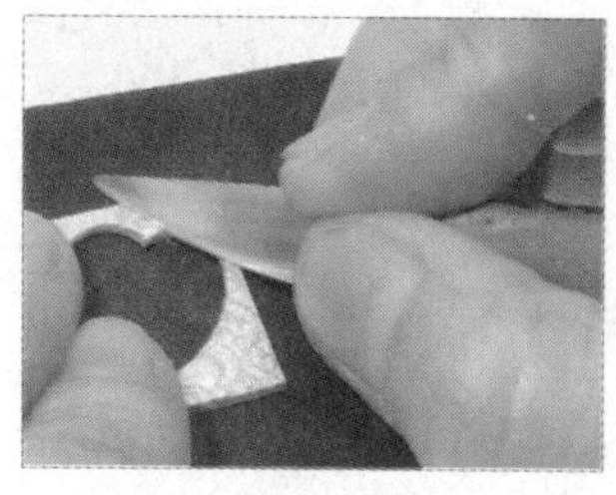

28 用玛瑙刀压光封面、封底凸起的蕾丝花纹，增加层次感。

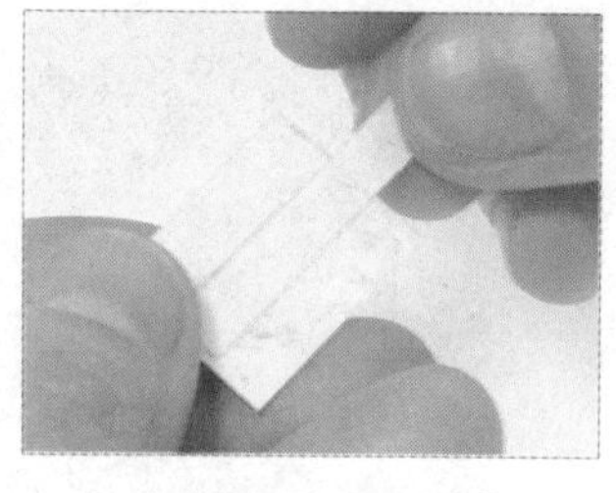

29 在封底反面，贴满双面胶带。

30 将照片裁剪至刚好在心形框内能露出宝宝小脸的大小。

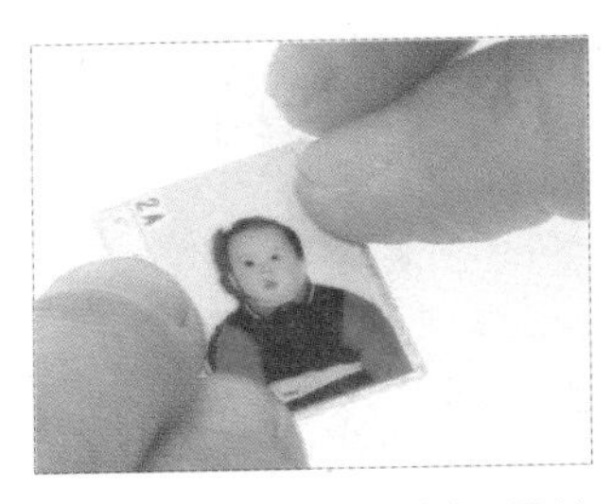

31 先撕掉双面胶纸，再粘上相片。

32 盖上封面，重叠好。

33 用尖嘴钳夹开开口圈，并钩住封面、封底的第一个小洞。

34 用尖嘴钳将开口圈夹密合。

35 重复步骤 33—34，钩好 6 个开口圈。

36 用拭银布擦拭作品。

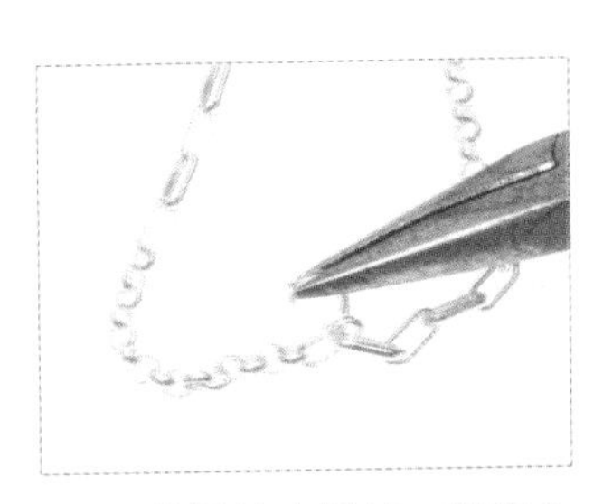

37 将银链中间的一环钩入开口圈。

38 钩入相框的第一个开口圈后，夹密合。

39 即完成了可随身佩戴的精致的宝宝相框。

潘多拉手链

材料

黏土型纯银黏土 25 克、膏状型纯银黏土少许、5 毫米 x 5 毫米方形合成宝石 2 颗、直径 2 毫米圆形合成宝石 3 颗、小插入环 1 个、直径 5 毫米的纯银开口圈 1 个、直径 3 毫米的纯银开口圈 1 个、潘多拉手链 1 条

工具

塑形工具

烘焙纸、铅笔、垫板或 L 夹、塑胶滚轮、尺、1 毫米厚亚克力板、造型刮板、水彩笔刷、直径 5 毫米吸管、牙医工具、字母印章、牙签、竹签、直径 1 毫米丸棒黏土工具、珠针、小剪刀、圆形锉刀、橡胶台、剪钳、镊子

干燥及烧制器具

电烤盘或吹风机、计时器、电气炉或煤气灶加不锈钢烧制网

加工工具

橡胶台、尖嘴钳、拭银布、短毛钢刷、海绵砂纸、圆形锉刀

步骤说明

◇ 奶嘴

01 裁剪一小张烘焙纸，用铅笔描下附图。

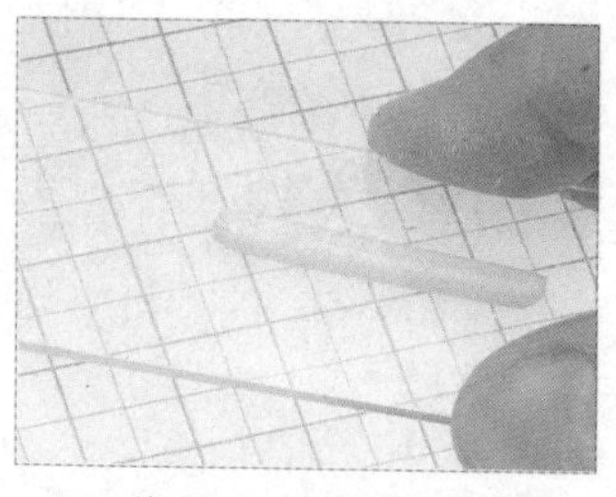

02 先取 5 克揉捏过的银黏土，用透明亚克力板在垫板上将其搓成长条状。

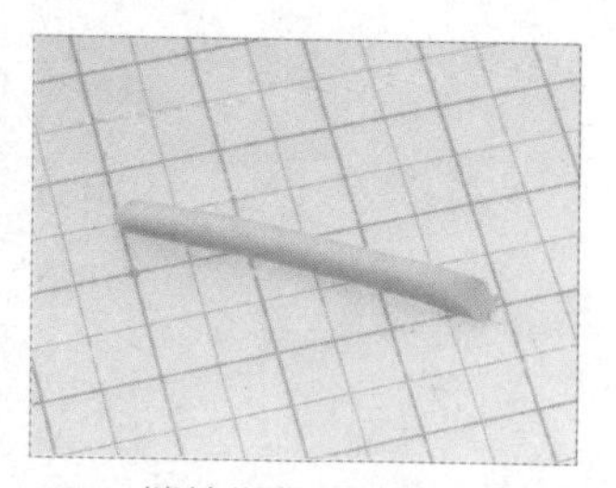

03 继续搓细成直径 3 毫米的均匀细长条，用造型刮板将一端切为斜角。

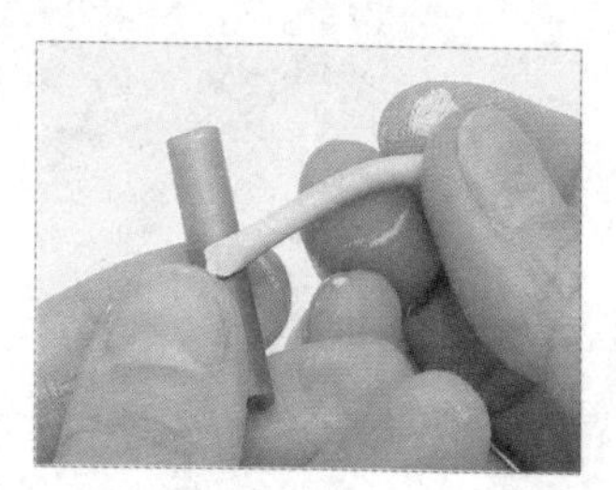

04 将细长条切斜的一端以起点绕于吸管上。

05 环绕一圈后，用小剪刀剪掉多余的银黏土。

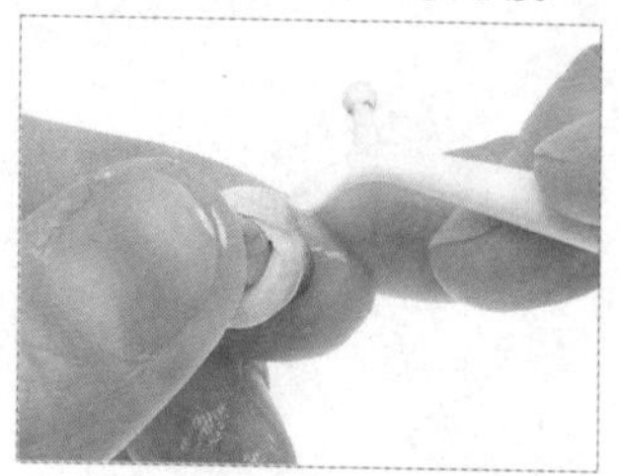

06 先用牙医工具将切口处推整密合后，再取银膏填补缝隙。

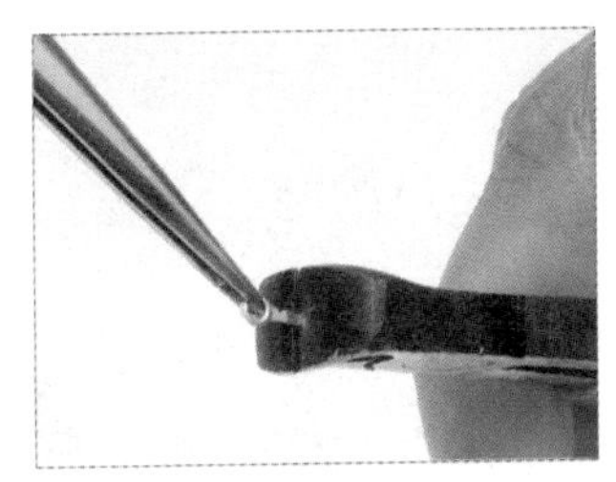

07 取插入环与作品比对，如果插入环比条状土直径长会刺穿外露，须先用剪钳将其修短。

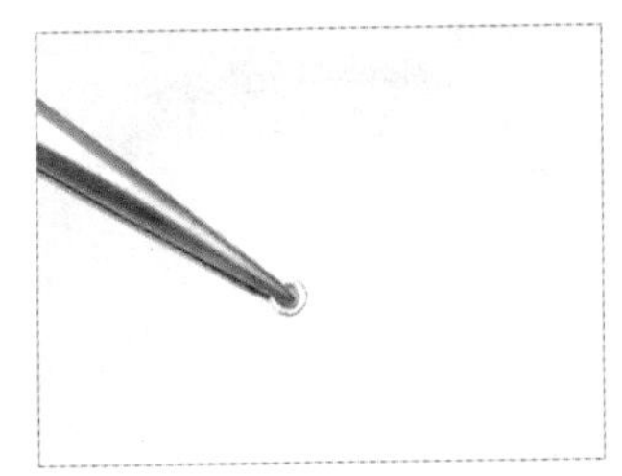

08 修剪一小节插入环。(须注意不可剪太短，否则易松脱。)

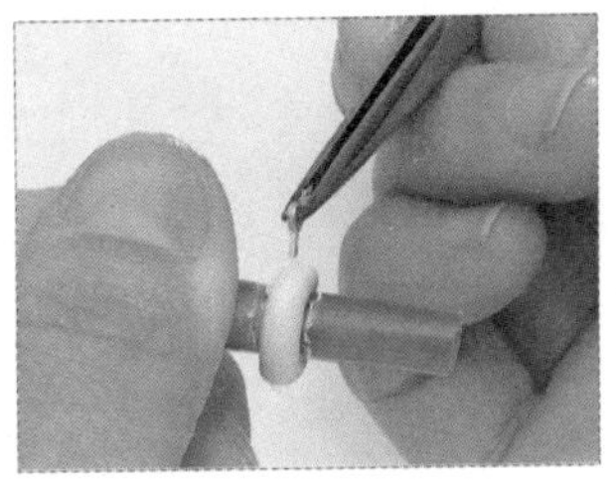

09 以镊子夹住插入环的小圈，将其推入长条银黏土中。（须垂直推入。）

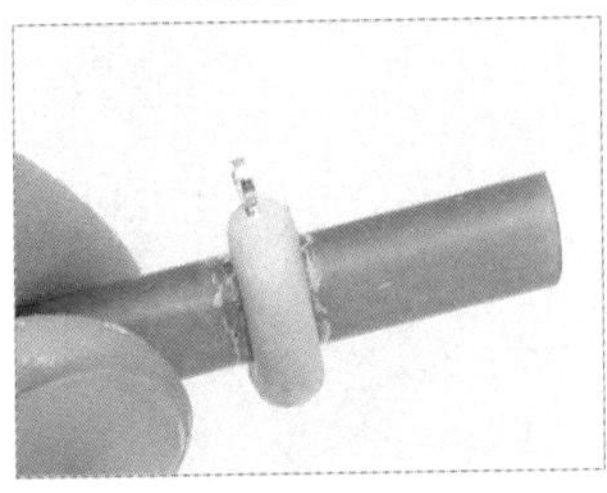

10 只剩小圆圈在银黏土外。

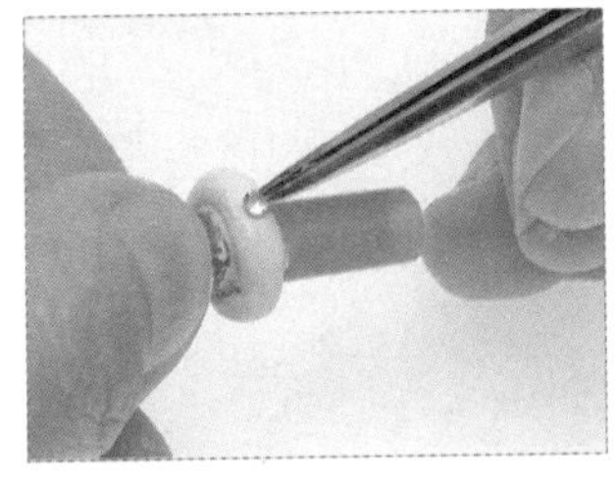

11 以镊子夹取小宝石，将宝石尖端压入插入环对面的定点。

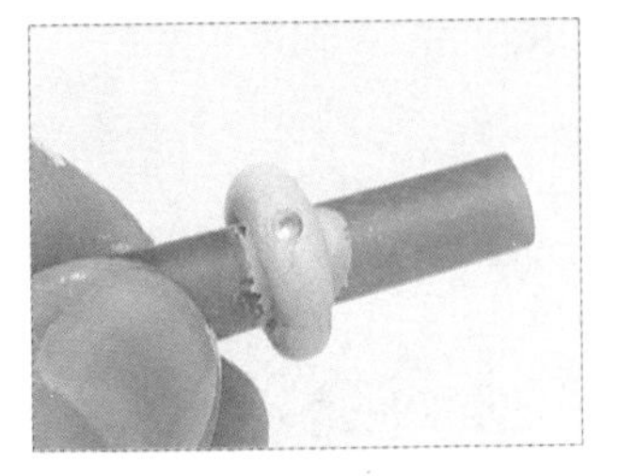

12 将小宝石压入银黏土中，二者须在同一水平面上。

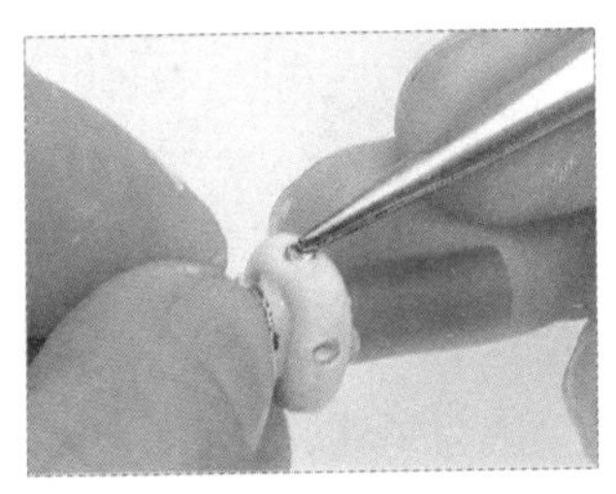

13 重复步骤 11—12，依序在左右侧分别嵌入一颗宝石。

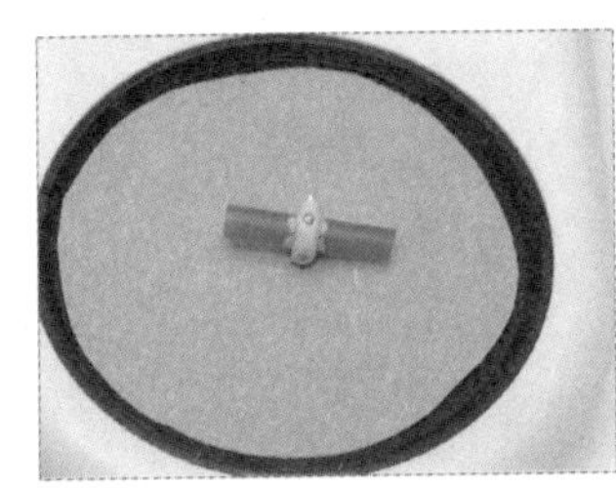

14 将作品连同吸管一起放置在电烤盘上或用吹风机热风干燥 10 分钟。

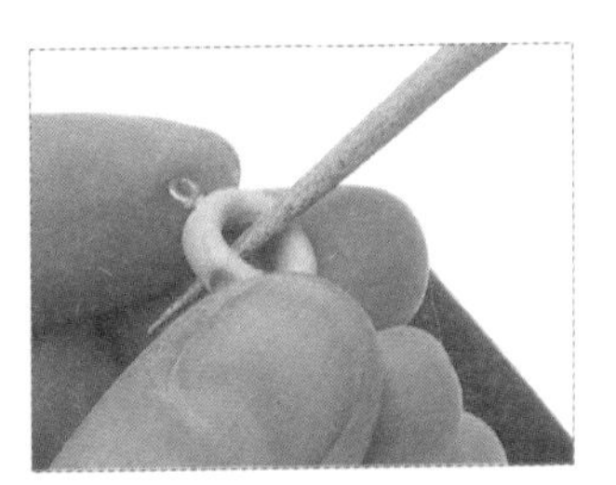

15 以旋转方式抽出吸管后，用烘焙纸铺底，以手做支撑，用圆形锉刀修磨衔接处内侧的圆度。

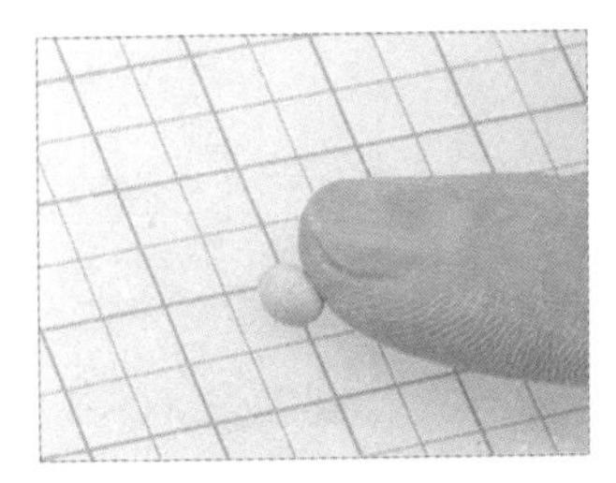

16 取银黏土，依照草图进行捏塑，搓成直径 5 毫米的奶嘴头。

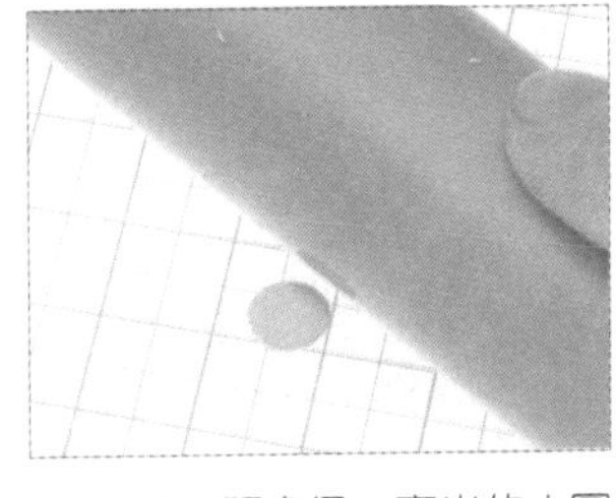

17 搓一颗直径 5 毫米的小圆球，并将其压扁成圆片状。

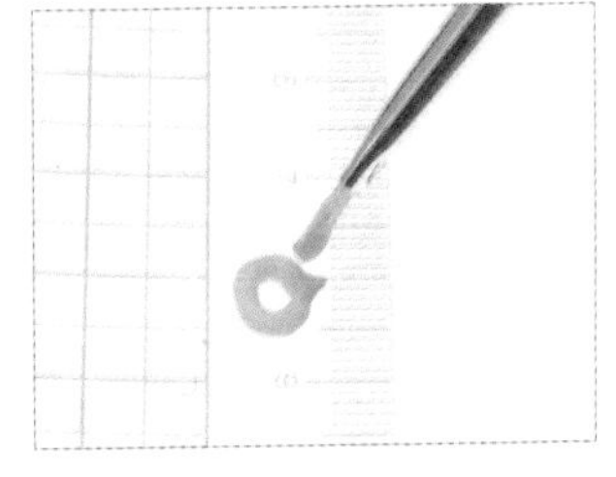

18 搓一段直径 2 毫米的细长条，先刷水，再绕成圆环状。

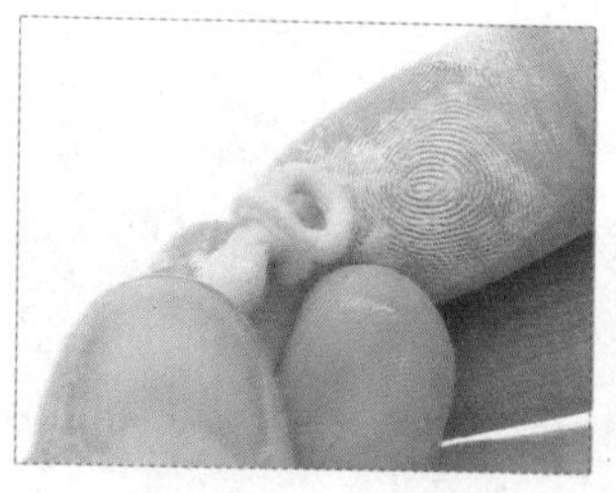

19 蘸银膏黏合成安抚奶嘴状。

20 将作品放置在电烤盘上或用吹风机热风干燥 10 分钟。

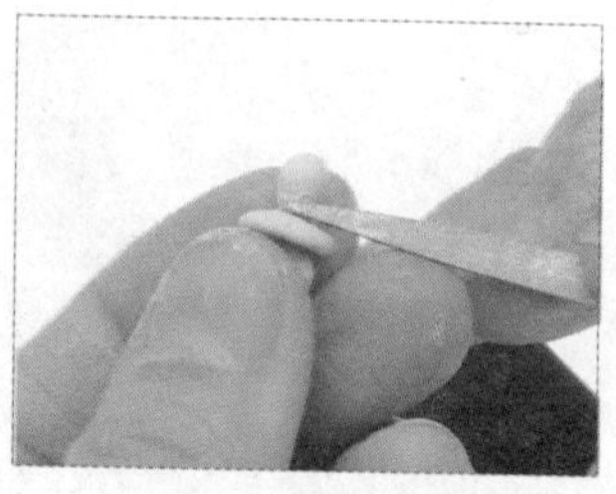

21 干燥后，以烘焙纸铺底，橡胶台做支撑，用锉刀修磨衔接处。

◇ 英文字母

22 取5克揉捏过的银黏土，用手搓成正方体。

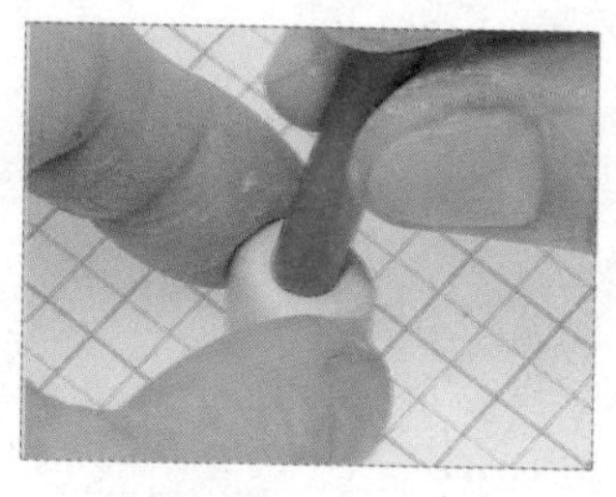

23 取吸管由立方体侧面中间压入。

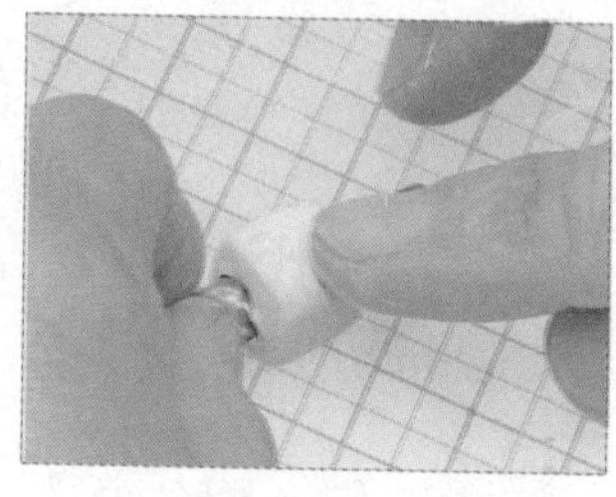

24 压至正方体的另一侧。（如有变形，用手蘸水或用工具慢慢推整。）

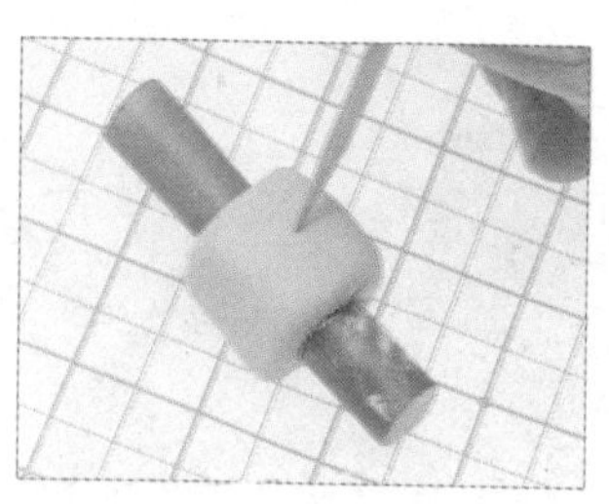

25 恢复为正方体后，用牙签在其中一面钻出中心。

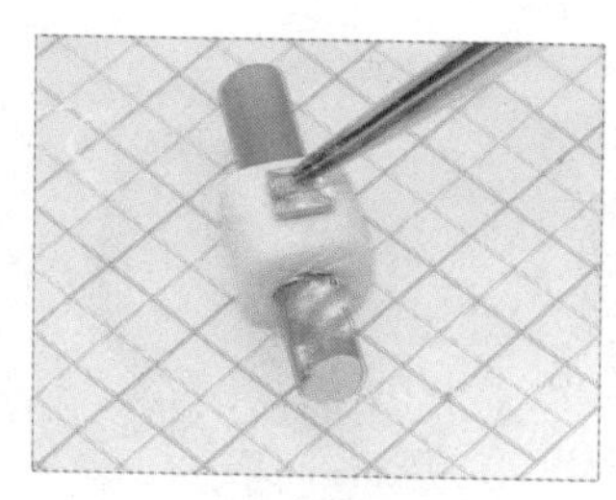

26 用镊子夹取方形宝石，将宝石尖端压入定点中。

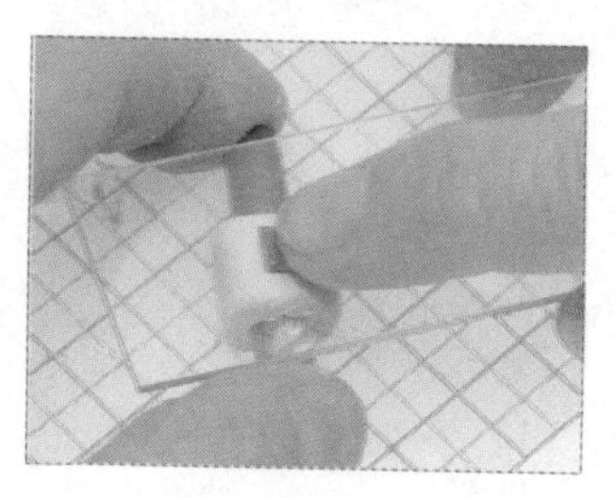

27 用透明亚克力板将宝石压入银黏土中。

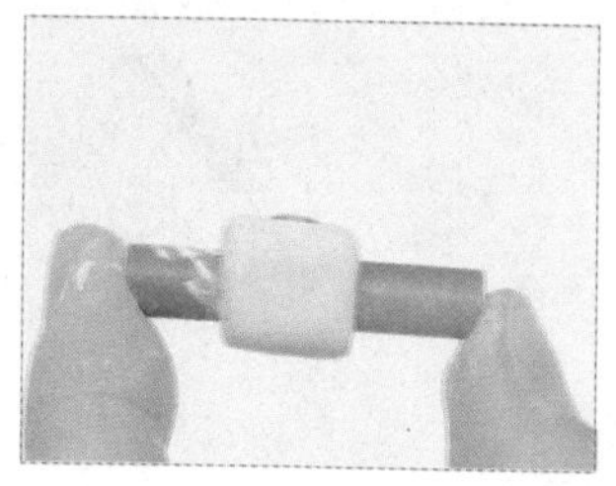

28 使宝石平面和银黏土在同一水平面上。

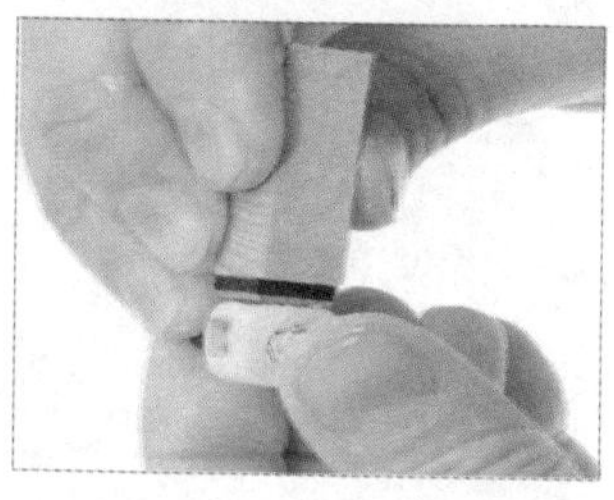

29 另外三个侧面，可以是字母印章图案、雕刻的文字或可爱的小图。

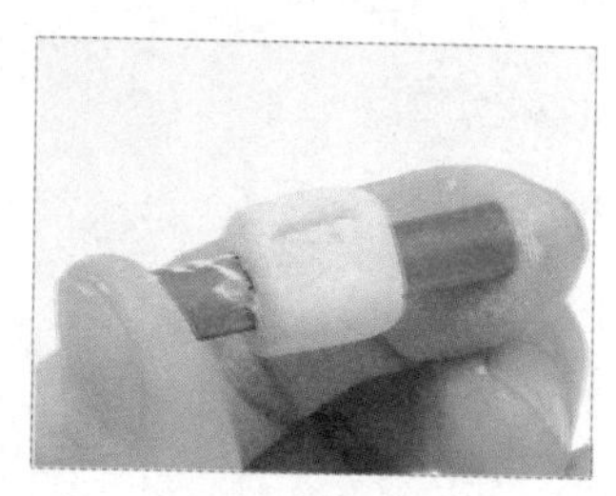

30 字母压制完成。

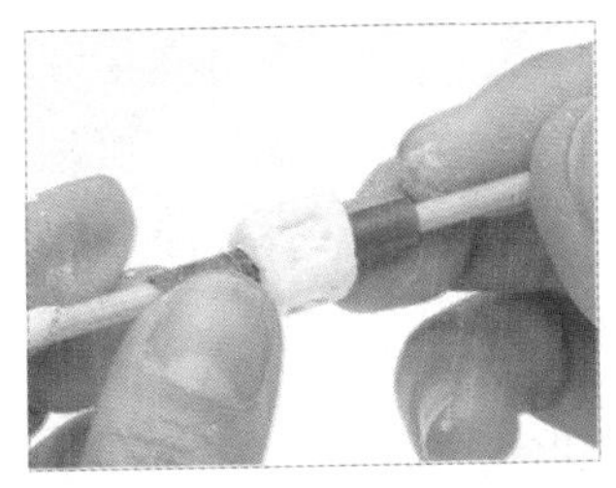

31 用竹签平的一端将吸管内的银黏土从另一头推出后回收。

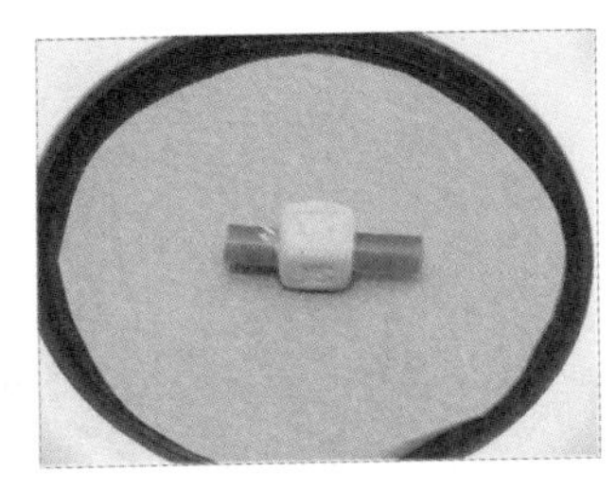

32 将作品连同吸管放置在电烤盘上或用吹风机热风干燥 15 分钟。

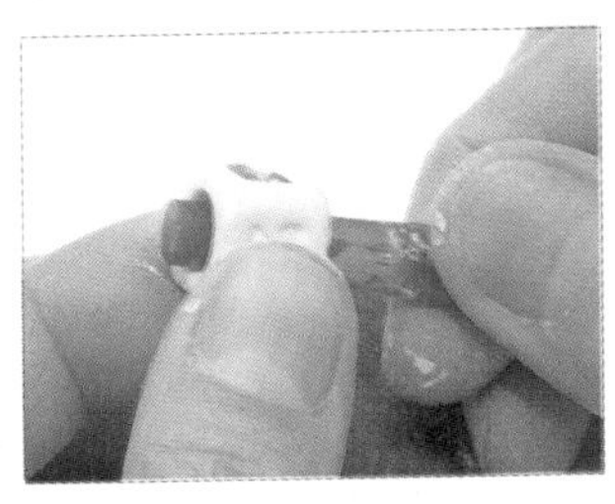

33 干燥后，以旋转方式抽出吸管。（若中间还没干透，须继续烘干。）

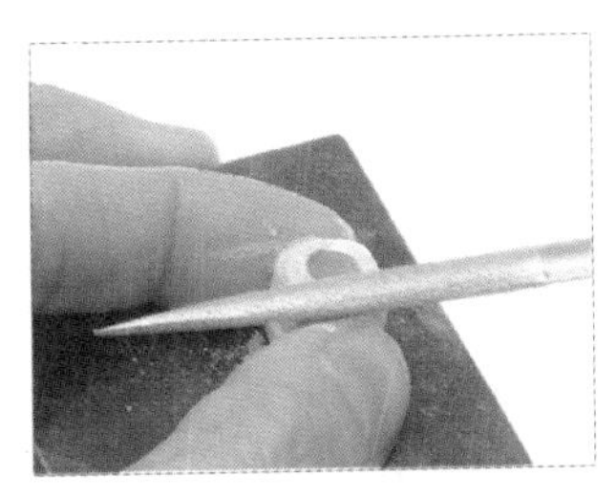

34 完全干燥后，以烘焙纸铺底，橡胶台做支撑，用锉刀修磨不够平整的地方。

35 宝石方块修磨完成。

◇ 机器人

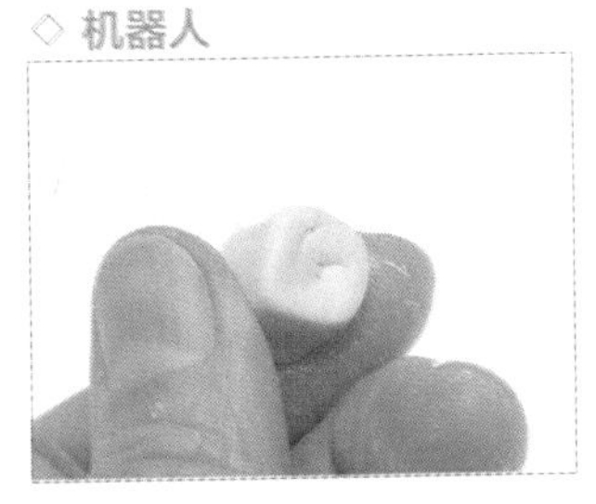

36 取5克揉捏过的银黏土，用手搓成正方体。

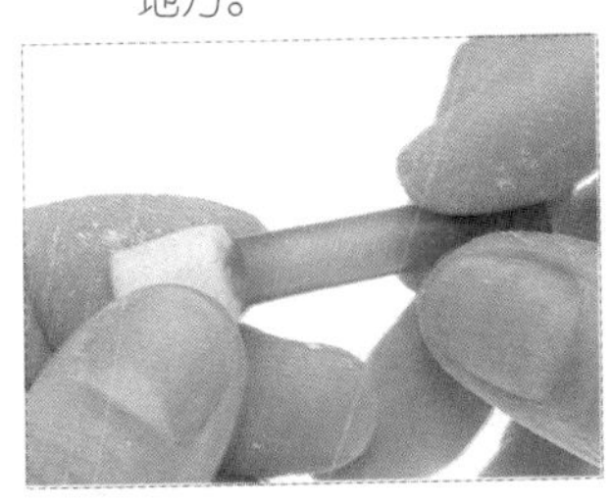

37 重复步骤 23—24，用吸管贯穿银黏土。

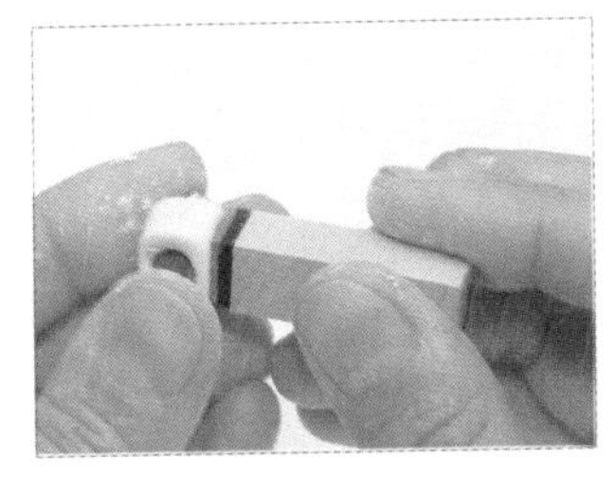

38 重复步骤 31—34，完成机器人的块状身体。

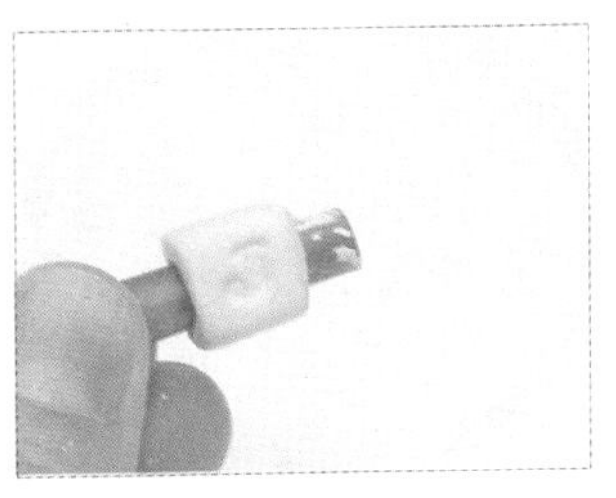

39 字母 J 压制完成。回收吸管内的银黏土

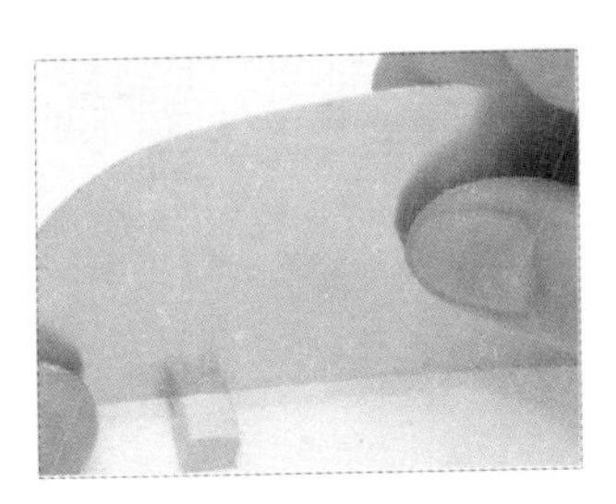

40 切一块 5 毫米 x 5 毫米 x 4 毫米立方体银黏土，作为机器人的头部。

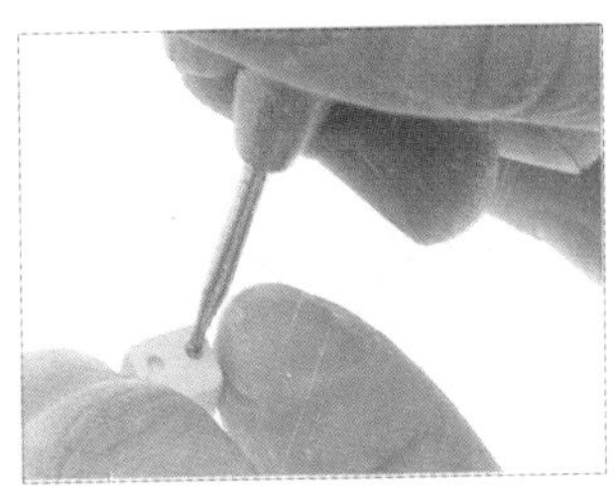

41 用丸棒黏土工具压出小眼睛。（背面也要压出眼睛。）

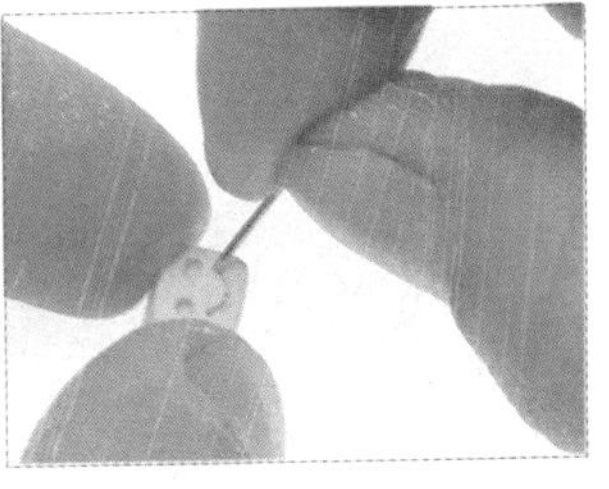

42 用珠针画出微笑的嘴巴。（背面可以画不同的表情。）

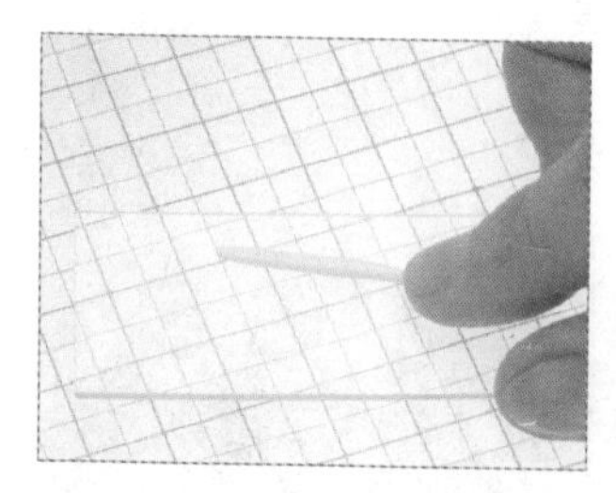

43 取一小块银黏土，搓成直径约2毫米的细长条。

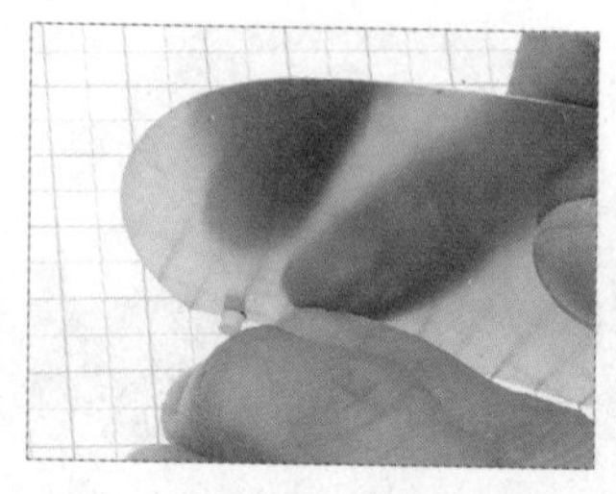

44 分别切下高度为3毫米和2毫米的小圆柱。

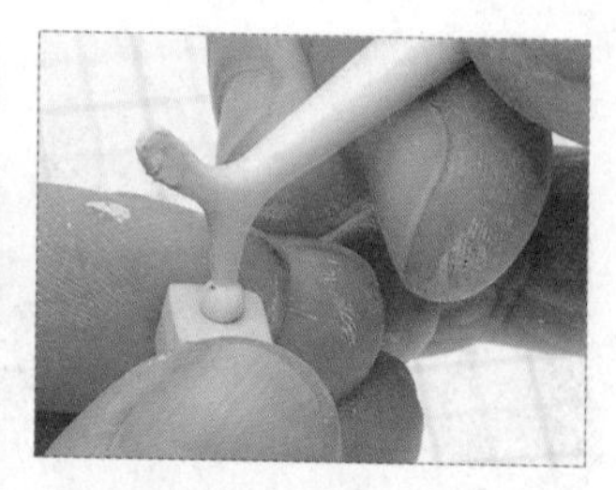

45 先用工具压凹头部的黏结点。

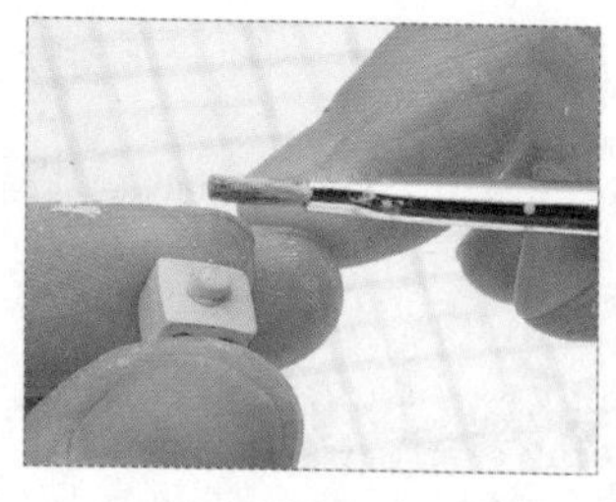

46 点上银膏，黏结配件。

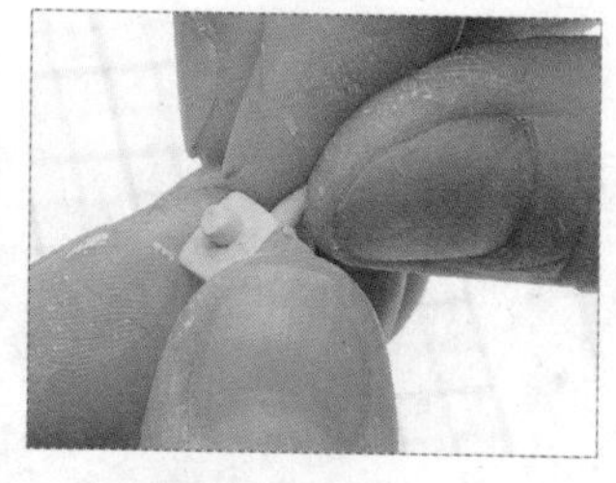

47 重复步骤45—46，完成头部两侧小天线的固定。

48 将剩余的银黏土擀成2毫米的厚度，并切割出两个3毫米 x 5毫米的方块。

49 将作品放置在电烤盘上或用吹风机热风干燥10分钟。

50 干燥后，修磨小机器人的头部天线，将脚的外侧磨成小圆角。

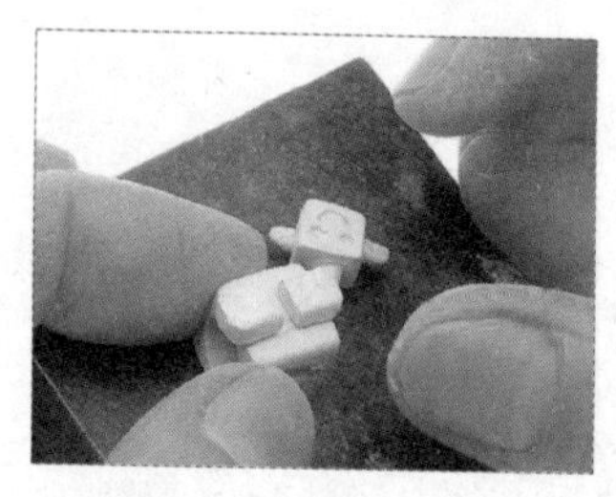

51 用银膏黏合小机器人的双脚。

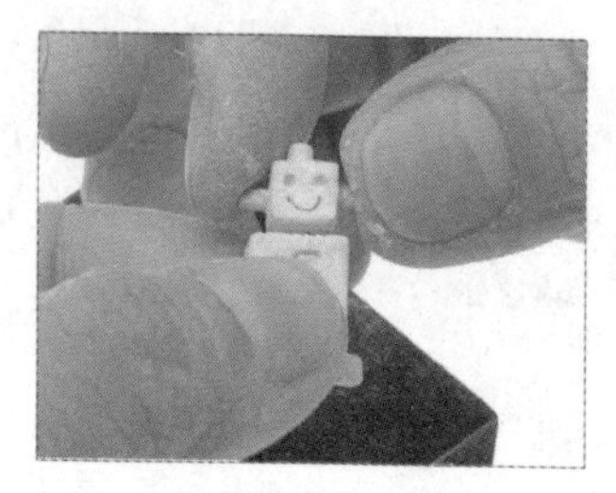

52 用银膏黏合小机器人的头部。

53 将作品放置在电烤盘上或用吹风机热风干燥5分钟。

54 完成小机器人。

◇ 苹果

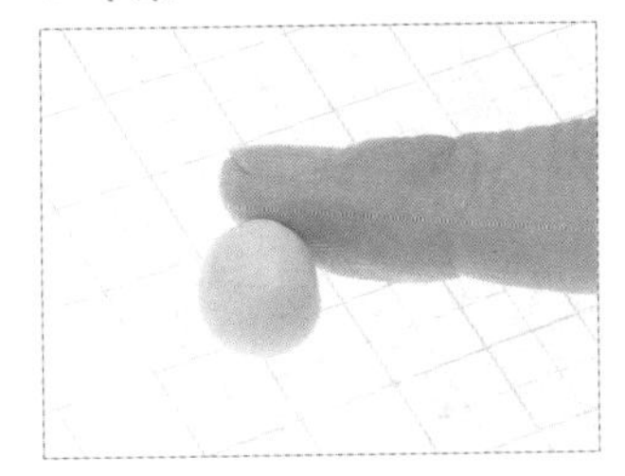

55 取 5 克揉捏过的银黏土，用手搓成扁球形。（扁球上部比下部宽一点。）

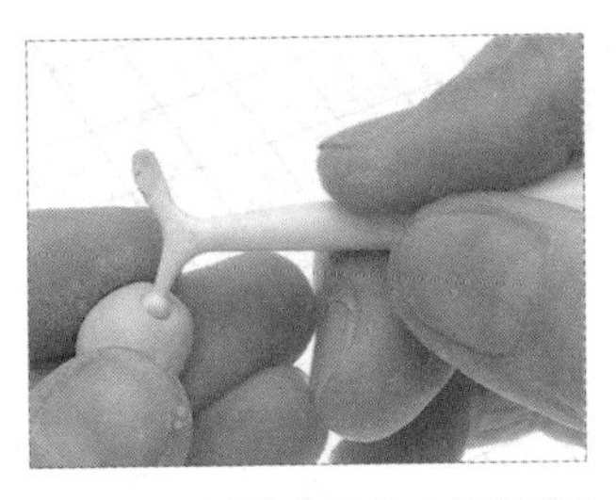

56 用牙医工具在上下皆压出凹状。

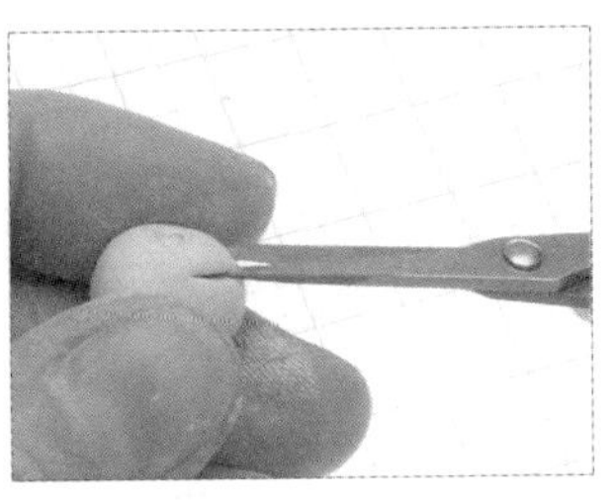

57 较宽的那一头，用小剪刀横剪一刀。

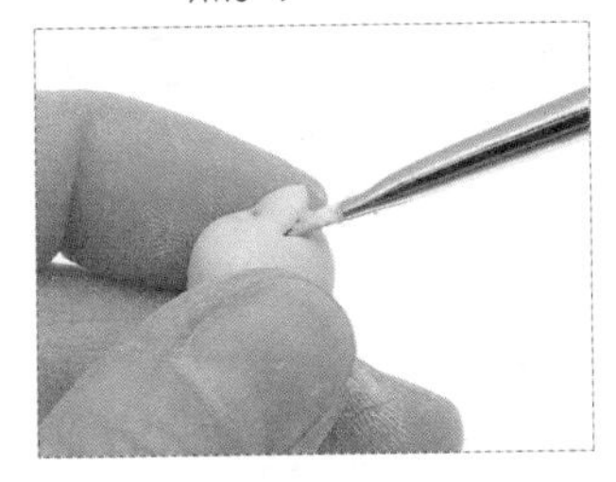

58 用水彩笔刷挑出小叶子。

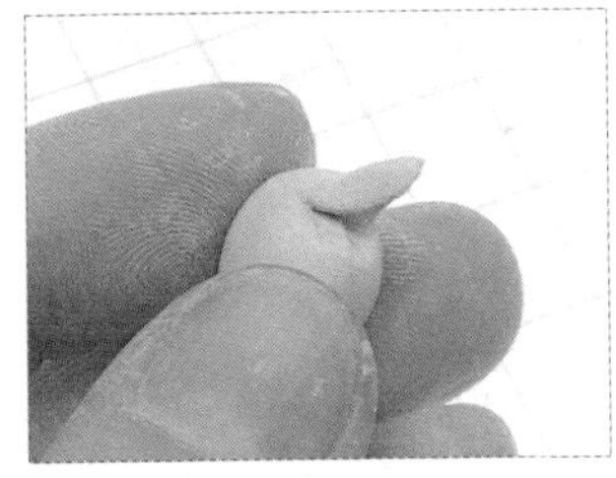

59 形成小叶子的倾斜角度。

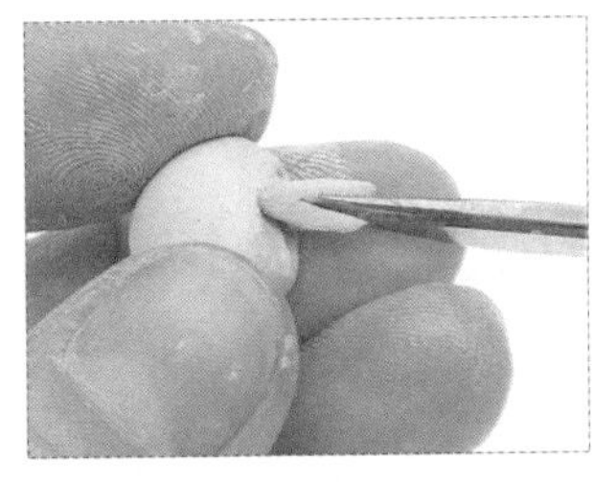

60 用剪刀剪出一细条。

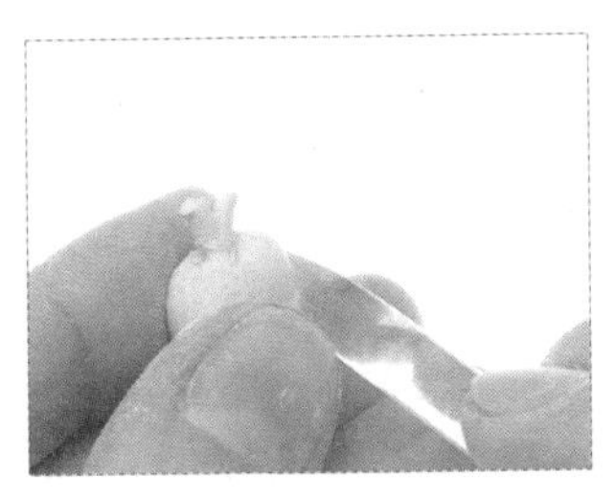

61 用笔杆抚平修剪处，使其恢复为圆形。

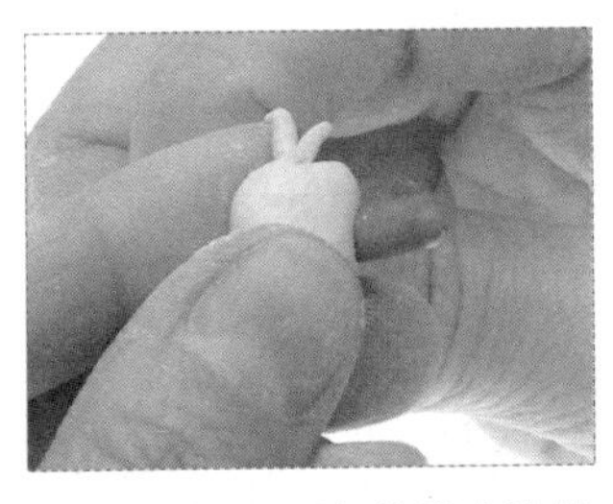

62 用锉刀柄在苹果右边推出一个向内凹的弯度。

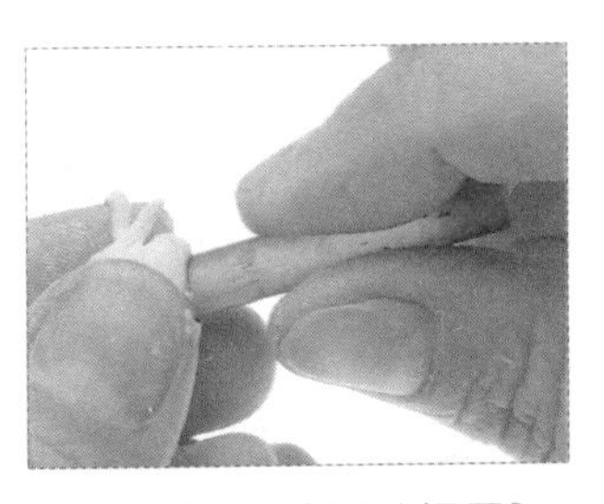

63 取吸管由侧面中间压入。

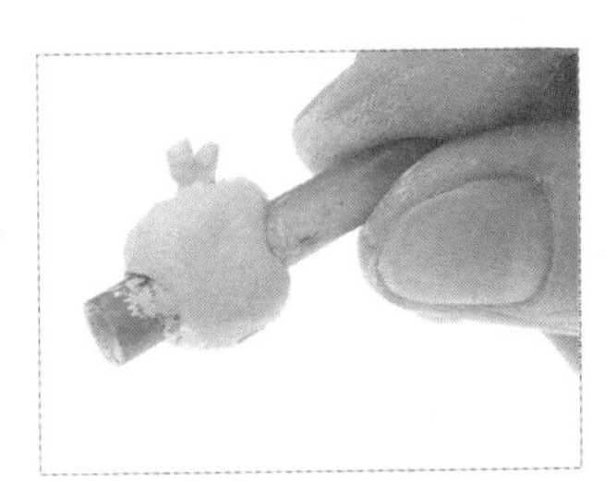

64 吸管贯穿至另一侧，如有变形，可用手蘸水或用工具慢慢推整，须回收吸管内的银黏土。

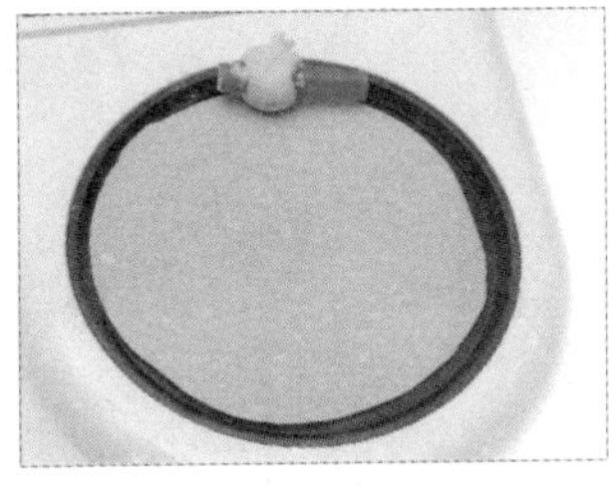

65 将作品连同吸管放置在电烤盘上或用吹风机热风干燥 15 分钟。

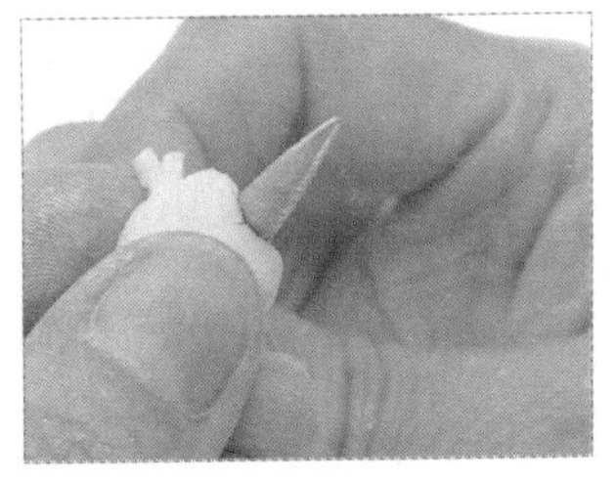

66 用旋转方式抽出吸管，用烘焙纸铺底，橡胶台做支撑，用圆形锉刀修磨苹果整体的圆度。

67 小苹果修磨完成。

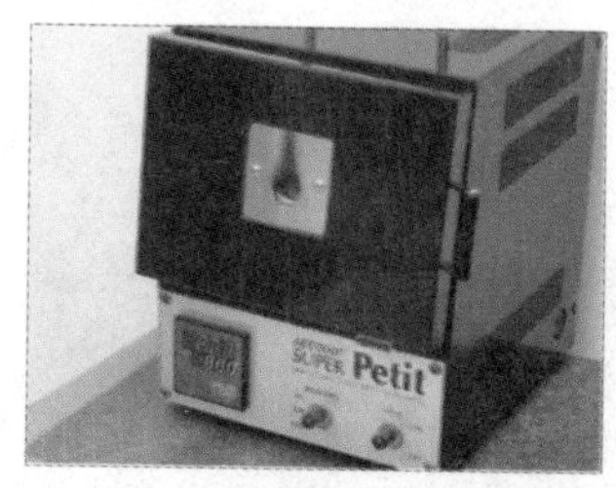

68 电气炉升温至 800℃，烧制 5 分钟。（煤气灶烧制 8 ~ 10 分钟。）

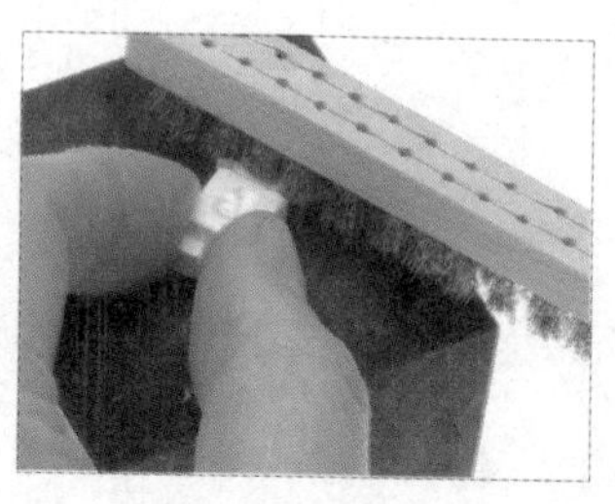

69 待作品冷却后，用短毛钢刷刷除白色结晶，内、外侧都要刷干净。

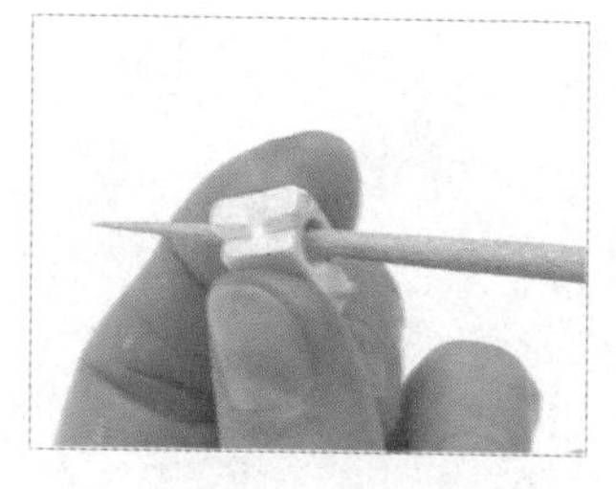

70 用圆形锉刀的尖端摩擦去除小孔内刷不到的结晶。

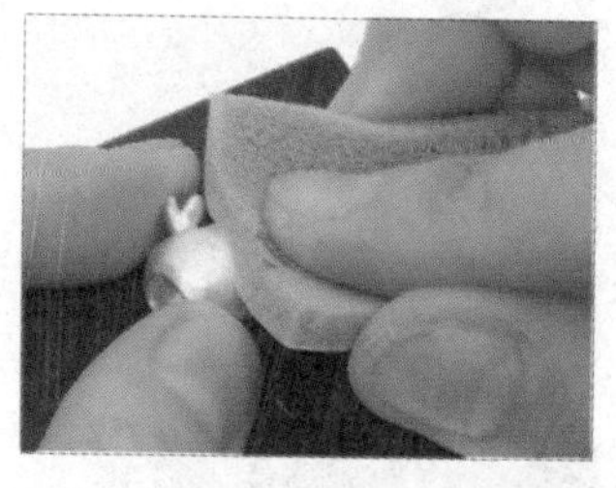

71 用红色海绵砂纸慢慢推磨作品至平顺。（可继续用蓝色、绿色海绵砂纸将作品磨到更细致的程度。）

72 用尖嘴钳夹开开口圈，并钩入小奶嘴的圆环和插入环的小圈后，用尖嘴钳夹密合。

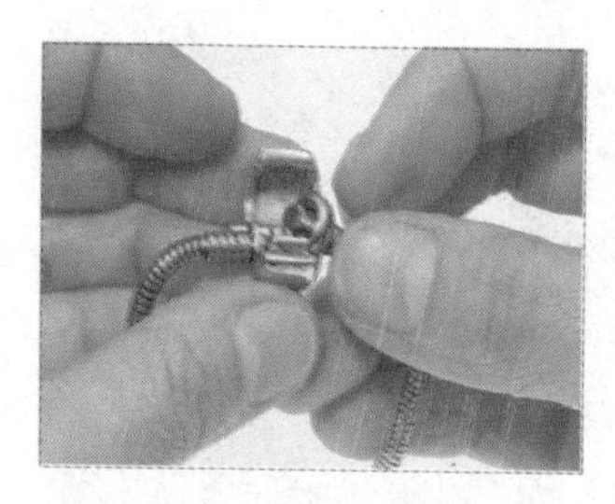

73 用手打开潘多拉手链的链环。

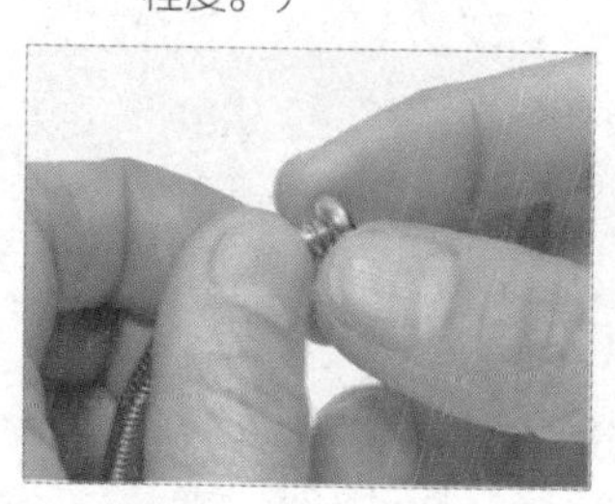

74 旋开潘多拉的固定圈。

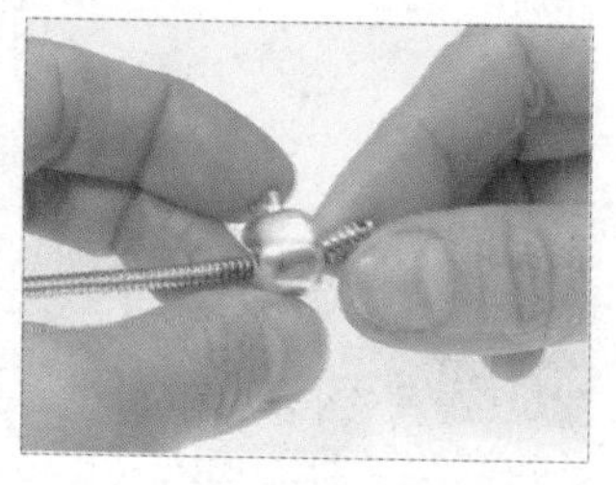

75 依个人喜好将完成的小坠饰一一穿入。

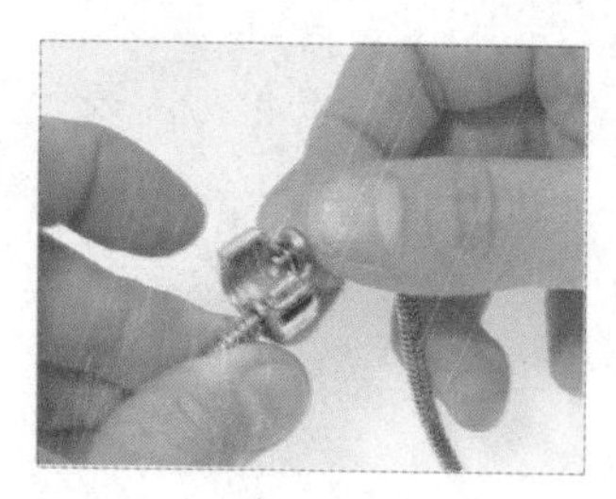

76 先将固定圈旋回后，再扣紧链环。

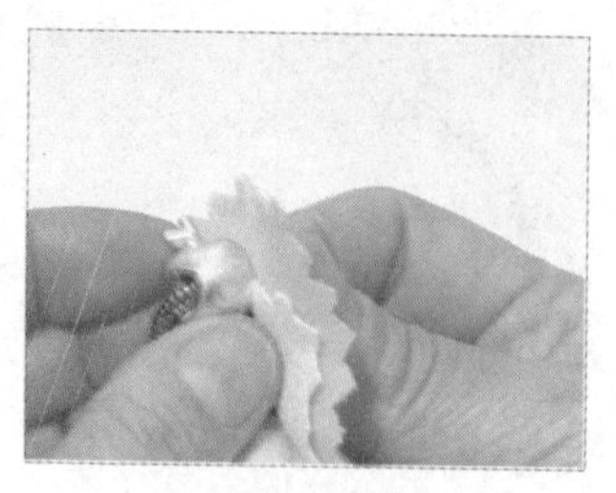

77 用拭银布擦拭作品。

78 即完成潘多拉手链。

第三章

纯银笔记

银饰品的保养

银饰品经长时间放置，容易与空气中的硫化氢起化学反应，使银饰品由黄转黑，失去金属原有光泽。掌握正确的银饰品保管方法，能让银饰品长久保持银白光泽。

日常的维护

人体的汗水与化妆品、香水等物质，会使银饰品快速变黑，在夏季尤其明显。可以通过清洗表面脏污，并用拭银布擦拭让银饰品保持光泽。

银制品变黑的处理方法

银饰品表面状态	保养方法
原色抛光表面	以拭银布擦拭（拭银布不可水洗）
有缝隙无抛光表面	用洗银水清洗，再以中性清洁剂充分清洁
熏黑上色表面	用拭银布擦拭或用牙膏搓洗处理
电镀过表面	用软布擦拭且避免接触化学性物品（例如皂液、化学试剂、香水、化妆品等）

用银黏土制作的银饰品变黑的处理方法

①表面无抛光的作品，用不锈钢刷再轻刷一遍，即恢复纯银光泽，亦可搭配小苏打清洗。

②表面经抛光或镜面处理的作品，取少许小苏打粉加水调成糊状，用旧牙刷刷洗，最后用清水洗净即可。（熏黑、双色处理的作品请勿使用。）

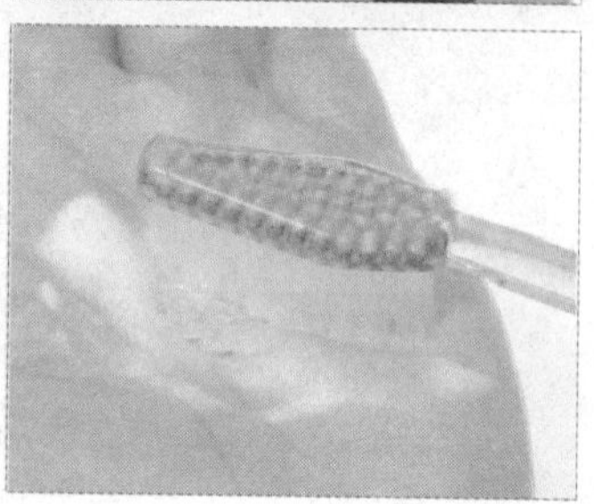

③通过化学反应迅速去除硫化银的黑。（镶有宝石的银饰，不适用此方法。）

小锅里放入比例为 5 ： 1 的水和盐，煮沸后压入一片铝箔，将银饰放入锅内碰触铝箔，银饰会迅速恢复为银白色，再将银饰洗净擦干即可。

④硫化上色的作品用拭银布擦拭即可恢复光亮。

如何防止银饰品变色？

①银饰不佩戴时，可在清洗干净、干燥后，再用拭银布擦拭，最后放入厚质夹链袋里保存。只要隔绝空气，便可保持饰品如新。

②银饰可以水洗，故洗澡或游泳时不用特别摘除，但不可在泡温泉、接触硫黄皂或染烫发剂时佩戴。

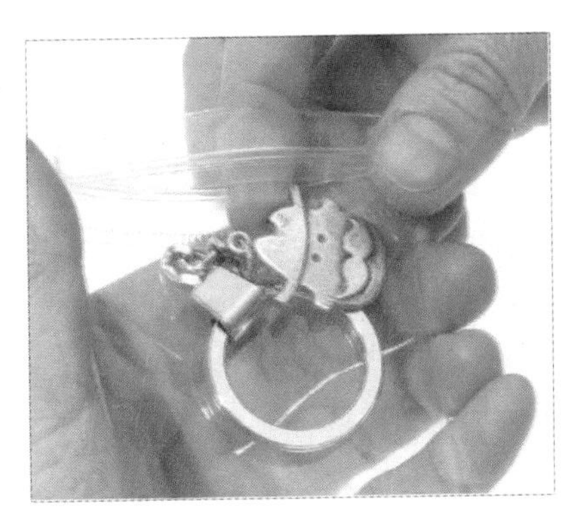

③银饰的居家保养。需要常使用拭银布擦拭和用牙膏搓洗。如果银饰上的宝石是用胶黏着的，尽量不要水洗，因为胶遇水容易使宝石松脱。

④使用银制品专用防止变色喷雾剂。将具有防止银饰变色的树脂透明涂料喷雾剂，喷在金属表面，即可防止银饰变黑。在硫化着色的作品上喷一下，亦可有效防止色泽改变。

⑤将具有防止变色效果的拭银乳或清洁膏涂在柔软的布上，用布推磨银饰后，银饰品即可在一段时间内保持光泽。

关于银的小知识

关于银的介绍

银是贵金属，银的莫氏硬度为 2.5，英文为 Silver，有“白色光辉”之意，银的元素符号为 Ag，来自拉丁语的 Argentum，表示一种美丽的白色金属。

银自古以来被用作装饰及货币，公元前 3000 年前后的古埃及和美索不达米亚遗迹中就发现了银制品的存在。

古代只有贵族才使用银制品，象征光辉无暇、富有领导能力且受人瞩目。由于银暴露于空气中，会逐渐在表面产生一层黑色硫化物，宛如月光的柔和光泽，充分展现雅致的独特格调。

925 纯银

925 是指银制品的含银量，达到千分之 925（92.5%）的纯度，通称标准银、925 纯银、925 银或 925，剩余的千分之 75（7.5%）则是混入铜金属，也是坊间最常见的铜银合金。如同 999 黄金的纯度一样，因为 999 纯银非常柔软，难以做出较复杂款式的饰品，所以自从 1851 年 Tiffany 公司推出第一套 925 的银饰品后便开始流行，目前市面上的银饰都以 925 为国际公认的纯银鉴定标准。

坊间也有在 925 银上镀铑，以防银饰变黑，而一般没经电镀处理的 925 银，称受素银，较受欧美人士喜欢，素银会随着岁月的变迁以及与身体的接触产生温润的光泽。

银的特性

银离子有很强的杀菌力，对人体有益处。在古代，人们就已经知道银容器具有净化水质和防腐保鲜的作用，用银片覆盖伤口可加速创伤愈合，防止伤口感染。另外银在金属中热和电流的传导性极佳，常应用于电子工业。

银具有极佳的可塑性及延展性，易于加工创作，且色感类似白金，较时尚、高雅，深受饰品设计师的喜爱。另外，银也是抗过敏材质，皮肤过敏者可放心佩戴纯银饰品。

常见问题解答

问：为什么银黏土会变成银？

答：银黏土是把粉末状态的纯银加上结合剂（像糨糊一样）和水充分混合后的黏土状态。经高温烧制后，水和结合剂会燃烧消失，剩下凝结在一起的纯银粉末，即成为纯度达99.9% 的纯银。

问：如果初学者想尝试制作一件作品，需准备哪些工具？

答：如果只想试玩一件作品，可先看说明书中的介绍，找找家中有没有可替代的工具，再采买材料，或者去找工作坊的老师在工作坊亲手制作。

问：为什么需要练土？

答：银黏土是水性黏土，容易干燥，所以在开始塑形前，必须先练土，将银黏土调整到接近新鲜土的软硬度。花一点时间练好银黏土，可以省去后续因干裂而导致作品不完美再修补的麻烦。

问：银黏土拆封后若没用完，须如何处理？

答：将剩下的银黏土先集结成块，擀压后刷薄薄的水后对折，再用双层保鲜膜用卷折的方式压出里面的空气并妥善包好，再放进原包装的夹链袋中，或者用密闭容器保存。下次拿出来使用时，先隔着保鲜膜捏捏看，若是感觉土有点硬了，再重新练土即可。

问：银黏土要放在冰箱保存吗？有保存期限吗？

答：银黏土室温保存即可，不用放入冰箱；另外未拆包装的银黏土并没有保存期限，但是拆开后要尽快用完。

问：银黏土一旦出现裂纹，就不能随意造型了吗？

答：银黏土一旦干燥就会出现裂痕，为防止这种情况出现，当银黏土干裂太严重时，建议重新练土再开始塑形，或在制作过程中不时地加少量的水。如果已经出现裂痕可以用手指在银黏土上涂抹一点水，或者在干燥后用银膏修补。

问：让银黏土黏一点，会比较容易塑形吗？

答：在练土过程中或者回收干土时，添加过多水分的银黏土极易变得黏糊，若继续作业银黏土会粘黏在手和工具上，十分浪费材料。这时应将保鲜膜打开，让水分蒸发些再重新揉捏银黏土。银黏土的湿度很重要，太湿或太干均不易塑形。

问：银黏土和银膏的差别？

答：银黏土和银膏其实成分相同，只是含水量和含银量的差异。银黏土是黏土块，可捏塑、擀压、切削塑形；而银膏类似广告颜料，呈浓稠状态，是含水分较多的银黏土，用水彩笔刷蘸取使用，用以修补、黏结配件，也能直接刷涂在有纹路的物件上单独使用。

问：银黏土是不是很容易干燥？

答：银黏土是水性黏土，水分蒸发后容易变干变硬，尤其在夏天的空调房里。因此要在工具备齐后，再拆开银黏土包装进行作业。若塑形时产生裂纹，也有可能是整块银黏土的湿度不均匀，一直抹水只是表面滋润，中间可能仍是干土，越搓细就越容易干裂甚至断掉，这时建议重新练土。

问：做戒指时，很难将银黏土缠绕在便签纸上，应该如何处理呢？

答：可在银黏土表面刷薄薄的水之后再开始缠绕，银黏土一旦变湿就会有黏性，这样不但容易贴在便签纸上，还可以防止银黏土弯曲时出现裂痕。

问：木芯棒有没有刻度？是不是必须使用戒围钢棒？

答：木芯棒上并没有刻度，需要搭配戒围量圈纸使用。可以自行将加号后的戒围圈套在木芯棒上，用铅笔画上记号即可。

问：干燥后银黏土破裂该如何处理？

答：使用膏状银黏土填补破裂处，如干燥后仍见裂缝，需继续填补直到看不见为止，并再次干燥，再用锉刀小心修整多出来的部分。

问：银黏土的粉屑可以回收再利用吗？

答：锉刀磨下来的粉屑、已干燥的失败作品，只要是未经高温烧成的银黏土，皆可以加水软化回收。先将银黏土放在双层保鲜膜中央滴一些水包起来，大概放置一晚或几小时后，隔着保鲜膜捏捏看，如果还有些软颗粒，用手指掐碎，然后重复前述方法继续练土，等其恢复原始软硬度后即可继续使用。

问：针筒本体里面有银膏吗？还是就只是针筒而已？

答：针筒里头已经填充有银黏土，银含量与银膏并不相同，本体不含针头，若是第一次使用，则需搭配所需的针头，针头可重复使用，但每次使用完务必清洗干净，以免堵塞无法使用（针筒有 5 克、10 克两种型号）。

问：细蓝针头打线条有多细？

答：细蓝针头直径约是 0.25 毫米，中绿针头直径约是 0.5 毫米，粗灰针头直径约是 1 毫米。有用蓝、绿色针头打的镂空线条的作品不适宜用煤气灶烧制，用煤气灶烧制不易控制温度，极易熔断线条，建议使用电气炉烧制。但若是打在块状银黏土上的装饰线条，则没有烧制上的问题。

问：用哪种低温烧制的银黏土比较好？

答：其实使用煤气灶烧制的简单作品，与用 870℃烧制的一般土和 650℃烧制的低温土并无区别，制作上也完全相同。低温土是为了与玻璃、陶瓷、925 金具等不适合高温烧制的异材质组合而研发的，完成作品后需要将专业电气炉降低温度、延长时间再做烧制。

问：银黏土的收缩率会很大吗？

答：相田厂牌的银黏土收缩率为 8% ~ 9%，是根据黏土状态到烧成银制品的收缩计算出来的。

问：用煤气灶烧制的作品和用电气炉烧制的有差别吗？

答：差别不大。由于各个家庭炉火大小不同，所以收缩率多少会有些差异。

问：用煤气灶烧制需多长时间？需要大火烧制吗？

答：需要大火或比大火稍弱一点也可，只要能把不锈钢网烧红，并烧制 8 ~ 10 分钟即可。切记所有作品烧制前一定要完全干燥，烧制时只要没有太细的线条，并不容易失败，除非制作上已有瑕疵。若烧制出现问题，仍可利用银膏修补，运用相同的方法进行第二次烧制。

问：为什么用银黏土烧制出来的银饰，经玛瑙刀抛光后放几天表面就会有黄黄的东西出现？

答：银黏土烧成后会产生一层白色结晶，必须用不锈钢刷刷除，才会露出银色光泽。若不刷除结晶，只使用玛瑙刀抛光，几天后银饰就会变黄。

问：925 银和 999 银的差别在哪里？

答：925 表示银含量为 92.5%，其余的 7.5% 是混入的其他元素。纯银较软，为增加其硬度以制作款式较复杂的银饰而混入铜等元素。999 表示银含量为 99.9%，纯度高的银具有高度的可塑性及延展性。

问：600 号砂纸与 1200 号砂纸有什么区别？

答：较粗的 600 号砂纸用于打磨较明显的瑕疵刮痕，较细的 1200 号砂纸可磨出更细致的雾银。

问：什么是镜面处理？

答：所谓的镜面处理流程如下：烧制→用不锈钢刷刷去结晶→砂纸打磨→清水洗净→玛

瑙刀抛光→用研磨剂推磨至平滑。

问：如何让作品产生雾面效果?

答：只用不锈钢刷刷去结晶也是雾面，只是表面会有一些烧制前锉刀及不锈钢刷留下的小刮痕或者制作时的小瑕疵，喜欢那种质朴效果的人可以尝试。而砂纸是将那些细小刮痕、不太平整的部分消除，要磨很长的时间（至少 1 小时），才会变成很细致的雾面效果。

问：温泉液的用途是什么?

答：不能佩戴着银饰泡温泉，因为温泉液（含硫黄）会使银饰表面产生灰黑色的硫化银，但是我们可以利用银的这个特性给作品上色，做双色处理或古银效果。

问：银黏土可以利用干燥箱干燥吗?

答：可以设定 200℃以下的温度烘干作品，如果超过 250℃就会破坏结合剂的成分。

问：硫化是整体泡进温泉液，还是将温泉液涂抹在作品上?

答：可以整体浸泡温泉液，使用热水能达到催化的效果。也可用棉棒蘸取温泉液涂在局部，再用吹风机加热，达到想要的色泽后，一定要用清洁剂彻底清洗干净，不然作品仍会持续变黑。

问：银饰发生断裂应该如何做黏合?

答：用银黏土做成的 999 纯银饰品断裂后可用较浓稠的银膏做接合，接合处涂银膏的范围要扩大一些、补高一点。这样做一方面可以牢固地固定，另一方面是因为烧制时原来银饰部分不再收缩，而修补部分会收缩，待完全干燥后再做第二次烧制，高出或多出的部分再经过打磨即可，但细线条作品使用银黏土修补并不牢固，建议使用焊接方式。

问：橡皮圈会使银变黑吗?

答：银因硫化而变黑，而橡皮圈含有硫黄成分，所以用橡皮圈将银的汤匙或刀叉绑起来，拆开后会留有橡皮圈的痕迹，因此银黏土、银饰要避免使用橡皮筋捆绑。

春满乾坤福满门（第 45 页）

吉祥如意（第 50 页）

男生女生配（第 64 页）

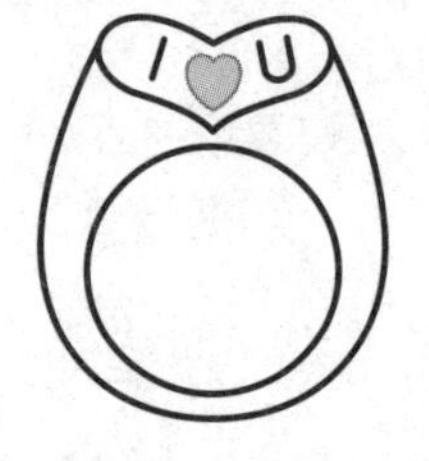

连连得利（第 54 页）　L Love U（第 59 页）

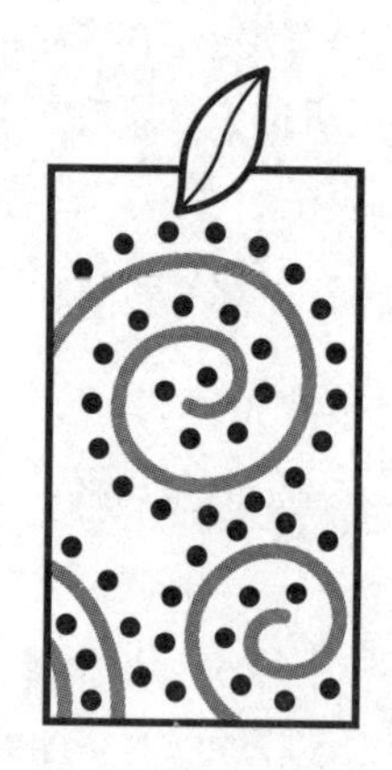

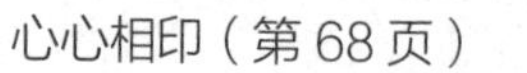

心心相印（第 68 页）　钻戒（第 72 页）　唐草（第 78 页）

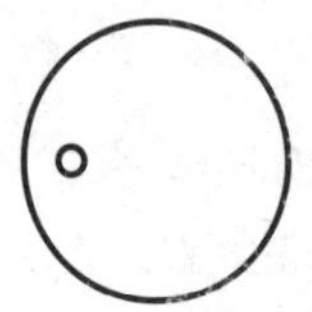

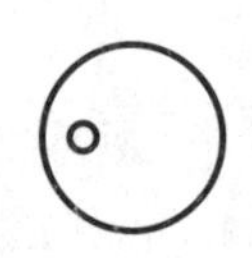

垂坠耳环（第 82 页）

趣味表情（第 91 页）

香水瓶（第 85 页）

学士帽（第 99 页）

爸爸万岁（第 105 页）

绅士领带（第 109 页）

时尚风（第 113 页）

成功之钥（第 95 页）

圣诞快乐（第 117 页）

神秘小礼物（第 126 页）

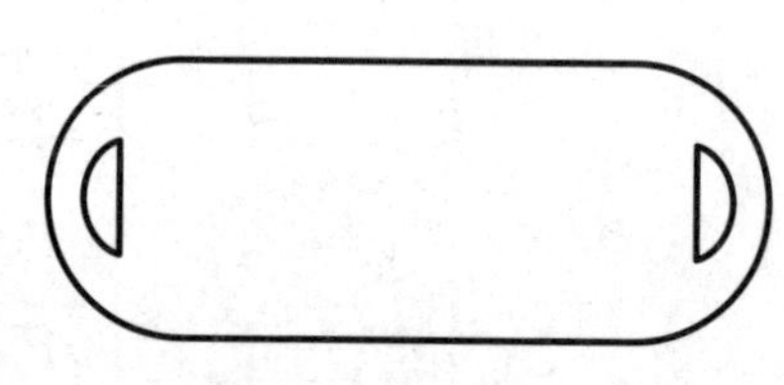

爱心手链（第 138 页）

银色圣诞（第 121 页）

毛小孩（第 133 页）

出生纪念礼（第 147 页）

宝宝相框（第 152 页）

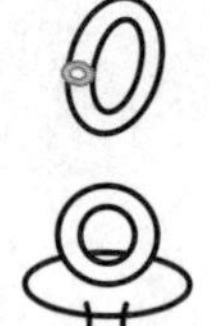
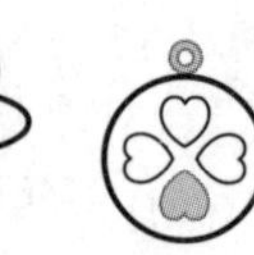

ABCDEFGHIJKLMN
OPQRSTUVWXYZ

潘多拉手链（第 156 页）